精通 Spark数据科学

Mastering Spark for Data Science

[美] 安德鲁·摩根（Andrew Morgan） [英] 安托万·阿门德（Antoine Amend） 著
[英] 大卫·乔治（David George） [英] 马修·哈利特（Matthew Hallett）
柯晟劼 刘少俊 译

人民邮电出版社
北京

图书在版编目（C I P）数据

精通Spark数据科学 / (美) 安德鲁·摩根
(Andrew Morgan) 等著 ; 柯晟劼, 刘少俊译. -- 北京 :
人民邮电出版社, 2020.9（2022.10重印）
ISBN 978-7-115-54156-7

Ⅰ. ①精… Ⅱ. ①安… ②柯… ③刘… Ⅲ. ①数据处
理软件 Ⅳ. ①TP274

中国版本图书馆CIP数据核字(2020)第095991号

版权声明

◆ 著　［美］安德鲁·摩根（Andrew Morgan）
［英］安托万·阿门德（Antoine Amend）
［英］大卫·乔治（David George）
［英］马修·哈利特（Matthew Hallett）
译　柯晟劼　刘少俊
责任编辑　胡俊英
责任印制　王　郁　焦志炜

◆ 人民邮电出版社出版发行　北京市丰台区成寿寺路 11 号
邮编　100164　电子邮件　315@ptpress.com.cn
网址　https://www.ptpress.com.cn
固安县铭成印刷有限公司印刷

◆ 开本：800×1000　1/16
印张：28.75　2020 年 9 月第 1 版
字数：560 千字　2022 年 10 月河北第 2 次印刷

著作权合同登记号　图字：01-2017-4167 号

定价：109.00 元

读者服务热线：(010)81055410　印装质量热线：(010)81055316
反盗版热线：(010)81055315
广告经营许可证：京东市监广登字 20170147 号

内容提要

Apache Spark 是专为大规模数据处理而设计的快速通用的计算引擎。这是一本专门介绍 Spark 的图书，旨在教会读者利用 Spark 构建实用的数据科学解决方案。

本书内容包括 14 章，由浅入深地介绍了数据科学生态系统、数据获取、输入格式与模式、探索性数据分析、利用 Spark 进行地理分析、采集基于链接的外部数据、构建社区、构建推荐系统、新闻词典和实时标记系统、故事除重和变迁、情感分析中的异常检测、趋势演算、数据保护和可扩展算法。

本书适合数据科学家以及对数据科学、机器学习感兴趣的读者阅读，需要读者具备数据科学相关的基础知识，并通过阅读本书进一步提升 Spark 运用能力，从而创建出高效且实用的数据科学解决方案。

译者序

当前，大数据分析是一个广受关注的技术领域，大数据无法在一定时间范围内用常规软件工具进行采集、管理和分析处理，我们需要更强大的平台才能具备更强的决策力、洞察力和流程优化能力。而 Spark 就是满足这种需求的一款优秀的大数据统一分析引擎，它速度快、易使用、通用性强，可以在不同的平台（Hadoop、Apache Mesos、Kubernetes、单节点或云平台）上运行。

本书是一部专门介绍 Spark 的著作，你能从中学习到 Spark API 的核心内容并掌握如何应用框架中的库，但本书并不局限于讲解 Spark 框架本身，而是致力于深入研究如何使用 Spark 来提供生产级的数据科学解决方案。作者们凭借丰富的数据科学业界经验，为我们指出大数据实战需要注意的技巧和初学者容易陷入的各种“坑”。本书让我们了解在不同的用户场景下，如何用 Spark 实现数据处理全流程。本书有丰富的示例代码，通过阅读本书，读者会获益良多，并能够应对常见的大数据分析场景。

在这里，要特别感谢福州外语外贸学院，因为本书受福州外语外贸学院著作基金支持，并作为省级一流专业建设点——物流专业新文科工作的建设成果。还要感谢人民邮电出版社胡俊英编辑专业、细心地审核本书，与她合作很轻松、很开心。

此外，由于译者水平有限，书中难免有欠妥之处，如有任何意见和建议，请不吝告知，我们将感激不尽。我们的邮箱分别是 18150095612@189.com 和 liusj@fjinfo.org.cn。

译者

在这里，特别感谢福建省科学技术信息研究所教授级高级工程师方延风以及福州外语外贸学院经管学院副院长刘丹的热心帮助。

——柯晟劼

我要感谢我的妻子张梅在翻译过程中的大力支持与帮助。还要感谢刘一宁小朋友，虽然在本书的翻译过程中，她已经学会跑进书房说“爸爸不要坐在电脑前面工作，来陪我玩！”——让我的翻译周期变长了一点点。但她的笑声却是我工作的无穷动力！

——刘少俊

译者简介

柯晟劼 日本东京海洋大学流通情报（信息）研究室应用环境系统学博士，福州外语外贸学院经管学院副教授，任教管理信息系统、数据分析等多门课程。近年研究方向为深度学习技术在跨境电商领域的应用。与跨境电商企业合作，基于企业经营数据、企业供应商报价数据及电子商务平台大数据等，开发了多个物流方案优化、产品市场分析等相关系统。主要翻译了第 2、4、6、8、10、12、13 章的内容。

刘少俊 工程师，任职于福建省科学技术信息研究所。毕业于东北师范大学，获得计算机软件与理论理学硕士学位。目前的研究方向是信息抽取、数据分析、知识组织等。主要翻译了第 1、3、5、7、9、11、14 章的内容。

原书序言

Spark 对数据科学领域的影响令人震惊，Spark 已然成为大数据架构的全能内核。Spark 1.0 发布之时，我们就将其作为巴克莱的核心技术之一，这在当时被认为是一个大胆（抑或鲁莽）的举动。而现在，Spark 已被认定为开展大数据科学项目的基础工具。

随着数据科学作为一项活动和一个公认的术语发展普及，人们对“独角兽数据科学家”（unicorn data scientist）的讨论也日益增多。独角兽数据科学家既精通数学又擅长编程，简直令人惊叹。显然，这种人才很难找到，要留住更难。我的团队更多考虑的是以下 3 个数据科学技能：模式识别、分布式计算和自动化。如果说数据科学是研究从生产的数据中获取见解，那么你需要从一开始就能够利用这 3 个技能来开发数据应用。使用无法随数据进行扩展的机器学习方法，或者构建需要重新编码才能达到生产质量的分析内核，都毫无意义！我们需要一位独角兽数据科学家或者一个独角兽数据科学团队（我倾向于此）来做这项工作。

Spark 就是“独角兽技术”。没有任何一种语言可以像 Spark 那样，不仅可以优雅地表达分析概念、毫不费力地将数据规模扩展到大数据，而且可以自然产出产品级别的代码（利用 Scala API）。通过 Spark，我们用几行代码就可以组建一个模型；在集群上运行与笔记本电脑上的测试代码完全相同的代码；构建稳定的、经过单元测试的、可以在关键业务用例中运行的 JVM 应用。Scala 函数式编程与 Spark 抽象的结合具有独特、强大的功能，这是过去 3 年我们团队取得成功的重要因素。

Spark 在数据科学领域的应用非常强大，但相关的教程或图书却比较少，我们能搜索到的往往也仅限于对 Spark API 和库的介绍性资料。你很难或压根找不到有关 Spark 如何适应广泛的架构，或者如何可持续地管理数据 ETL 的相关资料。

在阅读本书时，你会发现本书采用的实践方法与其他的书截然不同。本书的每一章都是一项新的挑战，每一章的阅读过程都是一次全新的探索之旅，结果只有经过探索才可获知。本书从一开始就清楚地阐述了正确开展数据科学的重要意义。这是一本为有实践需求的人而编写的 Spark 教程，这些人想要从事确实会对他们的工作产生实质影响的数据科学工作。希望你们喜欢这本书。

——哈里· 鲍威尔（Harry Powell）

巴克莱银行高级分析主管

作者简介

安德鲁·摩根（Andrew Morgan）是数据战略及其执行方面的专家，在支持技术、系统架构和实现数据科学方面拥有丰富的经验。他在数据行业拥有 20 多年的经验，曾为一些久负盛名的公司及其全球客户设计系统——通常是大型、复杂和国际性的项目。2013 年，他创办了数据科学和大数据工程咨询公司 ByteSumo，目前在与欧洲和美国的客户进行合作。Andrew 是一位活跃的数据科学家，也是趋势演算（TrendCalculus）算法的发明者。该算法是他为自己的研究项目而开发的，该项目旨在研究基于机器学习的长期预测，这些预测可以在不断变化的文化、地缘政治和经济趋势中发现规律。他还是 Hadoop Summit EU 数据科学委员会的成员，并在许多会议上就各种数据主题发表过演讲。他也活跃于他的居住地伦敦的数据科学和大数据社区。

谨以本书献给我的妻子 Steffy、我的孩子 Alice 和 Adele，以及我所有的朋友和同事，感谢他们一直支持着我。这本书也是为了纪念我在多伦多大学学习时的第一位导师——Ferenc Csillag 教授。早在 1994 年，Ferko 就用未来愿景激励我：我们可以使用全球范围的数据集和复杂算法来监测和优化周遭的世界。这是一个改变我人生的信念，关于用大数据科学拯救世界的梦想，我仍在追寻。

安托万·阿门德（Antoine Amend）是一位对大数据工程和可扩展计算充满热情的数据科学家。这本书的主题是“折腾”天文数字量级的非结构化数据以获得新的见解，这主要源于 Antoine 的理论物理学背景。他于 2008 年毕业并获得天体物理学硕士学位。在 Hadoop 的早期阶段，在大数据的概念普及之前，他曾在瑞士的一家大型咨询公司工作。从那时起，他就开始接触大数据技术。现在他在巴克莱银行担任网络安全数据科学部门的主管。通过将科学方法与核心 IT 技能相结合，Antoine 连续两年获得了在得克萨斯州奥斯汀举行的大数据世界锦标赛决赛资格。他在 2014 年和 2015 年都名列前 12 位（超过 2 000 多名竞争对手），这两次比赛中他还使用了本书介绍的方法和技术赢得了创新奖。

我要感谢我的妻子伴我同行，她一直是我不断增进知识和推动事业发展的动力。另外，还要感谢我的孩子们，他们教会我如何在必要时放松心情并获得新的想法。

我要感谢同事们，特别是 Samuel Assefa 博士、Eirini Spyropoulou 博士和 Will Hardman，他们耐心倾听我的“疯狂”理论。还要感谢过去几年有幸与之合作的其他人。最后，我想特别感谢以前的经理和导师，他们帮助我在数据科学的职业生涯中顺利发展，谢谢 Manu、Toby、Gary 和 Harry。

大卫·乔治（David George）是一位杰出的分布式计算专家，拥有超过 15 年的数据系统从业经验，主要服务于全球闻名的 IT 咨询机构和品牌。他很早以前就开始使用 Hadoop 核心技术，并做过大规模的实施。David 总是采用务实的方法进行软件设计，并重视简约中的优雅。

如今，他继续作为首席工程师为金融行业客户设计可扩展的应用，并满足一些较为严苛的需求。他的新项目侧重于采用先进的人工智能技术来提高知识产业的自动化水平。

本书献给 Ellie、Shannon、Pauline 和 Pumpkin 等人，此处无法一一列出了！

马修·哈利特（Matthew Hallett）是一名软件工程师和计算机科学家，拥有超过 15 年的从业经验。他是一名面向对象的“专家级程序员”和系统工程师，拥有丰富的底层编程范式知识。在过去的几年里，他在 Hadoop 和关键业务环境中的分布式编程方面积累了丰富的专业知识，这些环境由数千节点的数据中心组成。Matthew 在分布式算法和分布式计算体系结构的实施方面拥有多种语言的咨询经验，目前是“四大审计公司”数据科学与工程团队的数据工程师顾问。

感谢 Lynnie 的理解和支持，让我有时间在深夜、周末和假期写这本书。也感谢 Nugget 让本书变得有价值。

还要感谢 Gary Richardson、David Pryce 博士、Helen Ramsden 博士、Sima Reichenbach 博士和 Fabio Petroni 博士提供的宝贵建议和指导，这些建议和指导为本书的完成提供了帮助——如果没有他们的帮助和贡献，这本书可能永远无法完成！

审稿人简介

素密·帕尔（Sumit Pal）曾在 Apress 出版社出版过 *SQL on Big Data——Technology, Architecture and Innovations* 一书。他在软件行业有 20 多年的从业经验，曾服务于初创企业和大型企业，并担任过不同的角色。

Sumit 是一名负责大数据、数据可视化和数据科学的独立顾问，同时也是一位构建端到端、数据驱动的分析系统的软件架构师。

在 20 多年的职业生涯中，Sumit 曾在 Microsoft（SQL Server 开发团队）、Oracle（OLAP 开发团队）和 Verizon（大数据分析团队）等公司工作过。目前，他为多个客户提供数据架构方面和大数据解决方案方面的咨询，并使用 Spark、Scala、Java 和 Python 等进行编程。

Sumit 曾在波士顿、芝加哥、拉斯维加斯和温哥华等地举办的大数据会议上做过演讲，并于 2016 年 10 月在 Apress 出版社出版了相关主题的书。

他使用大数据和 NoSQL 数据库等技术，在跨技术栈构建可扩展系统方面有丰富的经验，这些系统涵盖了从中间层、数据层到用于分析应用的可视化层等多个层。Sumit 在数据库内部、数据仓库、维度建模，以及用 Java、Python 和 SQL 实现数据科学等方面拥有深厚的专业知识。

1996 年，Sumit 在微软开始了他的职业生涯，他是 SQL Server 开发团队的一员。然后，他在马萨诸塞州的伯灵顿作为 Oracle 公司的核心服务器工程师加入 OLAP 开发团队。

Sumit 还曾在 Verizon 担任大数据架构副总监，他为各种分析平台、解决方案以及机器学习应用程序制定战略，进行管理，设计架构和开发。

Sumit 还担任过 ModelN/LeapFrogRX（2006—2013 年）的首席架构师，使用 J2EE 标

准的开源 OLAP 引擎（Mondrian）构建了中间层核心分析平台，并解决了一些复杂维度 ETL、建模和性能优化等方面的问题。

Sumit 还拥有计算机科学硕士和理学学士学位。

Sumit 于 2016 年 10 月徒步攀登至珠穆朗玛峰大本营。

前言

数据科学的目标是利用数据改变世界，而这个目标主要是通过打乱和改变实际行业中的流程来实现的。要在这个层面上操作，我们需要建立实用的数据科学解决方案，这种方案能解决真正的问题，能可靠地运行，能让人们信任并采取相应的行动。

本书介绍了如何使用 Spark 来提供生产级的数据科学解决方案，使之具有足够的创新性、颠覆性和可靠性，并值得信赖。在写这本书的时候，作者试图提供一个“超越传统指导教程”风格的作品：不仅提供代码的例子，而且拓展了技术和思维方法。你要像专业人员那样去探索内容；正如他人所言，“内容为王”！读者会注意到本书着重于新闻分析，偶尔也引入其他数据集，如 Twitter 数据集。这种对新闻数据的强调不是偶然的，是因为作者一直关注全球范围内的数据集。

本书致力于解决的隐含问题是：缺乏数据，以至于无法提供人们如何以及为什么做出决策的背景信息。通常，可直接访问的数据源非常关注问题的细节，因此，要想了解人们做出决策的依据就需要更广泛的数据集。

思考一个简单的例子，网站用户的关键信息（如年龄、性别、位置、购物行为、订单等）都是已知的，我们可以使用这些数据，根据人们的购物习惯和喜好来进行推荐。

但要想更进一步，就需要更多的背景数据来解释人们为什么会这样做。新闻报道称，一场巨大的大西洋飓风正在逼近佛罗里达海岸线，可能在 36 小时内到达海岸，这时我们应该推荐人们可能需要的产品，如支持 USB 的电池组，用于手机充电，还有蜡烛、手电筒、净水器等。通过了解决策的背景，我们可以进行更好的科学研究。

本书提供配套代码，而且在许多情况下这些代码是独一无二的实现。本书深入研究掌握数据科学所需要的技术和技能，其中一些经常被忽视或根本不被考虑。作者拥有多年的商业经验，充分利用自己丰富的知识体系，为大家呈现了一个真实的、令人兴奋的数据科学世界。

本书的主要内容

第 1 章：数据科学生态系统。这一章介绍处理大规模数据的方法和大数据生态系统。它侧重于讲解在后面章节中使用的数据科学工具和技术，并介绍环境以及如何正确地配置环境。此外，它还介绍与整体数据架构相关的一些非功能性注意事项。

第 2 章：数据获取。一名数据科学家最重要的任务之一是准确地将数据加载到数据科学平台上。我们不需要不受控制、临时组织的流程，这一章介绍如何在 Spark 中构建通用的数据采集管道，这些管道作为许多输入数据馈送流中的可重用组件。

第 3 章： 输入格式与模式。这一章演示如何将数据从原始格式加载到不同的模式，从而能在相同的数据上执行各种不同类型的分析。考虑到这一点，我们将研究数据模式易于理解的领域，涵盖传统数据库建模的关键领域，并解释一些基础原则仍适用于 Spark 的原因。此外，在训练 Spark 技能的同时，我们将分析 GDELT 数据集，并展示如何以高效和可扩展的方式存储这个大型数据集。

第 4 章：探索性数据分析。一个常见的误解是 EDA 仅能用于发现数据集的统计属性，和提供关于如何运用数据集的见解。实际上，这种看法非常片面。完整的 EDA 将改变这种看法，并包含对“在生产中使用此数据流的可行性”的详细评估。同时它还要求我们了解如何为数据集指定工业级的数据加载方法，这种方法可能在“熄灯模式”下运行多年。本章使用“数据剖析”技术提供一种进行数据质量评估的快速方法，这种方法能加快整个进程。

第 5 章：利用 Spark 进行地理分析。地理处理是 Spark 强有力的使用案例之一，这一章将演示如何入门地理处理。这一章的目标是说明数据科学家如何使用 Spark 处理地理数据，并在非常大的数据集上生成强大的、基于地图的视图。我们演示如何通过集成 GeoMesa 的 Spark 轻松处理时空数据集，这有助于将 Spark 转变为复杂的地理处理引擎。这一章还涉及利用这些时空数据将机器学习应用于预测油价。

第 6 章：采集基于链接的外部数据。这一章旨在解释一种通用的模式，通过 URL 或 API（如 GDELT 和 Twitter）找到外部内容来增强本地数据。我们提供一个使用 GDELT 新闻索引服务作为新闻来源的教程，演示如何建立一个全网规模的新闻扫描器，用来从互联网上采集感兴趣的全球突发新闻。我们进一步阐述如何使用专业的 Web 采集组件克服因规模的扩大而引发的挑战。

第 7 章：构建社区。这一章旨在解决数据科学和大数据中的常见用例。随着越来越多的人互动、交流、交换信息，或者仅是在不同的主题上分享共同兴趣，整个世界就可以用一个图来表示。数据科学家必须能够在图结构上发现社区，找到主要参与者，并检测可能的异常。

第 8 章：构建推荐系统。如果要选择一个算法向公众展示数据科学，推荐系统肯定会被选中。如今，推荐系统随处可见，其流行的原因是它们良好的通用性、实用性和广泛适用性。在本章中，我们将演示如何使用原始音频信号推荐音乐内容。

第 9 章：新闻词典和实时标记系统。虽然分层数据仓库将数据存储在文件夹里的文件中，但典型的基于 Hadoop 的系统仍依赖扁平架构来存储数据。如果没有适当的数据管理或对全部数据内容的清晰理解，那“数据湖”就将不可避免地变成“沼泽”。在沼泽中，像 GDELT 这样的有趣数据集只不过是一个包含大量非结构化文本文件的文件夹。在这一章中，我们将描述一种以非监督方式和近实时方式标记输入 GDELT 数据的创新方法。

第 10 章：故事除重和变迁。在这一章中，我们对 GDELT 数据库进行重复数据消除并建立索引将其转换为故事，然后随着时间的推移跟踪故事并了解它们之间的联系、它们可能如何变异，以及它们在不久的将来是否会引发后续事件。本章的核心是 Simhash 的概念，它用于检测近似重复以及利用随机索引建立向量以降低维度。

第 11 章：情感分析中的异常检测。2016 年较为引人注目的事件可能是美国总统选举及其最终结果——唐纳德 • 特朗普当选总统。这场选举将长期被人们铭记，尤其是它史无前例地使用了社交媒体，并且唤起了用户的激情，大多数人都使用社交媒体来表达自己的感受。在这一章中，我们不会试图预测结果本身，而是将目标放在使用实时 Twitter 馈送来检测在美国大选期间的异常推文。

第 12 章：趋势演算。早在数据科学家流行研究“什么是趋势”的概念之前，数据科学还没有很好地解决一个老问题：趋势。目前，对趋势的分析主要由人们的“注视”时间序列图表提供解释。但人们的眼睛到底是在看什么呢？本章介绍在 Apache Spark 中实现的一种新的数值化研究趋势的算法：趋势演算。

第 13 章：数据保护。在这本书中，我们涉及数据科学的许多领域，经常误入那些传统上与数据科学家的核心工作无关的知识领域。在这一章中，我们将访问一个经常被忽视的领域——保护数据。更具体地说，本章将介绍如何在数据生命周期的所有阶段保护你的数据和分析结果。本章的核心是在 Spark 中构建商业级加密解码器。

第 14 章：可扩展算法。在这一章中，我们将说明为什么有时能在小规模数据下工作的基础算法会在大数据工作中失败。我们将说明在编写运行于海量数据集上的 Spark 作业时要如何避免出现问题，并介绍算法的结构以及如何编写可扩展到超过 PB 级数据的自定义数据科学分析。这一章还介绍了并行化策略、缓存、洗牌策略、垃圾回收优化和概率模型等功能，并说明如何使用这些功能帮助你充分利用 Spark。

读者须知

本书采用 Spark 2.0，并结合 Scala 2.11、Maven 和 Hadoop。这是所需的基本环境，各相关章节还会介绍许多要用到的其他技术。

本书的目标读者

我们假定阅读这本书的数据科学家已经对数据科学、常用的机器学习方法和流行的数据科学工具有一定的了解，已在工作过程中进行了概念验证研究并构建了原型。本书向读者介绍建立数据科学解决方案的先进技术和方法，并展示如何构建商业级数据产品。

本书的排版约定

在本书中，读者会发现一些不同的文本样式被用来区别不同种类的信息，下面是一些示例及其各自的含义。

在文本、数据库表名、文件夹名、文件名、文件扩展名、路径名、虚拟 URL、用户输入信息、Twitter 条目等位置出现的代码关键词用这样的方式展示：代码的下一行读取了链接，并将其分配给 `BeautifulSoup` 函数。

代码块的格式设置如下：

```
import org.apache.spark.sql.functions._

val rdd = rawDS map GdeltParser.toCaseClass
val ds = rdd.toDS()
// DataFrame-style API
ds.agg(avg("goldstein")).as("goldstein").show()
```

如果要吸引你注意代码块中的特定部分，相关的行或项目会被加粗：

```
spark.sql("SELECT V2GCAM FROM GKG LIMIT 5").show
spark.sql("SELECT AVG(GOLDSTEIN) AS GOLDSTEIN FROM GKG WHERE GOLDSTEIN IS
NOT NULL").show()
```

新词和**重要的关键词**会由加粗的字体显示。

这里出现的是警告或者重要的注意点。

这里出现的是提示和技巧。

资源与支持

本书由异步社区出品，社区（https://www.epubit.com/）为您提供相关资源和后续服务。

配套资源

本书提供配套资源，读者可在异步社区本书页面中点击 配套资源 ，跳转到下载界面，按提示进行操作即可获取。注意：为保证购书读者的权益，该操作会给出相关提示，要求输入提取码进行验证。

提交勘误

作者和编辑尽最大努力来确保书中内容的准确性，但难免会存在疏漏。欢迎您将发现的问题反馈给我们，帮助我们提升图书的质量。

当您发现错误时，请登录异步社区，按书名搜索，进入本书页面，点击“提交勘误”，输入勘误信息，单击“提交”按钮即可。本书的作者和编辑会对您提交的勘误进行审核，确认并接受后，您将获赠异步社区的 100 积分。积分可用于在异步社区兑换优惠券、样书或奖品。

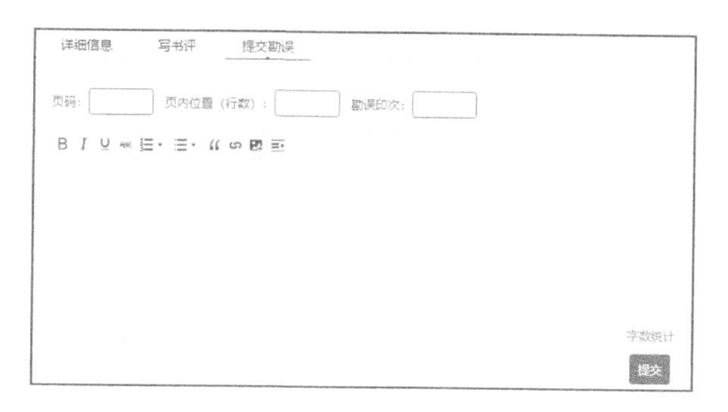

扫码关注本书

扫描下方二维码，您将会在异步社区微信服务号中看到本书信息及相关的服务提示。

与我们联系

我们的联系邮箱是 contact@epubit.com.cn。

如果您对本书有任何疑问或建议，请您发邮件给我们，并请在邮件标题中注明本书书名，以便我们更高效地做出反馈。

如果您有兴趣出版图书、录制教学视频，或者参与图书翻译、技术审校等工作，可以发邮件给我们；有意出版图书的作者也可以到异步社区在线提交投稿（直接访问 www.epubit.com/selfpublish/submission 即可）。

如果您是学校、培训机构或企业，想批量购买本书或异步社区出版的其他图书，也可以发邮件给我们。

如果您在网上发现有针对异步社区出品图书的各种形式的盗版行为，包括对图书全部或部分内容的非授权传播，请您将怀疑有侵权行为的链接发邮件给我们。您的这一举动是对作者权益的保护，也是我们持续为您提供有价值的内容的动力之源。

关于异步社区和异步图书

“异步社区”是人民邮电出版社旗下 IT 专业图书社区，致力于出版精品 IT 技术图书和相关学习产品，为作译者提供优质出版服务。异步社区创办于 2015 年 8 月，提供大量精品 IT 技术图书和电子书，以及高品质技术文章和视频课程。更多详情请访问异步社区官网 https://www.epubit.com。

“异步图书”是由异步社区编辑团队策划出版的精品 IT 专业图书的品牌，依托于人民邮电出版社近 30 年的计算机图书出版积累和专业编辑团队，相关图书在封面上印有异步图书的 LOGO。异步图书的出版领域包括软件开发、大数据、AI、测试、前端、网络技术等。

异步社区

微信服务号

目录

第 1 章 数据科学生态系统

作为一名数据科学家，你应该已经能非常熟练地处理文件和大量数据。但是除了对单一类型的数据进行简单分析外，你还需要一种组织和编目数据的方法，以便有效地管理数据。这种能力实际上是成为一名伟大的数据科学家的基础。因为随着数据量的增加和复杂性的提高，成功的泛化和失败的过拟合之间的区别就在于是否有一个一致且强大的方法。

本章介绍处理大规模数据的方法和生态系统，侧重于介绍数据科学的工具和技术。本章主要介绍运行环境和如何正确配置环境，同时也介绍一些与整体数据架构相关的非功能性注意事项。虽然这一阶段还没涉及具体的数据科学研究，但它为本书的成功提供了坚实的平台。

在这一章里，我们将探讨以下主题。

- 数据管理职责。
- 数据架构。
- 配套工具。

1.1 大数据生态系统简介

在数据持续产生、变动和更新的时代，数据管理显得尤为重要。在这种情形下，我们需要一种存储、结构化和审计数据的方法，从而对数据进行持续处理，对模型和结果进行不断改进。

本章将介绍如何最优地保存和管理数据，以便在满足日常需求的数据架构环境中集成 Apache Spark 和相关工具。

1.1.1 数据管理

就算暂且不做长远的打算，即使你只是想在家里随便“玩”一点数据，如果没有适当的数据管理，往往问题会逐步升级直至你在数据中完全迷失，进而犯下错误。花时间思考如何组织你的数据，特别是如何进行数据采集是至关重要的。假如你花了很长的时间运行并分析代码，然后整理结果并生成报告，最终你发现使用了错误版本的数据，或者数据并不完整（例如缺失字段），或者更糟糕的是你把结果误删了。没有什么比这些更让人“抓狂”了！

这里还有个坏消息——虽然数据管理相当重要，但商业和非商业组织对它都并不太重视，尤其是缺少现成的解决方案。但好消息是，使用本章介绍的基础构建模块来完成这一工作会容易得多。

1.1.2 数据管理职责

在考虑数据时，我们很容易忽视该领域需要考虑的真实范畴。实际上，大部分数据“新手”会按照以下方式考虑数据范畴。

- 获取数据。
- 将数据放在某处。
- 使用数据。
- 丢弃数据。

实际上，关于数据，我们需要考虑的因素还有很多。数据管理的职责就是判断在特定的工作中需要具体考虑哪些因素。以下数据管理构建模块将有助于解答一些关于数据的重要问题。

- 文件完整性。
    - 数据文件是否完整？
    - 如何确定数据文件完整性？
    - 数据文件是一个集合的一部分吗？
    - 数据文件是否正确？
    - 数据文件在传输过程中被修改了吗？

- 数据完整性。
  - 数据是否符合预期？
  - 数据是否包含所有的字段？
  - 数据是否有足够的元数据？
  - 数据质量是否满足要求？
  - 有没有发生数据漂移？
- 调度。
  - 数据是否按规律传输？
  - 数据多久到达一次？
  - 数据是否按时到达？
  - 能确定数据接收时间吗？
  - 需要确认数据接收时间吗？
- 模式管理。
  - 数据是结构化还是非结构化的？
  - 数据是如何被解释的？
  - 模式能否被推断出来？
  - 数据是否随着时间产生变化？
  - 模式能否从之前的版本演变而来？
- 版本管理。
  - 数据是什么版本？
  - 版本是否正确？
  - 如何处理不同版本的数据？
  - 如何确定正在使用的数据的版本？
- 安全性。
  - 数据是否敏感？

    - 数据是否包含个人身份信息（PII）？
    - 数据是否包含个人健康信息（PHI）？
    - 数据是否包含支付卡信息（PCI）？
    - 如何保护这些数据？
    - 谁有权读/写数据？
    - 数据是否需要匿名/清理/混淆/加密处理？
- 销毁。
    - 如何销毁数据？
    - 什么时候销毁数据？

如果上述内容仍无法说服你，那么在你继续使用 gawk 和 crontab 命令编写 bash 脚本之前，请继续阅读，你将会发现一种更快、更灵活且更安全的模式，可以让你从小规模开始逐步构建商业级的数据采集管道！

1.1.3　合适的工具

Apache Spark 是新兴的可扩展数据处理的事实标准。在撰写本书时，它是最活跃的 Apache 软件基金会（ASF）项目，并提供了丰富的配套工具。每天都会出现新的工具，但其中许多工具在功能上有所重叠，因此我们需要花很多时间来学习它们的功能并判断其是否适用，而且这个过程没有捷径。通常来说，很少有万能的解决方案，总是需要根据实际情况进行具体场景分析。因此，读者需要探索可用的工具并做出明智的选择。

不同的技术将贯穿本书，希望它们能给读者提供更实用的技术引导，帮助读者在项目中使用相应技术。此外，如果代码编写合理，即使发现选择的某个技术是错误的，也可以利用应用程序接口（API）（或者 Spark Scala 中的高阶函数）来更换技术。

1.2　数据架构

我们先对数据架构进行深入的解释，包括它是做什么的，它为什么有用，何时使用它，以及 Apache Spark 如何匹配它。

在常见的场景下，现代数据体系结构有 4 个基本特征，如图 1-1 所示。

- 数据采集。
- 数据湖。
- 数据科学。
- 数据访问。

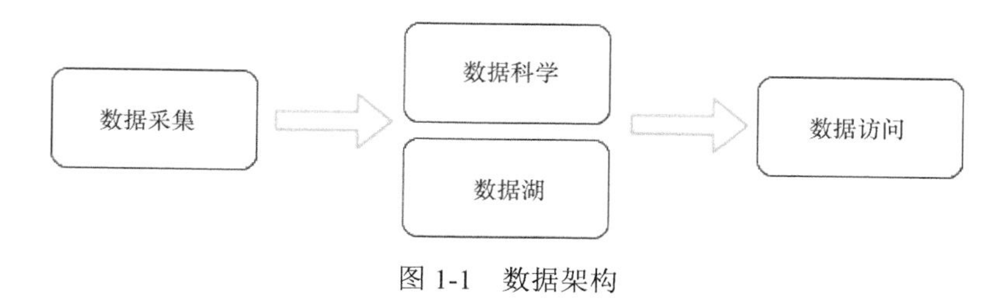

图 1-1 数据架构

我们将对每一项进行介绍，然后在后续章节里，再对其进行详细解释。

1.2.1 数据采集

从传统的角度来看，应该在严格的规则下采集数据，并根据预定模式对数据进行格式化。这个处理过程称为提取（Extract）、转换（Transform）和加载（Load），简称 ETL，如图 1-2 所示，它在广泛的实践中得到了大量的商业工具和开源产品的支持。

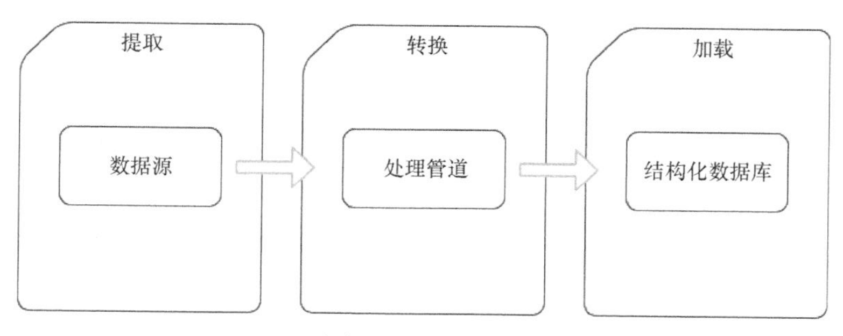

图 1-2 ETL 方法

ETL 方法趋向于前端检查，确保数据质量和模式一致性，以简化后续的在线分析处理。它特别适合处理具有特定特征集的数据，即涉及经典实体关系模型的数据。不过，它并不完全适用于所有场景。

在“大数据革命”期间，对结构化、半结构化和非结构化的数据的潜在需求猛增，产生了可处理不同特性数据的系统。这些数据有 4V 特点：大体量（Volume）、多样性（Variety）、高速度（Velocity）和准确性（Veracity）。传统的 ETL 方法在这种情况下陷入困境，因为它需要太多的时间来处理大量的数据，并且面对变化时过于僵化。现在出现了一种不同的方法，称为“基于读时模式”的范式。该方法以原始形式（或至少非常接近）采集数据，而归一化、验证及其他的细节操作在分析过程中一并完成。

这个处理过程称为提取、加载和转换（简称 ELT），参考传统方法的表示，它的表示如图 1-3 所示。

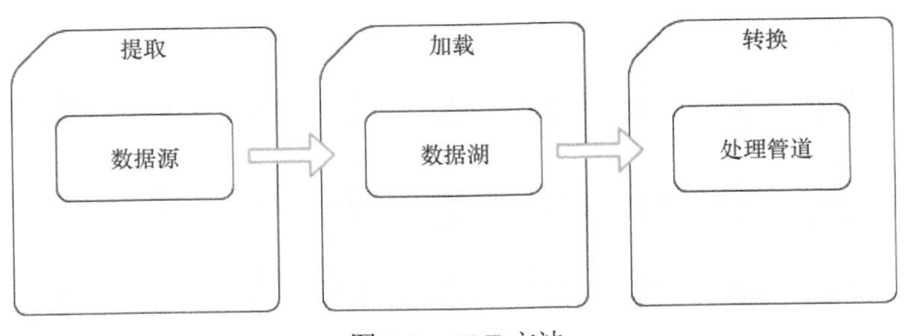

图 1-3 ELT 方法

这种方法重视数据传递的即时性，它对细节操作进行延迟直到必须要处理为止。这样，数据科学家可以第一时间对数据进行操作，并采用一系列技术来找出数据中的隐藏知识，这在传统方法中是不可能实现的。

虽然我们只是做了一个较高层次的概述，但这种方法是非常重要的，本书将通过实现多种基于读时模式的算法进行深入研究。假定我们都采用 ELT 方法进行数据采集，也就是说，我们鼓励在用户方便的时间加载数据。这可能是在每 *n* 分钟、通宵或者低负载的时间段。然后用户判断是否采用诸如离线批量处理的方式来进行数据完整性、质量等方面的检查。

1.2.2 数据湖

数据湖是一种方便的、普遍适用的数据存储方式。它很有用，因为它有一些重要的优点，主要如下。

- 可靠的存储。
- 可扩展的数据处理能力。

下面对这些优点做简要说明。

1. 可靠的存储

实现数据湖的底层存储有很好的预选方案，包括 Hadoop 分布式文件系统（HDFS）、MapR-FS 和亚马逊 S3 等。

在本书中，HDFS 是我们预设的存储实现方式。此外，本书作者使用分布式 Spark 配置，部署在另一种资源协调者 YARN 上，并在 Hortonworks 的 HDP 环境中运行。因此，除非另有说明，否则本书使用的技术就是 HDFS。如果你对其中的某些技术还不太熟悉，我们会在本章中进一步讨论。

在任何情况下我们都必须知道，Spark 在本地引用 HDFS 位置，通过前缀 `file://`访问本地文件位置，通过前缀 `s3a://`引用 S3 位置。

2. 可扩展的数据处理能力

显然，Apache Spark 是我们选择的数据处理平台。Spark 允许用户在自己偏爱的环境中执行代码，可以是本地、独立节点、YARN 或 Mesos，只要在 `masterURL` 中配置合适的集群管理器。这可以在以下 3 个位置中的任何 1 个位置完成。

- 在执行 `spark-submit` 命令时使用`--master` 选项。
- 在 `conf/spark-defaults.conf` 文件中添加 `spark.master` 属性。
- 在 `SparkConf` 对象中调用 `setMaster` 方法。

如果你还不熟悉 HDFS，或者没有访问过集群，那你可以使用本地文件系统运行本地 Spark 实例，这对于测试来说是很有帮助的。不过请注意，经常出现的不良行为往往只在集群上执行时才出现。所以，如果你想认真地使用 Spark，那么应该在分布式集群管理器上进行投资，为什么不试试 Spark 的独立集群模式，或者使用亚马逊的 AWS EMR 呢？例如，亚马逊提供了许多成本较低的云计算方案，你可以访问亚马逊的 AWS 网站了解 Spot 实例的思路。

1.2.3 数据科学平台

数据科学平台提供了大量的服务和API，使数据科学工作能够有效地进行，如探索性的数据分析、机器学习模型创建和改进、图像和音频处理、自然语言处理和文本情感分析等。

数据科学平台是 Spark 真正强大的地方，也是本书介绍的要点，它开发了一系列强大的本地机器学习库，具有难以比拟的并行图形处理能力，并构建了一个强大的社区。Spark 为数据科学提供了无限的可能。

本书接下来的部分章节将深入分析这些领域，包括第6～8章。

1.2.4 数据访问

数据湖中的数据最常被数据工程师和科学家利用Hadoop生态系统工具访问，如Apache Spark、Pig、Hive、Impala或Drill等。然而，其他用户，甚至是其他系统需要访问数据的时候，常用的工具要么太技术化，要么不能满足用户在现实世界中关于延时的要求。

这种情况下，数据通常要被复制到数据集市或索引存储库中，这样，它才可能被应用于更传统的应用方法，如报表或面板。这个过程称为数据出口，通常涉及索引创建和为了实现低延迟而进行的数据重构。

幸运的是，Apache Spark有各种各样的适配器和连接器可以连接数据库、商业智能（BI）软件以及可视化软件和报表软件。本书将介绍相关内容。

1.3 数据处理技术

Hadoop首次启动时，Hadoop这个名称指的是HDFS和MapReduce处理范式的结合，因为这一结合就是谷歌提出MapReduce时的原始框架。从那时起，有大量的技术被整合到Hadoop中。随着Apache YARN的发展，像Spark这样不同的范式处理软件也开始出现。

Hadoop现在常常被作为大数据软件栈的口语表述，因此本书将谨慎地界定软件栈的范围。本书将介绍的典型数据架构和所选技术如图1-4所示。

这些技术之间的关系是相当复杂的，因为它们之间存在着复杂的相互依赖关系，例如，Spark依赖于GeoMesa，而GeoMesa依赖于Accumulo，而Accumulo又依赖于ZooKeeper和HDFS。因此，为了管理这些关系，出现了Cloudera、Hortonworks HDP以及类似的平台。这些平台提供了统一的用户界面和集中配置。选择何种平台是用户的自由，但建议不要先单独安装部分软件然后再迁移到托管平台上，因为这样会遇到非常复杂的版本问题。在一台“干净”的机器上安装会比较容易，在安装前要确定技术类型。

本书使用的所有软件都是与平台无关的，因此可以适用于之前介绍的常规架构。这些软件可以在不使用托管平台的情况下独立安装，不论在单个还是多个服务器环境中使用都比较简单。

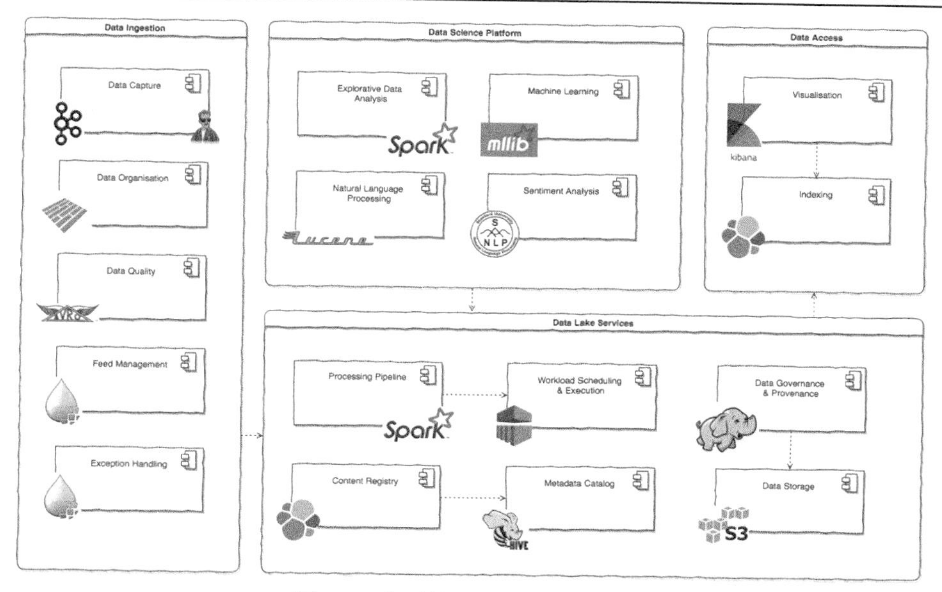

图 1-4　典型数据架构和所选技术

Apache Spark 的角色

Apache Spark 是将这些组件组合在一起的“胶水”，它渐渐成为软件栈的中心，集成了各种各样的组件但并不使用“硬连线”连接它们。实际上，你甚至能将底层存储机制替换掉。将这一功能与利用不同框架的能力相结合，意味着最初的 Hadoop 技术实际上是组件而不是框架。架构的逻辑如图 1-5 所示。

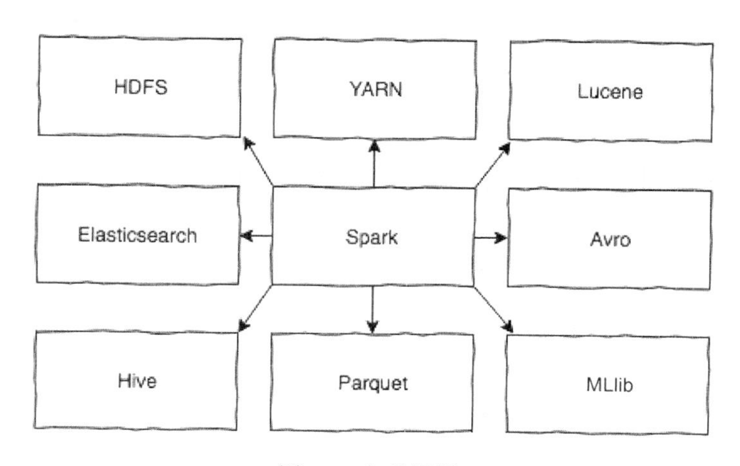

图 1-5　架构逻辑

Spark 的发展迅猛，并获得许多行业的认可，很多针对不同组件的原始 Hadoop 实现已经对 Spark 进行了重构。这使图 1-5 所示的架构逻辑更加复杂了，如利用特定组件通常有几种不同的可用编程方式，尤其是命令式和声明式版本，这取决于 API 是否已从原始 Hadoop Java 实现中移植。在后面的章节中，本书将尽可能保持 Spark 的风格。

1.4 配套工具

现在我们已经建立了一个技术栈，下面具体描述技术栈中的每个组件以及它们在 Spark 环境中的作用。1.4 节是作为参考而不是供读者直接阅读的。如果你对大部分技术相当熟悉，可以快速浏览知识然后继续阅读第 2 章。

1.4.1 Apache HDFS

HDFS 是一个内置冗余的分布式文件系统。在默认情况下，它在 3 个或更多节点上工作，尽管只有 1 个节点也能正常工作并且可以增加节点限制，这一机制为系统提供了在重复的块中存储数据的能力。因此每个文件不仅被分成很多数据块进行存储，而且还存储了这些数据块的 3 个副本。这一巧妙的机制不但提供了数据冗余（如果一个数据块丢失了还有其他两个数据块），也具有数据局部性。当在 HDFS 运行分布式作业时，系统不仅会收集输入该作业所需的数据相关的所有数据块，而且还会仅使用物理上靠近运行该作业的服务器的数据块，因此它可以仅使用本地存储中的数据块或者靠近该作业服务器节点上的数据块来降低网络带宽使用率。它的具体实现是将 HDFS 物理磁盘分配给节点，将节点分配到机架；块分别以节点本地、机架本地和集群本地的模式写入。HDFS 的所有指令都通过名为 NameNode 的中央服务器传递，这就存在一个可能的中心故障点，但是相应地有多种方法可以提供 NameNode 冗余配置。

此外，在多租户 HDFS 使用场景中，当多个进程同时访问同一个文件，也可以通过使用多个块来实现负载均衡。例如，如果一个文件占用一个块，则该块被复制 3 次，因此可以同时从 3 个不同的物理位置读取数据。虽然这看上去不算一个巨大的优势，但是在有着成百上千个节点的集群上，网络 I/O 通常是正在运行的作业的最大限制因素。在数千个节点的集群上，因为大量的其他线程调用数据，而耗尽了网络带宽，导致作业需要数个小时才能完成。

如果你正在使用笔记本电脑，需要把数据存储在本地，或者希望使用已有的硬件，那么 HDFS 是一个不错的选择。

1. 优点

下面介绍 HDFS 的优点。

- 冗余：可配置的数据块复制提供了节点容错和硬盘容错。
- 负载均衡：数据块复制意味着可以从不同的物理位置访问相同的数据。
- 数据局部性：数据分析试图访问最近的相关物理块，以降低网络 I/O。
- 数据平衡：在数据块过于聚集或碎片化时，有可用的算法将数据块重新平衡。
- 灵活存储：如果需要更多空间，可以往集群添加更多磁盘和节点；不过这一过程不是热添加的，需要中断运行集群来添加这些资源。
- 额外费用：不需要第三方支出费用。
- 数据加密：透明加密（在启用时）。

2. 缺点

以下是 HDFS 的缺点。

- 使用 NameNode 中央服务器产生了一个可能的中心故障点；为解决这一问题，可以启用第二 NameNode 节点和高可用选项。
- 集群需要基本的管理和潜在的一些硬件开销。

3. 安装

要使用 HDFS，应该事先决定是以本地、伪分布式还是完全分布式的方式运行 Hadoop；对于单个服务器来说，采用伪分布式方式非常有用，因为在这一方式下数据分析可以直接从当前服务器转换到任意的 Hadoop 集群。无论如何，安装 Hadoop 至少需要包括以下组件。

- NameNode。
- 第二 NameNode（或者高可用 NameNode）。
- DataNode。

可以通过官方网站下载安装 Hadoop。

Hadoop 与 Spark 集成时，Spark 需要知道 Hadoop 配置的位置，特别是以下文件的位置：`hdfs-site.xml`，`core-site.xml`。然后在 Spark 配置中对 HADOOP_CONF_DIR 配置参数进行设置。

然后就可以直接使用 HDFS 了，在 Spark 中可以用/user/local/dir/text.txt 来直接访问 hdfs://user/local/dir/text.txt 文件。

1.4.2　亚马逊 S3

S3 解决了与并行性、存储限制和安全性相关的问题，以非常低的成本运行非常复杂的并行读写操作以及非常好的服务级别协议（SLA）。如果你需要快速启动与运行程序，但却无法在本地存储数据，或者不知道未来的存储需求，那么 S3 将是完美的选择。s3n 和 s3a 是使用对象存储模型，而不是文件存储模型，因此需要做出妥协。

- 最终一致性：当一个应用做出更改（创建、更新或删除）之后，经过一个不确定的时间延迟之后才会显现。不过现在大部分 AWS 区域已经支持写入后读取一致性。
- s3n 和 s3a 使用非原子的重命名和删除操作，因此对大目录进行重命名和删除所需的时间与目录内的条目数成比例。但在重命名和删除期间，目录内的条目仍然对其他进程保持可见，实际上，这种情况会持续到操作完成。

可以利用命令行工具（s3cmd）通过网页或利用大部分语言的 API 访问 S3，可以进行一些简单的配置，将 S3 与 Hadoop 和 Spark 进行本地集成。

1. 优点

下面介绍的是亚马逊 S3 的优点。

- 无限的存储容量。
- 无须考虑硬件。
- 加密可用（用户保存密钥）。
- 具有 99.9%的可用性。
- 提供冗余。

2. 缺点

以下是亚马逊 S3 的缺点。

- 需要存储和传输数据的费用。
- 没有数据局部性。
- 存在最终一致性。

- 相对较高的延迟。

3. 安装

可以在亚马逊 AWS 官网上创建一个 AWS 账户，通过这个账户，只需要创建凭证就可以访问 S3 了。

目前的 S3 标准是 s3a，要想通过 Spark 使用它需要修改 Spark 配置：

```
spark.hadoop.fs.s3a.impl=org.apache.hadoop.fs.s3a.S3AFileSystem
spark.hadoop.fs.s3a.access.key=MyAccessKeyID
spark.hadoop.fs.s3a.secret.key=MySecretKey
```

如果使用 HDP，还完成需要以下配置：

```
spark.driver.extraClassPath=${HADOOP_HOME}/extlib/hadoop-aws-
currentversion.jar:${HADOOP_HOME}/ext/aws-java-sdk-1.7.4.jar
```

然后，可以在 S3 对象引用前使用 s3a：//前缀来访问 Spark 中的所有 S3 文件：

```
Val rdd = spark.sparkContext.textFile("s3a://user/dir/text.txt")
```

如果已经设置了 spark.hadoop.fs.s3a.impl，也可以使用内联的 AWS 凭证：

```
spark.sparkContext.textFile("s3a://AccessID:SecretKey@user/dir/file")
```

如果密钥中存在正斜杠符号/，这一方法就无法使用。通常的解决方法是从 AWS 获取另外的密钥来解决（一直生成新的密钥，直到密钥中不存在正斜杠符号），也可以通过 AWS 账户中 S3 选项卡下的网页界面浏览对象。

1.4.3 Apache Kafka

Apache Kafka 是一个用 Scala 编写的分布式消息系统，可以在 Apache 软件基金会许可下使用。该项目旨在提供统一、高吞吐量、低延迟的平台，用于处理实时数据馈送。本质上它是一个灵活的大规模发布—订阅消息队列，这使得它对需要建立处理流数据的基础设施的企业来说非常有价值。

1. 优点

下面介绍的是 Apache Kafka 的优点。

- 是发布—订阅消息传送模式。
- 容错率高。
- 保证送达。
- 失败时重发消息。
- 高可扩展性，无共享架构。
- 支持背压。
- 延迟低。
- 良好的 Spark-streaming 集成。
- 对用户来说易于实现。

2. 缺点

以下是 Apache Kafka 的缺点。

- 至少一次语义——由于缺乏事务管理而不能提供精确的一次语义（译者注：0.11.×之后的 Kafka 已支持）。
- 需要 ZooKeeper 才能运行。

3. 安装

由于 Kafka 是发布—订阅工具，功能是管理消息（发布者）并将其指向相关的终点（订阅者），是用 Kafka 安装后提供的代理来具体实现的。Hortonworks HDP 平台安装后 Kafka 就立即可用，也可以在 Kafka 官网上下载后单独安装。

Kafka 使用 ZooKeeper 来管理领导节点选举（因为 Kafka 可以分布式安装从而允许冗余）。Kafka 官网上的快速入门指南可以指导设置单节点 ZooKeeper 实例，还提供了一个客户端及消费者发布和订阅主题的消息处理机制范例。

1.4.4 Apache Parquet

自 Hadoop 诞生以来，基于列的格式（与基于行相反）的想法得到了越来越多的支持。因此为了利用压缩和高效的列数据表示形式，Parquet 被开发出来，为复杂的嵌套数据结构而设计，这一算法的灵感来源于谷歌发表的介绍 Dremel 的论文《Dremel：网络规模数据集的交互式分析》（*Dremel: Interactive Analysis of Web-Scale Datasets*）。Parquet 允许在每列上指定压缩方案，并且支持在未来新编码被实现时进行添加。它还被设计为在整个 Hadoop 生态系统中提供兼容性，而且与 Avro 一样，将数据模式与数据一起存储。

1. 优点

下面介绍的是 Apache Parquet 的优点。

- 列存储方式。
- 高存储效率。
- 每列压缩。
- 支持谓词下推。
- 支持列剪枝。
- 与其他格式兼容，如 Avro。
- 读取效率高，专为部分数据检索而设计。

2. 缺点

以下是 Apache Parquet 的缺点。

- 不适合随机访问。
- 写入有可能是计算密集型的。

3. 安装

Parquet 在 Spark 中是原生可用的，可以像下面这样直接访问：

```
val ds = Seq(1, 2, 3, 4, 5).toDS
ds.write.parquet("/data/numbers.parquet")
val fromParquet = spark.read.parquet("/data/numbers.parquet")
```

1.4.5 Apache Avro

Apache Avro 最初是为 Hadoop 开发的数据序列化框架，它使用 JSON 来定义数据类型和协议（另外，接口描述语言也是可选的），并以紧凑的二进制格式序列化数据。Avro 既提供持久性数据的序列化格式，也提供 Hadoop 节点之间以及客户端程序与 Hadoop 服务器之间通信的电报格式。它的另一个有用的特性是能够将数据模式与数据一起存储，因此无须引用外部源就可以读取任何Avro文件。此外，Avro 支持模式演变，因此可以使用较新的模式版本读取旧模式版本编写的 Avro 文件，保持了向后兼容性。

1. 优点

下面介绍的是 Apache Avro 的优点。

- 支持模式演变。
- 节省硬盘空间。
- 支持 JSON 和接口描述语言（IDL）中的模式。
- 支持多语言。
- 支持压缩。

2. 缺点

以下是 Apache Avro 的缺点。

- 需要模式来读写数据。
- 序列化数据的计算量很大。

3. 安装

由于本书中使用 Scala、Spark 和 Maven 环境，因此可以用如下方式导入 Avro：

```
<dependency>
   <groupId>org.apache.avro</groupId>
   <artifactId>avro</artifactId>
   <version>1.7.7</version>
</dependency>
```

可以创建一个模式并生成 `Scala` 代码，并且可以使用该模式将数据写入 Avro。第 3 章将对此进行详细说明。

1.4.6 Apache NiFi

Apache NiFi 源自美国国家安全局（NSA），它作为 NSA 技术转让计划的一部分于 2014 年开源发布。NiFi 可在简单的用户界面内生成可扩展的数据路由和转换的有向图，它还支持数据来源、众多的预构建处理程序，以及快速高效地构建新处理程序的能力。它具有优先级，可调传输容差和背压功能，允许用户根据特定要求调整处理程序和管道，甚至允许在运行时进行数据流修改。这些功能加起来，构成了一个非常灵活的工具，可以构建从一次性文件下载数据流到企业级 ETL 管道的所有流程。使用 NiFi 构建管道和下载文件通常比编写快速 bash 脚本更快，而这一方式还添加了功能丰富的处理程序，强烈推荐读者使用它。

1．优点

下面介绍的是 Apache NiFi 的优点。

- 处理范围广泛。
- 中心辐射型架构。
- 图形用户界面（GUI）。
- 可扩展。
- 简化并行处理。
- 简化线程处理。
- 允许运行时修改数据流。
- 通过集群进行冗余。

2．缺点

以下是 Apache NiFi 的缺点。

- 没有跨领域的错误处理。
- 仅部分实现表达式语言。
- 缺乏流文件版本管理。

3．安装

Apache NiFi 可以与 Hortonworks 一起安装，被称为 Hortonworks 数据流；也可以在 Kafka 的 NiFi 官网上下载后单独安装。第 2 章将对 NiFi 进行介绍。

1.4.7 Apache YARN

YARN 是 Hadoop 2.0 的主要组成部分，它允许 Hadoop 插入处理范式，不局限于原始的 MapReduce。YARN 有 3 个主要组件：资源管理器、节点管理器和应用程序管理器。深入介绍 YARN 超出了本书的主要范围，我们要了解的重点是，如果运行一个 Hadoop 集群，那么 Spark 作业可以通过 YARN 在客户端模式下执行，如下所示：

```
spark-submit --class package.Class /
             --master yarn /
             --deploy-mode client [options] <app jar> [app options]
```

1. 优点

下面介绍的是 Apache YARN 的优点。

- 支持 Spark。
- 支持优先调度。
- 支持数据局部性。
- 作业历史存档。
- 在 HDP 中开箱即用。

2. 缺点

以下是 Apache YARN 的缺点。

- 没有 CPU 资源控制。
- 不支持数据沿袭。

3. 安装

YARN 可以作为 Hadoop 的一部分进行安装，也可以作为 Hortonworks HDP、Apache Hadoop 的一部分进行安装，或者作为其他供应商的一部分进行安装。无论如何，安装 YARN 至少应该包括以下组件。

- 资源管理器。
- 节点管理器（1 个或更多）。

要确保 Spark 可以使用 YARN，需要知道 `yarn-site.xml` 的位置，可以在 Spark 配置中对 YARN_CONF_DIR 配置参数进行设置。

1.4.8 Apache Lucene

Lucene 最初是一个使用 Java 编写的索引和搜索库等工具，但现在已经应用于包括

Python 在内的其他几种语言上。Lucene 孵化了许多子项目，包括 Mahout、Nutch 和 Tika。现在这些项目已成为顶级 Apache 项目，而 Solr 最近成为 Lucene 的一个子项目。Lucene 具有很多功能，而应用于问答搜索引擎和信息检索系统的功能尤为知名。

1. 优点

下面介绍的是 Apache Lucene 的优点。

- 高效的全文搜索功能。
- 可扩展。
- 支持多语言。
- 出色的开箱即用功能。

2. 缺点

Apache Lucene 的缺点是数据库通常更适用于关系操作。

3. 安装

想了解更多信息并直接与数据库交互，可以在 Lucene 官网上下载相关资料。

如果要使用 Lucene，只需要在项目中包含 `lucene-core-<version>.jar` 即可，例如在使用 Maven 时，代码如下所示：

```
<dependency>
    <groupId>org.apache.lucene</groupId>
    <artifactId>lucene-core</artifactId>
    <version>6.1.0</version>
</dependency>
```

1.4.9 Kibana

Kibana 是一个分析与可视化平台，还提供图表和流数据汇总。因为它将 Elasticsearch 作为其数据源（后者又使用 Lucene），所以有着非常强的大规模搜索和索引能力。Kibana 能以多种方式对数据进行可视化，包括条形图、直方图和地图等。本章末尾简要介绍 Kibana，它将在本书中广泛使用。

1. 优点

下面介绍 Kibana 的优点。

- 大规模地可视化数据。
- 具有直观的界面，可以快速开发仪表盘。

2. 缺点

以下是 Kibana 的缺点。

- 仅与 Elasticsearch 集成。
- Kibana 版本仅与相应的特定 Elasticsearch 版本相配套。

3. 安装

Kibana 有自己的 Web 服务器，因此用户可以很容易地在 Kibana 的官网上下载后单独安装。由于 Kibana 需要 Elasticsearch，因此还需要安装对应版本的 Elasticsearch，具体细节请参阅 Kibana 官网。Kibana 的配置在 `config/kibana.yml` 中修改。

1.4.10 Elasticsearch

Elasticsearch 是一个基于 Lucene（见前文介绍）和 Web 的搜索引擎，它提供了面向模式自由 JSON 文档的分布式、多租户全文搜索引擎。它是用 Java 编写的，但用户可以用任意语言使用其 HTTP Web 接口，这使它特别适用于处理事务或执行数据密集型指令并通过网页展示结果。

1. 优点

下面介绍的是 Elasticsearch 的优点。

- 分布式。
- 模式自由。
- HTTP 接口。

2. 缺点

以下是 Elasticsearch 的缺点。

- 缺乏前端工具。

3. 安装

可以在 Elastic 官网上下载 Elasticsearch，要对 REST API 进行访问，可以导入 Maven 依赖项：

```
<dependency>
    <groupId>org.elasticsearch</groupId>
    <artifactId>elasticsearch-spark_2.10</artifactId>
    <version>2.2.0-m1</version>
</dependency>
```

有一个很好的工具可以帮助你管理 Elasticsearch 内容，就是在谷歌浏览器应用商店中下载谷歌浏览器插件 Sense（译者注：Sense 插件已经被谷歌浏览器应用商店下架，建议改用 Kibana 控制台，如确定需要使用 Sense 请在 GitHub 官方网站搜索 sense-chrome，然后根据说明安装使用）。

1.4.11 Accumulo

Accumulo 是一个基于 Google Bigtable 设计的 No SQL 数据库，最初由美国国家安全局开发，随后于 2011 年发布到 Apache 社区。Accumulo 提供了常用的大数据处理技术，如批量加载和并行读取、用于高效服务器和客户端预计算的迭代器、数据聚合，最重要的是还具有单元级安全性。Accumulo 的安全性使其对企业级应用来说非常有用，因为它可以在多租户环境中具有灵活的安全性。Accumulo 和 Kafka 一样由 Apache ZooKeeper 提供支持，它还使用了 Apache Thrift 来提供跨语言远程过程调用（RPC）功能。

1. 优点

下面介绍的是 Accumulo 的优点。

- Google Bigtable 的纯净实现。
- 具有单元级安全性。
- 可扩展。
- 提供冗余。
- 为服务端计算提供迭代器。

2. 缺点

以下介绍 Accumulo 的缺点。

- 在开发运维人员使用的技术中 ZooKeeper 不算流行。
- 对于批量关系操作，不能保证 Accumulo 一直是最佳的选择。

3. 安装

Accumulo 可以作为 Hortonworks HDP 的一部分安装，也可以在 Apache 的 Accumulo 官网上下载后单独安装。在编写实例时需要根据 Accumulo 官网上的安装文档进行配置。

第 7 章将演示如何通过 Spark 来使用 Accumulo，以及类似迭代器和输入格式的高级功能，还将展示如何在 Elasticsearch 和 Accumulo 之间处理数据。

1.5 小结

本章介绍了数据架构的概念，并说明了如何将数据管理职责划分为有助于在整个生命周期中管理数据的各个功能。具体来说，所有数据处理都需要一定层次的处理，无论是由公司规则规定还是用其他方式强制执行，如果缺乏这些处理，分析及其结果很快就会失效。

本章结合数据架构简单地介绍了各个组件及其各自的优点和缺点，并基于共同经验解释了我们的选择。实际上，在选择组件时总会有多个可选项，在做任何选择之前应仔细考虑组件各自的功能。

第 2 章将深入探讨如何寻求和获取数据，就如何将数据导入平台以及在通过管道加工和处理数据这方面进行探讨。

第 2 章 数据获取

一名数据科学家最重要的任务之一就是将数据加载到数据科学平台上。不同于那些不可控的、临时性的过程，本章讲解的是在 Spark 中，通用的数据采集管道可以被构造成可重复使用的组件，跨越多路输入数据流。我们演示一种配置，教大家如何在各种不同的运行条件下传递重要的馈送管理信息。

读者将学习如何构建内容登记、使用它来追踪所有加载到系统中的输入、传递采集管道的指标，这样这些流就能自动可靠地运行，无须人工干预。

在这一章里，我们将探讨以下主题。

- 数据管道。
- 通用采集框架。
- 介绍全球事件、语言和语调数据库——GDELT 数据集。
- 实时监控新数据。
- Kafka 接收流数据。
- 登记新内容，为追踪构建存储。
- 在 Kibana 中将内容指标可视化，以监控采集进程和数据健康度。

2.1 数据管道

即使是做最基本的分析，我们也需要一些数据。事实上，找到正确的数据可能是数据科学中最难解决的问题之一。第 1 章已经介绍过，我们获得数据的方式可以是简单的，也可以是复杂的，一切都取决于需求。在实践中，我们将这个决策分成两种不同的种类：临时性的和预定的。

- 临时性的数据获取。对于原型设计和小规模分析，这是最常采用的方法，因为它在实施时通常不需要任何额外的软件。用户想获取一些数据，在需要时从数据源下载即可。这种方法通常就是单击 Web 链接，将数据存储在方便读取的地方，尽管数据可能仍然需要版本控制。
- 预定的数据获取。在可控环境下，进行大规模生产分析；还有一种很好的场景：将数据集采集到数据湖以备将来使用。随着物联网（IoT）的大规模发展，许多场景产生了大量数据，如果数据没有被及时采集，它将永远消失。这些数据中的大部分在当前还没有明显的用途，但是将来可能会有，所以我们得有这样的心态：只要有需要，就收集所有的数据；只有在我们确信它一定没用时，才删除它。

显然，我们需要灵活的方法来支持各种各样的数据获取选项。

2.1.1 通用采集框架

有许多方法来获取数据，包括系统自带的 bash 脚本以及高端的商业工具。本节的目的是介绍一个高度灵活的框架，我们用它来进行小规模的数据采集，然后当我们的需求变化多端时，它可以扩展为一个完整的、可协同管理的工作流。该框架采用 Apache NiFi 进行构建。通过 NiFi 我们能够建立大规模的、集成的数据管道，可以在全球范围内移动数据。此外，它还具备很好的灵活性，易于构建的流水线，甚至比使用 bash 或一些传统的脚本方法更快。

如果基于许多因素而采用临时性的数据获取方法来从数据源中获取相同的数据集，应该认真考虑是否换用预定的数据获取方法，或者至少选用更健壮的存储方式，并引入版本控制。

我们选择使用 Apache NiFi，因为它提供了这样一种解决方案：可以创建许多不同复杂程度的管道，可以扩展到真正的大数据和物联网水平。它还提供了一个好用的拖放界面（使用所谓基于流程的编程）。在工作流生成的模式、模板和模块的帮助下，它能自动处理许多在传统上一直困扰开发者的复杂特性问题，如多线程、连接管理和可扩展性的处理等。而对我们来说，它将帮助我们快速建立简单的管道原型，并在需要的时候扩展到全功能版本。

它的文档组织得很好，参照 NiFi 官方网站上的信息，你可以轻松地让它运行起来，它在浏览器里的运行界面如图 2-1 所示。

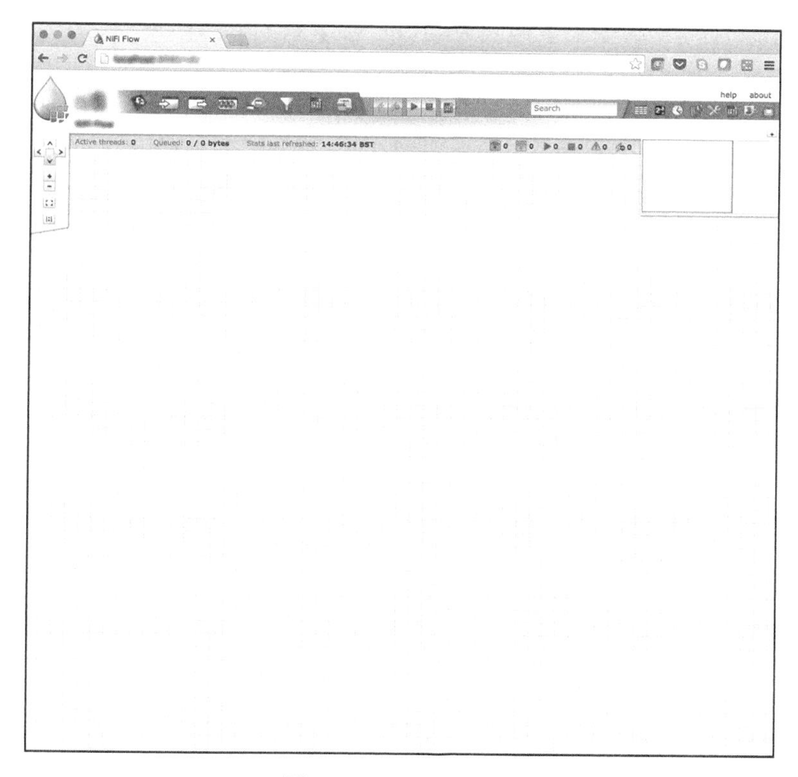

图 2-1 NiFi 运行界面

这里我们鼓励读者将 NiFi 的安装作为练习，后续章节中我们会用到它。

2.1.2 GDELT 数据集简介

现在 NiFi 已经在运行，我们可以开始采集数据了。让我们从 GDELT 的全球新闻媒体数据开始，在 GDELT 网站中能找到以下简要说明。

“在 15 分钟内，GDELT 监控世界各地突发的新闻报道，对其进行翻译，处理识别出所有的事件、计数、引文、人物、组织、地点、主题、情感、相关图像、视频和嵌入的社交媒体帖子，将它放到全局上下文中，并通过一个实时开放的元数据管道，使这些数据可用于全球的开放式研究。

作为全球最大的情感分析应用，我们希望跨越众多语言和学科的边界、汇集众多情感和主题维度，并将其应用于全球的实时突发新闻中，这将帮助我们在如何理解情感方面进入全新时代，它可以帮助我们更好地了解如何语境化、解释、响应以及理解全球事件。”

我想你会认同，这是很有挑战性的事！因此，不要拖延。暂停一下，这里不再进行详细说明了，我们会采用比说明更直接的方式。在接下来的章节中使用它们时，我们将详细介绍 GDELT 的方方面面。

要开始处理这些开放数据，我们需要深入元数据管道，将新闻流采集到平台里。我们该怎么做呢？先从寻找可用数据开始吧。

1．实时探索 GDELT

GDELT 网站上会发布最新文件的列表，这个列表每 15 分钟更新一次。在 NiFi 里，我们可以建立一个数据流，它以这个列表为来源对 GDELT 网站进行轮询，获取文件并保存到 HDFS，以便以后使用。

在 NiFi 数据流设计器里，通过将一个处理器拖曳到画布里来创建一个 HTTP 连接器，然后选择 `GetHTTP` 功能，如图 2-2 所示。

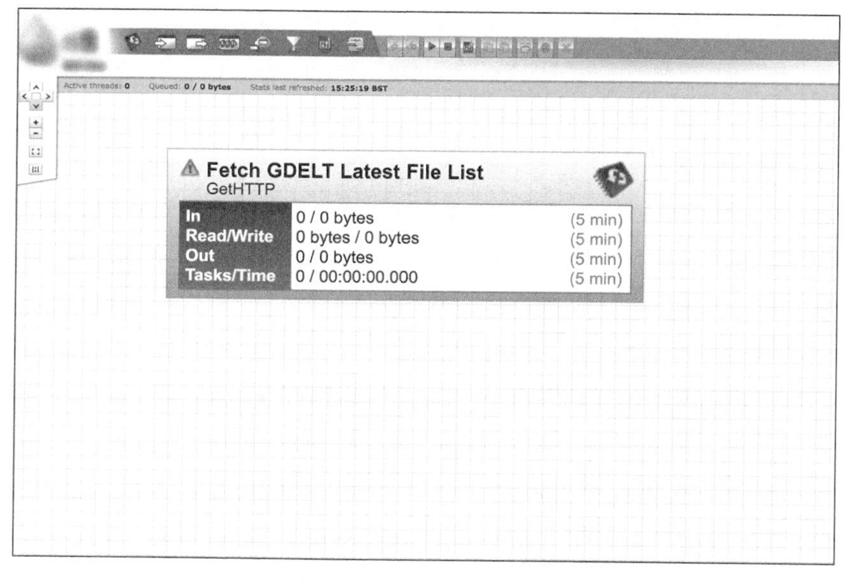

图 2-2　NiFi 数据流设计器

为了配置这个处理器，你要输入文件列表的 URL：

```
http://data.gdeltproject.org/gdeltv2/lastupdate.txt
```

此外，还要为下载的文件列表提供一个临时文件名。在本例中，我们使用 NiFi 的表达式语言 UUID() 来生成一个通用的唯一键值，以确保文件不会被覆盖，如图 2-3 所示。

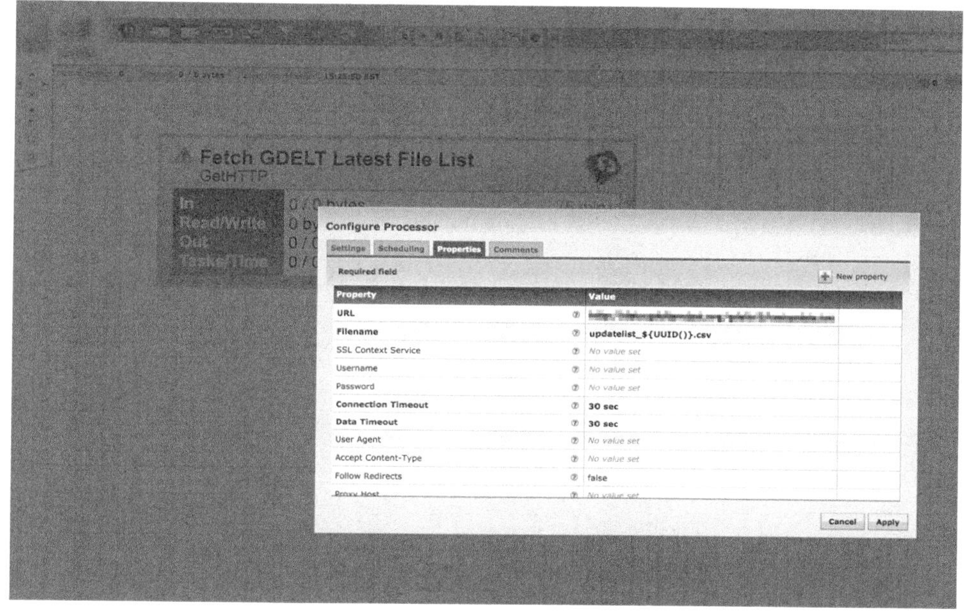

图 2-3 NiFi 处理器配置

值得注意的是，对于这种类型的处理器（GetHTTP 方法），NiFi 支持多种用于轮询和检索的调度和定时选项。现在，我们先使用默认选项，让 NiFi 为我们管理轮询间隔。

图 2-4 展示了 GDELT 中的一个最新文件列表示例。

图 2-4 GDELT 最新文件列表示例

接下来，我们将解析全球知识图（GKG）新闻流的统一资源定位符（URL），以便稍后能获取它。将处理器拖曳到画布上，创建一个正则表达式解析器，然后选择 ExtractText。现在，在现有处理器下面放置一个新处理器，并在上下两个处理器之间直接拖曳出一条连线。最后在弹出的连接对话框里选择 success 关系。

操作示例如图 2-5 所示。

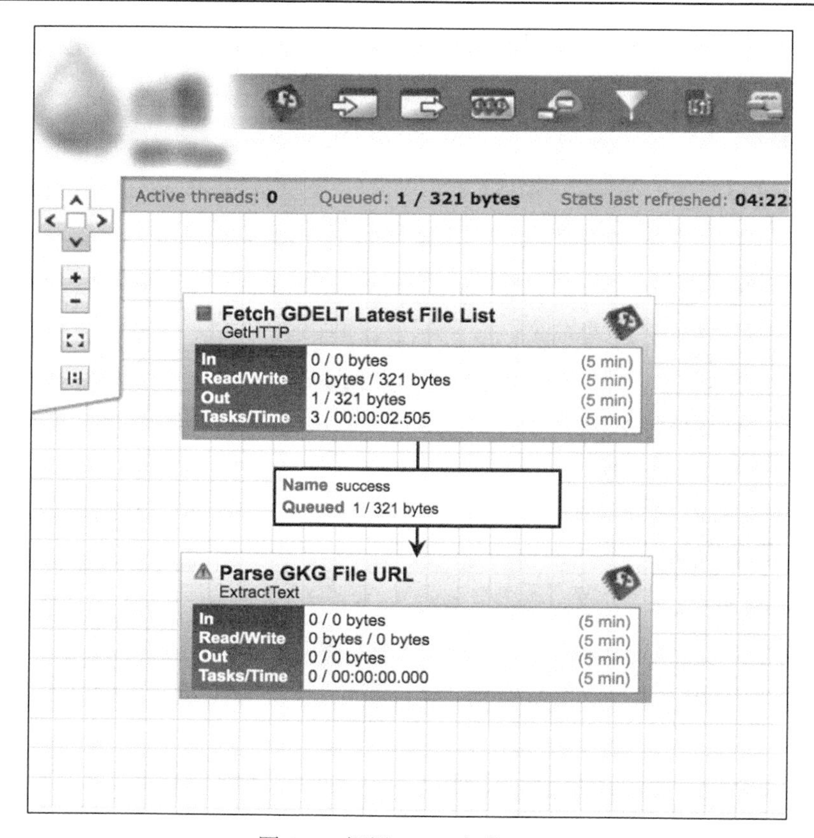

图 2-5　解析 GKG 文件 URL

接下来，配置 ExtractText 处理器，使用正则表达式对文件列表中的相关文本进行匹配，例如：

```
([^ ]*gkg.csv.*)
```

基于这个正则表达式，NiFi 将创建一个与流设计相关联的新属性（本例中为 url），它将在每个特定实例通过流的时候，获取一个新值。它甚至可以被配置为支持多线程，示例如图 2-6 所示。

值得注意的是，虽然这是一个相当具体的例子，但该技术是为通用目标设计的，可以在许多情况下使用。

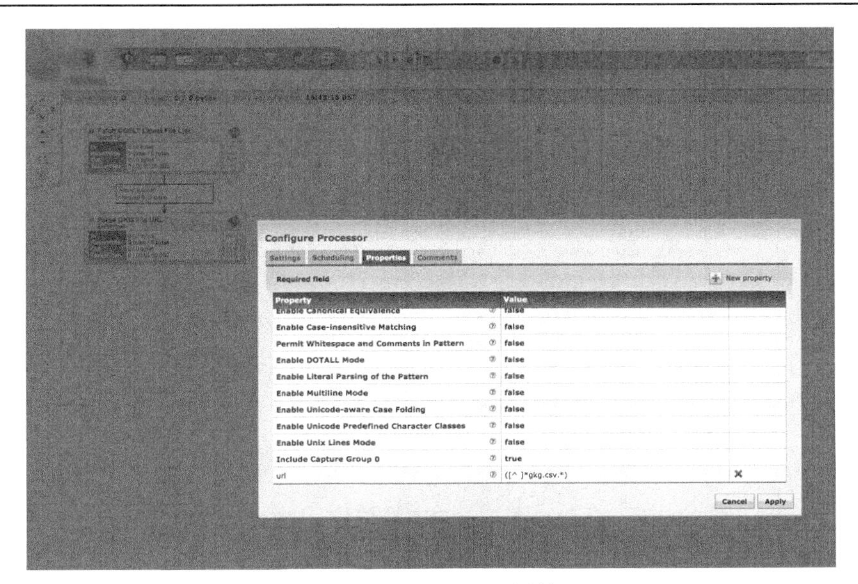

图 2-6 配置处理器属性

2. 首个 GDELT 流

现在我们已经有了 GKG 流的 URL，就可以通过配置一个 `InvokeHTTP` 处理器来获取它。使用之前创建的 `url` 属性作为远程端点，像之前的示例中那样，通过拖放连线来进行操作，如图 2-7 所示。

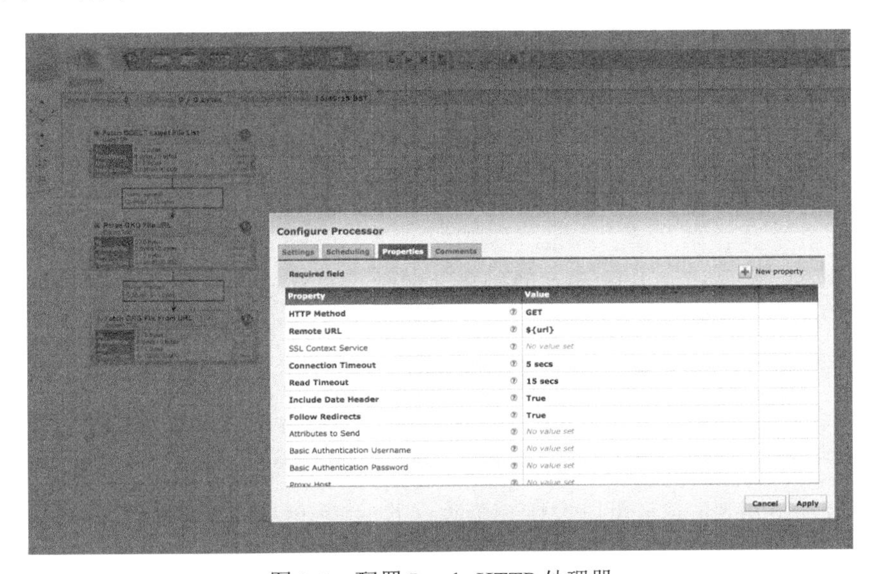

图 2-7 配置 InvokeHTTP 处理器

剩下的就是用一个 `UnpackContent` 处理器来解压压缩的内容（使用基本的 `.zip` 格式），并使用 `PutHDFS` 处理器保存内容到 HDFS，如图 2-8 所示。

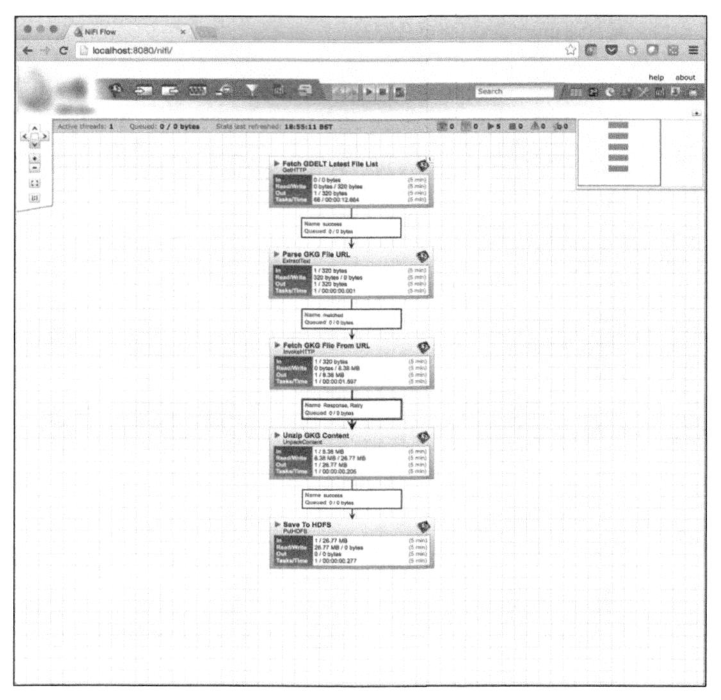

图 2-8　配置压缩和保存处理器

3. 通过发布和订阅进行改进

到目前为止，这个流程看起来是点到点的模式，也就是说，如果我们引入一个新的数据消费者，例如 Spark-streaming 作业，那么这个流就必须改变。流设计可能如图 2-9 所示。

如果再加一个数据消费者，流就必须再次改变。事实上，每添加一个新的消费者，流就会变得更复杂，特别是要加入所有的错误处理时。显然这并不令人满意，因为引入或移除数据的消费者（或生产者）可能是我们的日常操作，甚至是高频操作。另外，保持流程尽可能简单和可重复使用也是一种更好的策略。

因此，我们不直接将其写入 HDFS，而是采用更灵活的模式，将其发布到 Apache Kafka。这样，我们可以随时新增或删除消费者，而不用改变数据采集管道。在需要时，我们也可以从 Kafka 写入 HDFS，甚至可以设计一个独立的 NiFi 流，或者直接用 Spark-streaming 连接到 Kafka。

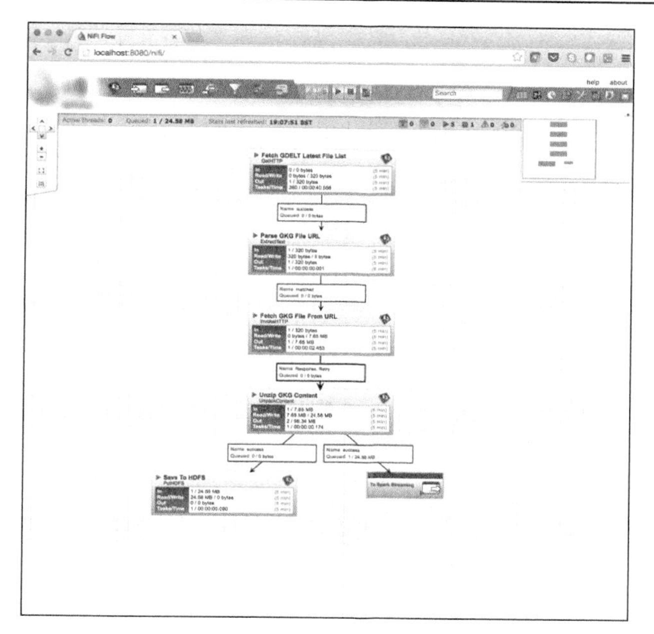

图 2-9 引入新的数据消费者的流设计

为了演示，我们可以将一个处理器拖曳到画布里，选择 `PutKafka`，以此创建一个 Kafka 写入器，如图 2-10 所示。

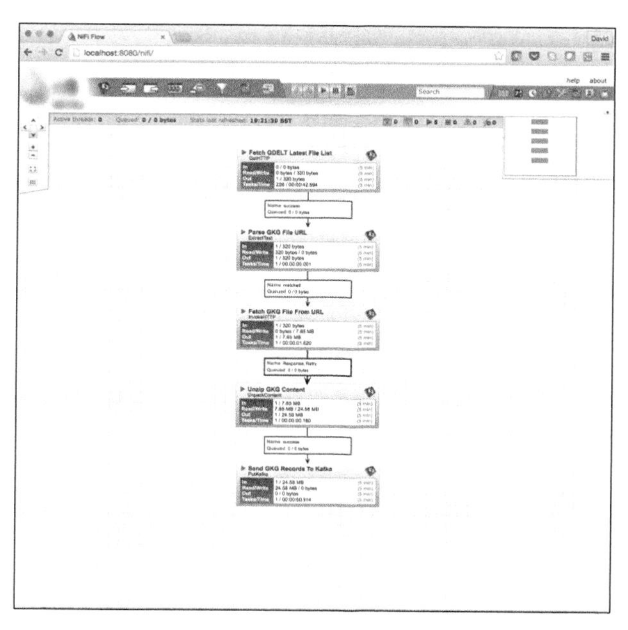

图 2-10 创建一个 Kafka 写入器

现在，我们已经得到一个简单的流，它可以连续地轮询可用文件列表。在 Web 可用时，定期检索新流的最新副本、解压缩内容，并将记录逐条流式传输到 Kafka 中，形成一个持久的、可容错的、分布式的消息队列，供 Spark-streaming 处理，或存储在 HDFS 中。更重要的是，我们连一行 bash 脚本代码都不用写！

2.2 内容登记

本章曾经提到过，数据采集是一个经常被忽略的领域，其实它的重要性不容低估。目前，我们已有了一条管道，可以从数据源采集数据，对采集过程进行调度，并将数据引导到选用的存储库中。但“故事”并不会就此结束。现在我们有了数据，接下来就要履行数据管理职责了。这就要引入内容登记。

对于采集到的数据，我们将建立一个与其相关的元数据索引。数据本身仍将定向存储（在示例中是 HDFS），除此之外，我们将存储有关数据的元数据，这样就可以追踪接收到的数据，了解其基本信息。例如，何时收到它，它来自哪里，它有多大，它是什么类型的，等等。

2.2.1 选择和更多选择

选用哪种技术来存储元数据，主要是依赖知识和经验进行选择。对于元数据索引，至少需要具备以下特性。

- 易于检索。
- 可扩展。
- 具有并行写入能力。
- 支持冗余。

满足以上要求的技术方案有很多，例如，我们可以将元数据写入 Parquet、存储在 HDFS 里、使用 Spark SQL 进行检索。不过，这里我们选用的是 Elasticsearch，它能更好地满足以上条件。最值得注意的是，它可以通过 REST API 对元数据进行低延迟查询，这对于创建仪表盘非常有用。实际上，Elasticsearch 还有一个优势是直接集成了 Kibana，这意味着它可以为内容登记快速生成丰富的可视化。基于这些理由，我们将使用 Elasticsearch。

2.2.2 随流而行

采用当前的 NiFi 管道流，让我们从“从 URL 获取 GKG 文件”（Fetch GKG files from URL）

的输出里分出一点，以添加一组额外的步骤，允许我们捕获并存储元数据到 Elasticsearch 中。步骤如下。

- 用元数据模型替换流的内容。
- 捕获元数据。
- 直接存储到 Elasticsearch 中。

上述步骤在 NiFi 里的操作结果界面如图 2-11 所示。

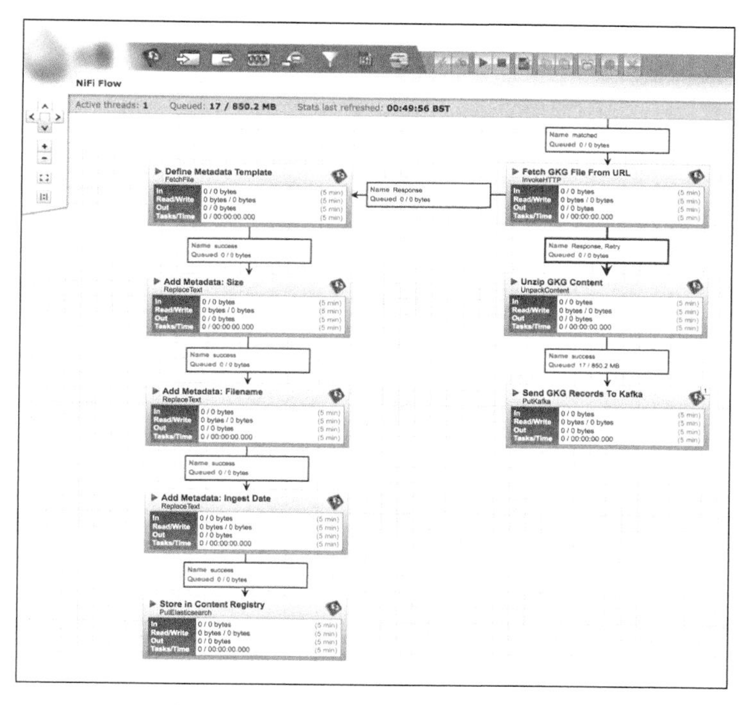

图 2-11　将元数据保存到 Elasticsearch

2.2.3　元数据模型

因此，第一步就是要定义元数据模型。要考虑的方面很多，但是，让我们先选择一个集合，以帮助解决前面讨论的几个关键点。这会为将来进一步增加数据提供良好的基础。我们先从简单的入手，使用以下 3 个属性。

- 文件大小。
- 采集日期。

- 文件名。

以上属性就提供了接收到的文件的基本登记信息。

接下来，我们需要在NiFi流内部用这个新的元数据模型替换实际数据内容。有一个简单的方法：从模型中创建一个 JSON 模板文件。我们将它保存到本地磁盘上，并在 `FetchFile` 处理器中使用它，用骨架对象来替换流的内容。模板内容大致如下：

```
{
  "FileSize": SIZE,
  "FileName": "FILENAME",
  "IngestedDate": "DATE"
}
```

请注意，占位符名称（`SIZE`，`FILENAME`，`DATE`）代替了属性的值。这些会被逐个替换，替换顺序由 `ReplaceText` 处理器的序列控制，NiFi的表达语言通过正则表达式将占位符名称替换为适当的流属性，例如将 `Date` 替换为`${now()}`。

最后一个步骤是将新的元数据载荷输出到Elasticsearch中，NiFi通过一个叫作 `PutElasticsearch` 的处理器来进行这个操作。

下面是Elasticsearch中的一个元数据实体示例：

```
{
    "_index": "gkg",
    "_type": "files",
    "_id": "AVZHCvGIV6x-JwdgvCzW",
    "_score": 1,
    "source": {
       "FileSize": 11279827,
       "FileName": "20150218233000.gkg.csv.zip",
       "IngestedDate": "2016-08-01T17:43:00+01:00"
    }
```

现在我们已经拥有了收集和查询元数据的能力，并可以获取更多可用于分析的统计数据，包括以下内容。

- 基于时间的分析，例如随着时间推移文件的大小变化。
- 数据丢失，例如在时间轴上是否有数据空洞。

如果需要特定的分析，则NiFi元数据组件可以进行调整，以便提供相关数据点。事实上，可以构建一个分析平台来查看历史数据，如果当前数据中不存在元数据，则据此更新相应的索引。

2.2.4 Kibana 仪表盘

前文已经多次提到 Kibana。现在 Elasticsearch 中有一个元数据的索引，我们可以使用这个工具来对一些分析进行可视化。这个简要介绍的目的是证明我们可以立即对数据进行建模和可视化。要了解在更复杂的场景中如何使用 Kibana，请阅读第 9 章的相关内容。在这个简单的示例中，我们要完成以下步骤。

- 在“设置”选项卡中为 GDELT 元数据添加 Elasticsearch 索引。
- 在“发现”选项卡下选定“文件大小”。
- 为“文件大小”选择“可视化”。
- 将“聚合字段”更改为“范围”。
- 输入“范围”的值。

生成的图表展示了文件大小的分布情况，如图 2-12 所示。

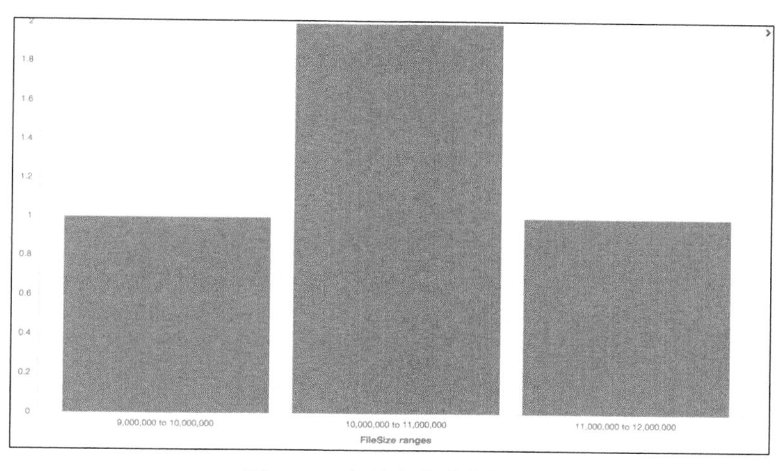

图 2-12 文件大小分布情况

至此，我们可以自由地创建新的可视化，甚至可以构建一个功能齐全的仪表盘，用来监控文件采集的状态。通过增加从 NiFi 写入 Elasticsearch 的元数据的多样性，我们可以在 Kibana 中探索更多的领域，甚至获得一些基于采集的可行的见解，从而开始我们的数据科学旅程。

现在，我们已经有了一个功能齐全的数据管道，它能提供实时的数据流，那该如何确保正在接收的载荷数据的质量？下面我们来看看有什么方法。

2.3 质量保证

具备了初步的数据采集能力，数据流可以传输到平台中，你必须做出判断，到底在“前门”需要多少质量保证才合适。一开始不做任何质量控制，随着时间线（只要追溯历史数据的时间和资源允许）逐步进行构建是完全可行的。不过，更谨慎的做法是从一开始就设置一个基本的检查级别。一些基本指标如文件完整性、奇偶校验、完备性、校验和、类型检查、字段计数、过期文件、安全字段预填充、非规范化等检查。

请注意，不要花太长时间在前端检查上。由于检查的严格程度和数据集大小的原因，下一个数据集到来之前没有足够的时间执行所有处理的情况并非罕见。你必须一直监控集群的资源，并计算如何最高效地利用时间。

下面介绍一些粗略容量规划计算的案例。

2.3.1 案例1——基本质量检查，无争用用户

- 每15min采集一次数据，从数据源获取数据耗时1min。
- 质量检查（完整性、字段计数、字段预填充）需要4min。
- 服务器集群上没有其他用户。

有10min的资源可用于其他任务。

由于集群上没有其他用户，这是令人满意的，因为不需要采取任何行动。

2.3.2 案例2——进阶质量检查，无争用用户

- 每15min采集一次数据，从数据源获取数据耗时1min。
- 质量检查（完整性、字段计数、字段预填充、非规范化、构建子数据集）需要13min。
- 服务器集群上没有其他用户。

只有1min的资源可用于其他任务。

你得考虑一下，采取下列策略之一。

- 配置资源调度策略。

- 减少采集的数据量。
- 减少承担的处理数量。
- 向集群中添加额外的计算资源。

2.3.3 案例 3——基本质量检查，50%使用率争用用户

- 每 15min 采集一次数据，从数据源获取数据耗时 1min。
- 质量检查（完整性、字段计数、字段预填充）需要 4min（100%使用率）。
- 服务器集群上有其他用户。

有 6min（15−1−(4×(100÷50))=6）的资源可用于其他任务。由于集群上还有其他用户，就存在着风险，至少在某些时段，我们可能无法完成处理过程，这将会导致作业积压。

当遇到问题的时候，为了避免任何积压，你有许多选择，选项如下。

- 在特定的时间内单独使用资源。
- 配置资源调度策略，如下。
    - YARN 公平调度：允许定义不同的队列优先级。通过在启动时给 Spark 作业标识 `spark.yarn.queue` 属性，这样你的作业能获得优先权。
    - 动态资源分配：允许并行运行作业，自动调整以匹配它们的利用率。
    - Spark 调度池：允许在通过使用多线程模型共享 SparkContext 时定义队列。给每个执行的线程设置 `spark.scheduler.pool` 属性，以此标识 Spark 作业，这样你的线程能获得优先权。
    - 当没人使用时，集群会彻夜处理你的作业。

无论如何，最终你都会对作业的不同部分的运行情况有深入的了解，然后进入这样的思维模式：规划可以做些什么改变，以提高效率。投入更多的资源来解决问题，这招总是很管用，尤其是使用云服务时。不过我们更愿意鼓励优化使用现有资源——这能提供更好的扩展性，更低廉的成本，并积累数据专业技能。

2.4 小结

在这一章里，我们介绍了 Apache NiFi GDELT 采集管道的完整设置，完成了元数据分

支，并简要介绍了对结果数据的可视化。这一章节特别重要，因为 GDELT 在本书中被广泛使用，NiFi 方法是一种高效的、可扩展的、模块化的获取源数据的方式。

在第 3 章中，我们将了解在数据加载之后，通过观察其模式和格式，判断如何对它进行处理。

第3章 输入格式与模式

本章将演示如何将数据从原始格式加载到不同的模式，从而能在相同的数据上执行各种不同的下游分析。在编写分析软件或者构建一个可重用软件库时，通常需要使用固定输入类型的接口。因此，无论是扩大可能的分析类型还是重用现有的代码，还是根据不同目的在模式之间灵活地转换数据，都可以提供相当可观的下游价值。

本章的主要目标是了解 Spark 配套的数据格式特征，我们也将引入经过验证的方法来钻研数据管理的细节，从而增强数据处理能力并提高生产力。无论如何，最终你总要在某个时候正式开始进行数据处理工作，因此在编写分析时如何避免潜在的长期陷阱是非常重要的。

考虑到这一点，我们将在本章中介绍数据模式在传统意义上易于理解的领域。我们将介绍传统数据库建模的关键领域，并解释为什么其中一些基础原则仍适用于 Spark。

此外，在训练 Spark 技能的同时，我们将分析 GDELT 数据模型，并展示如何以高效和可扩展的方式存储这个大型数据集。

在这一章中，我们将探讨以下主题。

- 维度建模中 Spark 的优点和缺点。
- GDELT 模型。
- 揭开读时模式的面纱。
- Avro 对象模型。
- Parquet 存储模型。

让我们从一些最佳实践开始。

3.1 结构化的生活是美好的生活

在了解 Spark 和大数据的好处时，你可能听说过有关结构化数据、半结构化数据和非结构化数据的讨论。Spark 促进了结构化、半结构化和非结构化数据的使用，它也为这些类型数据的一致处理提供了基础。唯一的限制是数据应该是基于记录的。如果数据是基于记录的，则无论它是否是结构化组织的，都可以以相同的方式转换、增强和操作数据集。

值得注意的是，拥有非结构化数据并不一定需要采用非结构化方法。在前文中确定了探索数据集的技术后，我们可以直接深入挖掘可访问的存储数据并立即开始进行简单的性能分析。在现实情况中，这一行动通常优先于尽职调查。再强调一下，我们鼓励你在开始探索数据之前先思考几个关键领域，例如文件完整性、数据质量、调度管理、版本管理、安全性等。这些领域不应该被忽视，尤其是许多领域本身就涉及相当重要的主题。

因此，尽管我们已经在第 2 章中介绍了许多这方面的关注点，在后文中仍将继续研究，例如第 13 章。本章将关注数据输入格式和输出格式，探索一些我们可以采用的方法，来确保更好地进行数据处理和管理。

3.2 GDELT 维度建模

本书选择使用 GDELT 进行分析，因此将使用此数据集介绍我们的第一个示例。首先，让我们选择一些数据。

GDELT 有两种可用数据流：GKG 和事件。

本章将使用 GKG 数据来创建可用 Spark SQL 查询的时间序列数据集。这将为我们创建一些简单的分析软件提供一个很好的起点。

第 4 章和第 5 章将探索 GKG 的更多细节部分。然后第 7 章将通过建立自己的人物图谱来探索事件，并进行一些很棒的分析。

GDELT 模型

GDELT 已经存在了 20 多年，在此期间经历了一些重大修订。为了简单起见，我们的示例把数据范围限定在 2013 年 4 月 1 日之后，当时 GDELT 进行了重要的文件结构详细检查，引入了 GKG 文件。值得注意的是，本章介绍的原则适用于所有版本的 GDELT 数据，但是，在此日期之前的数据的特定模式和统一资源标识符（URI）可能与本章介绍的有所不同。我们将使用的版本是 GDELT V2.1，这是本书编写时的最新版本，注意，该版本与 GDELT 2.0 略有不同。

GKG 数据中有两种数据类型，如下所示。

- 整个知识图及其所有字段。
- 包含一组预定义类别的图的子集。

我们先来看看第一种。

1．查看数据的第一步

我们在第 2 章中讨论了如何下载 GDELT 数据，因此如果你已经配置了 NiFi 管道以下载 GKG 数据，请确保它在 HDFS 中可用。但是，如果你尚未完成本章的任务，那么我们建议你先完成 NiFi 配置，因为它解释了为什么你应该采用结构化方法来获取数据。

虽然我们不遗余力地阻止你使用临时性的数据下载，不过如果你对接下来的示例有兴趣，就可以跳过使用 NiFi 这一步骤直接获取数据（为了尽快开始）。

如果你确实希望直接下载示例，以下网址提示你在哪里可以找到 GDELT V2.1 GKG 的主文件列表：

```
http://data.gdeltproject.org/gdeltv2/masterfilelist.txt
```

记下几个与`.gkg.csv.zip`匹配的最新条目，使用你喜欢的 HTTP 工具下载它们，并将它们上传到 HDFS。例如：

```
wget http://data.gdeltproject.org/gdeltv2/20150218230000.gkg.csv.zip -o log.txt
unzip 20150218230000.gkg.csv.zip
hdfs dfs -put 20150218230000.gkg.csv /data/gdelt/gkg/2015/02/21/
```

现在你已经解压缩了 CSV 文件并将其加载到 HDFS 中，让我们继续查看数据。

在加载到 HDFS 之前，实际上不需要解压缩数据。Spark 的 `TextInputFormat` 类支持压缩类型，并能够隐式地解压缩。但是，我们在第 2 章中将 NiFi 管道中的内容解压缩，是为了保持一致性。

2. 全球知识图核心模型

无论是计算方面还是人力方面，都有一些重要原则需要了解，这些原则从长远来看无疑会帮你节省时间。像许多逗号分隔值（CSV）文件一样，这个文件有一定的复杂性，如果在这个阶段不能很好地理解它，它可能会在以后的大规模数据分析中成为一个真正的问题。GDELT 文档描述了具体数据，它说明每个 CSV 行都是用换行符分隔开的，结构如图 3-1 所示。

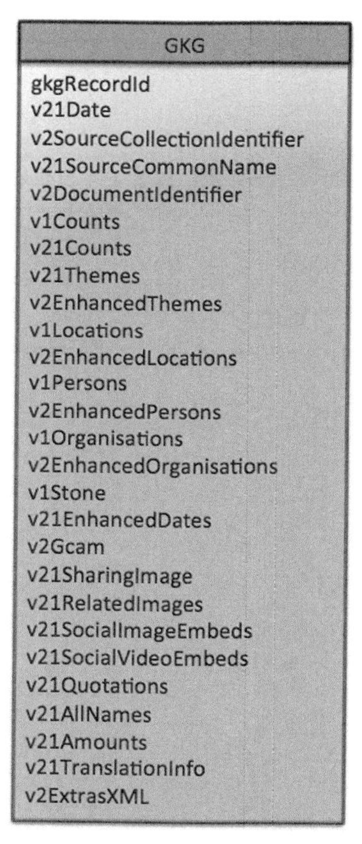

图 3-1 GDELT GKG V2.1 结构

从表面上看，这似乎是一个很好的简单模型，我们可以简单地查询字段并使用附加数据——就像我们每天导入/导出 Microsoft Excel 的 CSV 文件一样。但是，如果我们更详细地检查字段，就会发现某些字段实际上是对外部源的引用，而其他字段是扁平化数据，实际上由其他表格表示。

3. 隐藏的复杂性

GKG 核心模型中的扁平化数据结构代表隐藏的复杂性。例如，查看文档中的字段 V2GCAM，它概述了这是一系列以逗号分隔的块，其中包含由冒号分隔的键值对、代表 GCAM 变量的对以及它们各自的计数。就像这样：

```
wc:125,c2.21:4,c10.1:40,v10.1:3.21111111
```

如果引用 GCAM 规范，我们可以将其转换成表 3-1 所示的 GCAM 数据。

表 3-1 转换后的 GCAM 数据

类型	计数
WordCount	125
General Inquirer Bodypt	4
SentiWordNet	40
SentiWordNet average	3.21111111

还有一些其他字段以相同的方式工作，例如 `V2Locations`、`V2Persons`、`V2Organizations` 等。那么，这里到底发生了什么？这些嵌套结构都是什么？为什么会选择以这种方式表示数据？实际上，事实证明这是折叠**维度模型**的一种便捷的方法，它可以在单行记录中表示数据，而不会丢失任何数据或交叉引用。事实上，这是一种经常使用的技术，称为反规范化。

4. 反规范化

传统上，维度模型是包含许多事实和维度表的数据库表结构。由于在实体关系模型中呈现的形状不同，通常它被称为星型或雪花型模型。在这样的模型中，是一些可以计数或求和的值，并且值通常在给定的时间点上进行测量。由于它们通常是基于交易或重复的事件的，因此实体的数量很容易越来越大。另外，维度是信息的逻辑分组，其目的是限定或情境化事实，它们通常通过分组或聚合来提供解释事实的切入点。此外，维度可以是分层的，一维可以引用另一维。扩展的 GKG 维度结构如图 3-2 所示。

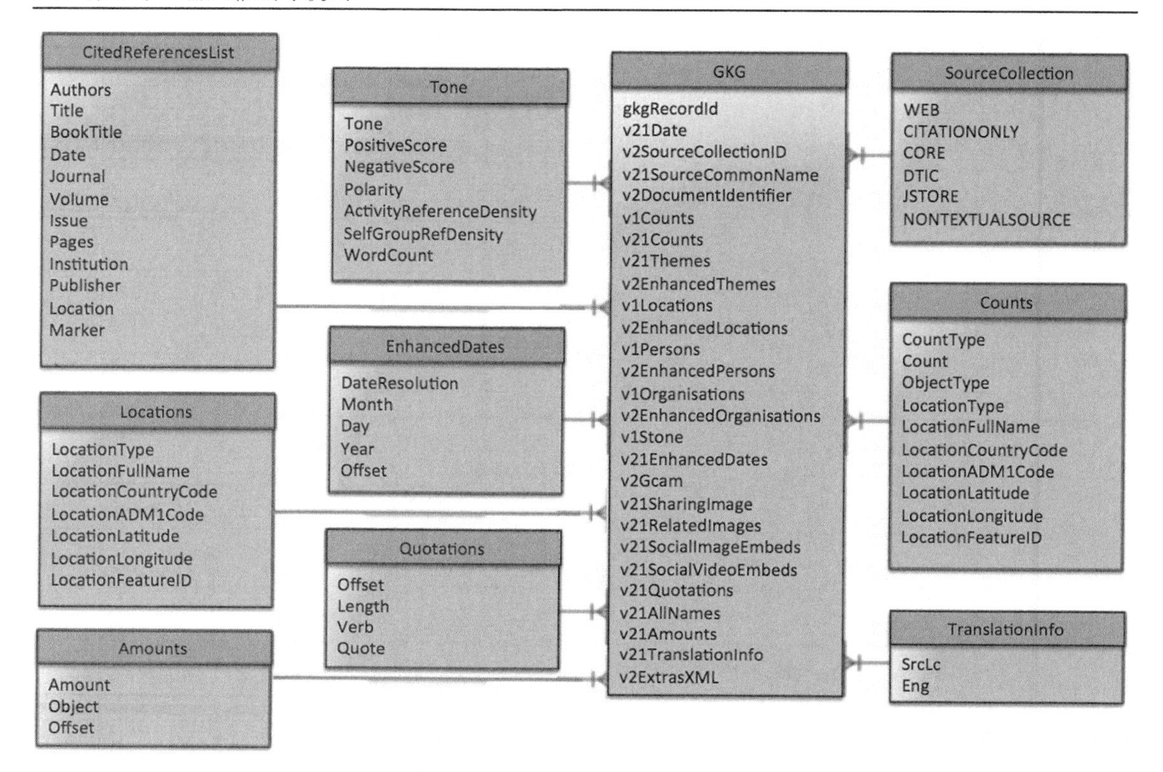

图 3-2 GDELT GKG V2.1 扩展

在我们的 GCAM 示例中，是表 3-1 中的条目，维度是 GCAM 引用自身。虽然这看起来像是一个简单的、逻辑的抽象，但这意味着我们有一个值得认真思考的重要领域：维度建模对于传统数据库来说是非常有用的，可以将数据分割成表（在这种情况下，是 GKG 和 GCAM 表），对于这些类型的数据库，从其本质上说已经得到了优化。例如，查找值的操作或聚集最初就是可用的。然而，当使用 Spark 时，我们认为理所当然的一些操作代价非常高。例如，如果我们想对数以百万计的条目的 GCAM 字段求平均值，那么我们将要执行非常大量的计算。我们将根据图 3-2 更详细地讨论这个问题。

5. 扁平化数据面临的挑战

在探索了 GKG 数据模式之后，我们现在知道分类是典型的星型模式，其中一个表引用了多个维度表。在这种层次结构下，如果我们需要以和传统数据库所允许的相同方式对数据进行切割肯定会遇到麻烦。

但究竟是什么使我们在 Spark 中难以处理这种数据？让我们看看这种数据组织存在的 3 个不同的问题。

问题 1：上下文信息丢失

首先，数据集的每个记录中使用的各种数组存在一个问题。例如，V1Locations、V1Organizations 和 V1Persons 字段都包含一个有 0 个或更多对象的列表。因为没有用于获取此信息的文本的原始主体（尽管我们有时可以获取它，如果来源是 Web、JSTOR 等，因为那些文本将包含源文档的链接），我们会失去上下文中实体之间的关系。

例如，如果数据中有[Barack Obama, David Cameron, Francois Hollande, USA, France, GB, Texaco, Esso, Shell]，那么我们可以假设原始文章与石油危机期间各国元首之间的会晤有关。然而这只是一个假设，事实可能并非如此，如果我们客观地来看，同样可以认为该文章是关于这些知名公司的。

为了帮助我们推断这些实体之间的关系，可以开发一个时间序列模型，该模型在一定时间段内获取 GDELT 字段的所有独立内容，并执行扩展连接。因此，在简单的层面上，那些更常见的实际上更有可能彼此相关，我们可以开始做出一些更具体的假设。例如，如果我们在时间序列中看到[USA, Barack Obama] 100 000 次，而[Barack Obama, France]只有 5 000 次，那么第一对数据之间很可能存在强关系，而第二对数据之间存在次级的关系。换句话说，我们可以识别脆弱的关系并在需要时将其删除。你可以大规模使用该方法，以识别明显不相关的实体之间的关系。在第 7 章中，我们使用此方法来确定一些看似不相关的人之间的关系！

问题 2：重建维度

对于任何非规范化数据，都应该可以通过重建来得到其原始维度模型。考虑到这一点，让我们来看看一个有用的 Spark 函数，它将帮助我们扩展数组并产生一个扁平化的结果，该结果被称为 DataFrame.explode，以下是一个说明性的例子：

```
case class Grouped(locations:Array[String], people:Array[String])

val group = Grouped(Array("USA","France","GB"),
       Array("Barack Obama","David Cameron", "Francois Hollande"))

val ds = Seq(group).toDS
ds.show

+-----------------+-------------------+
|        locations|             people|
+-----------------+-------------------+
|[USA, France, GB]|[Barack Obama, Da...|
+-----------------+-------------------+

val flatLocs = ds.withColumn("locations",explode($"locations"))
```

```
flatLocs.show

+---------+--------------------+
|Locations|              People|
+---------+--------------------+
|      USA|[Barack Obama, Da...|
|   France|[Barack Obama, Da...|
|       GB|[Barack Obama, Da...|
+---------+--------------------+

val flatFolk = flatLocs.withColumn("people",explode($"people"))
flatFolk.show

+---------+-----------------+
|Locations|           People|
+---------+-----------------+
|      USA|     Barack Obama|
|      USA|    David Cameron|
|      USA| Francois Hollande|
|   France|     Barack Obama|
|   France|    David Cameron|
|   France| Francois Hollande|
|       GB|     Barack Obama|
|       GB|    David Cameron|
|       GB| Francois Hollande|
+---------+-----------------+
```

使用此方法，我们可以轻松地扩展数组，然后执行分组。扩展后可以使用 DataFrame 方法聚合数据，甚至可以使用 SparkSQL 来完成，可以在 Zeppelin notebook 中找到该示例。

理解下面这一点相当重要：虽然这个函数很容易实现，但它不见得是高性能的，并且可能隐藏了底层处理的复杂性需求。在本章附带的 Zeppelin notebook 中有一个使用 GKG 数据的 explode 函数示例，如果 explode 函数没有合理的限定范围，那么该函数在内存耗尽时会返回堆空间问题。

这个函数无法解决消耗大量系统资源的问题，因此在使用时仍应注意。虽然这个一般性问题无法解决，但可以仅执行必要的分组和连接，或者提前计算并确保它们在可用资源内完成来进行管理。你甚至可能希望编写一种算法来分割数据集并按顺序执行分组，每次分割都执行一次。我们将在第 14 章中探索解决该问题的方法以及其他常见的问题。

问题 3：包含引用数据

对于这个问题，让我们看看 GDELT 事件数据，图 3-3 展开了这些数据。

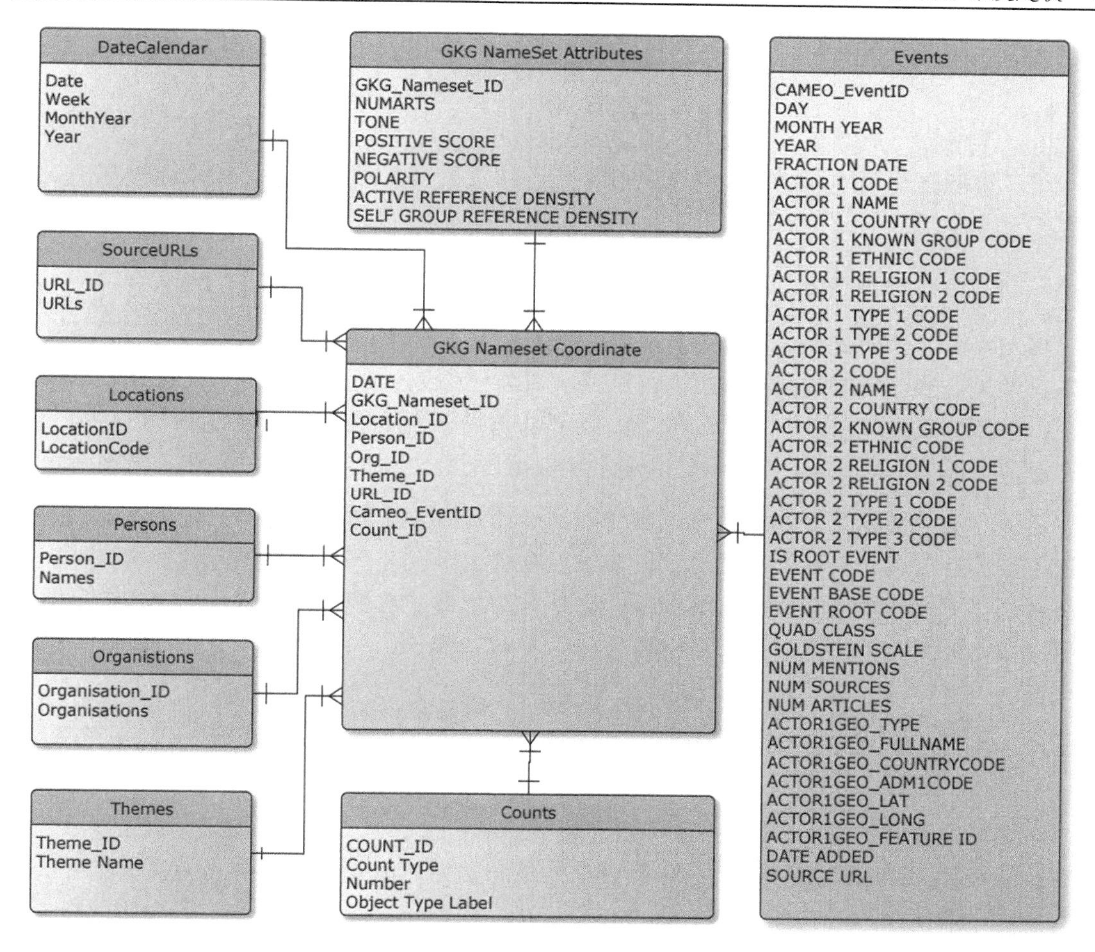

图 3-3 GDELT 事件分类

这种图示类型表示了数据中的关系，并指出了我们可能想要如何扩展它。在这里，我们看到许多字段只是代码，需要翻译回原始描述才能呈现有意义的内容。例如，为了解释 `Actor1CountryCode`（GDELT 事件），我们需要将事件数据与一个或多个提供翻译文本的单独引用数据集连接起来。在这种情况下，我们要引用 CAMEO 数据集。

这种类型的连接在大规模数据上始终存在严重问题，根据给定的使用场景有多种方法可以处理这个问题——非常重要的是在这一阶段需要准确地了解你的数据将如何使用，以及哪些连接可能需要立即进行、哪些连接可以推迟到将来再进行。

如果我们选择在处理数据之前完全反规范化或扁平化数据，那么预先进行连接是有意义的。在这种情况下，后续分析肯定会更有效，因为相关连接已经完成。

所以，在这个例子中：

```
wc:125,c2.21:4,c10.1:40,v10.1:3.21111111
```

记录中的每个代码，都有一个连接可以连接到相应的引用表，整个记录变为：

```
WordCount:125, General_Inquirer_Bodypt:4, SentiWordNet:40, SentiWordNet
average: v10.1:3.21111111
```

这是一个简单的更改，但如果在大量代码行中执行就会占用大量磁盘空间。需要权衡的是，连接必须在某些时间点执行，可能是在采集时，或者在采集后作为常规批处理作业执行；按原样采集数据是完全合理的，并且可以在用户方便的时候执行数据的扁平化。这样在任何情况下，任何分析都可以使用扁平化数据，而数据分析师无须关心这个隐藏问题。

另一方面，通常来说将连接推迟到处理的后期可能意味着需要连接的记录较少，因为管道中可能存在聚合。在这种情况下，在最后时机连接表会有优势，因为引用或维度表通常小到足以进行广播连接或映射端连接。由于这是一个非常重要的主题，我们将在后面继续研究如何采用不同方式来处理连接场景。

3.3 加载数据

正如前文叙述的那样，传统的系统工程通常采用ETL模式将数据从源头移动到目的地，而Spark往往更依赖于读时模式。由于理解这些概念如何与模式和输入格式关联非常重要，我们会更详细地介绍ETL流程，如图3-4所示。

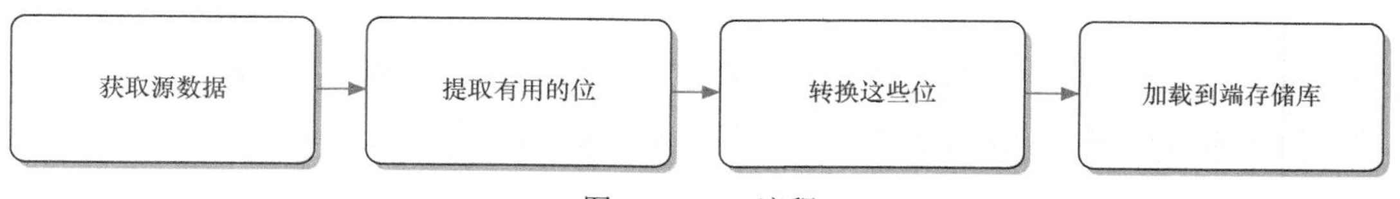

图3-4 ETL流程

从表面上看，ETL方法似乎是很有用的，事实上几乎每个存储和处理数据的组织都使用了这种方法。已经有一些非常流行的、功能丰富的产品可以很好地执行ETL任务，更不用说Apache的开源产品Apache Camel了。

然而，这种看似简单的方法掩盖了将其实现所付出的努力，即使只是实现一个简单的数据管道，也需要花费很多的精力，这是因为我们在使用这种方法之前必须确保所有数据都符合固定模式。例如，如果我们想从起始目录中采集一些数据，那么最基本的工作如下所示。

- 确保一直监测采集目录。
- 当数据到达时收集数据。
- 确保数据没有遗漏任何内容并根据预定义的规则集进行验证。
- 根据预定义的规则集提取我们感兴趣的部分数据。
- 根据预定义的模式转换这些选定的部分数据。
- 使用正确的版本模式将数据加载到端存储库（例如数据库）。
- 处理失败的记录。

我们可以立即看到一些必须处理的格式问题，如下所示。

- 我们有一个预定义的规则集，因此它必须是有版本控制的。任何错误都意味着最终数据库中的数据错误，必须通过 ETL 过程重新采集该数据以纠正错误（非常耗费时间和资源）。对入站数据集的任何格式更改都必须更改规则集。
- 对目标模式的任何更改都需要非常仔细地管理。至少，要对 ETL 中的版本控制进行更改，甚至可能需要重新处理之前部分或全部的数据（这可能是非常耗费时间和资源的过程）。
- 对端存储库的任何更改都将导致至少一次版本控制模式更改，甚至可能导致需要新的 ETL 组件（同样非常耗费时间和资源）。
- 不可避免地会有一些不良数据通过流程到达数据库。因此，管理员需要设置规则来监视表的引用完整性，以确保将损失保持在最低限度并安排重新提取损坏的数据。

如果我们现在考虑这些问题并大大增加数据的体量、速度、多样性和准确性，很容易就能看出，直通式的 ETL 系统将会迅速发展成几乎无法管理的系统。任何格式、模式和业务规则的改变都会产生负面影响。在某些情况下，由于涉及所有的处理步骤，可能没有足够的处理器和内存资源来跟上。这样在所有 ETL 步骤达成一致并且到位之前，不能采集数据。在大型公司中，在任何实施开始之前可能需要数月才能同意模式转换，从而导致大量积压甚至数据丢失。所有问题都导致一个脆弱的系统难以接受改动。

3.3.1 模式敏捷性

为了解决这个问题，读时模式鼓励我们转向一个非常简单的方法：在运行时将模式应用于数据，而不是在加载时应用模式（即在采集时）。换句话说，当数据被读入以进行处理时，将模式应用于数据。这有点简化了 ETL 流程，如图 3-5 所示。

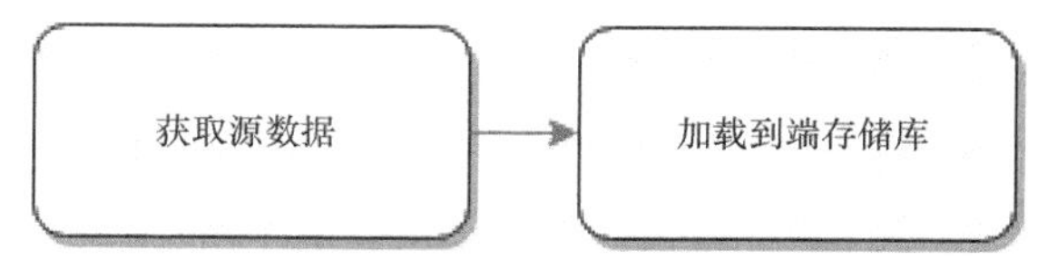

图 3-5 简化后的 ELT 流程

当然，这并不意味着你完全取消了转换步骤。只是推迟了验证、应用业务规则、错误处理、确保引用的完整性、丰富、聚合和以其他方式使模型膨胀等步骤，直到准备好再使用这些步骤。意思是，到目前为止，应该更多地了解数据还有希望使用它的方式。因此，你可以使用这些增加的数据知识来提高加载方法的效率。同样，这也需要权衡。你节省的前期处理成本，可能会在重复处理和潜在的不一致性中还回去。但是像持久性、索引、记忆和缓存等技术在这方面都有帮助。如第 2 章所述，由于处理步骤顺序的变化，这个过程通常称为 ELT。

这种方法的一个好处是，它给了你更大的自由度，允许你对任何给定用例进行表示和建模的数据的方式做出适当的决策。例如，有多种方法可以对数据进行结构化、格式化、存储、压缩或序列化，根据与你尝试解决的特定问题相关的一组特定要求，选择最合适的方法。

这种方法提供的最重要的机会之一是你可以选择数据的物理布局方式，即决定保存数据的目录结构。通常不建议将所有数据存储在单个目录中，因为随着文件数量的增加，底层文件系统需要花费更长的时间来处理它们。但是，理想情况下，我们希望能够指定尽可能最小的数据拆分以满足功能，并在所需的卷上有效地进行存储和检索。因此，应根据所需的分析和你希望获取的数据量对数据进行逻辑分组。换句话说，可以基于类型、子类型、日期、时间或一些其他的相关属性跨目录划分数据，但是同时应该确保没有单个目录承担过度的负担。在这里要实现的另一个重点是，一旦数据落地，它总是可以在以后被重新格式化或重新组织，而在 ETL 范式中，这通常要困难得多。

除此之外，ELT 还可以在**变更管理**和**版本控制**方面带来惊人的好处。例如，如果外部因素导致数据模式发生变化，你可以简单地将不同的数据加载到数据存储中的新目录，并使用灵活的模式应用到序列化库，例如 Avro 或 Parquet，它们都支持模式演变（后文将做介绍）；或者，如果特定工作的结果令人不满意，我们只需要在重新运行之前更改该工作的内部结构。这意味着模式更改可以在每个分析的基础上进行管理，而不是基于每个基础数据源，并且可以更好地隔离和管理更改带来的影响。

顺便说一下，混合方法值得考虑，特别是在关于流的用例中有用，可以在收集和采集期间完成一些处理，在运行时完成其他处理。关于使用 ETL 或 ELT 的决定并不一定是二选一。Spark 提供的功能可让你控制数据管道，这使你可以灵活地转换或持久化数据，而不是采用一刀切的方法。

确定采用哪种方法的最佳方法是从特定具体数据集的实际日常使用中学习，并相应地调整其处理方式，从而获得更多经验来识别瓶颈和脆弱处。可能还需要考虑公司的具体规则，例如需要考虑病毒扫描或数据安全性，这将决定特定的技术路线。我们将在后面对此进行更深入的研究。

现实检查

与计算机中的大多数工作一样，检查并没有什么捷径。ELT 和读时模式不会修复所有的数据格式问题，但它们是工具箱中的有用工具，一般来说，优点通常多过缺点。但值得注意的是，如果你不小心，有些情况下会遇到大麻烦。

特别是，它可以更多地参与对复杂数据模型（与数据库相对）进行的临时性分析。例如，像提取新闻文章中提到的所有城市名称的列表这样的简单情况，在 SQL 数据库中你只需要运行 `select CITY from GKG`，而在 Spark 中，你首先需要了解数据模型，解析并验证数据，然后创建相关表并即时处理任何错误，有时每次运行查询时都要这么做。

同样，这需要权衡。使用读时模式时，你将失去内置数据表示和固定模式的固有知识，但是将获得根据需要应用不同模型或视图的灵活性。像往常一样，Spark 提供了旨在帮助利用此方法的功能，例如转换、`DataFrame`、`SparkSQL` 和 REPL，如果使用得当，它们可以让你最大限度地发挥读时模式的优势。

3.3.2 GKG ELT

由于 NiFi 管道将数据写入 HDFS，我们可以充分利用读时模式并立即开始使用数据，而无须等待数据被处理。如果你希望使用更高级的方法，则可以将数据加载到可拆分或压缩格式，例如 `bzip2`（Spark 原生支持）。我们来看一个简单的例子。

HDFS 使用块系统来存储数据。为了以最有效的方式存储和利用数据，HDFS 文件会尽可能拆分。例如，如果使用 `TextOutputFormat` 类加载 CSV GDELT 文件，则大于块大小的文件将拆分到“文件大小/块大小”子块中。小于块大小的文件并不在磁盘上占用完整的块大小。

通过使用 `DataFrames`，我们可以编写 SQL 语句来探索数据，或者可以使用链接流式方法来探索数据集，但任何一种情况都需要先进行一些初始准备。

好消息是，通常这可以完全由 Spark 完成，因为它支持通过样例类使用 **Encoders** 隐式地将数据加载到数据集中，因此大多数时候你不需要过多担心内部工作。实际上，当你拥有一个相对简单的数据模型时，通常就可以定义一个样例类，将数据映射到它上面，并使用 toDS 方法将它转换为数据集。但是，在大多数实际场景中，数据模型更复杂，你将不得不编写自己的自定义解析器。自定义解析器在数据工程中并不是什么新鲜事物，在读时模式设置中，数据科学家一般都需要使用它们，因为对数据的解释是在运行时而不是加载时完成的。以下是在我们的存储库中使用自定义 GKG 解析器的示例：

```
import org.apache.spark.sql.functions._

val rdd = rawDS map GdeltParser.toCaseClass
val ds = rdd.toDS()
// DataFrame-style API
ds.agg(avg("goldstein")).as("goldstein").show()
// Dataset-style API
ds.groupBy(_.eventCode).count().show()
```

就像前面提到的那样，一旦数据完成解析，就可以在各种 Spark API 中使用它。

如果你更习惯使用 SQL，则可以定义自己的模式，注册一个表并使用 SparkSQL。在任何一种方法中，你都可以根据数据的使用方式选择加载数据的方式，从而在花时间解析方面提供更好的灵活性。例如，加载 GKG 的最基本模式是将每个字段视为字符串（String），如下所示：

```
import org.apache.spark.sql.types._

val schema = StructType(Array(
    StructField("GkgRecordId" , StringType, true),
    StructField("V21Date" , StringType, true),
    StructField("V2SrcCollectionId" , StringType, true),
    StructField("V2SrcCmnName" , StringType, true),
    StructField("V2DocId" , StringType, true),
    StructField("V1Counts" , StringType, true),
    StructField("V21Counts" , StringType, true),
    StructField("V1Themes" , StringType, true),
    StructField("V2Themes" , StringType, true),
    StructField("V1Locations" , StringType, true),
    StructField("V2Locations" , StringType, true),
    StructField("V1Persons" , StringType, true),
    StructField("V2Persons" , StringType, true),
    StructField("V1Orgs" , StringType, true),
    StructField("V2Orgs" , StringType, true),
```

```
        StructField("V15Tone" , StringType, true),
        StructField("V21Dates" , StringType, true),
        StructField("V2GCAM" , StringType, true),
        StructField("V21ShareImg" , StringType, true),
        StructField("V21RelImg" , StringType, true),
        StructField("V21SocImage" , StringType, true),
        StructField("V21SocVideo" , StringType, true),
        StructField("V21Quotations" , StringType, true),
        StructField("V21AllNames" , StringType, true),
        StructField("V21Amounts" , StringType, true),
        StructField("V21TransInfo" , StringType, true),
        StructField("V2ExtrasXML" , StringType, true)
))

val filename="path_to_your_gkg_files"

val df = spark
   .read
   .option("header", "false")
   .schema(schema)
   .option("delimiter", "t")
   .csv(filename)

df.createOrReplaceTempView("GKG")
```

现在可以执行 SQL 查询，如下所示：

```
spark.sql("SELECT V2GCAM FROM GKG LIMIT 5").show
spark.sql("SELECT AVG(GOLDSTEIN) AS GOLDSTEIN FROM GKG WHERE GOLDSTEIN IS
NOT NULL").show()
```

使用这种方法，你可以立即开始分析数据，这对许多数据工程任务很有用。准备好之后，你可以选择 GKG 记录的其他元素进行扩展。在第 4 章中我们将看到更多相关内容。

一旦有了 DataFrame，就可以通过定义样例类和转换将其转换为数据集，如下所示：

```
val ds = df.as[GdeltEntity]
```

位置事宜

值得注意的是，从 CSV 文件加载数据时，Spark 的模式匹配完全是基于位置的。这意味着，当 Spark 基于给定的分隔符对记录进行标记时，即使标题存在，它也会使用其位置将每个标记分配给模式中的字段。因此，如果在模式定义中省略了一列，或者由于数据漂移或数据版本控制而导致数据集随时间发生变化，则可能会出现未对齐的错误且 Spark 不一定会发出警告！

因此，我们建议你定期进行基本数据分析和数据质量检查，以避免这些情况。你可以使用 DataFrameStatFunctions 中的内置函数来协助解决此问题。部分例子如下所示：

```
df.describe("V1Themes").show

df.stat.freqItems(Array("V2Persons")).show

df.stat.crosstab("V2Persons","V2Locations").show
```

接下来，我们会介绍一种很好的方法，通过使用 Avro 或 Parquet 在代码中设置一些结构，这样还可以减少编写的代码量。

3.4 Avro

我们已经看到，不需要任何传统 ETL 工具就可以轻松地采集一些数据并使用 Spark 对其进行分析。虽然在模式几乎被忽略的环境中这样工作是非常有用的，但这在商业世界中是不现实的。幸而，有一个良好的中间地带——Avro，它使我们在 ETL 和无界数据处理上都具有巨大的优势。

Apache Avro 是一种序列化技术，与谷歌的 Protocol Buffer 的目标相类似。与许多其他序列化技术一样，Avro 使用模式来描述数据，但它的实用性的关键在于它提供的以下功能。

- **它将模式与数据一起存储**。这样可以实现高效存储，因为模式只在文件顶部存储一次。这也意味着即使原始类文件不再可用，数据依然可读。
- **它支持读时模式和模式演变**。这意味着它可以为读取和写入数据实现不同的模式，提供了模式版本控制的优点，每次我们希望对数据进行修改时，它没有管理开销大的缺点。
- **它与语言无关**。因此，它可以与任何允许自定义序列化框架的工具或技术一起使用。例如，对直接写入 Hive 特别有用。

由于 Avro 是附加数据存储模式，所以它是自描述的。因此，我们不必因为没有类而费力地读取数据，或者试图猜测模式的哪个版本适用，或者在最坏的情况下完全丢弃数据。而是可以简单地查询 Avro 文件以获得数据写入时所编写的模式。

Avro 还允许以可添加更改或附加的形式对模式进行修改，从而使特定实现向后兼容以前的数据。

由于 Avro 以二进制形式表示数据，因此可以更有效地进行传输和操作。此外，由于其内置的压缩，它在磁盘上占用的空间更少。

综合上述原因，Avro 是一种非常流行的序列化格式，被各种各样的技术和终端系统所使用，毫无疑问你有理由在某些时候使用它。因此，在下一节中，我们将演示两种不同的方法来读取和编写 Avro 格式的数据。第一种是优雅而简单的方法，它使用第三方专用库，称为 spark-avro；第二种是隐藏式方法，有助于理解 Avro 的机制如何工作。

3.4.1 Spark-Avro 方法

为了解决实施 Avro 的复杂性问题，spark-avro 库被开发出来。我们可以用 maven 以通用的方式导入：

```
<dependency>
    <groupId>com.databricks</groupId>
    <artifactId>spark-avro_2.11</artifactId>
    <version>3.1.0</version>
</dependency>
```

对于此实现，我们将使用 StructType 对象创建 Avro 模式，使用 RDD 转换输入数据，并创建 DataFrame。最后，使用 spark-avro 库将结果以 Avro 格式写入文件。

StructType 对象是 GkgCoreSchema 的变体，其构造如下：

```
val GkgSchema = StructType(Array(
   StructField("GkgRecordId", GkgRecordIdStruct, true),
   StructField("V21Date", LongType, true),
   StructField("V2SrcCollectionId", StringType, true),
   StructField("V2SrcCmnName", StringType, true),
   StructField("V2DocId", StringType, true),
   StructField("V1Counts", ArrayType(V1CountStruct), true),
   StructField("V21Counts", ArrayType(V21CountStruct), true),
   StructField("V1Themes", ArrayType(StringType), true),
   StructField("V2EnhancedThemes",ArrayType(EnhancedThemes),true),
   StructField("V1Locations",ArrayType(V1LocationStruct), true),
   StructField("V2Locations",ArrayType(EnhancedLocations), true),
   StructField("V1Persons", ArrayType(StringType), true),
   StructField("V2Persons",ArrayType(EnhancedPersonStruct), true),
   StructField("V1Orgs", ArrayType(StringType), true),
   StructField("V2Orgs", ArrayType(EnhancedOrgStruct), true),
   StructField("V1Stone", V1StoneStruct, true),
   StructField("V21Dates", ArrayType(V21EnhancedDateStruct), true),
   StructField("V2GCAM", ArrayType(V2GcamStruct), true),
   StructField("V21ShareImg", StringType, true),
```

```
    StructField("V21RelImg", ArrayType(StringType), true),
    StructField("V21SocImage", ArrayType(StringType), true),
    StructField("V21SocVideo", ArrayType(StringType), true),
    StructField("V21Quotations", ArrayType(QuotationStruct), true),
    StructField("V21AllNames", ArrayType(V21NameStruct), true),
    StructField("V21Amounts", ArrayType(V21AmountStruct), true),
    StructField("V21TransInfo", V21TranslationInfoStruct, true),
    StructField("V2ExtrasXML", StringType, true)
  ))
```

我们使用了许多自定义 StructTypes，可以为 GkgSchema 内联指定，但为了便于阅读我们将其简化了。

例如，GkgRecordIdStruct 是：

```
val GkgRecordIdStruct = StructType(Array(
  StructField("Date", LongType),
  StructField("TransLingual", BooleanType),
  StructField("NumberInBatch";, IntegerType)
 ))
```

在使用这个模式之前，我们必须首先将输入的 GDELT 数据解析成行来生成 RDD：

```
val gdeltRDD = sparkContext.textFile("20160101020000.gkg.csv")

val gdeltRowOfRowsRDD = gdeltRDD.map(_.split("\t"))
   .map(attributes =>
      Row(
       createGkgRecordID(attributes(0)),
       attributes(1).toLong,
       createSourceCollectionIdentifier(attributes(2),
       attributes(3),
       attributes(4),
       createV1Counts(attributes(5),
       createV21Counts(attributes(6),
       .
       .
       .
      )
   ))
```

在这里，你可以看到许多自定义解析函数，例如 createGkgRecordID，它们接收原始数据并包含用于读取和解释每个字段的逻辑。由于 GKG 字段很复杂并且常常包含嵌套的数据结构，因此我们需要一种方法将它们嵌入 Row。为了方便，Spark 允许我们将它们看作行内的行。因此，我们只需编写返回 Row 对象的解析函数，如下所示：

```
def createGkgRecordID(str: String): Row = {
   if (str != "") {
     val split = str.split("-")
     if (split(1).length > 1) {
       Row(split(0).toLong, true, split(1).substring(1).toInt)
     }
     else {
       Row(split(0).toLong, false, split(1).toInt)
     }
    }
    else {
      Row(0L, false, 0)
    }
  }
```

将代码放在一起，我们只需要几行就可看到整个解决方案：

```
import org.apache.spark.sql.types._
import com.databricks.spark.avro._
import org.apache.spark.sql.Row

val df = spark.createDataFrame(gdeltRowOfRowsRDD, GkgSchema)

df.write.avro("/path/to/avro/output")
```

将 Avro 文件读入 DataFrame 同样非常简单：

```
val avroDF = spark
  .read
  .format("com.databricks.spark.avro")
  .load("/path/to/avro/output")
```

这为处理 Avro 文件提供了一个简洁的解决方案，但在表象之下，到底什么操作正在进行？

3.4.2 教学方法

为了解释 Avro 的工作原理，先看看你自己的解决方案。在这种情况下，我们要做的第一件事是为准备采集的数据版本创建一个 Avro 模式。

包括 Java 在内，有好几种语言的 Avro 实现。这些实现使你可以为 Avro 生成绑定，以便可以高效地序列化和反序列化数据对象。我们将使用一个 maven 插件来帮助我们用 GKG

的 Avro IDL 表示来自动编译这些绑定。绑定将采用 Java 类的形式，稍后可以使用它来帮助我们构建 Avro 对象。在项目中使用以下代码导入：

```
<dependency>
   <groupId>org.apache.avro</groupId>
   <artifactId>avro</artifactId>
   <version>1.7.7</version>
</dependency>
<plugin>
   <groupId>org.apache.avro</groupId>
   <artifactId>avro-maven-plugin</artifactId>
   <version>1.7.7</version>
   <executions>
      <execution>
         <phase>generate-sources</phase>
         <goals>
            <goal>schema</goal>
         </goals>
         <configuration>
           <sourceDirectory>
           ${project.basedir}/src/main/avro/
           </sourceDirectory>
           <outputDirectory>
              ${project.basedir}/src/main/java/
           </outputDirectory>
         </configuration>
      </execution>
   </executions>
</plugin>
```

现在可以看一下从可用 Avro 类型的子集中创建的 Avro IDL 架构，如下所示：

```
+----------------+-------------+
|primitive       |      complex|
+----------------+-------------+
|null            |       record|
|Boolean         |         enum|
|int             |        array|
|long            |          map|
|float           |        union|
|double          |        fixed|
|bytes           |             |
|string          |             |
+----------------+-------------+
```

GDELT V2.1 的完整 Avro IDL 架构可以在代码资源中找到，这里是其中一个片段：

```
@namespace("org.io.gzet.gdelt.gkg")
 protocol Gkg21
 {

    @namespace("org.io.gzet.gdelt.gkg.v1")
    record Location
    {
      int locationType = 0;
      union { null , string } fullName = null;
      union { null , string } countryCode = null;
      union { null , string } aDM1Code = null;
      float locationLatitude = 0.0;
      float locationLongitude = 0.0;
      union { null , string } featureId = null;
    }

    @namespace("org.io.gzet.gdelt.gkg.v1")
    record Count
    {
       union { null , string } countType = null;
       int count = 0;
       union { null , string } objectType = null;
       union { null , org.io.gzet.gdelt.gkg.v1.Location } v1Location =
null;
    }

@namespace("org.io.gzet.gdelt.gkg.v21")
 record Specification
 {
    GkgRecordId gkgRecordId;
    union { null , long } v21Date = null;
    union { null , org.io.gzet.gdelt.gkg.v2.SourceCollectionIdentifier }
v2SourceCollectionIdentifier = null;
    union { null , string } v21SourceCommonName = null;
    union { null , string } v2DocumentIdentifier = null;
    union { null , array<org.io.gzet.gdelt.gkg.v1.Count> } v1Counts = null;
    union { null , array<org.io.gzet.gdelt.gkg.v21.Count> } v21Counts =
null;
    union { null , array<string> } v1Themes = null;
}
```

Avro 提供支持自定义类型的可扩展类型系统。它也是模块化的，并提供命名空间，因此我们可以随着模式的演进添加新类型并重用自定义类型。在前面的示例中，我们可以看到广泛使用的基本类型，还有自定义对象，例如 `org.io.gzet.gdelt.gkg.v1.Location`。

要创建 Avro 文件，我们可以使用以下代码：

```
val inputFile = new File("gkg.csv");
val outputFile = new File("gkg.avro");

val userDatumWriter = new
     SpecificDatumWriter[Specification](classOf[Specification])

val dataFileWriter = new
     DataFileWriter[Specification](userDatumWriter)

dataFileWriter.create(Specification.getClassSchema, outputFile)

for (line <- Source.fromFile(inputFile).getLines())
    dataFileWriter.append(generateAvro(line))

dataFileWriter.close()


def generateAvro(line: String): Specification = {

  val values = line.split("\t",-1)
  if(values.length == 27){
    val specification = Specification.newBuilder()
      .setGkgRecordId(createGkgRecordId(values{0}))
      .setV21Date(values{1}.toLong)
      .setV2SourceCollectionIdentifier(
        createSourceCollectionIdentifier(values{2}))
      .setV21SourceCommonName(values{3})
      .setV2DocumentIdentifier(values{4})
      .setV1Counts(createV1CountArray(values{5}))
      .setV21Counts(createV21CountArray(values{6}))
      .setV1Themes(createV1Themes(values{7}))
      .setV2EnhancedThemes(createV2EnhancedThemes(values{8}))
      .setV1Locations(createV1LocationsArray(values{9}))
  .
  .
  .
  }
}
```

一旦编译了我们的 IDL（使用 maven 插件），就会创建 `Specification` 对象。它包含访问 Avro 模型所需的所有方法，例如 `setV2EnhancedLocations`。然后我们将创建解析 GKG 数据的函数，示例如下：

```
def createSourceCollectionIdentifier(str: String) :
SourceCollectionIdentifier = {
   str.toInt match {
   case 1 => SourceCollectionIdentifier.WEB
   case 2 => SourceCollectionIdentifier.CITATIONONLY
   case 3 => SourceCollectionIdentifier.CORE
   case 4 => SourceCollectionIdentifier.DTIC
   case 5 => SourceCollectionIdentifier.JSTOR
   case 6 => SourceCollectionIdentifier.NONTEXTUALSOURCE
   case _ => SourceCollectionIdentifier.WEB
}
  }
def createV1LocationsArray(str: String): Array[Location] = {
   val counts = str.split(";")
   counts map(createV1Location(_))
}
```

这个方法创建了我们所需的 Avro 文件，但这段代码的主要目的是演示 Avro 的工作原理。就目前的状况而言，这一代码无法并行运行，因此不适合应用于大数据。如果想将其并行化，我们可以创建一个自定义的 InputFormat，将原始数据包装到 RDD 中，并在此基础上处理。幸运的是，我们没有必要这么做，因为 spark-avro 已经为我们处理好了。

3.4.3 何时执行 Avro 转换

为了充分利用 Avro，我们需要决定转换数据的最好时机。因为转换为 Avro 是一个成本相对较高的操作，所以应该在最有意义的时候完成，这也需要进行权衡。这一次，它介于支持非结构化处理、探索性数据分析、临时查询的灵活数据模型和结构化类型系统之间，需要考虑以下两种主要的选择。

- **尽可能晚地转换**。可以在每次运行的作业中执行 Avro 转换。这显然存在不足，因此最好考虑在某些时候保留 Avro 文件，以避免重新计算。你可以延迟处理直到临近第一次作业时，但这么做可能很快造成混淆。更简单的选择是定期对静态数据运行批处理作业。这项工作的唯一任务是创建 Avro 数据并将其写回磁盘。这种方法使我们可以完全控制何时执行转换作业。在繁忙的环境中，可以将作业安排在安静的时段，并且可以临时分配优先级。这种方法的缺点是我们需要知道处理所需的时间，这样才能确保有足够的时间完成。如果在下一个批处理数据到达之前不能完成处理，则会造成积压并且可能难以赶上进度。
- **尽可能早地转换**。替代方法是创建一个采集管道，从而将传入的数据动态转换为 Avro（在流式场景中特别有用）。但是这样做的话，我们面临着接近 ETL 风格场景的危险，因此，哪种方法最适合此时的特定环境，真的需要好好地做出判断。

现在，我们来看 Spark 中广泛使用的相关技术：Apache Parquet。

3.5 Apache Parquet

Apache Parquet 是专为 Hadoop 生态系统设计的列式存储格式。传统的基于行的存储格式被优化为一次处理一条记录，这意味着对于某些类型的工作来说它们可能会很慢。相反，Parquet 按列序列化和存储数据，从而允许跨大型数据集优化存储、压缩、谓词处理和批量连续访问，这正是适合 Spark 的工作类型！

由于 Parquet 实现了每列数据进行压缩，因此特别适合 CSV 数据，特别是对于基数较低的字段，与 Avro 相比，文件大小大幅减小。

```
+--------------------------+--------------+
|File Type                 |          Size|
+--------------------------+--------------+
|20160101020000.gkg.csv    |      20326266|
|20160101020000.gkg.avro   |      13557119|
|20160101020000.gkg.parquet|       6567110|
|20160101020000.gkg.csv.bz2|       4028862|
+--------------------------+--------------+
```

Parquet 还与 Avro 原生集成。Parquet 采用 Avro 内存中的数据表示并将其映射为内部数据类型。然后，它使用 Parquet 列式文件格式将数据序列化到磁盘。

我们已经了解了如何将Avro应用于模型，现在可以进一步使用此Avro模型通过Parquet格式将数据保存到磁盘。同样，我们将展示常用的方法，然后展示一些用于演示目的的“低阶”代码。先看看推荐的方法：

```
val gdeltAvroDF = spark
    .read
    .format("com.databricks.spark.avro")
    .load("/path/to/avro/output")

gdeltAvroDF.write.parquet("/path/to/parquet/output")
```

现在来了解 Avro 和 Parquet 相互关联背后的细节：

```
val inputFile = new File("("/path/to/avro/output ")
 val outputFile = new Path("/path/to/parquet/output")

 val schema = Specification.getClassSchema
 val reader = new GenericDatumReader[IndexedRecord](schema)
 val avroFileReader = DataFileReader.openReader(inputFile, reader)

 val parquetWriter =
     new AvroParquetWriter[IndexedRecord](outputFile, schema)

 while(avroFileReader.hasNext) {
     parquetWriter.write(dataFileReader.next())
 }


dataFileReader.close()
parquetWriter.close()
```

和之前一样，“低阶”代码非常冗长，尽管它确实可以帮你了解所需的各个步骤。你可以在我们的代码库中找到完整的代码。

现在，我们有了一个很好的模型来存储和检索使用 Avro 和 Parquet 的 GKG 数据，并且可以使用 `DataFrame` 轻松实现该模型。

3.6 小结

在这一章中，我们已经了解为什么在进行更多的探索工作之前应彻底了解数据集。我们介绍了结构化数据和维度建模的细节，特别是关于如何将它应用于 GDELT 数据集，并扩展了 GKG 模型以显示其潜在的复杂性问题。

我们已经解释了传统 ETL 和新的读时模式 ELT 技术之间的区别，并且已经涉及了数据工程师在数据存储、压缩和数据格式上面临的一些问题，特别是 Avro 和 Parquet 的优势和实现。我们还演示了使用各种 Spark API 探索数据的一些方法，包括如何在 Spark Shell 上使用 SQL 的示例。

我们的存储库中的代码将所有内容整合在一起，就是用于读取原始 GKG 文件的完整模型(如果需要一些原始数据，请使用第 2 章中的 Apache NiFi GDELT 数据采集管道获取)。

在第 4 章中，我们将通过探索用于大规模探索和分析数据的技术来深入研究 GKG 模型。我们将看到如何使用 SQL 来开发和丰富 GKG 数据模型，并研究如何用 Apache Zeppelin notebook 提供更丰富的数据科学体验。

第 4 章 探索性数据分析

在商业环境中进行的探索性数据分析（EDA）一般是作为一个较大的工作中的一部分而进行的，这个工作是按照可行性评估的方式组织和执行的。可行性评估的目的，也是扩展的 EDA 所关注的，用于回答经检验的数据是否符合目的、是否值得进一步投资这样的问题。

一般情况下，我们总是期望数据调查能涵盖多方面的可行性，包括在生产环境中使用数据的实际领域，例如及时性、质量、复杂性、覆盖范围，以及是否符合预期的假设检验。虽然从数据科学的角度来看，这些方面相当无趣，数据质量主导的调查的重要性并不亚于纯粹的统计发现。当所讨论的数据集非常大且复杂的时候，并且为数据科学准备数据所需的投资可能很大时，尤其如此。为了说明这一点，同时将话题付诸实践，我们提出了一个方案，做一个庞大而复杂的 GKG 数据流馈送的 EDA，这个项目来自 GDELT。

在本章中，我们将创建和解释 EDA，同时涵盖以下主题。

- 理解问题和设计原则，规划和构建一个扩展的 EDA。
- 数据剖析的简介，以及相关示例；为了连续监控数据质量，如何选用技术方案搭建一个通用框架。
- 如何构造一个通用的基于掩码的数据剖析器。
- 如何将指标存储为标准模式，方便研究随时间产生的指标中的数据漂移，以及相关示例。
- 如何使用 Apache Zeppelin notebook 进行快速 EDA 工作，并绘制图表和图形。
- 如何提取和研究 GDELT 中的 GCAM 情感数据，并分别作为时间序列和时空分布数据集。

- 如何扩展 Apache Zeppelin、采用 `plot.ly` 库生成自定义图表。

4.1 问题、原则与规划

在本节中，我们来探讨为什么 EDA 是必需的，并讨论创建 EDA 时要考虑的关键点。

4.1.1 理解 EDA 问题

在推进 EDA 项目之前，总会面临一个问题：你能给我一个预算和明细吗？

如何回答这个问题，最终决定了我们的 EDA 战略和战术。在过去的时间里，这个问题的答案通常是这样的：基本上你得按列付费。这个经验法则是基于这样的前提：数据探索工作总是不断迭代的单元，这些单元影响效果的预算，以此能估计出执行 EDA 的大致价格。

这个思路的有趣之处在于，工作单元是根据要调查的数据结构而不是需要编写的功能来报价的。原因很简单，数据处理管道的功能都已经存在，并不是新的工作，所以提供的报价实际上是为了进行数据探索，将新输入的数据结构配置成标准数据处理管道。

对于 EDA，这个思路带来的主要问题就是：很难根据规划的任务和估计时间来固定探索的过程。推荐的方法是考虑将探索视为配置驱动的任务。这有助于我们更高效地构建和预估工作，并帮我们塑造这样的思维：主要的挑战是配置，而不是那些临时性的、用完即弃的代码。

配置数据探索的过程也促使我们考虑所需的处理模板，我们需要根据探索的数据的形式来配置模板。例如，对于结构化数据、文本数据、图形数据、图像数据、声音数据、时间序列数据和空间数据，我们需要一个标准探索管道。一旦有了这些模板，我们就只需简单地将输入映射给它们，然后配置采集过滤器，相当于给数据提供一个聚焦镜头。

4.1.2 设计原则

基于 Apache Spark 进行 EDA 处理的思想要现代化，这意味着我们必须设计可配置的 EDA 功能，在写代码时遵循以下几条通用原则。

- **易于重用的功能/特性**。我们定义的功能必须具备普适性，可以应用于一般数据结构，让它们具备良好的探索特性，力争在处理新数据集时将所需的配置操作最小化。
- **最小化中间数据结构**。我们需要避免中间模式扩大，这样有助于将中间的配置最小化，并在可能的情况下创建可重用的数据结构。

- **数据驱动配置**。在可能的情况下，从元数据生成配置，以减少手工样板工作。
- **模板可视化**。从一般的输入模式和元数据产生可重用的可视化。

最后，虽然上述原则不是严格的原则，但我们所构造的探索工具必须有足够的灵活性，能发现数据结构而不是严格依赖于预定义配置。这有助于在出现问题的时候，帮助我们对文件内容、编码或者文件定义中的潜在错误进行逆向工程。

4.1.3 探索的总计划

所有EDA工作的早期阶段总是立足于这样一个简单目标：确认数据质量是否良好。如果我们把重点放在创建一个通用的入门计划，然后就可以制定出一系列通用的任务。

这些任务创建了构思的EDA项目计划的总体形态，详情如下。

- 准备探源工具，溯源输入的数据集，查看文档等，必要时检查数据的安全性。
- 在HDFS中获取、解密和分级数据，为规划收集非功能性需求（NFR）。
- 在文件内容上运行编码级别的频率报告。
- 对文件字段中缺少的数据量进行检查。
- 运行低粒度格式分析器检查文件中的高基数字段。
- 运行高粒度格式分析器检查文件中的格式控制字段。
- 在适当情况下运行参照完整性检查。
- 运行字典检查，以验证外部维度。
- 对数值数据进行基本的数值和统计探索。
- 对感兴趣的重要数据运行更多基于可视化的探索。

在字符编码术语中，编码或编码位置是构成代码空间的任意数值。许多编码表示单个字符，但它们也可以具有其他含义，例如用于格式化。

现在我们已经有了一个总体行动计划，在探索数据之前，我们必须先构建可重复使用的工具，用于开展探索管道的前期工作，以帮助我们验证数据；然后第2步是探索GDELT的内容。

4.2 准备工作

4.2.1 基于掩码的数据剖析简介

一种简单而有效的快速探索新类型数据的方法是利用基于掩码的数据剖析。这种情况下的掩码是一种字符串的转换功能，它把数据项概括为特征，将其作为掩码集合，这样比起要研究字段中的原始值，基数较低。

一列数据被统计到掩码频率计数中，这个操作通常被称为数据剖析，它可以快速了解字符串的常见结构和内容，并由此揭示原始数据如何编码。为了探索数据，可以考虑以下掩码。

- 将大写字母转换为 A。
- 将小写字母转换为 a。
- 将数字 0~9 转换为 9。

这看起来是非常简单的转换。举个例子，让我们把这个掩码应用于数据的高基数字段，例如 GDELT 的 GKG V2.1 文件中的 `Source Common Name` 字段。文档建议用它记录正在研究的新闻文章的来源的通用名称，这通常是新闻文章抓取来源的网站名称，我们希望它能包含域名。

在实施 Spark 中的生产解决方案之前，让我们在 UNIX 命令行上创建一个剖析器原型，以提供一个可以在任何地方运行的示例：

```
$ cat 20150218230000.gkg.csv | gawk -F"\t" '{print $4}' | \
  sed "s/[0-9]/9/g; s/[a-z]/a/g; s/[A-Z]/A/g" | sort | \
  uniq -c | sort -r -n | head -20

 232 aaaa.aaa
 195 aaaaaaaaaa.aaa
 186 aaaaaa.aaa
 182 aaaaaaaa.aaa
 168 aaaaaaa.aaa
 167 aaaaaaaaaaaa.aaa
 167 aaaaa.aaa
 153 aaaaaaaaaaaaa.aaa
 147 aaaaaaaaaaa.aaa
 120 aaaaaaaaaaaaaa.aaa
```

上面的输出是在 Source Common Name 字段中找到的记录数排序结果，右侧是由正则表达式（regex）生成的掩码。查看这些剖析数据的结果，可以很清楚地看到，字段中包含着域名。因为我们一般只注意最容易看见的掩码（本例中为前 20 个），也许在排序列表的另一端的掩码长尾中潜伏着低频的数据质量问题。

不仅限于前 20 个掩码或最后 20 个掩码，我们可以引入一个微小的变化来提高掩码功能的泛化能力。通过正则表达式将多个相邻小写字母折叠成单个字符 a，可以降低掩码的基数，同时不会降低解释结果的能力。我们可以通过对正则表达式进行小小的改动来实现这种改进的原型，这样能在一页的输出结果中查看所有的掩码：

```
$ # note: on a mac use gsed, on linux use sed.
$ hdfs dfs -cat 20150218230000.gkg.csv | \
  gawk -F"\t" '{print $4}' | sed "s/[0-9]/9/g; s/[A-Z]/A/g; \
  s/[a-z]/a/g; s/a*a/a/g"| sort | uniq -c | sort -r -n

2356 a.a
 508 a.a.a
  83 a-a.a
  58 a99.a
  36 a999.a
  24 a-9.a
  21 99a.a
  21 9-a.a
  15 a9.a
  15 999a.a
  12 a9a.a
  11 a99a.a
   8 a-a.a.a
   7 9a.a
   3 a-a-a.a
   2 AAA Aa ←注意这个突出的模式
   2 9a99a.a
   2 9a.a.a
   1 a9.a.a
   1 a.99a.a
   1 9a9a.a
   1 9999a.a
```

很快，我们已经实现了一个掩码原型，将 3000 左右的原始值的列表缩减为一个仅有 22 个值的列表，这样可以很容易直接用眼睛洞悉某些结果。现在长尾已经变成短尾，我们可以很容易地发现这个数据字段中任何可能异常的数据，它们代表了质量问题或特殊情况。这种类型的检查，虽然是手动完成的，但也非常强大。

请注意，举例来说，在输出结果中有一个特定的掩码 AAA Aa，它没有包含“.”，而我们本来期望它代表的是域名。我们认为这一发现意味着有两行原始数据不是有效的域名，可能是通用的描述符。也许这是一个错误，或者是一个所谓“不合逻辑的字段使用”的例子，也就是说，可能是逻辑上本该归于其他地方的值“滑”入了这个列。

这是值得研究的，而且很容易检查到那两条确切的记录。我们在原始数据旁边生成掩码，然后在异常的掩码上进行过滤，这样就能定位到原始字符串并进行手动检查。

与其在命令行上编写长长的命令，不如采用 AwK 写的 bytefreq（byte frequencies 的缩写）数据剖析器来检查这些记录。它带有开关选项，可以生成格式化报表、数据库就绪指标，还可以并排输出掩码和数据。我们专门为本书读者开源了 bytefreq，建议你多使用它，这样才能真正了解它是一种多么有用的技术。

```
$ # here is a Low Granularity report from bytefreq
$ hdfs dfs -cat 20150218230000.gkg.csv | \
gawk -F"\t" '{print $4}' | awk -F"," -f \
~/bytefreq/bytefreq_v1.04.awk -v header="0" -v report="0" \
  -v grain="L"

- ##column_100000001  2356 a.a    sfgate.com
- ##column_100000001  508 a.a.a    theaustralian.com.au
- ##column_100000001  109 a9.a    france24.com
- ##column_100000001  83 a-a.a    news-gazette.com
- ##column_100000001  44 9a.a    927thevan.com
- ##column_100000001  24 a-9.a    abc-7.com
- ##column_100000001  23 a9a.a    abc10up.com
- ##column_100000001  21 9-a.a    4-traders.com
- ##column_100000001  8 a-a.a.a  gazette-news.co.uk
- ##column_100000001  3 9a9a.a    8points9seconds.com
- ##column_100000001  3 a-a-a.a  the-american-interest.com
- ##column_100000001  2 9a.a.a    9news.com.au
- ##column_100000001  2 A Aa    BBC Monitoring
- ##column_100000001  1 a.9a.a    vancouver.24hrs.ca
- ##column_100000001  1 a9.a.a    guide2.co.nz

$ hdfs dfs -cat 20150218230000.gkg.csv | gawk                \
-F"\t" '{print $4}'|gawk -F"," -f ~/bytefreq/bytefreq_v1.04.awk\
-v header="0" -v report="2" -v grain="L" | grep ",A Aa"

BBC Monitoring,A Aa
BBC Monitoring,A Aa
```

检查奇怪的掩码 A Aa 时，我们可以看到找到的违规文本是 BBC Monitoring，重新阅读 GDELT 文档，我们会看到这不是一个错误，只是一个已知的特例。这意味着在使用这个字段时，我们必须记得处理这个特例。处理这个问题的一种方法是添加修正规则，将字符串值替换为更有效的值（例如，有效的域名），这才是文本字符串引用的数据源。

我们这里介绍的思路是这样的：掩码可以用来作为在特定领域里检索违规的键。这个思路使我们想到了基于掩码进行剖析的方法的又一个主要优点：输出掩码是数据质量错误码的一种表现形式。这些错误码可以分为两个类别：一个“好”掩码的白名单和一个“坏”掩码的黑名单。后者用来查找质量低劣的数据。这样一来，掩码便成为查找和检索数据清洗方法的基础，可能是用于抛出一个警告，或者是拒绝相关记录。

我们的经验是，对于那些特定字段上计算出特定掩码的原始字符串，可以创建修补功能来修正它们。这个经验可以推导出以下结论：我们可以创建一个基于掩码进行剖析的通用框架，以便在读取数据读取管道中的数据时，进行数据质量控制和修正。这个解决方案带来的相当有利的特性，如下所示。

- 生成数据质量掩码是一个“读时模式”的过程。我们可以接受新的原始数据，然后把它写到磁盘上。在读取时，我们只能在查询需要时生成掩码，所以数据清理可以是一个动态过程。
- 修补功能可以动态地应用于目标修复，这样有助于在读取数据时清洗数据。
- 因为之前看不见的字符串被解释为掩码，所以新的字符串可以被标记为有质量问题，即使从来没看到过精确的字符串。这种通用性有助于降低复杂度，简化流程，创建可重用的智能解决方案。
- 有些数据项在创建时，不属于掩码白名单、修复列表或者黑名单中的任何一种，那它们可能被隔离以引起关注；人工对记录进行检查，希望能将其归入白名单，或者可能创造新的修补功能，以助于将数据从隔离区移出并返回生产环境。
- 数据隔离区可以轻易地实现读时模式过滤器功能。当新的修复功能被创建来清洗或修复数据时，动态处理应用于读取阶段，自动向用户释放修补后的数据，延时极短。
- 最终，将创建一个随时间而稳定下来的数据质量修补库。新的工作主要是由对新数据通过映射和应用现有的修补完成的。例如，电话号码重新格式化修补功能会在许多数据集和项目中广泛重用。

了解了方法和架构的优势之后，构建一个通用的、基于掩码的剖析器的需求应该更加清晰。注意，掩码生成过程是一个经典的 Hadoop MapReduce 过程：将输入的数据映射（Map）为掩码，并归约（Reduce）这些掩码为概括性的频率计数。还要注意，即使在这个简短的示例中，我们已经使用了两种类型的掩码，每种掩码都是由潜在转换的管道组成的。这意味着我们需要一个支持预定义掩码库的工具，同时也允许用户快速和按需创建掩码。这也表明需要采用一些方法把这些掩码堆叠起来，用来构建复杂的管道。

以这种方式完成的所有数据剖析都可以将剖析器指标设置为一种通用的输出格式，这一点可能还不那么明显。简化日志、存储、检索和剖析数据消耗，将有助于提高代码的可重用性。

使用以下模式，我们能够展示出所有基于掩码的剖析器指标：

```
Metric Descriptor
Source Studied
IngestTime
MaskType
FieldName
Occurrence Count
KeyCount
MaskCount
Description
```

一旦指标被捕获到单一的模式格式中，我们就使用用户界面（如 Zeppelin notebook）来构建二级报表。

在实现这些功能之前，先介绍字符类掩码是必要的，因为它们与一般的剖析掩码略有不同。

4.2.2 字符类掩码简介

还有另一种简单的数据剖析类型可以用来帮助检查文件，它对构成整个文件的实际字节进行剖析。这是种古老的方法，最初来自密码学，它对文本中字母的频率进行分析，在破译替代码方面颇具优势。

虽然在数据科学界它并不是一个常用的技术，但是在需要时字节级分析是非常有用的。过去，数据编码是一个巨大的难题。文件通过 ASCII 和 EBCDIC 标准被编码在一个代码页内。字节频率报告通常对于发现文件的实际编码、分隔符和行结束符至关重要。回想过去，令人惊讶的是那么多人可以创建文件，但没有从技术上描述它们。今天，随着世界上更多的人使用基于 Unicode 的字符编码，这些旧的方法需要更新。在 Unicode 中，字节的概念更现代化了，是多字节编码（code point），下面的 Scala 函数揭示了这一点（译者注：输出结果并不显示对应字符，注释是为了说明而手动添加的）：

```
def toCodePointVector(input: String) = input.map{
```

```
        case (i) if i > 65535 =>
            val hchar = (i - 0x10000) / 0x400 + 0xD800
            val lchar = (i - 0x10000) % 0x400 + 0xDC00
            f"\\u$hchar%04x\\u$lchar%04x"
        case (i) if i > 0 => f"\\u$i%04x"
        }

val out = toCodePointVector(tst)

val rows = sc.parallelize(out)
rows.countByValue().foreach(println)

// results in the following: [codepoint], [Frequency_count]
(\u0065,1) //e
(\u03d6,1) //ϖ
(\u006e,1) //n
(\u0072,1) //r
(\u0077,1) //w
(\u0041,1) //A
(\u0020,2) //空格
(\u6f22,1) //汉
(\u0064,1) //d
(\u5b57,1) //字
```

使用这个函数，我们可以开始对 GDELT 数据集中接收到的任何国际字符数据进行剖析，并理解我们在数据开发中可能面临的复杂性问题。不过，与其他掩码不同，为了从编码中创建可解释的结果，我们需要一个字典，它可以用来查找有意义的上下文信息，例如 Unicode 类别和 Unicode 字符名称。

为了生成上下文查询，我们可以从 Unicode 官网找到主要的字典，然后使用快速命令行生成一个缩减版的字典，这将有助于更好地展示我们的发现：

```
$ wget ftp://ftp.unicode.org/Public/UNIDATA/UnicodeData.txt
$ cat UnicodeData.txt | gawk -F";" '{OFS=";"} {print $1,$3,$2}' \
  | sed 's/-/ /g'| gawk '{print $1,$2}'| gawk -F";" '{OFS="\t"} \
  length($1) < 5 {print $1,$2,$3}' > codepoints.txt

#使用 hdfs dfs -put 命令加载 codepoints.txt 到 hdfs，以后可以用到

head -1300 codepoints.txt | tail -4
0513      Ll    CYRILLIC SMALL
0514      Lu    CYRILLIC CAPITAL
0515      Ll    CYRILLIC SMALL
0516      Lu    CYRILLIC CAPITAL
```

我们将使用这个字典，将其加入已发现的编码，用来报告文件中每个字节的字符类别频率。虽然它看起来是一种简单的分析形式，但结果往往令人惊讶，它能为所处理的文件提供数据理解、文件的来源，以及可以成功应用于文件的算法和方法的类型。使用以下查找表，我们还可以找出通用 Unicode 类别，以简化报告：

```
Cc  Other, Control
Cf  Other, Format
Cn  Other, Not Assigned
Co  Other, Private Use
Cs  Other, Surrogate
LC  Letter, Cased
Ll  Letter, Lowercase
Lm  Letter, Modifier
Lo  Letter, Other
Lt  Letter, Titlecase
Lu  Letter, Uppercase
Mc  Mark, Spacing Combining
Me  Mark, Enclosing
Mn  Mark, Nonspacing
Nd  Number, Decimal Digit
Nl  Number, Letter
No  Number, Other
Pc  Punctuation, Connector
Pd  Punctuation, Dash
Pe  Punctuation, Close
Pf  Punctuation, Final quote
Pi  Punctuation, Initial quote
Po  Punctuation, Other
Ps  Punctuation, Open
Sc  Symbol, Currency
Sk  Symbol, Modifier
Sm  Symbol, Math
So  Symbol, Other
Zl  Separator, Line
Zp  Separator, Paragraph
Zs  Separator, Space
```

4.2.3 构建基于掩码的剖析器

让我们创建一个基于 notebook 的工具包，用于在 Spark 中剖析数据。我们要实现的掩码功能是从多粒度的细节处开始的，从文件级移到行级，然后到字段级。

- 应用于整个文件的字符级掩码。

  - 在文件层面上的 Unicode 频率，UTF-16 多字节表示（也称为编码）。
  - 在文件层面上的 UTF 字符类别频率。
  - 行级的分隔符频率。
- 应用于文件内字段的字符串级掩码。
  - 每字段的 ASCII 低粒度分布。
  - 每字段的 ASCII 高粒度分布。
  - 每字段的总体检查。

1. 安装 Apache Zeppelin

我们准备可视化地探索数据，所以 Apache Zeppelin 是一款非常有用的产品，它能相对容易地混合和匹配相关的技术。Apache Zeppelin 是一个 Apache 孵化器产品，我们能够创建一个包含多种不同语言（包括 Python、Scala、SQL 和 Bash）的 notebook 或工作表，这使得它十分适合于使用 Spark 进行探索性数据分析。

代码是使用段落（或单元格）的 notebook 样式编写的，其中每个单元格可以独立执行，可以轻松处理一小段代码而不必重复编译和运行整个程序。它也可以用于代码的记录，用来产生任何给定的输出，并帮我们整合可视化。

Zepplin 的安装和运行都很便捷，下面介绍它最简单的安装过程：

- 从 Zeppelin 官网上下载并解压文件。
- 找到 `conf` 目录，从 `zeppelin-env.sh.template` 复制一份副本，将其命名为 `zeppelin-env.sh`。
- 修改 `zeppelin-env.sh` 文件，将 `JAVA_HOME` 和 `SPARK_HOME` 的注释取消，并指向你的计算机上的相关位置。
- 如果要 Zeppelin 在 Spark 中使用 HDFS，设置 `HADOOP_CONF_DIR` 到 Hadoop 文件所在的位置，同样也要设置 `hdfs-site.xml` 和 `core-site.xml`。
- 启动 Zeppelin 服务：`bin/zeppelin-daemon.sh start`。它会自动识别出 `zeppelin-env.sh` 中的变化。

我们的测试集群采用的是 Hortonworks HDP2.6，Zeppelin 是安装包中的组成部分。

使用 Zeppelin 时还要注意一点：第 1 段必须是外部包的声明。使用 `ZeppelinContext`，所有的 Spark 依赖都可以被添加进来，声明在 Zeppelin 解释器每次重启后运行。下面是一个示例：

```
%dep
z.reset
// z.load("groupId>:artifactId:version")
```

自此，我们可以使用任何可用的语言来编写代码。我们准备在 notebook 里综合使用 Scala、SQL 和 Bash，这需要使用解释器类型来声明，分别为`%spark`、`%sql` 和`%shell`。如果不指定解释器，Zeppelin 默认使用 Scala Spark（`%spark`）。

本章经常出现 Zeppelin notebook，同时，本书代码库里还有其他 notebook。

2. 构造一个可重用的 notebook

我们在代码库中创建了一个简单的、可扩展的开源数据剖析器库，这个库负责将掩码应用于数据帧所需的框架，包括将文件的原始行转换为仅一列的数据帧的特殊情况。我们不会逐条讲解框架中的所有细节，但是最让人感兴趣的类在文件 `MaskBasedProfiler.scala` 中，它还包含了每个可用的掩码函数的定义。

比较好的使用这个库的方法是构建一个用户友好的 notebook 应用程序，允许对数据进行可视化探索。我们用 Apache Zeppelin 准备了一个这样的 notebook 进行剖析。下一步，我们将以前面的章节介绍的内容为起点，讲解如何建立自己的 notebook。示例数据是 GDELT 的事件文件，它采用简单的制表符分隔格式。

构建一个 notebook（即使是使用现成的），第一步是将 `profilers-1.0.0.jar` 文件从库中复制到一个本地目录，集群上的 Zeppelin 用户必须能访问这个目录，在 Hortonworks 安装时的本地目录，就是 Zeppelin 用户在 NameNode 上的主目录：

```
git clone https://bytesumo@bitbucket.org/gzet_io/profilers.git
sudo cp profilers-1.0.0.jar /home/zeppelin/.
sudo ls /home/zeppelin/
```

此时，我们可以通过 `http://{main.install.hostname}:9995` 来访问 Apache Zeppelin 的主页。在这个页面中，我们可以上传 `notebook`，然后按指引操作，或者我们也可以新建 notebook，只需单击“Cretate new note”即可。

在 Zeppelin 中，notebook 的第 1 段是执行 Spark 依赖。我们把后面需要的剖析器 jar 文件都导入进来：

```
%dep
//你必须把名称中有profiler的jar文件放到一个Zeppelin可以访问的目录中
//例如/home/zeppelin，一个NameNode上的非hdfs目录
z.load("/home/zeppelin/profilers-1.0.0.jar")
//你可能需要重启一下编译器，然后再运行这段代码
```

在第 2 段中，我们将一小段 Shell 脚本包括进来，该脚本用来检查要剖析的文件，以确认我们选择是正确的。请注意 `column` 和 `colrm` 的使用，两者都是常用于检查柱状表数据的便捷 UNIX 命令：

```
%sh
#列出目录里的头两个文件，确认头文件存在。
#注意，有个技巧是只将标题写入分隔的文件
#这可以对文件全局进行排序，这个技巧对Spark的CSV阅读器来说很好用，因为HDFS中的每个文件都没有标题。
#这是一个快速检查，我们使用column和colrm来格式化它

hdfs dfs -cat "/user/feeds/gdelt/events/*.export.CSV" \
|head -4|column -t -s $'\t'|colrm 68

GlobalEventID  Day        MonthYear   Year  FractionDate  Actor1Code
610182939      20151221   201512      2015  2015.9616
610182940      20151221   201512      2015  2015.9616
610182941      20151221   201512      2015  2015.9616      CAN
```

接下来，我们使用 Zeppelin 的用户输入框来允许用户配置 EDA notebook，就仿佛它是一个合适的基于 Web 的应用程序。它允许用户配置 4 个可在 notebook 中重复使用的变量，以推动进一步的研究，分别是 `YourMask`、`YourDelimiter`、`YourFilePath` 和 `YourHeaders`。当我们隐藏编辑器并调整窗口的对齐方式和大小时，效果看起来很棒，如图 4-1 所示。

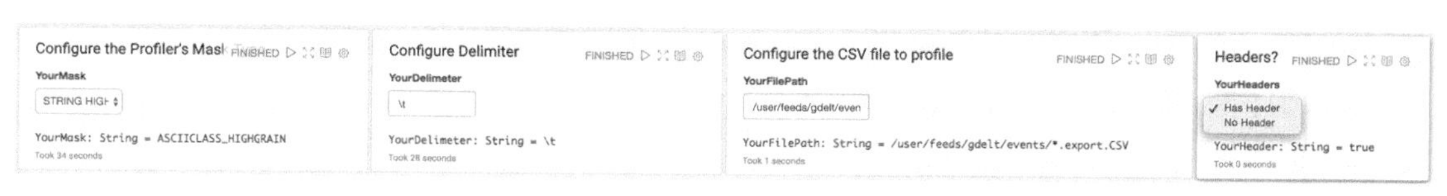

图 4-1　配置 4 个变量

打开准备好的 notebook，在任意输入的段落上点击"show editor"，我们就能看到如何设置这些 Zeppelin 的下拉框，例如：

```
val YourHeader = z.select("YourHeaders", Seq( ("true", "HasHeader"),
("false", "No Header"))).toString
```

接下来，有一个段落用来导入我们需要的函数：

```
import io.gzet.profilers._
import sys.process._
import org.apache.spark.sql.SQLContext
import org.apache.spark.sql.functions.udf
import org.apache.spark.sql.types.{StructType, StructField, StringType,
IntegerType}
import org.apache.spark.sql.SaveMode
import sqlContext.implicits._
```

然后，我们继续编写下一个段落，对读取的数据进行配置和采集：

```
val InputFilePath = YourFilePath
// 设置用户文件的输入路径
val RawData = sqlContext.read
// 读取表格文件
    .option("header", YourHeader)
// 设置标题
    .option("delimiter", YourDelimiter )
// 设置分隔符
    .option("nullValue", "NULL")
// 如果遇到空值，设置一个默认字符
    .option("treatEmptyValuesAsNulls", "true")
// 设为空值
    .option("inferschema", "false")
// 不要推断模式，我们会发现它
    .csv(InputFilePath)
// 文件路径，可以使用通配符
RawData.registerTempTable("RawData")
// 注册数据以便 Spark SQL 可以操作
RawData.cache()
// 对数据进行缓存
val RawLines = sc.textFile(InputFilePath)
// 将文件行作为字符串读入
RawLines.toDF.registerTempTable("RawLines")
// 对于检查模式损坏很有用
RawData.printSchema()
// 将发现的模式输出
// 定义剖析器应用程序
val ASCIICLASS_HIGHGRAIN =
MaskBasedProfiler(PredefinedMasks.ASCIICLASS_HIGHGRAIN)
val CLASS_FREQS =
MaskBasedProfiler(PredefinedMasks.CLASS_FREQS)
val UNICODE = MaskBasedProfiler(PredefinedMasks.UNICODE)
```

```
val HEX = MaskBasedProfiler(PredefinedMasks.HEX)
val ASCIICLASS_LOWGRAIN =
MaskBasedProfiler(PredefinedMasks.ASCIICLASS_LOWGRAIN)
val POPCHECKS = MaskBasedProfiler(PredefinedMasks.POPCHECKS)

// configure our profiler apps
val Metrics_ASCIICLASS_HIGHGRAIN =
ASCIICLASS_HIGHGRAIN.profile(YourFilePath, RawData)
val Metrics_CLASS_FREQS = CLASS_FREQS.profile(YourFilePath,
RawLines.toDF)
val Metrics_UNICODE = UNICODE.profile(YourFilePath,
RawLines.toDF)
val Metrics_HEX = HEX.profile(YourFilePath,
RawLines.toDF)
val Metrics_ASCIICLASS_LOWGRAIN =
ASCIICLASS_LOWGRAIN.profile(YourFilePath, RawData)
val Metrics_POPCHECKS = POPCHECKS.profile(YourFilePath,
RawData)
// 注意，上面的代码有一部分读取的是表格数据，还有一部分读取的是原始行的字符串数据

// 现在可以将剖析器的输出注册为 SQL 可操作的数据帧

Metrics_ASCIICLASS_HIGHGRAIN.toDF.registerTempTable("Metrics_ASCIICLASS_HIG
HGRAIN")
Metrics_CLASS_FREQS.toDF.registerTempTable("Metrics_CLASS_FREQS")
Metrics_UNICODE.toDF.registerTempTable("Metrics_UNICODE")
Metrics_HEX.toDF.registerTempTable("Metrics_HEX")
Metrics_ASCIICLASS_LOWGRAIN.toDF.registerTempTable("Metrics_ASCIICLASS_LOWG
RAIN")
Metrics_POPCHECKS.toDF.registerTempTable("Metrics_POPCHECKS")
```

现在我们已经完成了配置步骤，可以开始检查表格数据，探究报告的列名是否匹配输入数据。在新的段落窗口中，我们使用 SQLContext 来简化调用 SparkSQL 并运行查询：

```
%sql
select * from RawData
limit 10
```

Zeppelin 有个很大的优点就是将输出格式转化成合适的 HTML 表格形式，方便检查具有许多列的宽文件（如 GDELT 事件文件），如图 4-2 所示。

Inspect File as Tabled Data

```
%sql

select * from RawData
limit 10
```

FINISHED

ıme	ActionGeo_CountryCode	ActionGeo_ADM1Code	ActionGeo_ADM2Code	ActionGeo_Lat	ActionGeo_Long	ActionGeo_FeatureID	DateAdded	SourceURL
ndia	IN	IN07	17,911	28.6	77.2	-2,106,102	20,161,220,124,500	
	JA	JA		36	138	JA	20,161,220,124,500	
	CA	CA02	12,552	49.1	-122.65	-567,692	20,161,220,124,500	
an, r,	PK	PK03	40,341	32.8109	70.7154	84,485	20,161,220,124,500	
	GM	GM		51	9	GM	20,161,220,124,500	
n,	GH	GH03	190,560	7.75	-1.5	-2,071,502	20,161,220,124,500	

图 4-2 表格化数据

从显示的数据可以看出，列与我们的输入数据相匹配，因此可以继续进行分析。

如果希望读取 GDELT 事件文件，可以在我们的代码库中找到头文件。

如果在这个环节出现列和内容之间的数据对齐错误，它还可以选择之前配置的 RawLines 数据帧的前 10 行，这将只显示基于原始字符串的数据输入的前 10 行。如果数据恰好采用制表符作为分隔符，我们能立即看到它的另一个优点：Zeppelin 格式化输出会自动在原始字符串上把列对齐，效果就像之前使用的 Bash 命令 `column` 的效果一样。

现在我们将继续研究文件的字节，以发现其中编码的细节。为此，我们先加载查找表，然后将它们连接到剖析器函数的输出中，我们之前将其注册成表格的形式。请注意剖析器的输出如何直接被视为 SQL 可调用表：

```
// load the UTF lookup tables

val codePointsSchema = StructType(Array(
    StructField("CodePoint"  , StringType, true),     //$1
    StructField("Category"   , StringType, true),     //$2
    StructField("CodeDesc"   , StringType, true)      //$3
    ))
val UnicodeCatSchema = StructType(Array(
    StructField("Category"          , StringType, true), //$1
    StructField("Description"       , StringType, true)  //$2
    ))

val codePoints = sqlContext.read
    .option("header", "false")     //可配置的头文件
    .schema(codePointsSchema)
    .option("delimiter", "\t" )    //可配置的分隔符
    .csv("/user/feeds/ref/codepoints2.txt") // configurable path
```

```
codePoints.registerTempTable("codepoints")
codePoints.cache()
val utfcats = sqlContext.read
      .option("header", "false") //可配置的头文件
      .schema(UnicodeCatSchema)
      .option("delimiter", "\t" ) //可配置的分隔符
      .csv("/user/feeds/ref/UnicodeCategory.txt")

utfcats.registerTempTable("utfcats")
utfcats.cache()

//接下来，我们为代码点构建不同的表示层视图
val hexReport = sqlContext.sql("""
select
  r.Category
, r.CodeDesc
, sum(maskCount) as maskCount
from
    ( select
              h.*
             ,c.*
        from Metrics_HEX h
        left outer join codepoints c
             on ( upper(h.MaskType) = c.CodePoint)
    ) r
group by r.Category, r.CodeDesc
order by r.Category, r.CodeDesc, 2 DESC
""")
hexReport.registerTempTable("hexReport")
hexReport.cache()
hexReport.show(10)
+--------+------------------+----------+
|Category|CodeDesc          |maskCount |
+--------+------------------+----------+
|   Cc   |CTRL: CHARACTER   |141120    |
|   Ll   |LATIN SMALL       |266070    |
|   Lu   |LATIN CAPITAL     |115728    |
|   Nd   |DIGIT EIGHT       |18934     |
|   Nd   |DIGIT FIVE        |24389     |
|   Nd   |DIGIT FOUR        |24106     |
|   Nd   |DIGIT NINE        |17204     |
|   Nd   |DIGIT ONE         |61165     |
|   Nd   |DIGIT SEVEN       |16497     |
|   Nd   |DIGIT SIX         |31706     |
+--------+------------------+----------+
```

在新的段落中，我们可以使用 SQLContext 来可视化输出。为了帮助查看那些倾斜的值，我们可以使用 SQL 语句来计算计数的对数。这会生成一个图形，我们可以把它包含在最终报告中，在那里我们可以切换原始频率和对数频率，如图 4-3 所示。

因为已经加载了字符类的分类，所以我们也可以对可视化进行调整，进一步简化图表，如图 4-4 所示。

总体检查是进行 EDA 时必须运行的基本检查，我们一般使用 POPCHECK 来检查。POPCHECK 是我们在 Scala 代码中定义的一个特殊的掩码，如果一个字段已被填充，则返回 1，反之则返回 0。当检查结果时，要注意，我们必须做一些最终报告写入操作，用数字的方式直接呈现结果，以便于解释，代码如下，结果如图 4-5 所示。

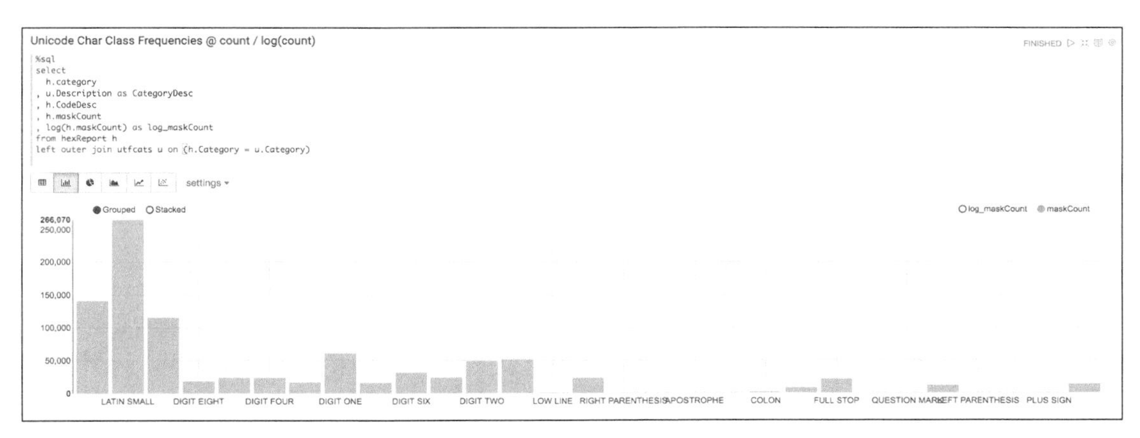

图 4-3 Unicode 字符类频率可视化输出

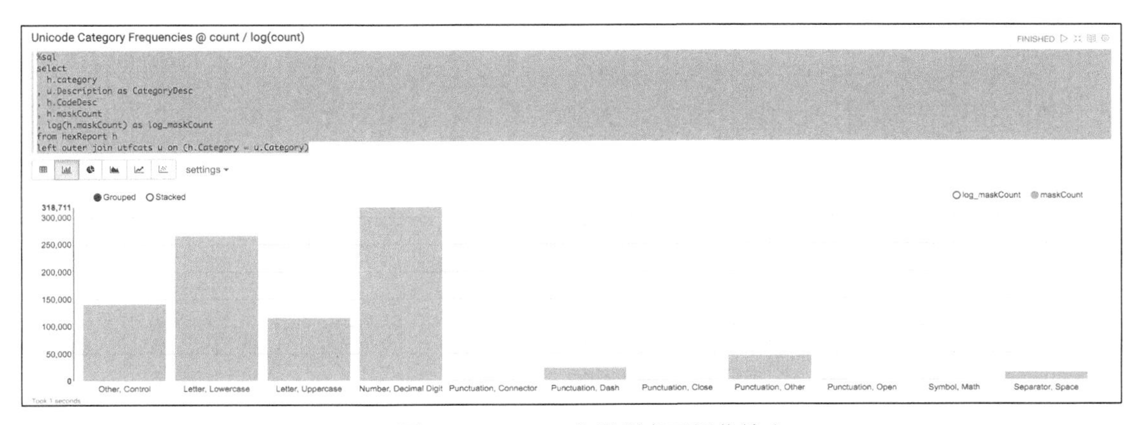

图 4-4 Unicode 分类频率可视化输出

```
Metrics_POPCHECKS.toDF.show(1000, false)
```

```
Metrics_POPCHECKS.toDF.show(1000, false)
```

metricDescriptor	sourceStudied	ingestTime	maskType	fieldName	occurrenceCount	keyCount	maskCount	description
/user/feeds/gdelt/events/*.export.CSV		2016-12-23	0	Actor1Type2Code	100525	61	59	<function1>
/user/feeds/gdelt/events/*.export.CSV		2016-12-23	0	Actor1Geo_Lat	100525	61	2122	<function1>
/user/feeds/gdelt/events/*.export.CSV		2016-12-23	0	Actor2Type2Code	100525	61	58	<function1>
/user/feeds/gdelt/events/*.export.CSV		2016-12-23	0	NumSources	100525	61	2351	<function1>
/user/feeds/gdelt/events/*.export.CSV		2016-12-23	0	ActionGeo_Long	100525	61	2315	<function1>
/user/feeds/gdelt/events/*.export.CSV		2016-12-23	0	Actor1Geo_FullName	100525	61	2122	<function1>
/user/feeds/gdelt/events/*.export.CSV		2016-12-23	0	AvgTone	100525	61	2351	<function1>
/user/feeds/gdelt/events/*.export.CSV		2016-12-23	0	Actor1Geo_Type	100525	61	2351	<function1>
/user/feeds/gdelt/events/*.export.CSV		2016-12-23	0	ActionGeo_ADM2Code	100525	61	1343	<function1>
/user/feeds/gdelt/events/*.export.CSV		2016-12-23	0	DateAdded	100525	61	2351	<function1>

图 4-5 POPCHECK 结果

我们可以分两步来完成。首先，可以使用 SQL case 表达式来转换数据，转换为填充或缺失的值，这很有用。然后通过在文件名、度量描述符和字段名上执行 groupby，对填充的值和缺失的值执行求和，从而对聚合数据集进行透视。进行这个操作时，若剖析器没有找到任何填充或缺失的数据实例，可以将其归为默认值 0。当计算百分比时，以上操作十分重要，它能确保不会出现是空值的分子或分母。虽然这个代码不是最简短的，但它阐明了一些 SparkSQL 中操作数据的技术。

请注意，在 SparkSQL 中，我们可以使用 SQL coalesce 语句，但请不要将其与 Spark 本地的 coalesc 混淆，后者是用于操作 RDDS 的。在 SQL 中，这个函数将空值转换为默认值，经常被大量应用于数据不是特别可信的生产级代码中，用来捕获特殊情况。此外还要注意，SparkSQL 对 sub-select 的支持也很好。你可以大量使用它，Spark 会运行得很好。这个特性很有用，因为对于许多传统数据库工程师和使用各类数据库的人来说，它是最简便的方法，请参考以下代码：

```
val pop_qry = sqlContext.sql("""
select * from (
    select
         fieldName as rawFieldName
    ,   coalesce( cast(regexp_replace(fieldName, "C", "") as INT),
fieldName) as fieldName
    ,   case when maskType = 0 then "Populated"
             when maskType = 1 then "Missing"
        end as PopulationCheck
    ,     coalesce(maskCount, 0) as maskCount
    ,    metricDescriptor as fileName
    from Metrics_POPCHECKS
) x
```

```
order by fieldName
""")
val pivot_popquery =
pop_qry.groupBy("fileName","fieldName").pivot("PopulationCheck").sum("maskC
ount")
 pivot_popquery.registerTempTable("pivot_popquery")
 val per_pivot_popquery = sqlContext.sql("""
 Select
 x.*
 , round(Missing/(Missing + Populated)*100,2) as PercentMissing
 from
      (select
           fieldname
           , coalesce(Missing, 0) as Missing
           , coalesce(Populated,0) as Populated
           , fileName
      from pivot_popquery) x
 order by x.fieldname ASC
 """)
 per_pivot_popquery.registerTempTable("per_pivot_popquery")
per_pivot_popquery.select("fieldname","Missing","Populated","PercentMissing
","fileName").show(1000,false)
```

上面代码输出的是数据的字段填充情况结果表，如图 4-6 所示。

fieldname	Missing	Populated	PercentMissing	fileName
ActionGeo_ADM1Code	36	2315	1.53	/user/feeds/gdelt/events/*.export.CSV
ActionGeo_ADM2Code	1008	1343	42.88	/user/feeds/gdelt/events/*.export.CSV
ActionGeo_CountryCode	36	2315	1.53	/user/feeds/gdelt/events/*.export.CSV
ActionGeo_FeatureID	36	2315	1.53	/user/feeds/gdelt/events/*.export.CSV
ActionGeo_FullName	36	2315	1.53	/user/feeds/gdelt/events/*.export.CSV
ActionGeo_Lat	36	2315	1.53	/user/feeds/gdelt/events/*.export.CSV
ActionGeo_Long	36	2315	1.53	/user/feeds/gdelt/events/*.export.CSV
ActionGeo_Type	0	2351	0.0	/user/feeds/gdelt/events/*.export.CSV
Actor1Code	198	2153	8.42	/user/feeds/gdelt/events/*.export.CSV
Actor1CountryCode	937	1414	39.86	/user/feeds/gdelt/events/*.export.CSV
Actor1EthnicCode	2332	19	99.19	/user/feeds/gdelt/events/*.export.CSV
Actor1Geo_ADM1Code	229	2122	9.74	/user/feeds/gdelt/events/*.export.CSV
Actor1Geo_ADM2Code	979	1372	41.64	/user/feeds/gdelt/events/*.export.CSV
Actor1Geo_CountryCode	229	2122	9.74	/user/feeds/gdelt/events/*.export.CSV
Actor1Geo_FeatureID	229	2122	9.74	/user/feeds/gdelt/events/*.export.CSV
Actor1Geo_FullName	229	2122	9.74	/user/feeds/gdelt/events/*.export.CSV
Actor1Geo_Lat	229	2122	9.74	/user/feeds/gdelt/events/*.export.CSV
Actor1Geo_Long	229	2122	9.74	/user/feeds/gdelt/events/*.export.CSV
Actor1Geo_Type	0	2351	0.0	/user/feeds/gdelt/events/*.export.CSV

图 4-6 字段填充情况结果表

当 Zeppelin notebook 使用堆叠的条形图功能进行展示时，数据产生了很好的可视化效果，能马上告诉我们文件中的数据填充情况，效果如图 4-7 所示。

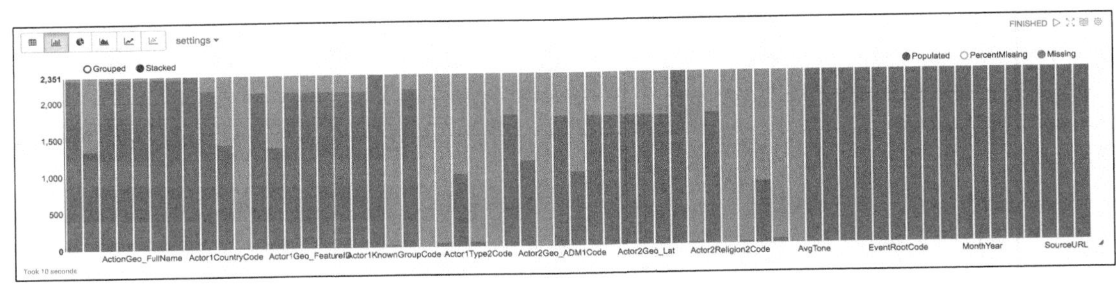

图 4-7　数据填充情况可视化效果

Zeppelin 的条形图支持工具提示，我们可以用鼠标指针来观察列的全名，即使它们在默认视图中显示效果欠佳。

最后，正如之前说过的，我们还可以在 notebook 中包含更多的段落来显示 `ASCII_HighGrain` 和 `ASCII_LowGrain` 这两个掩码的结果。只要简单地将剖析器输出可视化为表格即可，或者使用 Zeppelin 更高级的功能也可以实现。实现表格形式的代码如下，输出效果如图 4-8 所示。

```
proReport: org.apache.spark.sql.DataFrame = [sourceStudied: string, metricDescriptor: string, fieldName: string, ingestTime: date, maskInstance: string, maskCount: bigint, description: st
+-----------------------------------+----------------+--------------------+----------+---------------------------------------------------------------------+---------+
|sourceStudied                      |metricDescriptor|fieldName           |ingestTime|maskInstance                                                         |maskCount|
+-----------------------------------+----------------+--------------------+----------+---------------------------------------------------------------------+---------+
|/user/feeds/gdelt/events/*.export.CSV|ASCII_LOWGRAIN  |ActionGeo_ADM1Code  |2016-12-23|A9                                                                   |1207     |
|/user/feeds/gdelt/events/*.export.CSV|ASCII_LOWGRAIN  |ActionGeo_ADM1Code  |2016-12-23|A                                                                    |1108     |
|/user/feeds/gdelt/events/*.export.CSV|ASCII_LOWGRAIN  |ActionGeo_ADM1Code  |2016-12-23|                                                                     |36       |
|/user/feeds/gdelt/events/*.export.CSV|ASCII_LOWGRAIN  |ActionGeo_ADM2Code  |2016-12-23|9                                                                    |1204     |
|/user/feeds/gdelt/events/*.export.CSV|ASCII_LOWGRAIN  |ActionGeo_ADM2Code  |2016-12-23|                                                                     |1008     |
|/user/feeds/gdelt/events/*.export.CSV|ASCII_LOWGRAIN  |ActionGeo_ADM2Code  |2016-12-23|A9                                                                   |139      |
|/user/feeds/gdelt/events/*.export.CSV|ASCII_LOWGRAIN  |ActionGeo_CountryCode|2016-12-23|A                                                                   |2315     |
|/user/feeds/gdelt/events/*.export.CSV|ASCII_LOWGRAIN  |ActionGeo_CountryCode|2016-12-23|                                                                    |36       |
|/user/feeds/gdelt/events/*.export.CSV|ASCII_LOWGRAIN  |ActionGeo_FeatureID |2016-12-23|-9                                                                   |1108     |
|/user/feeds/gdelt/events/*.export.CSV|ASCII_LOWGRAIN  |ActionGeo_FeatureID |2016-12-23|A                                                                    |810      |
|/user/feeds/gdelt/events/*.export.CSV|ASCII_LOWGRAIN  |ActionGeo_FeatureID |2016-12-23|9                                                                    |397      |
|/user/feeds/gdelt/events/*.export.CSV|ASCII_LOWGRAIN  |ActionGeo_FeatureID |2016-12-23|                                                                     |36       |
```

图 4-8　表格输出效果

```
val proReport = sqlContext.sql("""
 select * from (
 select
      metricDescriptor as sourceStudied
 ,    "ASCII_LOWGRAIN" as metricDescriptor
 , coalesce(cast( regexp_replace(fieldName, "C", "")
   as INT),fieldname) as fieldName
 , ingestTime
 , maskType as maskInstance
 , maskCount
```

```
, description
from Metrics_ASCIICLASS_LOWGRAIN
) x
order by fieldNAme, maskCount DESC
""")
proReport.show(1000, false)
```

在查看 `ASCII_HighGrain` 掩码时，结果中可能会出现非常高的基数，所以构建一个交互式查看器非常有用，我们可以设置一条 SQL 语句，接受 Zeppelin 用户在输入框中输入栏编号或字段名称，这样只检索收集的指标中与输入相关的那些部分。

我们可以像下面这样编写一段新的 SQL 代码，使用 SQL 谓语 `x.fieldName like '%${ColumnName}%'`：

```
%sql
select x.* from (
select
     metricDescriptor as sourceStudied
,   "ASCII_HIGHGRAIN" as metricDescriptor
, coalesce(cast( regexp_replace(fieldName, "C", "")
  as INT),fieldname) as fieldName
, ingestTime
, maskType as maskInstance
, maskCount
, log(maskCount) as log_maskCount
from Metrics_ASCIICLASS_HIGHGRAIN
) x
where x.fieldName like '%${ColumnName}%'
order by fieldName, maskCount DESC
```

这段代码将创建一个交互式用户窗口，该窗口会在用户输入时刷新，从而创建动态的、具有多个输出配置的剖析报告。这里我们不是以表格的形式展示输出，而是以图表的形式展示一个低基数字段的频率计数的对数，事件文件中标识出事件的经度，展示结果如图 4-9 所示。

结果表明，即使是像经度这样的简单字段，数据中也有大量的扩展格式。

到目前为止，我们讨论的技术都有助于创造一个可重复使用的 notebook，可以对所有的输入数据进行快速、高效的探索性数据剖析，并生成可视化输出，这样才能制作出对输入文件的质量进行评估的报告和文档。

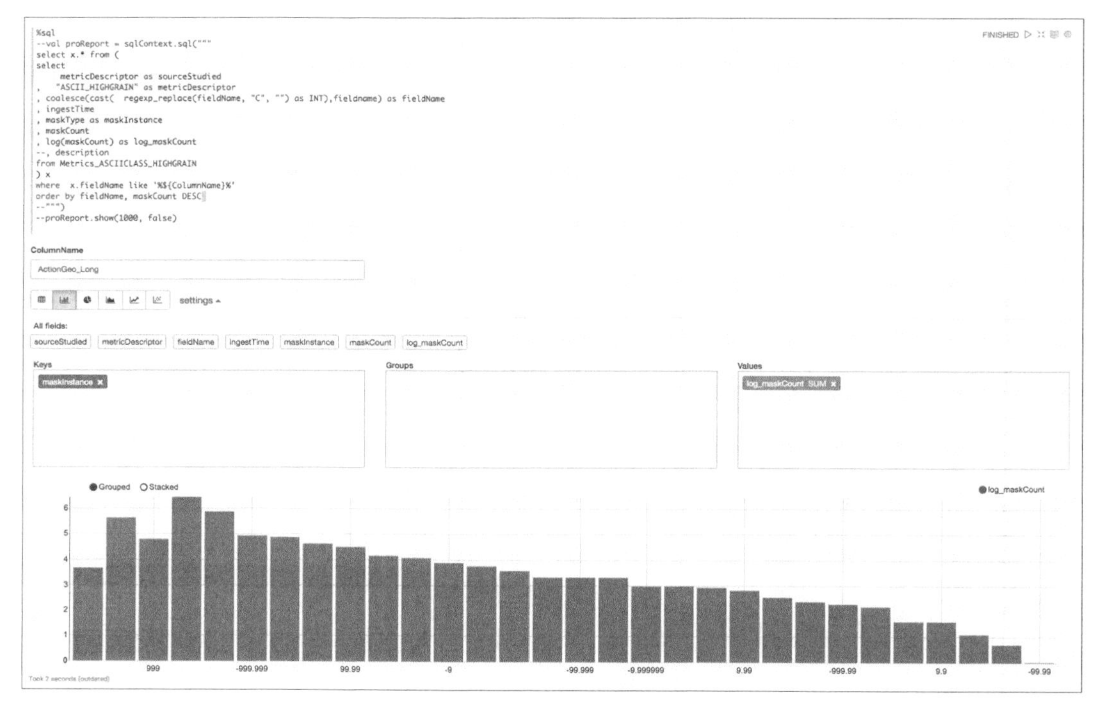

图 4-9 展示结果

4.3 探索 GDELT

EDA 中很大一部分工作是获取和记录数据源，GDELT 内容也不例外。在对 GKG 数据集进行研究之后，我们发现仅是记录该使用数据的实际来源都是一件很有挑战性的工作。我们提供了所使用的资源的完整列表，并会在示例中运行这些资源。

关于下载时间的提示：使用一个典型的 5MB 家用宽带，下载 2 000 个 GKG 文件大约需要 3.5h。鉴于 GKG 英语文件有 40 000 多个文件，这确实需要相当长的下载时间。本书使用的 GDELT 版本为 2016 年 12 月的 2.1 版本。

探索 GKG V2.1

回顾现有的探索 GDELT 数据流的文章，我们发现许多文章都在关注 GDELT 中的人物、主题和语调，还有一些是关注早期的事件文件。但却没有多少发表的文章是关于探索全球内容分析度量（GCAM）的——这已经包含在 GKG 文件中。如果试着用我们已建好的数据质量工作簿来检查 GDELT 数据流，会发现 GKG 文件是很难处理的，因为文件使用多种嵌套分隔符进行编码。如何快速处理嵌套格式数据是 GKG 文件处理流程中的关键性挑战，对于 GCAM 也是如此，这也是本章剩余部分的重点。

在探索 GKG 文件中的 GCAM 数据时，我们需要回答一些明显的问题，问题如下。

- 英语 GKG 文件与翻译的国际跨语言文件之间差别在哪里？鉴于一些实体识别的算法在翻译后的文件里可能无法正常工作，那么这些流之间的数据填充方式是否存在差异？
- 如果包含在 GKG 文件中的 GCAM 情感指标数据集已很好地填充了翻译后的数据，那么它（或者实际上是英文版）能被信任吗？我们该如何访问和规范这些数据？比起噪声，它是否保留的是有价值的信号？

如果能独立地回答这两个问题，我们就能更好地了解 GDELT 作为执行数据科学的信号来源的有用性。然而，如何回答这些问题很重要，我们需要在探索这些答案的同时，尝试将代码进行模板化，以创建可重用的配置驱动的 EDA 组件。如果根据我们的原则，能创造出具有可重用性的探索过程，那带来的价值将远超过硬编码的分析。

1. 跨语言文件

我们先重复之前的工作来揭示一些质量问题，然后把探索过程扩展到更详细和复杂的问题。对于普通的 GKG 数据和翻译的文件，通过运行一些对于临时文件的填充计数（POPCHECK）指标，我们可以将结果导入并将其联合在一起。这是拥有可重用的标准化指标格式的一个好处，我们可以很容易地跨数据集进行比较！

这里我们将只提供一些概要答案，而不是详细代码。对英语和翻译的 GKG 文件之间的填充计数进行检查，我们确实在可用的内容中发现了一些区别，如图 4-10 所示。

这里可以看出，翻译后的 GKG 跨语言文件根本没有引用数据，并且在识别人员（Persons）的时候填充计数非常小（相比我们在普通英语新闻流中计算出的填充计数），所以肯定存在着一些需要注意的差异。

因此，如果想在生产中使用 GKG 跨语言文件，我们应该仔细检查跨语言数据流中的任何内容。稍后，我们将看到 GCAM 情感内容的翻译信息是如何对应英语母语情感信息的。

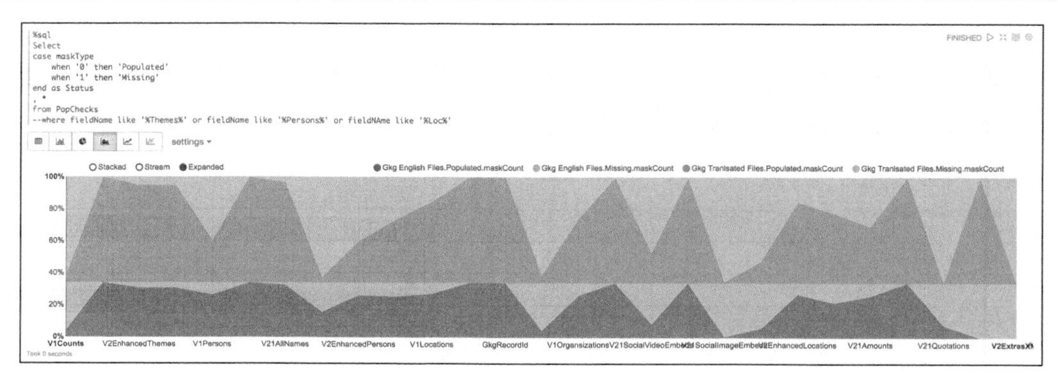

图 4-10　不同文件填充计数的区别

2. 可配置的 GCAM 时间序列 EDA

GCAM 的内容主要由过滤新闻文章创建的 Word Counts（单词计数）组成，它使用字典过滤器对能表示感兴趣的主题的同义词做单词计数。将结果计数除以文档中的总词数，就可以对其进行归一化。它还包括了表示情感得分的 Scored Values，这些分值看起来似乎是基于对原语言文本直接学习得到的。

我们可以快速总结一下情感变量的范围，以便用几行代码来研究和探讨 GCAM，代码输出中注释了语言的名字，代码如下:

```
wget http://data.gdeltproject.org/documentation/GCAM-MASTER-CODEBOOK.TXT
cat GCAM-MASTER-CODEBOOK.TXT | \
gawk 'BEGIN{OFS="\t"} $4 != "Type" {print $4,$5}' | column -t -s $'\t' \ |
sort | uniq -c | gawk ' BEGIN{print "Lang Type Count" }{print $3, $2,\
$1}' | column -t -s $' '

Lang  Type         Count  Annotation
ara   SCOREDVALUE  1      Arabic
cat   SCOREDVALUE  16     Catalan
deu   SCOREDVALUE  1      German
eng   SCOREDVALUE  30     English
fra   SCOREDVALUE  1      French
glg   SCOREDVALUE  16     Galician
hin   SCOREDVALUE  1      Hindi
ind   SCOREDVALUE  1      Indonesian
kor   SCOREDVALUE  1      Korean
por   SCOREDVALUE  1      Portuguese
rus   SCOREDVALUE  1      Russian
spa   SCOREDVALUE  29     Spanish
urd   SCOREDVALUE  1      Urdu
zho   SCOREDVALUE  1      Chinese
```

```
ara    WORDCOUNT    1       Arabic
cat    WORDCOUNT    16      Catalan
deu    WORDCOUNT    44      German
eng    WORDCOUNT    2441    English
fra    WORDCOUNT    78      French
glg    WORDCOUNT    16      Galician
hin    WORDCOUNT    1       Hindi
hun    WORDCOUNT    36      Hungarian
ind    WORDCOUNT    1       Indonesian
kor    WORDCOUNT    1       Korean
por    WORDCOUNT    46      Portuguese
rus    WORDCOUNT    65      Russian
spa    WORDCOUNT    62      Spanish
swe    WORDCOUNT    64      Swedish
urd    WORDCOUNT    1       Urdu
zho    WORDCOUNT    1       Chinese
```

GCAM 的基于单词计数的时间序列似乎是最完善的，特别是在英语中有 2 441 种情感指标！要处理这么多的指标是很困难的，即使只是做一个简单的分析也很困难。我们需要一些工具来进行简化，我们要集中精力到关注的领域。

为了提供帮助，我们创建了一个简单的基于 SparkSQL 的浏览器，用来提取和可视化来自 GCAM 的时间序列数据，它专门针对基于单词计数的情感分析。它是通过对 Zeppelin 中的原始数据质量浏览器进行复制和调整实现的。

它的工作原理是通过调整它以使用定义的模式读入 GKG 文件，并预览我们想要关注的原始数据，代码如下：

```
Val GkgCoreSchema = StructType(Array(
    StructField("GkgRecordId"          , StringType, true), //$1
    StructField("V21Date"              , StringType, true), //$2
    StructField("V2SrcCollectionId"    , StringType, true), //$3
    StructField("V2SrcCmnName"         , StringType, true), //$4
    StructField("V2DocId"              , StringType, true), //$5
    StructField("V1Counts"             , StringType, true), //$6
    StructField("V21Counts"            , StringType, true), //$7
    StructField("V1Themes"             , StringType, true), //$8
    StructField("V2Themes"             , StringType, true), //$9
    StructField("V1Locations"          , StringType, true), //$10
    StructField("V2Locations"          , StringType, true), //$11
    StructField("V1Persons"            , StringType, true), //$12
    StructField("V2Persons"            , StringType, true), //$13
    StructField("V1Orgs"               , StringType, true), //$14
```

```
        StructField("V2Orgs"                     , StringType, true), //$15
        StructField("V15Tone"                    , StringType, true), //$16
        StructField("V21Dates"                   , StringType, true), //$17
        StructField("V2GCAM"                     , StringType, true), //$18
        StructField("V21ShareImg"                , StringType, true), //$19
        StructField("V21RelImg"                  , StringType, true), //$20
        StructField("V21SocImage"                , StringType, true), //$21
        StructField("V21SocVideo"                , StringType, true), //$22
        StructField("V21Quotations"              , StringType, true), //$23
        StructField("V21AllNames"                , StringType, true), //$24
        StructField("V21Amounts"                 , StringType, true), //$25
        StructField("V21TransInfo"               , StringType, true), //$26
        StructField("V2ExtrasXML"                , StringType, true) //$27
        ))

Val  InputFilePath = YourFilePath

Val  GkgRawData = sqlContext.read
                            .option("header", "false")
                            .schema(GkgCoreSchema)
                            .option("delimiter", "\t")
                            .csv(InputFilePath)

GkgRawData.registerTempTable("GkgRawData")

// 现在，我们注册要快速探索的文件片段

val PreRawData = GkgRawData.select("GkgRecordID","V21Date","V2GCAM",
"V2DocId")
// 我们选择 GCAM，加上 V2DocID 中的故事 URL，将来可对其进行过滤。

PreRawData.registerTempTable("PreRawData")
```

结果前3列将内容根据要探索的领域分割开来，即时间(V21Date)、情感(V2GCAM)、源URL（V2DocID)。结果如下所示：

```
+--------+--------------+--------------------+--------------------+
|   ID   |    V21Date   |        V2GCAM      |        V2DocId     |
+--------+--------------|--------------------+--------------------+
|...0    |20161101000000|wc:77,c12.1:2,c12...|http://www.tampab...|
|...1    |20161101000000|wc:57,c12.1:6,c12...|http://regator.co...|
|...2    |20161101000000|wc:740,c1.3:2,c12...|http://www.9news....|
|...3    |20161101000000|wc:1011,c1.3:2,c1...|http://www.gaming...|
|...4    |20161101000000|wc:260,c1.2:1,c1... |http://cnafinance...|
+--------+--------------|--------------------+--------------------+
```

在 Zeppelin 新段落中，我们创建一个 SQLContext，并仔细解开 GCAM 记录的嵌套结构。注意 V2GCAM 字段里以逗号分隔的行的第一行，包含 wc 维数和 GkgRecordID 代表的故事的单词计数指标，然后字段里列出了其他的情感指标。我们得将这些数据展开为实际的行，并且还要将所有基于单词计数的情感数除以 wc 中文档的总词数，对分值进行归一化。

在下面的代码片段中，我们用标准的 onion 风格设计了使用子选择的 SparkSQL 语句。如果你还不了解这种编码风格，那你会希望学习阅读它的。它是这样工作的：创建最内层的选择/查询，接着运行进行测试，然后将其封装在括号里，并通过选择数据进入下一个查询过程，以此类推。然后，优化器就会对管道的整体进行优化。它的结果是一个声明性的 ETL 过程，可读性很好。而且在需要的时候，优化器也有在管道的任何部分排除故障和隔离问题的能力。如果想了解如何处理嵌套的矩阵进程，我们可以轻松地重构后面的SQL 语句，先运行最内层的片段，然后检查它的输出，再对其进行扩展，把封装它的下一个查询包含进来，以此类推。一步步地，我们就可以检查阶段性的输出，以检查整个语句如何协同工作交付最终结果。

查询过程的关键技巧是如何将单词计数分母应用于每个情感词计数，以此把值归一化。GKG 文档中推荐使用这种方法，不过没有提供实现的说明。

还需要注意的是，V21Date 字段是如何从整数转换为日期的，这在要有效地绘制时间序列时是必需的。除了 notebook 中已导入的库，转换过程还需要我们预先导入以下库：

```
import org.apache.spark.sql.functions.{Unix_timestamp, to_date}
```

我们使用 Unix_timestamp 函数将 V21Date 转为 Unix_timestamp 类型，这是个整数类型，然后再把它转为日期字段，全程将本地 Spark 库作为格式和时间配置的解决方案。

下面的 SQL 语句实现了我们所需的功能：

```
%sql
 -- 对于包含“trump”的网址，构建15min 的“election fraud（选举欺诈）”情感时间序列图。
 select
   V21Date
 , regexp_replace(z.Series, "\\.", "_") as Series
 , sum(coalesce(z.Measure, 0) / coalesce (z.WordCount, 1)) as
Sum_Normalised_Measure
 from
 (
     select
       GkgRecordID
     , V21Date
```

```
        , norm_array[0] as wc_norm_series
        , norm_array[1] as WordCount
        , ts_array[0] as Series
        , ts_array[1] as Measure
        from
        (
           select
             GkgRecordID
           ,   V21Date
           , split(wc_row, ":") as norm_array
           , split(gcam_array, ":") as ts_array
           from
              (
              select
                GkgRecordID
              ,  V21Date
              , gcam_row[0] as wc_row
              , explode(gcam_row) as gcam_array
              from
                 (
                  select
                         GkgRecordID
                     ,   from_Unixtime(
                              Unix_timestamp(
                                 V21Date, "yyyyMMddHHmmss")
                               , 'YYYY-MM-dd-HH-mm'
                               ) as V21Date
                    ,    split(V2GCAM, ",") as gcam_row
                    from PreRawData
                    where length(V2GCAM) >1
                    and V2DocId like '%trump%'
                 ) w
              ) x
         ) y
    ) z
    where z.Series <> "wc" and z.Series = 'c18.134'
                            -- c18.134 is "ELECTION_FRAUD"
    group by z.V21Date, z.Series
    order by z.V21Date ASC
```

这里使用 Zeppelin 的时间序列查看器演示了查询结果。它显示了时间序列数据被正确地构建了，看起来非常可信。在 2016 年 11 月 8 日美国总统大选那天，有个持续时间很短的高峰，如图 4-11 所示。

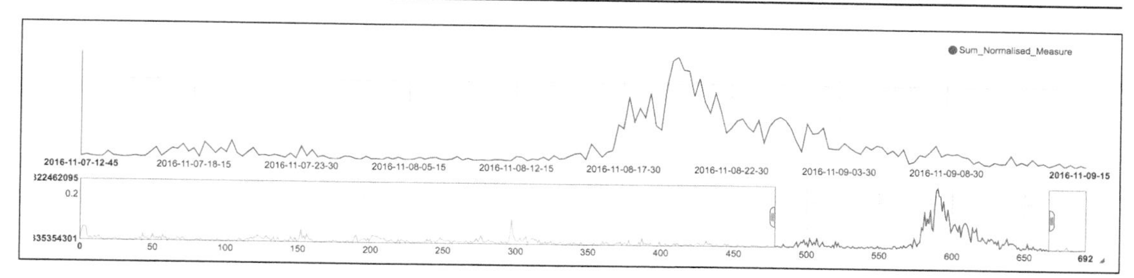

图 4-11 持续时间很短的高峰

现在我们有了一条可用的 SQL 语句来检测 GCAM 情感得分，也许我们得复核一下其他的指标，比如一个不同但是相关的主题，例如英国脱欧投票。

我们选择了 3 个比较有趣的 GCAM 情感指标作为“选举欺诈”指标的补充，相信它和我们之前看到的美国选举指标之间存在着令人兴趣的差异。这几个指标如下。

- 移民：'c18.101' ——Immigration。
- 民主：'c18.100' ——Democracy。
- 选举：'c18.140' ——Election。

要包含以上指标，我们要把查询进行扩展，才能获取多个归一化序列。我们还要注意，这些结果可能并不一定都适合 Zeppelin 的查看器，默认情况下它只接受前 1000 个结果，所以我们可能要聚焦于数小时或数天的时间段。虽然只是一个很小的变化，但是它展示了我们现有工作的强大扩展能力，代码如下:

```
val ExtractGcam = sqlContext.sql("""
select
   a.V21Date
, a.Series
, Sum(a.Sum_Normalised_Measure) as Sum_Normalised_Measure
from (
     select
     z.partitionkey
     , z.V21Date
     , regexp_replace(z.Series, "\\.", "_") as Series
     , sum(coalesce(z.Measure, 0) / coalesce (z.WordCount, 1))
      as Sum_Normalised_Measure
     from
    (
        select
        y.V21Date
        , cast(cast(round(rand(10) *1000,0) as INT) as string)
```

```
         as partitionkey
        , y.norm_array[0] as wc_norm_series
        , y.norm_array[1] as WordCount
        , y.ts_array[0] as Series
        , y.ts_array[1] as Measure
        from
        (
           select
              x.V21Date
           , split(x.wc_row, ":") as norm_array
           , split(x.gcam_array, ":") as ts_array
           from
              (
          select
            w.V21Date
          , w.gcam_row[0] as wc_row
          , explode(w.gcam_row) as gcam_array
          from
              (
               select
                  from_Unixtime(Unix_timestamp(V21Date,
"yyyyMMddHHmmss"), 'YYYY-MM-dd-HH-mm')
as V21Date
                  , split(V2GCAM, ",") as gcam_row
                  from PreRawData
                  where length(V2GCAM) > 20
                  and V2DocId like '%brexit%'
              ) w
              where gcam_row[0] like '%wc%'
                 OR gcam_row[0] like '%c18.1%'
            ) x
        ) y
     ) z
     where z.Series <> "wc"
         and
        (   z.Series = 'c18.134' -- Election Fraud
         or z.Series = 'c18.101' -- Immigration
         or z.Series = 'c18.100' -- Democracy
         or z.Series = 'c18.140' -- Election
         )
     group by z.partitionkey, z.V21Date, z.Series
) a
group by a.V21Date, a.Series
""")
```

在第 2 个示例中，我们把基础查询进行了精炼，删除了没有用到的 GKGRecordIDs。这个查询还演示了如何使用一组简单的谓词针对许多系列名称过滤结果。请注意，我们还添加了一个预分组步骤。代码如下:

```
group by z.partitionkey, z.V21Date, z.Series

-- Where the partition key is:
-- cast(cast(round(rand(10) *1000,0) as INT) as string) as partitionkey
```

这个随机数用于创建分区前缀键，我们在内部 group by 语句中使用它，没有这个前缀的时候，分区会再次分组。使用这种方式来编写查询语句有助于细分和汇总热点数据，并平滑处理管道的瓶颈。

在 Zeppelin 的时间序列查看器里观察结果时，我们可以进一步汇总每小时的计数，并用 case 语句把晦涩的GCAM 序列代码转换为适当的名称。我们可以在一个新的查询中完成这些功能，帮助将特定的报表配置与通用数据集结构查询隔离开来，代码如下:

```
Select
a.Time
, a.Series
, Sum(Sum_Normalised_Measure) as Sum_Normalised_Measure
from
(
        select
        from_Unixtime(Unix_timestamp(V21Date,
                     "yyyy-MM-dd-HH-mm"),'YYYY-MM-dd-HH')
         as Time
      , CASE
           when Series = 'c18_134' then 'Election Fraud'
           when Series = 'c18_101' then 'Immigration'
           when Series = 'c18_100' then 'Democracy'
           when Series = 'c18_140' then 'Election'
      END as Series
      , Sum_Normalised_Measure
      From ExtractGcam
      -- where Series = 'c18_101' or Series = 'c18_140'
) a
group by a.Time, a.Series
order by a.Time
```

最后这个查询语句将数据减少为每小时的值，这比Zeppelin默认的最大值1000行要少，另外它还生成了一个比较时间序列图，如图 4-12 所示。

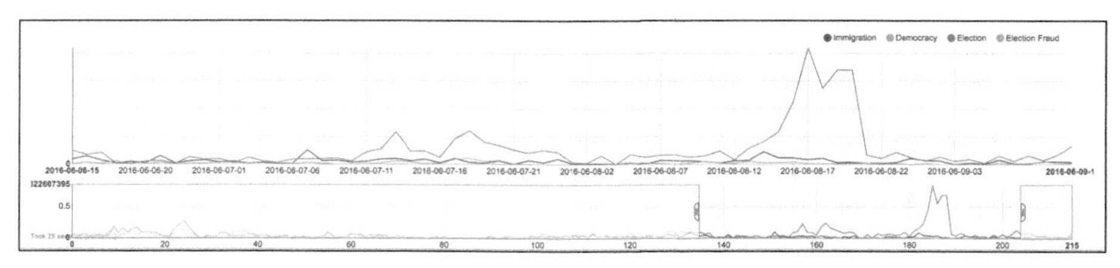

图 4-12 比较时间序列图

图 4-12 表明，在英国脱欧公投之前几乎没有关于欺诈行为的讨论，而在选举期间这种讨论却达到了顶峰，而且移民是比民主更热门的话题。这再次表明，GCAM 英语情感数据看来确实把握了重要的信号。

现在我们已经对英文语言记录有了一些了解，接着可以扩展我们的工作范围，以便针对 GCAM 翻译后的数据进行探索。

我们可以注释掉具体的序列上的过滤器，把所有 GCAM 的英国脱欧系列数据中的时间序列数据库写入 HDFS 文件系统中的一个 Parquet 文件里。这样就能把 GCAM 数据永久存储到磁盘，甚至随着时间的推移还能附加新的数据。下面是覆盖或附加到 Parquet 文件需要的代码:

```
// 将数据保存为 Parquet 文件
val TimeSeriesParqueFile =
"/user/feeds/gdelt/datastore/BrexitTimeSeries2016.parquet"

// ***取消注释以附加到现有 Parquet 文件***
// ExtractGcam.save(TimeSeriesParqueFile
                    //, "parquet"
                    //, SaveMode.Append)
// *************************************************************
// ***取消注释以初始化加载一个新的 Parquet 文件 ***
    ExtractGcam.save(TimeSeriesParqueFile
          , "parquet"
    , SaveMode.Overwrite)
// *************************************************************
```

Parquet 文件被写入磁盘后，我们已经建立了一个轻量级的 GCAM 时间序列数据存储，可以快速检索 GCAM 情感，可以用于跨语言分组的探索。

3. Apache Zeppelin 中的 plot.ly 图表

接下来，我们还将扩展使用 Apache Zeppelin notebook，包括使用一个叫作 plot.ly 的外部图表库来产生%pyspark 图表，它是开源的，可用于创建输出质量级别的可视化。要在 notebook 中使用 plot.ly，我们可以使用 GitHub 里的 zeppelin-plotly 代码升级 Apache Zeppelin

安装，它提供了所需的整合功能。在它的 GitHub 页面上，有详细的安装说明，在代码库中，它提供了一个非常有用的示例 notebook。这里有一些用于在 HDP 集群上与 Zeppelin 一起安装的小技巧，如下所示。

- 以 Zeppelin 用户登录 NameNode，将目录更改为 Zeppelin 的主目录/home/zeppelin，并下载外部代码。
- 将目录转到 Zeppelin 的*.war 文件存放的位置，这个位置在 Zeppelin 的 Configuration 标签下指定，以下是一个示例：

```
cd /usr/hdp/current/zeppelin-server/lib
```

现在，按照操作指南，我们要编辑 Zeppelin war 文件中指定的 index.html 文件：

```
 Ls *war    # zeppelin-web-0.6.0.2.4.0.0-169.war
cp zeppelin-web-0.6.0.2.4.0.0-169.war \
   bkp_zeppelin-web-0.6.0.2.4.0.0-169.war
jar xvf zeppelin-web-0.6.0.2.4.0.0-169.war \
    index.html
vi index.html
```

- 只要提取了 index.html 页，我们就可以使用 vim 等编辑器在 body 标签之前插入 plotly-latest.min.js 脚本标记（按指令），保存并执行文档。
- 按以下命令将编辑好的 index.html 文件放回 war 文件：

```
jar uvf zeppelin-web-0.6.0.2.4.0.0-169.war index.html
```

- 最后，登录 Ambari，用它重启 Zeppelin 服务。
- 按照指南接下来的部分在 Zeppelin 里生成一个测试图表。
- 如果遇到问题，我们可能要安装或更新旧的库。登录 NameNode，用 pip 来安装这些包：

```
sudo pip install plotly
sudo pip install plotly --upgrade
sudo pip install colors
sudo pip install cufflinks
sudo pip install pandas
sudo pip install Ipython
sudo pip install -U pyOpenSSL
# 注意还要安装 pyOpenSSL.
```

安装完成后，我们就能从%pyspark 段落中创建 Zeppelin notebook 来生成内联的 plot.ly 图表，可以使用本地库在离线情况下生成，而无须使用在线服务。

4. 使用 plot.ly 探索翻译来源的 GCAM 情感

我们来做个比较，请注意在 GCAM 文档中发现的一个有趣的指标：C6.6；Financial Uncertainty（金融不确定性）。这项指标计算介于新闻报道和财务导向的不确定性词典之间匹配的单词数量。如果追踪它在线上的来源，我们可以发现学术论文和词典决定了这个衡量指标。然而，基于词典的指标会适用于翻译后的新闻文本吗？要调查这一点，我们可以了解一下这个“金融不确定性”指标在 6 个主要欧洲语系中有何不同：英语、法语、德语、西班牙语、意大利语和波兰语，主题是关于英国脱欧问题。

我们创建一个新的 notebook，包括一个 pyspark 段落来加载 plot.ly 库，并设置它们在脱机模式下运行：

```
%pyspark
import sys
sys.path.insert(0, "/home/zeppelin/zeppelin-plotly")

import offline
sys.modules["plotly"].offline = offline
sys.modules["plotly.offline"] = offline

import cufflinks as cf
cf.go_offline()

import plotly.plotly as py
import plotly.graph_objs as go

import pandas as pd
import numpy as np
```

然后我们创建一个段落从 Parquet 中读取缓存的数据：

```
%pyspark

GcamParquet =
sqlContext.read.parquet("/user/feeds/gdelt/datastore/BrexitTimeSeries2016.p
arquet")

# 将内容注册为 python 的数据帧
sqlContext.registerDataFrameAsTable(GcamParquet, "BrexitTimeSeries")
```

接着创建一条 SQL 查询语句来读取、准备进行绘图，并将其注册为可用状态：

```
%pyspark
FixedExtractGcam = sqlContext.sql("""
select
  V21Date
, Series
, CASE
    when LangLen = 0 then "eng"
    when LangLen > 0 then SourceLanguage
  END as SourceLanguage
, FIPS104Country
, Sum_Normalised_Measure
From
(   select *,length(SourceLanguage) as LangLen
    from BrexitTimeSeries
    where V21Date like "2016%"
) a
""")

sqlContext.registerDataFrameAsTable(FixedExtractGcam, "Brexit")
# pyspark 数据的可访问注册
```

这样我们就定义了一个适配器，并创建了一条查询语句用来将 Parquet 文件的数据进行汇总，这样可以更容易地将数据适配到内存中：

```
%pyspark

timeplot = sqlContext.sql("""
Select
from_Unixtime(Unix_timestamp(Time, "yyyy-MM-dd"), 'YYYY-MM-dd
HH:mm:ss.ssss') as Time
, a.Series
, SourceLanguage as Lang
--, Country
, sum(Sum_Normalised_Measure) as Sum_Normalised_Measure
from
(       select
          from_Unixtime(Unix_timestamp(V21Date,
                      "yyyy-MM-dd-HH"), 'YYYY-MM-dd') as Time
        , SourceLanguage
        , CASE
           When Series = 'c6_6' then "Uncertainty"
          END as Series
        , Sum_Normalised_Measure
```

```
        from Brexit
        where Series in ('c6_6')
        and SourceLanguage in ( 'deu', 'fra', 'ita', 'eng', 'spa', 'pol')
        and V21Date like '2016%'
) a
group by a.Time, a.Series, a.SourceLanguage order by a.Time, a.Series,
a.SourceLanguage
""")

sqlContext.registerDataFrameAsTable(timeplot, "timeplot")
# pyspark 数据的可访问注册
```

这个主要的有效载荷查询会生成一系列数据，我们可以将这些数据加载到 pyspark 的 pandas 数组中，它带有适合 plot.ly 的时间戳格式：

```
+------------------------+-----------+----+------------------------+
|         Time           |  Series   |Lang|Sum_Normalised_Measure  |
+------------------------+-----------+----+------------------------+
|2016-01-04 00:00:00.0000|Uncertainty|deu |0.0375                  |
|2016-01-04 00:00:00.0000|Uncertainty|eng |0.5603189694252122      |
|2016-01-04 00:00:00.0000|Uncertainty|frg |0.08089269454114742     |
+------------------------+-----------+----+------------------------+
```

为了将这些数据提供给 plot.ly，我们必须将生成的 Spark Dataframe 转为 pandas 格式：

```
%pyspark
explorer = pd.DataFrame(timeplot.collect(), columns=['Time', 'Series',
'SourceLanguage','Sum_Normalised_Measure'])
```

在执行此步骤时，我们必须记得对数据帧执行 collect()，同时重置列的名称以便于 pandas 进行挑选。采用 Python 环境中的 pandas 数组，我们可以轻松地将数据转换成更便于时间序列绘图的形式：

```
pexp = pd.pivot_table(explorer, values='Sum_Normalised_Measure',
index=['Time'], columns=['SourceLanguage','Series'], aggfunc=np.sum,
fill_value=0)
```

最后，我们进行调用来生成图表，如图 4-13 所示。

```
pexp.iplot(title="BREXIT: Daily GCAM Uncertainty Sentiment Measures by
Language", kind ="bar", barmode="stack")
```

现在我们已经为数据绘制了一个可用的 plot.ly 图表，我们还应该创建一个定制的可视化，这在标准的 Zeppelin notebook 上是不可能的，Plotly 库给我们的探索带来了多大的帮助啊！下面简单的代码示例是生成一些图 4-14 所示的多重小图表：

```
pexp.iplot(title="BREXIT: Daily GCAM Uncertainty by Languag e, 2016-01 through
2016-07",subplots=True, shared_xaxes=True, fill=True, kind ="bar")
```

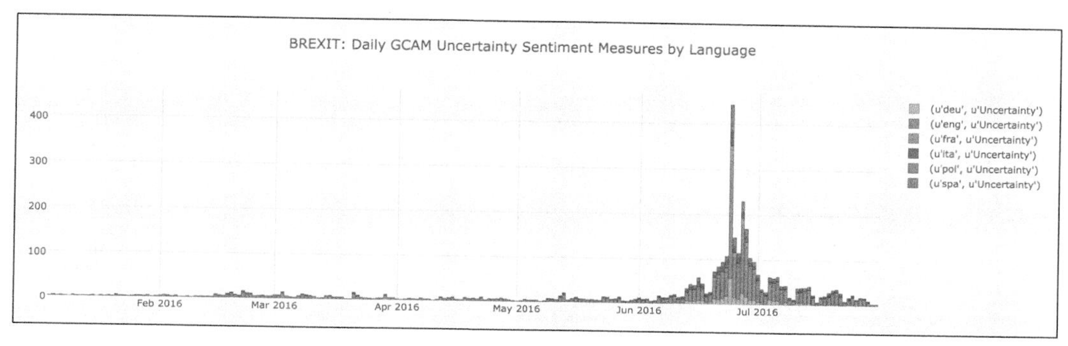

图 4-13 生成的图表效果

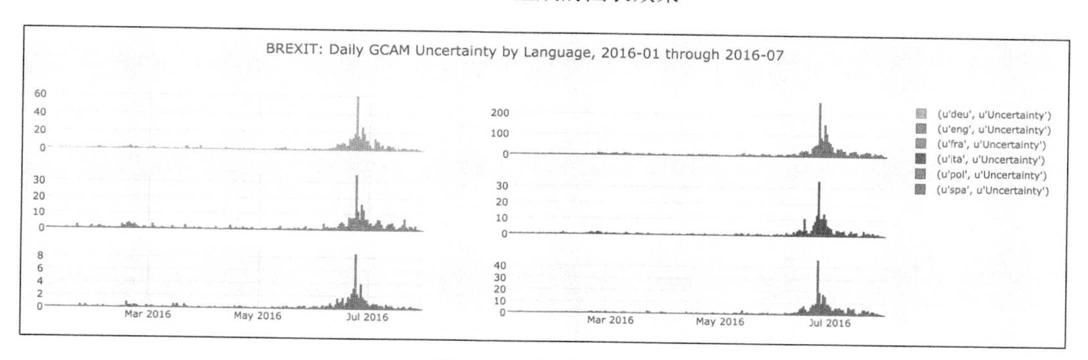

图 4-14 多重小图表

这个多重小图表让我们看到，在意大利的媒体中，2016 年 6 月 15 日，选举前一周左右，似乎出现了一个当地金融不确定性的激增。这就是我们有兴趣开展调查的情况，因为这种情况也存在于西班牙语新闻中，只是程度略轻。

5. 小结

值得指出的是，在调查的全流程中，有许多参数推动了 EDA，我们可以考虑如何将它们参数化以构建用于监测 GDELT 的合适的探索产品。需要考虑的参数如下。

- 我们可以选择一个非 GCAM 字段进行过滤。在前面的示例中，它被配置为 V2DocID，即新闻的 URL。在 URL 中发现“BREXIT（英国脱欧）”或“TRUMP（特朗普）”这样的词将有助于我们将调查范围扩大到那些与特定主题领域相关的新闻上。我们也可以重用这项技术来对诸如BBC或纽约时报进行过滤。或者，如果我们交换到另一个栏目（如主题或人物），则这些栏目会提供一种新的方式，将我们的研究集中在特定主题或感兴趣的人上。

- 我们已经将时间戳V21Date的粒度转换和概括为提供每小时的时间序列增量，但是我们可以重新进行配置，用它来创建每月、每周或每天的时间基准，或者任何其他时间序列增量。
- 我们先选择并扩展了一个感兴趣的时间序列（C18_134），也就是"选举欺诈"，但我们也可以轻松地重新配置它来查看移民或仇恨言论，或是其他的2400多种基于单词计数的情感得分。
- 我们在 notebook 的开头引入了一个文件匹配，限定了我们在汇总输出中所包含的时间段。为了降低成本，我们一开始就只保持小规模，但是如果有足够的处理预算（时间和金钱），我们可以将这个时间范围重新集中在关键事件上，甚至能打开所有可用的文件。

我们已经说明了可以轻易地调整代码以构建基于notebook的GCAM时间序列探索，从中我们可以按需构建大量的重点调查，每一个对GCAM数据内容的探索都以可配置的方式进行。

如果你一直仔细地在notebook上阅读SQL代码，并且想知道为什么它不是使用Python API编写的，或者不是使用惯用的Scala编写的，我们最后来看看这一部分：正是因为它由SQL构建，可以在Python、R或Scala的上下文之间移动，代码重构几乎没有成本。如果R中有一个新的图表功能可用，则可以轻易地将其移植到R上，然后工作可以只集中在可视化上。事实上，随着Spark 2.0 +的到来，SQL代码在移植的时候所需的审查需求可能是最小的。怎么强调代码可移植性的重要性都不为过。不过，在EDA环境中使用SQL的最大的好处是它可以很容易地在Zeppelin中生成参数驱动的notebook，正如之前剖析器部分所述的那样。下拉框和其他UI小部件都可以同时与字符串处理过程一起创建，在执行前定制代码，而不用考虑后端语言。在我们的分析过程中，这种方法在建立交互性和配置的时候特别快捷，而不涉及复杂的元编程方法。这也有助于我们在Apache Zeppelin/Spark中避免为解决问题而引入跨不同语言后端的元编程复杂性。

对于构建广泛性的数据探索，如果我们希望能更大程度地使用parquet中的缓存结果，那也有机会消除"眼球关注图表"的需求。参阅第12章，了解如何做到以编程方式研究GKG中所有数据的趋势。

使用Zeppelin为EDA报告制作图形时，还要注意的最后一个技巧是纯粹实用的。如果希望将图形提取到文件中，将它们包含在如报告这样的最终文件中，而不是对notebook进行截图，我们可以直接从 Zeppelin 中提取可缩放矢量图形文件(SVG)，并下载到文件中，请参考 GitHub 上纽约时报的 bookmarklet 标签。

6. 可配置的 GCAM 时空 EDA

关于 GCAM 的另一个问题仍然没有解决。我们要如何开始理解它在空间上的细分方式？作为在国家级分析之下的详细地理信息，GCAM 的地理空间枢纽能否揭示出全球新闻媒体所体现的总体地缘政治观点？

如果能够构建这样一个数据集作为 EDA 的一部分，它会有很多不同的应用程序。例如，在城市级，它将是一个通用的地缘政治信号库，能丰富其他广泛的数据科学项目。思考一下假日旅行预订模式，以新闻中出现的地缘政治主题为背景，我们能发现城市层面的全球新闻信号可以预测媒体感兴趣地方的旅游业的兴衰吗？当我们将由此产生的信息视为地缘政治形势感知的来源时，这类数据带来的可能性几乎是无穷无尽的。

面对这样的机会，我们需要仔细考虑对这个愈发复杂的 EDA 的投资。和以前一样，它需要一个通用的数据结构作为探索的开端。

有这样一个目标，我们将致力于构建以下数据帧，用来探索地缘政治趋势，我们称之为“GeoGCAM”：

```
val GeoGcamSchema = StructType(Array(
      StructField("Date"             , StringType, true), //$1
      StructField("CountryCode"      , StringType, true), //$2
      StructField("Lat"              , DoubleType, true), //$3
      StructField("Long"             , DoubleType, true), //$4
      StructField("Geohash"          , StringType, true), //$5
      StructField("NewsLang"         , StringType, true), //$6
      StructField("Series"           , StringType, true),   //$7
      StructField("Value"            , DoubleType, true), //$8
      StructField("ArticleCount"     , DoubleType, true), //$9
      StructField("AvgTone"          , DoubleType, true) //$10
  ))
```

7. GeoGCAM 简介

GeoGCAM 是一个从原始 GDELT 的 GKG（V2.1）导出的全球时空信号数据集，它使人们能够迅速而轻松地探索全球新闻媒体情感中不断变化的地缘政治趋势。数据本身是通过转换管道创建的，它将原始 GKG 文件转换成标准、可重用、全局的时间/空间/情感信号格式，允许直接进行下游时空分析、地图可视化和更进一步的大规模地缘政治趋势分析。

它可以作为预测模型的外部协变量来源，尤其是那些需要更好的地缘政治形势感知的案例。它将 GKG 的 GCAM 情感数据重建为一个面向空间的模式，以此来进行构建。这是通过将每个新闻事件的情感置于其 GKG 记录中确定的每个细粒度城市/城镇级别的位置来实现的。

然后，数据按城市进行汇聚，涵盖了 15min GKG 时间窗口内所有被索引的故事。结果是一个文件，它对相应位置、相应时空窗口的所有故事进行聚合，传递了一种新闻媒体情感共识。虽然存在噪声，但是我们仍设想大范围的地缘政治主题会被呈现出来。

下面是一个数据集的示例（它匹配了目标模式）：

```
+--------------+------------+------+--------+------------+
|Date          |Country Code|Lat   |Long    |Geohash     |
+--------------+------------+------+--------+------------+
|20151109103000|CI          |-33.45|-70.6667|66j9xyw5ds13|
|20151109103000|CI          |-33.45|-70.6667|66j9xyw5ds13|
|20151109103000|CI          |-33.45|-70.6667|66j9xyw5ds13|
|20151109103000|CI          |-33.45|-70.6667|66j9xyw5ds13|
|20151109103000|CI          |-33.45|-70.6667|66j9xyw5ds13|
|20151109103000|CI          |-33.45|-70.6667|66j9xyw5ds13|
|20151109103000|CI          |-33.45|-70.6667|66j9xyw5ds13|
|20151109103000|CI          |-33.45|-70.6667|66j9xyw5ds13|
|20151109103000|CI          |-33.45|-70.6667|66j9xyw5ds13|
|20151109103000|CI          |-33.45|-70.6667|66j9xyw5ds13|
+--------------+------------+------+--------+------------+

+---------+------+---------+-------------+----------------+
|News Lang|series|SUM Value|Article Count|AvgTone         |
+---------+------+---------+-------------+----------------+
|E        |c12_1 |16.0     |1.0          |0.24390243902439|
|E        |c12_10|26.0     |1.0          |0.24390243902439|
|E        |c12_12|12.0     |1.0          |0.24390243902439|
|E        |c12_13|3.0      |1.0          |0.24390243902439|
|E        |c12_14|11.0     |1.0          |0.24390243902439|
|E        |c12_3 |4.0      |1.0          |0.24390243902439|
|E        |c12_4 |3.0      |1.0          |0.24390243902439|
|E        |c12_5 |10.0     |1.0          |0.24390243902439|
|E        |c12_7 |15.0     |1.0          |0.24390243902439|
|E        |c12_8 |6.0      |1.0          |0.24390243902439|
+---------+------+---------+-------------+----------------+
```

数据集的技术说明如下。

- 仅包括标有特定城市位置的新闻文章，也就是 GKG 标记位置类型代码为 3=USCITY（美国城市）或 4 =WORLDCITY（世界城市）的新闻文章。

- 我们已经计算并包括了每个城市的完整地理散列值（GeoHash）（参阅第 5 章，获取更多信息），为更大的地理区域简化了数据被索引和汇总的处理过程。
- 文件的粒度基于用来生成数据集的聚合关键字，包括 V21Date、LocCountryCode、Lat、Long、GeoHash、Language、Series 等。
- 我们在 GKG 流中标识主要位置国家代码字段，将其结转到市一级的聚合函数中，这使我们能够快速按国家检查数据，而不必执行复杂的查找。
- 我们提供的数据是未归一化的。我们在后面将利用涉及该位置的文章总词数来对其进行归一化，这个系列中的值称为 wc。但是这只适用于基于词数统计的情感指标。我们也会采用文章计数，这样可以测试不同类型的归一化。
- 该流是根据英语 GKG 记录构建的，但我们打算采用相同的数据格式将国际跨语言流包括进来。一切就绪，我们加入了表示原始新闻事件语言的字段。
- 对于将这个数据集采集到 GeoMesa，我们有个惯例，采用可扩展的数据存储，这将让我们可以在地理层面上探索结果数据；我们的代码库中包含了相关内容。有关 GeoMesa 的详细信息，请参阅第 5 章。

以下是构建 GeoGCAM 文件的管道代码：

```
// 确保已经包含了 GeoHash 库的依赖
// 这是 Zeppelin 的第 1 个参数：
// z.load("com.github.davidmoten:geo:0.7.1")
// 在代码中使用 GeoHash 功能

val GcamRaw = GkgFileRaw.select("GkgRecordID","V21Date","V15Tone",
"V2GCAM","V1Locations")
    GcamRaw.cache()
    GcamRaw.registerTempTable("GcamRaw")

def vgeoWrap (lat: Double, long: Double, len: Int): String = {
    var ret = GeoHash.encodeHash(lat, long, len)
    // 选择 GeoHash 的长度，小于 12。
    // 它从 GitHub 相应地址上加载库依赖
    return(ret)
} // 我们本地封装了 GeoHash 函数


// 我们注册 vGeoHash 函数用于 SQL
sqlContext.udf.register("vGeoHash", vgeoWrap(_:Double,_:Double,_:Int))
val ExtractGcam = sqlContext.sql("""
    select
```

```
        GkgRecordID
    ,   V21Date
    ,   split(V2GCAM, ",")                       as Array
    ,   explode(split(V1Locations, ";"))     as LocArray
    ,   regexp_replace(V15Tone, ",.*$", "") as V15Tone
       -- note we truncate off the other scores
    from GcamRaw
    where length(V2GCAM) >1 and length(V1Locations) >1
""")

val explodeGcamDF = ExtractGcam.explode("Array", "GcamRow"){c: Seq[String]
=> c }


val GcamRows =
explodeGcamDF.select("GkgRecordID","V21Date","V15Tone","GcamRow",
"LocArray")
//注意所有的位置都针对每个GCAM情感行重复

    GcamRows.registerTempTable("GcamRows")

val TimeSeries = sqlContext.sql("""
select -- create geohash keys
  d.V21Date
, d.LocCountryCode
, d.Lat
, d.Long
 , vGeoHash(d.Lat, d.Long, 12)        as GeoHash
, 'E' as NewsLang
, regexp_replace(Series, "\\.", "_") as Series
, coalesce(sum(d.Value),0) as SumValue
             -- SQL's "coalesce" means "replaces nulls with"
, count(distinct GkgRecordID ) as ArticleCount
, Avg(V15Tone) as AvgTone
from
(   select -- build Cartesian join of the series
               -- and granular locations
      GkgRecordID
    , V21Date
    , ts_array[0] as Series
    , ts_array[1] as Value
    , loc_array[0] as LocType
    , loc_array[2] as LocCountryCode
    , loc_array[4] as Lat
    , loc_array[5] as Long
    , V15Tone
    from
```

```
        (select -- isolate the data to focus on
          GkgRecordID
        , V21Date
        , split(GcamRow, ":") as ts_array
        , split(LocArray, "#") as loc_array
        , V15Tone
         from GcamRows
         where length(GcamRow)>1
         ) x
      where
      (loc_array[0] = 3 or loc_array[0] = 4) -- city level filter) d
  group by
    d.V21Date
  , d.LocCountryCode
  , d.Lat
  , d.Long
  , vGeoHash(d.Lat, d.Long, 12)
  , d.Series
order by
  d.V21Date
, vGeoHash(d.Lat, d.Long, 12)
, d.Series
""")
```

这个查询本质上是这样的：它在所有 GCAM 情感和记录中确定的位置（城市/地方）粒度之间建立了一个笛卡儿连接，然后接着在 15min 时间窗口内，将所有新闻事件的语调和情感值放在这些位置上。输出的是一个时空数据集，它让我们可以绘制出地理 GCAM 情感图。例如，可以在 QGIS 中快速导出和绘制这些数据，QGIS 是一个开源地图工具。

4.4 小结

在本章中，我们了解了许多探索数据质量和数据内容的想法，还向读者介绍了如何使用 GDELT 的工具和技术，旨在鼓励读者扩大自己的调查范围。我们在 Zeppelin 中展示了快速开发，并用 SparkSQL 编写了大量代码，证明了这种方法良好的可移植性。因为就内容而言 GKG 文件非常复杂，这本书的大部分内容致力于深入分析阶段，超越了探索阶段，当我们深入研究 Spark 的代码库时，会逐步远离 SparkSQL。

在第 5 章中，我们将探索 GeoMesa——一个理想的管理和探索 GeoGCAM 数据集的工具，还将介绍 GeoServer 和 GeoTools 工具集，以进一步扩展我们在时空探索和可视化方面的知识。

第 5 章
利用 Spark 进行地理分析

地理分析是 Spark 强有力的使用案例之一，因此本章的目标是说明数据科学家如何使用 Spark 处理地理数据，在非常大的数据集上生成强大的、基于地图的视图。我们将演示如何通过集成 GeoMesa 的 Spark 轻松处理时空数据集，这有助于将 Spark 转变为复杂的地理处理引擎。随着物联网（IoT）和其他位置的感知数据集变得越来越普遍，以及移动对象的数据量不断攀升，Spark 将成为弥合空间功能和处理可扩展性之间存在的地理数据鸿沟的关键工具。本章将展示如何对全球新闻进行高级地缘政治分析，以便利用这些数据对油价进行科学分析。

在这一章里，我们将探讨以下主题。

- 使用 Spark 来采集和预处理地理定位数据。
- 使用 GeoMesa 中的 GeoHash 索引存储有适当索引的地理数据。
- 运行复杂的时空查询，跨越时间和空间过滤数据。
- 联合使用 Spark 和 GeoMesa 进行高级地理处理，以便研究数据随时间产生的变化。
- 使用 Spark 计算密度图并可视化这些图中随着时间产生的变化。
- 跨地图图层查询和集成空间数据，以获取新见解。

5.1 GDELT 和石油

学习本章的前提是我们可以操作 GDELT 数据，并根据历史事件或多或少地确定石油价格。我们预测的准确性取决于许多变量，包括获取的事件的详细信息，使用的事件数量以及我们围绕石油与这些事件之间关系的性质的假设。

石油工业非常复杂，受许多因素影响。然而，人们发现，石油价格波动很大程度上是原油需求的变化造成的。在对库存需求增加的时期，价格会上涨，而在中东地缘政治紧张时期，价格一直处于高位。特别是，政治事件对油价有很大的影响，我们将重点考虑这方面问题。

世界上许多国家生产原油。但是，生产者会参考以下 3 个主要基准来定价。

- 布伦特：北大西洋北海布伦特地区的各实体生产的原油。
- WTI：西得克萨斯中级原油（WTI）涵盖北美中西部和墨西哥湾沿岸地区的实体生产的原油。
- OPEC：石油输出国组织（欧佩克）生产的原油。成员国包括阿尔及利亚、安哥拉、厄瓜多尔、加蓬、伊朗、伊拉克、科威特、利比亚、尼日利亚、沙特阿拉伯、阿拉伯联合酋长国和委内瑞拉等。

很明显，需要做的第一件事是获得 3 个基准的历史定价数据。通过互联网搜索，可以在许多地方找到可下载的数据。

现在我们已经知道石油价格主要由供需关系决定，我们的第一个假设是供给和需求在很大程度上受到世界事件的影响，因此可以预测供应和需求可能如何变化。

我们想要试着确定油价是否会在接下来的一天、一周或者一个月内涨或跌，正如在整本书中使用 GDELT 一样，我们将利用这些知识并扩展它的范围以运行一些非常大的处理作业。在开始之前，首先得花点时间讨论我们将要采取的路线，以及做出决策的原因。第一个值得关注的领域是 GDELT 与石油的关系，这将定义初始工作的范围，并提供一个后续可以构建的基础。在这里需要重点考虑的是决定如何利用 GDELT 以及该决定的后果是什么，例如，我们可以决定使用所有数据，但这样做实际需要的处理时间非常长，因为一天的 GDELT 事件数据量平均为 15 MB，GKG 是 1.5 GB。因此，我们应该分析这两组数据的内容，并尝试确定初始数据输入应该是什么。

5.1.1 GDELT 事件

纵观 GDELT 模式，有许多可能有用的点：事件模式主要围绕标识新闻报道中的两个主要角色并将事件与它们相关联，还有在不同层次上查看事件的能力。因此根据结果进展，可以在更高或更低的复杂度下工作，这可以很灵活地进行。例子如下。

EventCode 字段是 CAMEO 操作代码：0251（呼吁放松行政制裁），也可以在 02（呼吁）和 025（呼吁让步）级别使用。

因此，我们的第二个假设是，事件的详细程度将为我们的算法提供更好或更差的准确性。

其他有趣的标签有 GoldsteinScale、NumMentions 和 Lat/Lon 等。GoldsteinScale 标签是从−10 到+10 的数字，它试图捕捉事件类型对一个国家稳定性可能产生的理论性潜在影响，这个标签与我们已经建立的关于油价稳定性的假设恰好匹配。NumMentions 标签向我们显示事件在所有源文档中出现的频率，如果发现需要减少处理过程中评估事件的数量，这可以帮助我们为事件分配重要性。例如，我们可以根据提及的频率处理数据，并在最近一小时、一天或一周中找到前 10、100 或 1000 个事件。最后，Lat/Lon（经度/纬度）标签信息尝试为事件分配一个地理参考点，这对在 GeoMesa 中生成地图非常有用。

5.1.2 GDELT GKG

GKG 模式与总结事件内容以及提供与内容相关的增强信息有关。我们感兴趣的领域包括 Counts、Themes、GCAM 和 Locations 等。Counts 字段映射任何提及的数字，因此可能让我们计算严重性，例如 **KILLS=47**。Themes 字段基于 GDELT 类别列表列出了所有主题，这可以帮助我们使用机器学习伴随着时间推移影响油价的特定领域；GCAM 字段是对事件的内容分析的结果，快速浏览 GCAM 列表会发现有一些可能有用的方面需要注意：

```
c9.366   9   366   WORDCOUNT   eng   Roget's Thesaurus 1911 Edition   CLASS
III - RELATED TO MATTER/3.2 INORGANIC MATTER/3.2.3 IMPERFECT FLUIDS/366 OIL

c18.172   18   172    WORDCOUNT   eng   GDELT   GKG   Themes   ENV_OIL
c18.314   18   314    WORDCOUNT   eng   GDELT   GKG   Themes
ECON_OILPRICE
```

最后还有 Locations 字段，它提供与 Events 类似的信息，因此可用于地图的可视化。

5.2 制订行动计划

在检查了 GDELT 模式之后，我们现在需要根据将要使用的数据做出一些决定，并确保基于我们的假设可以证明这种决定是正确的。这是一个关键的阶段，因为有很多方面需要考虑，至少我们需要考虑以下方面。

- 确保我们的假设是明确的，以便有一个已知的起点。
- 确保我们清楚如何实施假设，并确定行动计划。

- 确保我们能够使用足够的适当数据来满足行动计划，确定数据的使用范围，确保我们可以在给定的时间范围内得出结论。例如，使用所有的 GDELT 数据固然很好，但除非有大型处理集群可用，否则这一计划就不太合理；另外，只使用一天的数据很显然不足以衡量随着时间推移产生的任何模式。
- 制订 B 计划，以防我们的初步结果无法确定。

我们的第二个假设是关于事件的细节：为了清楚起见，在本章中，我们最初只选择一个数据源，以便在模型表现不佳时增加更多的复杂性。因此，我们可以选择 **GDELT** 事件，因为上面提到的字段为证明我们的算法提供了极好的基础。特别是，`GCAM` 字段对确定事件的性质非常有用，并且在考虑事件的重要性时，`NumMentions` 字段可以很快将其实现。虽然 **GKG** 数据看起来也很有用，但我们希望在此阶段尝试并使用一般事件。例如，**GCAM** 石油数据被认为过于具体，因为与这些领域相关的文章很有可能大部分是关于对油价变化的反应的，对我们的模型来说，为时已晚。

我们的初始处理流程（行动计划）将包括以下步骤。

- 获取过去 5 年的油价数据。
- 获取过去 5 年的 GDELT 事件。
- 安装 GeoMesa 和相关工具。
- 将 GDELT 数据加载到 GeoMesa。
- 通过可视化在世界地图上显示一些事件。
- 使用适当的机器学习算法来学习影响石油价格涨跌的事件类型。
- 使用该模型预测石油价格的涨跌。

5.3 GeoMesa

GeoMesa 是一个开源产品，旨在利用诸如 Accumulo 和 Cassandra 等存储系统的分布式特性来保存分布式时空数据库。通过设计，GeoMesa 能够运行需要有非常大的数据集（包括 GDELT）的大规模地理空间分析。

我们将使用 GeoMesa 来存储 GDELT 数据，并对其中的大部分数据进行分析。这使我们能够获得足够多的数据来训练模型，以便能预测未来的油价变化。此外，GeoMesa 使我们能够在地图上绘制大量的点，以便可视化 GDELT 和任何有用的其他数据。

5.3.1 安装

GeoMesa 网站上有一个非常好的教程，可以指导用户完成安装。因此，这里我们不打算制作另一个教程，但是，注意以下几点可能会节省你完成启动和运行所有工作的时间。

- GeoMesa 有很多组件，其中许多组件都有很多个版本。确保软件栈的所有版本与 GeoMesa maven POM 中指定的版本完全匹配，这一点非常重要，特别是 Hadoop、ZooKeeper 和 Accumulo。版本位置可以在 GeoMesa 教程里的根文件 pom.xml 和其他相关下载中找到。
- 在编写本书时，将 GeoMesa 与某些 Hadoop 厂商集成时还存在一些其他问题。如果可以，请将 GeoMesa 与自己的 Hadoop/Accumulo 栈一起使用，以确保版本兼容性。
- 从 1.3.0 版本开始，GeoMesa 版本依赖标签已经改变。确保所有版本都与你选择的 GeoMesa 版本一致，这一点非常重要。如果有任何冲突的类，那么在以后的某个时刻肯定会出现问题。
- 如果你之前没有使用过 Accumulo，我们已在本书的其他章节中详细介绍它。对于初步熟悉 GeoMesa 将有很大帮助（参阅第 7 章）。
- 将 Accumulo 1.6 或更高版本和 GeoMesa 一起使用时，可以选择使用 Accumulo 命名空间。如果你对此不熟悉，可以选择不使用命名空间，只需将 GeoMesa 运行时的 jar 文件复制到 Accumulo 根文件夹中的/lib/text 里。
- GeoMesa 使用了一些 Shell 脚本，由于操作系统的类型不同，运行这些脚本可能会遇到奇怪的问题，具体取决于你的平台。问题一般很小，可以通过一些快速的互联网搜索结果来修复。例如，当运行 jai-image.sh 时，Mac OS X 系统会存在一个小问题。
- GeoMesa maven 存储库可以在网上找到。

一旦你能够成功地从命令行运行 GeoMesa，我们就可以进入下一小节。

5.3.2 GDELT 采集

下一步是获取 GDELT 数据并将其加载到 GeoMesa 中。这里有很多选择，具体取决于你的计划。如果只想在本章中实践，那么你可以使用脚本一次性下载数据：

```
$ mkdir gdelt && cd gdelt
```

```
$ wget http://data.gdeltproject.org/events/md5sums
$ for file in `cat md5sums | cut -d' ' -f3 | grep '^201[56]'` ; do wget
http://data.gdeltproject.org/events/$file ; done
$ md5sum -c md5sums 2>&1 | grep '^201[56]'
```

将下载并验证 2015 年和 2016 年的所有 GDELT 事件数据。在此阶段需要估算所需的数据量，因为我们不知道算法将如何实现，所以选择了两年内的数据来开始验证。

该脚本的另一种选择请参阅第 2 章，其中详细说明了如何配置 Apache NiFi 以实时下载 GDELT 数据，并进一步将其加载到 HDFS 以备使用。除此以外，也可以将前面的数据通过脚本传输到 HDFS，脚本如下所示：

```
$ ls -1 *.zip | xargs -n 1 unzip
$ rm *.zip
$ hdfs dfs -copyFromLocal *.CSV hdfs:///data/gdelt/
```

HDFS 使用数据块，因此我们希望确保文件尽可能高效地存储。编写一个方法将文件聚合为 HDFS 块大小（默认为 64MB），这将确保 NameNode 内存中不会为许多小文件填充许多条目，并且还将使处理效率更高。使用多个块的大文件（文件大小大于 64MB）称为拆分文件。

我们在 HDFS 中有大量数据（2015 年、2016 年这两年数据大小大约为 48GB）。现在，我们将通过 GeoMesa 将其加载到 Accumulo。

5.3.3 GeoMesa 采集

GeoMesa 教程介绍了使用 MapReduce 作业将数据从 HDFS 加载到 Accumulo 的思路，让我们来研究这个思路。

MapReduce 到 Spark

由于 MapReduce（MR）通常被认为已“死”或正在“消亡”，因此了解如何从 MR 中已存在的作业来创建 Spark 作业相当有用。以下方法可应用于任何 MR 作业。对于当前情况，我们将处理 GeoMesa 教程（`geomesa-examples-gdelt`）中描述的 GeoMesa Accumulo 加载作业。

MR 作业通常由 3 部分组成：mapper、reducer 和 driver。 GeoMesa 示例只有 map 的作

业，因此不需要 reducer。该作业获取 GDELT 输入行，从空的 Text 对象和创建的 GeoMesa `SimpleFeature` 创建(Key,Value)，并使用 `GeoMesaOutputFormat` 将数据加载到 Accumulo，可以在存储库中找到 MR 作业的完整代码。接下来，我们将处理关键部分，并提出 Spark 所需的更改。

这项工作是从 `main` 方法开始的，前几行与从命令行解析所需选项有关，例如解析 Accumulo 用户名和密码，然后是如下代码：

```
SimpleFeatureType featureType =
    buildGDELTFeatureType(featureName);
DataStore ds = DataStoreFinder.getDataStore(dsConf);
ds.createSchema(featureType);
runMapReduceJob(featureName, dsConf,
    new Path(cmd.getOptionValue(INGEST_FILE)));
```

GeoMesa 的 `SimpleFeatureType` 是用于在 GeoMesa 数据存储中存储数据的主要机制，需要与数据存储初始化一起初始化一次。完成此操作后，就可以自己执行 MR 作业了。在 Spark 中，我们可以像以前一样通过命令行传递参数，然后进行一次性设置：

```
spark-submit --class io.gzet.geomesa.ingest /
             --master yarn /
             geomesa-ingest.jar <accumulo-instance-id>
...
```

jar 文件的内容包含一个标准的 Spark 作业：

```
val conf = new SparkConf()
val sc = new SparkContext(conf.setAppName("Geomesa Ingest"))
```

像以前一样解析命令行参数，以及执行初始化：

```
val featureType = buildGDELTFeatureType(featureName)
val ds = DataStoreFinder
   .getDataStore(dsConf)
   .createSchema(featureType)
```

现在我们可以从 HDFS 中加载数据，如果需要可以使用通配符。这会为文件的每个块创建一个分区（默认为 64 MB），从而生成 `RDD [String]`：

```
val distDataRDD = sc.textFile(/data/gdelt/*.CSV)
```

或者我们可以根据可用资源来确定分区的数量：

```
val distDataRDD = sc.textFile(/data/gdelt/*.CSV, 20)
```

然后我们可以执行 map，在其中嵌入函数来替换原始 MR 的 map 方法的过程。创建一个元组 (Text, SimpleFeatureType) 来复制 (Key,Value)，这样就可以在下一步中使用 OutputFormat。当以这种方式创建 Scala Tuples 时，生成的 RDD 会获得额外的方法，例如 ReduceByKey，它在功能上等同于 MR Reducer（有关我们实际需要使用的 mapPartitions 的更多信息，请参见下文）：

```
val processedRDD = distDataRDD.map(s =>{
   //像之前一样处理以构建 SimpleFeatureType
  (new Text, simpleFeatureType)
 })
```

然后，最终可以使用原始作业中的 GeomesaOutputFormat 输出数据到 Accumulo：

```
processedRDD.saveAsNewAPIHadoopFile("output/path",classOf[Text],classOf[
SimpleFeatureType], classOf[GeomesaOutputFormat])
```

在这个阶段，我们还没有提到 MR 作业中的 setup 方法。在处理任何输入以分配昂贵的资源（如数据库连接）之前调用此方法，或者在示例中调用可重用的对象，然后使用 cleanup 方法释放该资源（如果超出范围时资源仍然存在）。在示例中，setup 方法用于创建一个 SimpleFeatureBuilder，它可以在每次调用 mapper 时重用，以构建 SimpleFeatures 用于输出；没有 cleanup 方法，是因为当对象超出范围（代码已结束）时，内存会自动释放。

Spark 的 map 函数一次只能在一个输入上运行，并且不提供在转换一批值之前或之后执行代码的方法。在调用 map 之前和之后再设置 setup 和 cleanup 代码看起来更合理：

```
// 做一些 setup 工作
val processedRDD = distDataRDD.map(s =>{
   //像之前一样处理以构建 SimpleFeatureType
   (new Text, simpleFeatureType)
})
// 做一些 cleanup 工作
```

但是，有以下几个原因会导致失败。

- 它将在 map 中使用的所有对象都放入 map 函数的闭包中，这要求它是可序列化的

（例如，通过执行 java.io.Serializable），并非所有对象都可序列化，因此可能会抛出异常。

- map 函数是一个转换，而不是一个操作，并且是惰性求值的。因此，不能保证 map 函数之后的指令立即执行。
- 即使使用特定实现掩盖了前面的问题，我们也只会在 driver 上执行代码，不必释放序列化副本分配的资源。

Spark 中与 mapper 最接近的方法是 mapPartitions 方法。该方法不会将一个值映射到另一个值，而是将值的迭代器映射到其他值的迭代器，类似于批量映射方法。这意味着 mapPartitions 可以在开始时在本地分配资源：

```
val processedRDD = distDataRDD.mapPartitions { valueIterator =>
   // SimpleFeatureBuilder 的 setup 代码
   val transformed = valueIterator.map(…)
   transformed
}
```

然而，释放资源（cleanup）并不简单，因为我们仍然会遇到惰性值问题。如果在 map 之后释放资源，则迭代器可能在这些资源消失之前未进行求值。对此的一个解决方案如下：

```
val processedRDD = distDataRDD.mapPartitions { valueIterator =>
  if (valueIterator.isEmpty) {
    //返回一个迭代器
  } else {
    //  SimpleFeatureBuilder 的 setup 代码
    valueIterator.map { s =>
//像之前一样处理以构建 SimpleFeatureType
    val simpleFeature =
    if (!valueIterator.hasNext) {
    //在这里进行 cleanup
    }
    simpleFeature
    }
  }
}
```

现在我们有了用于采集的 Spark 代码，可以进行另外的更改，即添加 GeoHash 字段（有关如何生成此字段的详细信息，请参阅后续内容）。要将此字段插入代码，我们需要在 GDELT 属性列表的末尾添加一个附加条目：

```
Geohash:String
```

还有一行代码用来设置 simpleFeature 类型的值：

```
simpleFeature.setAttribute(Geomesa, calculatedGeoHash)
```

最后，我们可以运行 Spark 作业，使用 HDFS 上的 GDELT 数据来加载 GeoMesa Accumulo 实例。两年的 GDELT 数据大约有 1 亿个条目！你可以使用 accumulo/bin 目录运行 Accumulo Shell 来检查 Accumulo 中的数据量：

```
./accumulo shell -u username -p password -e "scan -t gdelt_records -np" |
wc
```

5.3.4 GeoHash

GeoHash 是 Gustavo Niemeyer 开发的一个地理编码系统，它是一种分层的空间数据结构，将空间细分为网格形状的桶，这是 Z 阶曲线和通常的空间填充曲线的众多应用之一。

GeoHashes 提供了诸如任意精度之类的属性，以及逐步从代码末尾删除字符以减小其大小（并且精度逐渐降低）的可能性。

由于精度逐步降低，附近的地理位置通常（但不总是）有相似的前缀。共享前缀越长，两个位置越接近。如果我们想要使用来自特定区域的点，这一特性在 GeoMesa 中非常有用，因为我们可以使用前面的采集代码中添加的 GeoHash 字段。

GeoHashes 的主要用途如下。

- 作为唯一标识符。
- 表示点数据，如在数据库中可以用于表示点数据。

在数据库中使用时，geo-hashed 数据的结构有两个优点。首先，由 GeoHash 索引的数据将有相邻切片中给定矩形区域的所有点，切片数量取决于所需的精度和 GeoHash 断层线是否存在。这在数据库系统中尤其有用，在数据库系统中，对单个索引的查询比多索引的查询更容易且更快，如 Accumulo。其次，这个索引结构可以用于快速的邻近搜索，最近的点通常在邻近的 GeoHashes 中。这些优点使 GeoHashes 成为 GeoMesa 的理想选择。以下是从 David Allsopp 编写的优秀的 GeoHash scala 实现中提取的代码，此代码可用于根据一个 Lat/Lon 输入生成 GeoHash：

```
/**进行 GeoHash 编码/解码*/
object GeoHash {

  val LAT_RANGE = (-90.0, 90.0)
  val LON_RANGE = (-180.0, 180.0)

  // 别名，实用函数
  type Bounds = (Double, Double)
  private def mid(b: Bounds) = (b._1 + b._2) / 2.0
  implicit class BoundedNum(x: Double) { def in(b: Bounds): Boolean = x >=
b._1 && x <= b._2 }

  /**
   * 将经/纬度编码为 base32 geohash。
   *
   * 精度（可选）是所需的 base32 字符数，默认值为 12，即精度低于 1m。
   */
  def encode(lat: Double, lon: Double, precision: Int=12): String = { //
scalastyle:ignore
    require(lat in LAT_RANGE, "Latitude out of range")
    require(lon in LON_RANGE, "Longitude out of range")
    require(precision > 0, "Precision must be a positive integer")
    val rem = precision % 2 //如果精度是奇数，我们需要一个额外的位，所以将总位数除以 5
    val numbits = (precision * 5) / 2
    val latBits = findBits(lat, LAT_RANGE, numbits)
    val lonBits = findBits(lon, LON_RANGE, numbits + rem)
    val bits = intercalatelonBits, latBits)
    bits.grouped(5).map(toBase32).mkString // scalastyle:ignore
  }

  private def findBits(part: Double, bounds: Bounds, p: Int): List[Boolean]
= {
    if (p == 0) Nil
    else {
      val avg = mid(bounds)
      if (part >= avg) true :: findBits(part, (avg, bounds._2), p - 1)
// >=匹配 Geohash.org 编码
      else false :: findBits(part, (bounds._1, avg), p - 1)
      }
  }
  /**
   *将 base32 Geohash 解码为(lat, lon)元组。
   */
```

```
    def decode(hash: String): (Double, Double) = {
      require(isValid(hash), "Not a valid Base32 number")
      val (odd, even) =toBits(hash).foldRight((List[A](), List[A]())) { case
  (b, (a1, a2)) => (b :: a2, a1) }
     val lon = mid(decodeBits(LON_RANGE, odd))
     val lat = mid(decodeBits(LAT_RANGE, even))
     (lat, lon)
    }

    private def decodeBits(bounds: Bounds, bits: Seq[Boolean]) =
      bits.foldLeft(bounds)((acc, bit) => if (bit) (mid(acc),
  acc._2) else(acc._1, mid(acc)))
  }

  def intercalate[A](a: List[A], b: List[A]): List[A] = a match {
   case h :: t => h :: intercalate(b, t)
   case _ => b
  }
```

GeoHash 算法的局限性在于试图利用它来基于公共前缀找到彼此接近的点，但是在极端情况中，它们位置彼此靠近但刚好在 180 度经线的相对两侧，这将导致 GeoHash 代码没有共同的前缀（在邻近的物理位置但是有着不同的经度）。在北极和南极附近的点将具有非常不同的 GeoHashes（在邻近的物理位置但是有着不同的经度）。

此外，赤道（或本初子午线）两侧的两个邻近位置将不具有共同的长前缀，因为它们属于世界的不同部分：一个位置的二进制形式的纬度（或经度）将为 011111…，而另一个位置为 100000…，因此它们将没有公共前缀，大多数位都是翻转的。

为了进行邻近搜索，我们可以计算边界框的西南角（低纬度和低经度的低 GeoHash）和东北角（高纬度和高经度的高 GeoHash）并搜索这两者之间的 GeoHashes。这将检索两个角之间 Z 阶曲线中的所有点，这不适用于 180 度经线和极点处。

最后，由于 GeoHash（在此实现中）是基于经度和纬度坐标的，两个 GeoHashes 之间的距离反映了两点之间的纬度/经度坐标的距离，这不会转换为实际距离。在这种情况下，我们可以使用半正矢公式：

$$2r\arcsin\left(\sqrt{\sin^2\left(\frac{\varphi_2-\varphi_1}{2}\right)+\cos(\varphi_1)\cos(\varphi_2)\sin^2\left(\frac{\lambda_2-\lambda_1}{2}\right)}\right)$$

这给出了考虑地球曲率后的两点之间的实际距离，其中变量含义如下。

- r 是球体的半径。
- φ_1 和 φ_2 是点 1 的纬度和点 2 的纬度，以弧度表示。
- λ_1 和 λ_2 是点 1 的经度和点 2 的经度，以弧度表示。

5.3.5 GeoServer

现在我们已经通过 GeoMesa 成功地将 GDELT 数据加载到 Accumulo，可以在地图上可视化这些数据。举例来说，这一功能对在世界地图上绘制分析结果非常有用。为此，GeoMesa 与 GeoServer 可以良好地集成。GeoServer 是一个开放地理空间信息联盟（OGC）的参考实现，并且与包括网络要素服务（WFS）和网络地图服务（WMS）在内的许多标准的实现兼容，它可以发布来自任何主要空间数据源的数据。

我们将使用 GeoServer，以清晰、可呈现的方式查看分析结果。同样，我们不会深入研究如何启动和运行 GeoServer，因为 GeoMesa 文档中有一个非常好的教程可以指导实现两者的集成。需要注意的几个共同点如下。

- 该系统使用 Java Advanced Imaging（JAI）库。如果你遇到一些问题，特别是在 Mac 上，那么通常可以通过从默认 Java 安装中删除库来修复这些问题：

```
rm /System/Library/Java/Extensions/jai_*.
```

这将允许使用以下位置的 GeoServer 版本：

```
$GEOSERVER_HOME/webapps/geoserver/WEB-INF/lib/
```

- 同样地，版本的重要性已经强调过了！你必须非常清楚正在使用的主要模块的版本，例如 Hadoop、Accumulo、ZooKeeper 以及最重要的 GeoMesa。如果版本混用将出现问题，而堆栈跟踪通常会掩盖真正的问题。如果确实有异常出现，请再次检查你的版本。

1. 地图图层

GeoServer 运行后，我们可以创建一个可视化层。GeoServer 发布单个或一组图层来生成图形。当创建一个图层时，我们可以指定边界框，查看特征（这是之前在 Spark 代码中创建的 `SimpleFeature`），甚至运行通用查询语言（CQL）来过滤数据（更多相关信息后续介绍）。在创建图层后，选择图层预览和 JPG 选项将生成一个指向可视化的 URL；这里限制了时间界线为 2016 年 1 月，因此地图不会显得过度“拥挤”。

通过对参数的简单操作，URL 可以用来生成其他图形。URL 的简要分解如下。

标准的 geoserver URL：

```
http://localhost:8080/geoserver/geomesa/wms?
```

请求类型：

```
service=WMS&version=1.1.0&request=GetMap&
```

图层和样式：

```
layers=geomesa:event&styles=&
```

如果需要，可以设置图层透明度：

```
transparency=true&
```

CQL 语句，在本例中是任何具有 GoldsteinScale> 8 的条目的行：

```
cql_filter=GoldsteinScale>8&
```

边界框 bbox：

```
bbox=-180.0,-90.0,180.0,90.0&
```

图形的高度和宽度：

```
width=768&height=384&
```

来源和图片类型：

```
srs=EPSG:4326&format=image%2Fjpeg&
```

按时间查询界限过滤内容：

```
time=2016-01-01T00:00:00.000Z/2016-01-30T23:00:00.000Z
```

最后一步是将世界地图附加到此图层，使图像更具可读性。将世界地图作为形状文件存储添加到 GeoServer 中，然后在创建 GDELT 数据和形状文件的图层组之前创建并发布图层，将生成可视化图。

为了让结果更有趣，我们根据 `FeatureType` 中的 `GoldsteinScale` 字段过滤了事件。通过在 URL 中添加 `cql_filter = GoldsteinScale> 8`，我们可以绘制出 `GoldsteinScale` 得分大于 8 的所有点。

2. CQL

CQL 是由开放地理空间信息联盟（Open Geospatial Consortium, OGC）为目录网络服务规范（Catalogue Web Services specification）创建的纯文本查询语言。它是一种人类可读的查询语言，与 OGC filter 不同，它使用与 SQL 类似的语法。虽然类似于 SQL，但 CQL 的功能要少得多。例如，要求属性位于任何比较运算符的左侧的限制非常严格。

以下列出了 CQL 支持的运算符。

- 比较运算符：=、<>、>、>=、<、<=。
- ID、列表和其他运算符：BETWEEN、BEFORE、AFTER、LIKE、IS、EXISTS、NOT、IN。
- 算术表达式运算符：+、−、*、/。
- 几何运算符：EQUALS、DISJOINT、INTERSECTS、TOUCHES、CROSSES、WITHIN、CONTAINS、OVERLAPS、RELATE、DWITHIN、BEYOND。

由于 CQL 的限制，GeoServer 提供了一个名为 ECQL 的 CQL 扩展版本。ECQL 提供了许多 CQL 缺少的功能，提供了一种与 SQL 有更多共同之处的更灵活的语言。GeoServer 支持在 WMS 和 WFS 请求中使用 CQL 和 ECQL。

测试 CQL 查询的最快方法是像地图图层部分创建图层那样修改图层的 URL，例如使用 JPG，或者使用 GeoMesa 中图层选项底部的 CQL 过滤器。

如果我们在一个 WMS 请求中定义了多个层，例如：

```
http://localhost:8080/geoserver/wms?service=WMS&version=1.1.0&request=GetMa
p&layers=layer1,layer2,layer3 ...
```

然后，我们可能想用 CQL 查询过滤这些层中的某一个。在这种情况下，CQL 过滤器必须按照与层相同的方式排序。对于不想过滤的层，我们使用 `INCLUDE` 关键字，并使用“;”对其进行分隔。例如，在我们的示例中仅过滤层 2，WMS 请求如下所示：

```
http://localhost:8080/geoserver/wms?service=WMS&version=1.1.0&request=GetMa
p&layers=layer1,layer2,layer3&cql_filter=INCLUDE;(LAYER2_COL='value');INCLU
DE...
```

使用 Date 类型的列时要注意：我们需要在尝试使用它们之前确定它们的格式。通常它们采用 ISO8601 格式：2012-01-01T00:00:00Z。但是根据数据的加载方式，可能存在不同的格式。在示例中，我们确保了 SQLDATE 的格式是正确的。

5.4 计量油价

现在我们已经存储了大量数据（可以使用前面的 Spark 作业添加更多数据），将继续使用 GeoMesa API 查询该数据，以便于使用算法。当然也可以使用原始的 GDELT 文件，但本书所述方法在具体应用中是很有用的。

5.4.1 使用 GeoMesa 查询 API

GeoMesa 查询 API 使我们能够根据时空属性查询结果，同时还利用了数据存储的并行性，在这一例子中是 Accumulo 及其迭代器。首先可以使用 API 来构建 `SimpleFeatureCollections`，然后我们可以解析它以获得 GeoMesa 的 `SimpleFeatures` 以及最终匹配查询的原始数据。

在这个阶段，应该构建通用的代码，这样如果我们没有使用足够的数据，或者需要更改输出字段，就可以轻松地更改代码。首先，我们提取几个字段：`SQLDATE`、`Actor1Name`、`Actor2Name` 和 `EventCode`。还应该确定查询的边界框，因为我们正在研究 3 种不同的石油指数，因此需要做出决定，确定如何假定事件的地理影响与石油价格本身相关。石油价格是最难估算的变量之一，因为价格的确定涉及非常多的因素，甚至可以说，边界框是整个世界。然而，由于我们使用 3 种指数，基于对石油供应领域和需求领域的研究，我们将假设每个指数都有自己的地理限制。如果有更多相关信息，或者结果不佳，需要重新估算，我们可以改变这些界限。建议大家设置的初始边界框如下。

- 布伦特。北大西洋北海、英国（供应）和中欧（需求）：34.515610，−21.445313，−69.744748，36.914063。
- WTI。美国（供应）和西欧（需求）：−58.130121，−162.070313，71.381635，−30.585938。

- OPEC。中东（供应）和欧洲（需求）：−38.350273，−20.390625，38.195022，149.414063。

从 GeoMesa 中提取结果的代码如下（布伦特原油）：

```
object CountByWeek {
   //指定数据存储的参数
   val params = Map(
     "instanceId" -> "accumulo",
     "zookeepers" -> "127.0.0.1:2181",
     "user" -> "root",
     "password" -> "accumulo",
     "tableName" -> "gdelt")

    //匹配数据存储加载代码中的参数
    val typeName     = "event"
    val geom         = "geom"
    val date         = "SQLDATE"
    val actor1       = "Actor1Name"
    val actor2       = "Actor2Name"
    val eventCode    = "EventCode"
    val numArticles = "NumArticles"

    //指定地理边界
    val bbox = "34.515610, -21.445313, 69.744748, 36.914063"

    //指定时间边界
    Val during = "2016-01-01T00:00:00.000Z/2016-12-30T00:00:00.000Z"

    //创建过滤器
    val filter = s"bbox($geom, $bbox) AND $date during $during"

    def main(args: Array[String]) {
      //获取数据存储的句柄
      Val ds = DataStoreFinder
         .getDataStore(params)
         .asInstanceOf[AccumuloDataStore]

    //构造一个按边界框过滤的 CQL 查询
    val q = new Query(typeName, ECQL.toFilter(filter))

    //配置 Spark
    val sc = new SparkContext(GeoMesaSpark.init(
       new SparkConf(true), ds))

    //从查询中创建 RDD
    val simpleFeaureRDD = GeoMesaSpark.rdd(new Configuration,sc, params, q)
```

```
    //将 RDD[SimpleFeature]转换为 RDD[Row]以在之后创建 DataFrame
    val gdeltAttrRDD = simpleFeaureRDD.mapPartitions { iter =>
      val df = new SimpleDateFormat("yyyy-MM-dd")
      val ff = CommonFactoryFinder.getFilterFactory2
      val dt = ff.property(date)
      val a1n = ff.property(actor1)
      val a2n = ff.property(actor2)
      val ec = ff.property(eventCode)
      val na = ff.property(numArticles)
      iter.map { f =>
        Row(
          df.format(dt.evaluate(f).asInstanceOf[java.util.Date]),
          a1n.evaluate(f),
          a2n.evaluate(f),
          ec.evaluate(f),
          na.evaluate(f)
        )
      }
    }
  }
}
```

RDD[Row]集合可以写入磁盘以供将来使用：

```
gdeltAttrRDD.saveAsTextFile("/data/gdelt/brent-2016-rdd-row)
```

我们应该在此时读入尽可能多的数据，以便为算法提供大量的训练数据。在后面的阶段我们将在训练和测试数据之间分割输入数据。因此，无须保留任何数据。

5.4.2 数据准备

在这个阶段，我们已经根据边界框和日期范围从 GeoMesa 获取了特定石油指数的数据。输出以一个行集合的方式组织，每行包含一个事件的假定重要细节。由于不确定我们为每个事件选择的字段是否完全相关，是否能够提供足够信息用来构建一个可靠模型。因此，根据结果，我们可能需要在之后进行实验检验。接下来，我们需要将数据转换为可供机器学习程序使用的内容。在这种情况下，我们将数据聚合为以一周为时间范围的块，并将数据转换为一个典型的词袋，首先是加载上一步的数据：

```
val gdeltAttrRDD = sc.textFile("/data/gdelt/brent-2016-rdd-row)
```

在这个 RDD 中，我们有 EventCodes（CAMEO 代码）。这些代码需要转换成它们各自的描述，以便可以构建词袋。通过下载 CAMEO 代码，可以创建一个 Map 对象，以便在下一步中使用：

```
var cameoMap = scala.collection.mutable.Map[String, String]()

val linesRDD = sc.textFile("file://CAMEO.eventcodes.txt")
linesRDD.collect.foreach(line => {
  val splitsArr = line.split("\t")
  cameoMap += (splitsArr(0) -> splitsArr(1).
    replaceAll("[^A-Za-z0-9 ]", ""))
})
```

请注意，我们通过删除任何非标准字符来归一化输出，这样做的目的是避免错误字符影响训练模型。

现在可以通过在 EventCode 映射描述的一侧附加参与者代码来创建 bagOfWordsRDD，并从日期和形式化后的句子中创建一个 DataFrame：

```
val bagOfWordsRDD = gdeltAttrRDD.map(f => Row(
    f.get(0),
    f.get(1).toString.replaceAll("\\s","").
      toLowerCase + " " + cameoMap(f.get(3).toString).
      toLowerCase + " " + f.get(2).toString.replaceAll("\\s","").
      toLowerCase)

)
val gdeltSentenceStruct = StructType(Array(
  StructField("Date", StringType, true),
  StructField("sentence", StringType, true)
))

val gdeltSentenceDF
spark.createDataFrame(bagOfWordsRDD,gdeltSentenceStruct)
gdeltSentenceDF.show(false)
```

```
+----------+---------------------------------------------------+
|Date      |sentence                                           |
+----------+---------------------------------------------------+
|2016-01-02|president demand not specified below unitedstates  |
|2016-01-02|vladimirputin engage in negotiation Beijing        |
|2016-01-02|northcarolina make pessimistic comment neighborhood |
+----------+---------------------------------------------------+
```

之前已经介绍过，我们可以在天、周甚至年等级别上处理数据。如果选择周，接下来需要按周对 DataFrame 进行分组。在 Spark 2.0 中，我们可以使用 window 函数轻松实现：

```
val windowAgg = gdeltSentenceDF.
    groupBy(window(gdeltSentenceDF.col("Date"),
      "7 days", "7 days", "1 day"))
val sentencesDF = windowAgg.agg(
    collect_list("sentence") as "sentenceArray)
```

由于我们将在每周结束时生成油价数据，因此应确保将句子数据按上周五至本周四的日期分组，以便以后可以将其与本周五的价格数据相结合。这可以通过改变 window 函数的第四个参数来实现，在这种情况下，"1 day"提供了正确的分组。如果我们运行 sentenceDF.printSchema 命令，将看到 sentenceArray 列是一个字符串数组，而我们只需要一个 String 作为学习算法的输入。下一段代码演示了这一变化，并生成了 commonFriday 列，它为我们提供了需要对每行进行处理的日期的参考，以及稍后可以加入的唯一键：

```
Val convertWrappedArrayToStringUDF = udf {(array: WrappedArray[String]) =>
 array.mkString(" ")
}

val dateConvertUDF = udf {(date: String) =>
  new SimpleDateFormat("yyyy-MM-dd").
    format(new SimpleDateFormat("yyyy-MM-dd hh:mm:ss").
      parse(date))
  }

val aggSentenceDF = sentencesDF.withColumn("text",
 convertWrappedArrayToStringUDF(
   sentencesDF("sentenceArray"))).
     withColumn("commonFriday",dateConvertUDF(sentencesDF("window.end")))

aggSentenceDF.show
```

```
+--------------------+----------------+-------------+-------------+
|              window|   sentenceArray|         text | commonFriday|
+--------------------+----------------+-------------+-------------+
|[2016-09-09 00:00...|[unitedstates app|unitedstates a|   2016-09-16|
|[2016-06-24 00:00...|[student make emp|student make e|   2016-07-01|
|[2016-03-04 00:00...|[american provide|american provi|   2016-03-11|
+--------------------+----------------+-------------+-------------+
```

下一步是收集我们的数据并将其标记以提供给下一阶段使用。为了标记它，我们必须将下载的油价数据归一化。在前文提到了数据点的频率，目前数据包含日期和当天结束时的价格。我们需要将数据转换为（日期，变动）元组，其中日期是该周的周五，变动是指基于上周一开始的每日价格平均值的上升或下降，如果价格保持不变，我们将把它视为一个下降，以便之后可以实现二值学习算法。

我们可以再次使用 Spark DataFrames 中的 window 函数来轻松地实现按周分组数据，还将按如下方式重新格式化日期，以便 window 分组函数正确执行：

```
//定义一个函数来重新格式化日期字段
def convert(date:String) : String = {
  val dt = new SimpleDateFormat("dd/MM/yyyy").parse(date)
  new SimpleDateFormat("yyyy-MM-dd").format(dt)
}

val oilPriceDF = spark
  .read
  .option("header","true")
  .option("inferSchema", "true")
  .csv("oil-prices.csv")

//为日期更改创建用户定义函数
Val convertDateUDF = udf {(Date: String) => convert(Date)}
val oilPriceDatedDF =oilPriceDF.withColumn("DATE",
convertDateUDF(oilPriceDF("DATE")))

// 开始时那一周的偏移值，这种情况下是 4 天
Val windowDF =
oilPriceDatedDF.groupBy(window(oilPriceDatedDF.col("DATE"),"7 days",
"7 days", "4 days"))

//找到每个窗口中的最后一个值，这是该周的交易收盘价
Val windowLastDF = windowDF.agg(last("PRICE") as "last(PRICE)"
).sort("window")

windowLastDF.show(20, false)
```

这将产生如下结果：

```
+----------------------------------------+-----------+
|window                                  |last(PRICE)|
+----------------------------------------+-----------+
|[2011-11-21 00:00:00.0,2011-11-28 00:00:00.0]|106.08     |
|[2011-11-28 00:00:00.0,2011-12-05 00:00:00.0]|109.59     |
|[2011-12-05 00:00:00.0,2011-12-12 00:00:00.0]|107.91     |
|[2011-12-12 00:00:00.0,2011-12-19 00:00:00.0]|104.0      |
+----------------------------------------+-----------+
```

现在我们可以计算出前一周的涨跌情况：首先将前一周的 `last(PRICE)` 添加到每一行（使用 Spark 的 `lag` 函数），然后计算结果：

```
val sortedWindow = Window.orderBy("window.start")

//将之前的最后一个值添加到每一行
val lagLastCol = lag(col("last(PRICE)"), 1).over(sortedWindow)
val lagLastColDF = windowLastDF.withColumn("lastPrev(PRICE)", lagLastCol)

//创建一个 UDF 来计算价格上涨或下跌
val simplePriceChangeFunc = udf{(last : Double, prevLast : Double) =>
  var change = ((last - prevLast) compare 0).signum
  if(change == -1)
    change = 0
  change.toDouble
 }

//创建一个 UDF 来计算该周周五的日期
val findDateTwoDaysAgoUDF = udf{(date: String) =>
  val dateFormat = new SimpleDateFormat( "yyyy-MM-dd" )
  val cal = Calendar.getInstance
  cal.setTime( dateFormat.parse(date))
  cal.add( Calendar.DATE, -3 )
  dateFormat.format(cal.getTime)
}

val oilPriceChangeDF = lagLastColDF.withColumn("label",simplePriceChangeFunc(
  lagLastColDF("last(PRICE)"),
  lagLastColDF("lastPrev(PRICE)")
)).withColumn("commonFriday",
findDateTwoDaysAgoUDF(lagLastColDF("window.end"))

oilPriceChangeDF.show(20, false)
```

```
+--------------------+-----------+--------------+-----+------------+
|              window|last(PRICE)|lastPrev(PRICE)|label|commonFriday|
+--------------------+-----------+--------------+-----+------------+
|[2015-12-28 00:00...|       36.4|          null| null|  2016-01-01|
|[2016-01-04 00:00...|      31.67|          36.4|  0.0|  2016-01-08|
|[2016-01-11 00:00...|       28.8|         31.67|  0.0|  2016-01-15|
+--------------------+-----------+--------------+-----+------------+
```

注意 `signum` 函数的使用，比较来说它非常有用，因为它会产生以下结果。

- 如果第一个值小于第二个值，则输出－1。
- 如果第一个值大于第二个值，则输出+1。
- 如果两个值相等，则输出 0。

现在有两个 DataFrames：`aggSentenceDF` 和 `oilPriceChangeDF`。我们可以使用 `commonFriday` 列连接两个 DataFrames 以生成带标签的数据集：

```
val changeJoinDF = aggSentenceDF
 .drop("window")
 .drop("sentenceArray")
 .join(oilPriceChangeDF, Seq("commonFriday"))
 .withColumn("id", monotonicallyIncreasingId)
```

我们还删除了 `window` 列和 `sentenceArray` 列，以及添加了 id 列，以便可以唯一地引用每一行：

```
changeJoinDF,show
+------------+---------+---------+-----------+---------+-----+------+
|commonFriday|     text|   window|last(PRICE)| lastPrev|label|    id|
+------------+---------+---------+-----------+---------+-----+------+
|  2016-09-16|unitedsta|[2016-09-|      45.26|    48.37|  0.0|   121|
|  2016-07-01|student m|[2016-06-|      47.65|    46.69|  1.0|   783|
|  2016-03-11|American |[2016-03-|      39.41|    37.61|  1.0|   356|
+------------+---------+---------+-----------+---------+-----+------+
```

5.4.3　机器学习

我们现在有了输入数据和每周价格变动，接下来将把 GeoMesa 数据转换为可以用于机器学习模型的数值向量。Spark 机器学习库 MLlib 有一个名为 `HashingTF` 的实用程序就是实现这个的。`HashingTF` 通过对每个词应用散列函数，将词袋转换为词频向量。因为向量只有有限数量的元素，所以两个词可能映射到相同的散列项上。散列的向量特征可能不能准确表示输入文本的实际内容。因此，我们将设置一个相对较大的特征向量，可容纳 10 000 个不同的散列值，以减少碰撞。这背后的逻辑是：只有那么多可能的事件（无论其大小如何），因此重复之前看到的事件应该会产生类似的结果。当然，事件的组合可能会改变这一点，这就是之前聚合成以一周为时间范围的块的原因。要为 HashingTF 程序正确地格式化输入数据，我们还将在输入文本上执行 Tokenizer：

```
val tokenizer = new Tokenizer().
   setInputCol("text").
   setOutputCol("words")
 val hashingTF = new HashingTF().
   setNumFeatures(10000).
   setInputCol(tokenizer.getOutputCol).
   setOutputCol("rawFeatures")
```

最后的准备步骤是实现**逆文档频率**（IDF），这是每个词提供的信息量的数值度量：

```
val idf = new IDF().
  setInputCol(hashingTF.getOutputCol).
  setOutputCol("features")
```

基于练习的目的，我们将实现一个朴素贝叶斯算法作为功能中的机器学习部分。该算法适合从一系列输入中预测结果，在示例中，我们希望通过前一周的一系列事件来预测油价的上涨或下跌。

5.4.4 朴素贝叶斯

朴素贝叶斯是一种构造分类器的简单技术：将类标签分配给问题实例的模型，表示为特征值的向量，其中类标签是从一些有限集合中抽取的。朴素贝叶斯可在 Spark MLlib 中像这样直接使用：

```
val nb = new NaiveBayes()
```

我们可以使用 MLlib Pipeline 将上述所有步骤结合在一起，可以将 Pipeline 视为简化多种算法组合的工作流。在 Spark 文档中，一些定义如下。

- DataFrame：此机器学习 API 使用 Spark SQL 中的 DataFrames 作为机器学习数据集，它可以包含各种数据类型。例如，一个 DataFrame 可以使用不同列存储文本、特征向量、真实标签和预测结果。

- Transformer：Transformer 是一种可以将一个 DataFrame 转换为另一个 DataFrame 的算法。例如，一个机器学习模型是一个 Transformer，它将带有特征值的 DataFrame 转换为带有预测值的 DataFrame。
- Estimator：Estimator 是一种算法，可以“适应”DataFrame 以生成 Transformer。例如，学习算法是在 DataFrame 上训练并生成模型的 Estimator。
- Pipeline：Pipeline 将多个 Transformer 和 Estimator 链接在一起以组成机器学习工作流。

pipeline 声明如下：

```
val pipeline = new Pipeline().
  setStages(Array(tokenizer, hashingTF, idf, nb))
```

我们之前已经提到，应该从 GeoMesa 中读取所有可用数据，因为我们会在稍后阶段拆分数据，以便提供训练和测试数据集。就是在这里执行的：

```
val splitDS = changeJoinDF.randomSplit(Array(0.75,0.25))
val (trainingDF,testDF) = (splitDS(0),splitDS(1))
```

最后，我们可以执行完整的模型：

```
val model = pipeline.fit(trainingDF)
```

可以非常容易地保存和加载模型：

```
model.save("/data/models/gdelt-naivebayes-2016")
val naivebayesModel=PipelineModel.load("/data/models/Gdeltnaivebayes-2016")
```

5.4.5 结果

为了测试模型，我们应该执行 model transformer，如下所示：

```
Model
  .transform(testDF)
  .select("id", "prediction", "label").
  .collect()
  .foreach {
    case Row(id: Long, pred: Double, label: Double) =>
       println(s"$id --> prediction=$pred --> should be: $label")
  }
```

这为每个输入行提供了预测：

```
8847632629761 --> prediction=1.0 --> should be: 1.0
1065151889408 --> prediction=0.0 --> should be: 0.0
1451698946048 --> prediction=1.0 --> should be: 1.0
```

从结果 DataFrame (`model.transform(testDF).select("rawPrediction", "probability","prediction").show`)中得到如下结果：

```
+--------------------+--------------------+----------+
|       rawPrediction|         probability|prediction|
+--------------------+--------------------+----------+
|[-6487.5367247911...|[2.26431216092671...|       1.0|
|[-8366.2851849035...|[2.42791395068146...|       1.0|
|[-4309.9770937765...|[3.18816589322004...|       1.0|
+--------------------+--------------------+----------+
```

5.4.6 分析

在诸如油价预测之类的问题空间中，创建真正成功的算法总是非常困难（几乎不可能），因此本章实际上更多是面向示范的一章。无论如何，我们有一个训练结果，它们有一定的合理性，并不是毫不相关的：我们使用石油指数和 GDELT 的数据训练上述算法，然后从模型执行输出中收集预测结果，然后将其与正确的标签进行比较。

在测试中，之前的模型显示出了 51%的准确率。这比我们预料的随机选择结果要稍微好一点，但是它提供了进行改进的坚实基础。由于能够保存数据集和模型，因此在努力提高准确性的过程中，可以直接对模型进行更改。

有许多方面可以改进，在本章中已经提到过一些。为了改进模型，我们应该以系统的方式处理具体领域。由于我们只能有依据地猜测哪些变化将影响改进，因此首先尝试处理最受关注的领域非常重要。以下是我们如何处理这些变化的简要总结。应该始终关注我们的假设并确定它们是否仍然有效，或者应该在何处进行更改。

假设 1：“石油的供给和需求在很大程度上受到世界事件的影响，因此可以预测供应和需求可能如何变化。”我们对模型的初步尝试表明准确率为 51%，虽然这还不足以证明该假设是有效的，但值得在完全否定该假设之前继续使用该模型并探索其他领域以提高准确率。

假设 2：“事件的详细程度将为我们的算法提供更好或更差的准确率。”这里有巨大的改变空间，我们可以从几个方面修改代码并快速重新运行模型，如下所示。

- 事件数量。增加事件数量会影响准确率吗？

- 每日/每周/每月数据汇总。每周汇总可能无法得到好的结果。
- 有限的数据集。我们目前只使用 GDELT 的几个字段，更多的字段有助于提高准确率吗？
- 排除任何其他类型的数据。GKG 数据的引入是否有助于提高准确率？

总之，我们可能比刚开始时发现了更多的问题。然而，我们现在已经完成了基础工作，以产生一个可以建立的初始模型，有望提高准确率并使得我们能进一步了解数据及其对油价的潜在影响。

5.5　小结

在这一章中，介绍了以时空模式存储数据的概念，以便我们使用 GeoMesa 和 GeoServer 来创建和运行查询。我们已经展示了这些查询使用工具本身并以编程方式执行和利用 GeoServer 显示结果。此外，我们还演示了如何合并不同的数据集，以便从原始 GDELT 事件中得到见解。继 GeoMesa 之后，我们触及了石油定价高度复杂的世界，并开发了一个简单的算法来预测每周的石油变化。虽然利用可用的时间和资源创建一个精确的模型是不可能的，但我们至少在高层次上已经探索了许多引人关注的领域，并试图解决这些问题，以便洞察这个问题空间中可以采取的方法。

在本章中，我们介绍了一些关键的 Spark 库和函数，MLlib 作为关键领域将在本书的其余部分中进一步介绍。

在第 6 章中，我们将进一步探索 GDELT 数据集，以构建用于跟踪趋势的互联网规模的新闻扫描程序。

第 6 章
采集基于链接的外部数据

本章旨在提供一种增强本地数据的通用模式，该模式使用 URL 或从 API 上寻找外部内容，例如使用那些从 GDELT 或 Twitter 上收到的 URL。我们为读者提供了一个使用 GDELT 新闻索引服务作为新闻 URL 来源的教程，展示了如何构建一个大规模网络的新闻扫描器，以采集互联网上让人感兴趣的全球突发新闻。我们将解释如何克服规模挑战以构建这个专业 Web 采集组件。在许多用例中，访问原始 HTML 内容并不足以为新出现的全球性事件提供更深入的见解。一个专家级的数据科学家必须能够从原始文本内容中提取出实体，以帮助构建为跟踪更广泛的趋势所需的上下文。

在这一章中，我们将探讨以下主题。

- 使用 Goose 库创建可扩展的 Web 内容提取器。
- 利用 Spark 框架进行自然语言处理(NLP) 。
- 使用 DoubleMetaphone 算法消除重复名称。
- 利用 GeoNames 数据集查找地理坐标。

6.1 构建一个大规模的新闻扫描器

数据科学与统计学的不同之处是强调处理过程可扩展，这样才能解决因所收集数据的质量差异和多样性导致的复杂问题。统计学家研究的干净数据集的样本，可能来自关系数据库。相比之下，数据科学家处理来自各种来源的非结构化数据，规模更大。前者侧重于建立具有高精密度和准确性的模型，后者通常侧重于构建丰富的集成数据集。数据科学之旅通常包括折磨人的初始数据源，还要加入理论上不应该连接的数据集，用公开的信息丰富内容，进行实验、探索、发现、尝试、失败、再尝试。无论是技术还是数学技能，普通级别和专家级别数据科学家之间的主要区别在于好奇心和创造力的水平，只有具备足够的好奇心和创造力，才能提取出数据中潜在的价值。例如，你可以构建一个简单的模型，为业务团队满足他们要求的最低限度需求，或者，你可以注意并利用数据中的所有网址，然后采集相关内容，并用这些扩展结果来发现新见解，超越业务团队所提原始问题的要求。

6.1.1　访问 Web 内容

除非你沉醉于努力工作，否则你会听说歌手大卫·鲍威于当地时间 2016 年 1 月 10 日去世，享年 69 岁。这个消息已经被很多媒体广为报道，并在社交网络上传播，之后是许多来自世界上伟大艺术家的致敬。对于本书内容，这是一个完美的用例，以及这一章的良好例证。我们将使用 BBC 关于大卫·鲍威的文章作为本节的参考，如图 6-1 所示。

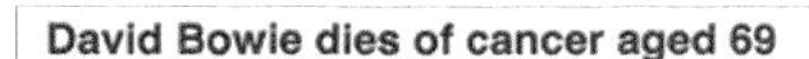
David Bowie dies of cancer aged 69

© 11 January 2016 | Entertainment & Arts

Singer David Bowie, one of the most influential musicians of his era, has died of cancer at the age of 69.

A statement was issued on his social media accounts, saying he "died peacefully, surrounded by his family" after an "18-month battle with cancer".

Tributes have been paid from around the world to the "extraordinary artist" whose last album was released days ago.

Sir Paul McCartney **described him as a "great star"** who "played a very strong part in British musical history".

Bowie's son Duncan Jones, who is a Bafta-winning film director, **wrote on Twitter**: "Very sorry and sad to say it's true. I'll be offline for a while. Love to all."

图 6-1　BBC 关于大卫·鲍威的文章

查看这篇文章的 HTML 代码，首先要注意的是大部分内容不包含任何有价值的信息，包括页眉、页脚、导航面板、侧栏和所有隐藏的 JavaScript 代码。我们只对标题和一些参考信息（如出版日期等）感兴趣，大多数情况下，文章本身只有几十行，而分析页面需要解析超过 1500 行的 HTML 代码。尽管我们可以找到很多专为解析 HTML 代码而设计的库，但创建一个能从大量随机文章中普适性地解析未知 HTML 结构的解析器，可能就是一个真正的挑战。

Goose 库

我们将这个任务委托给优秀的 Scala 库——Goose 库，这个库将打开一个 URL 链接，下载 HTML 内容，清除所有垃圾，使用一些英语停止词的聚类给不同的段落打分，最终删去底层的 HTML 代码，返回纯文本内容。正确安装 `imagemagick` 之后，这个库甚至可以检测出给定网站上最具代表性的图片（这超出了本书范围）。Maven 核心提供了 `Goose` 的依赖关系：

```
<dependency>
  <groupId>com.gravity</groupId>
  <artifactId>goose</artifactId>
  <version>2.1.23</version>
</dependency>
```

与 Goose API 交互就像这个库本身一样让人愉快。我们创建了新的 Goose 配置，禁用图像获取，修改一些可选设置，如用户代理和超时选项，然后创建一个新的 Goose 对象：

```
def getGooseScraper(): Goose = {
  val conf: Configuration = new Configuration
  conf.setEnableImageFetching(false)
  conf.setBrowserUserAgent(userAgent)
  conf.setConnectionTimeout(connectionTimeout)
  conf.setSocketTimeout(socketTimeout)
  new Goose(conf)
}

val url = "http://www.bbc.co.uk/news/entertainment-arts-35278872"
val goose: Goose = getGooseScraper()
val article: Article = goose.extractContent(url)
```

调用 extractContent 方法，返回一个带有以下值的文章类：

```
val cleanedBody: String = article.cleanedArticleText
val title: String = article.title
val description: String = article.metaDescription
val keywords: String = article.metaKeywords
```

```
val domain: String = article.domain
val date: Date = article.publishDate
val tags: Set[String] = article.tags

/*
Body: Singer David Bowie, one of the most influential musicians...
Title: David Bowie dies of cancer aged 69
Description: Tributes are paid to David Bowie...
Domain: www.bbc.co.uk
*/
```

使用这样一个库，打开链接并解析 HTML 代码，我们只需要编写几十行代码，这种技术还可以应用于随机的文章网址列表，无论其来源或 HTML 结构如何。最终输出是干净解析的、完全一致的数据集，在下游分析中非常有用。

6.1.2 与 Spark 集成

下一个合乎逻辑的步骤是将一个库集成进来，并使其 API 在可扩展的 Spark 应用中可用。集成之后，我们将讲解如何高效地检索来自大量 URL 的远程内容，以及如何在 Spark 变换过程以一种性能良好的方式利用不可序列化的类。

1. Scala 兼容性

Maven 上的 Goose 库已经被编译为 Scala 2.9，因此与 Spark 发布的版本不兼容（Spark 2.0 以上的版本需要 Scala 2.11 版本）。要用它，我们必须将 Goose 分发包重新编译为 Scala 2.11，方便起见，把它放到我们的 GitHub 主代码库中。使用以下命令可以进行快速编译：

```
$ git clone git@bitbucket.org:gzet_io/goose.git
$ cd goose && mvn clean install
```

请注意，你得用新的依赖来更新项目的 pom.xml 文件：

```
<dependency>
  <groupId>com.gravity</groupId>
  <artifactId>goose_2.11</artifactId>
  <version>2.1.30</version>
</dependency>
```

2. 序列化问题

任何使用过第三方依赖的 Spark 开发人员应该都至少遇到过一次 `NotSerializable`

Exception。在一个大型项目中，要在许许多多变换中发现它产生的根源是很困难的。原因很简单，在发送到适当的执行器之前，Spark 尝试将所有变换进行序列化。因为 Goose 类是不可序列化的，并且我们在闭包外部构建了一个实例，所以下面的代码是抛出 NotSerializableException 的完美示例：

```
val goose = getGooseScraper()
def fetchArticles(urlRdd: RDD[String]): RDD[Article] = {
  urlRdd.map(goose.extractContent)
}
```

通过在 map 变换内部创建 Goose 类的实例，我们轻松地克服了这个限制。这样操作就避免了对任何已创建的非序列化对象的引用。Spark 能向每个执行器发送原样代码，不需要序列化任何引用的对象。

```
def fechArticles(urlRdd: RDD[String]): RDD[Article] = {
  urlRdd map { url =>
    val goose = getGooseScraper()
    goose.extractContent(url)
  }
}
```

6.1.3 创建可扩展的生产准备库

提高在单个服务器上运行的简单应用程序的性能有时并非易事，而在一个运行于几个节点上、并行处理海量数据的分布式应用程序上完成同样的目标更是难上加难，因为有许多需要考虑的影响性能的其他因素。接下来，我们会展示优化内容获取库所采用的原则，它可以毫无问题地在不同规模的集群上运行。

1. 一次构建，多次读取

值得一提的是，在前面的示例中，为每个 URL 都创建了一个新的 Goose 实例，这使代码在大规模运行时特别低效。简单举例，创建一个新的 Goose 类可能需要大约 30ms。对数百万记录中的每一个记录进行这种操作，即使在 10 个节点上操作也需要 1h，更不用说垃圾堆积会显著影响性能。使用 mapPartions 变换可以显著地改善这一状况。这个闭包将被发送到 Spark 执行器（就和 map 变换一样），但是这个模式允许我们为每个执行器创建一个单独 Goose 实例，并为每个执行器的记录调用其 extractContent 方法。

```
def fetchArticles(urlRdd: RDD[String]): RDD[Article] = {
  urlRdd mapPartitions { urls =>
```

```
      val goose = getGooseScraper()
      urls map goose.extractContent
    }
  }
```

2. 异常处理

异常处理是正确执行软件工程的基础。在分布式计算中尤其如此，我们有可能与大量无法直接控制的外部资源和服务进行交互。如果没有正确地处理异常，例如，在获取外部网站内容时发生的任何错误会使 Spark 重新安排其他节点上的全部任务，直到抛出最终异常并中止作业。在进行生产级的无人干预的 Web 抓取操作时，这种类型的问题可能危及整个服务。我们当然不想因为简单的 404 错误而中止整个 Web 内容采集处理过程。

为了针对这些潜在问题而强化代码，应该正确地捕获任何异常，应该确保所有返回的对象一致可选，对于所有失败的 URL 均设为未定义。在这方面，Goose 库唯一的不足之处是返回值不一致，null 可以作为标题和日期的返回值，然而丢失的描述和主体标签返回的是空字符串。对于 Java 或 Scala，返回 null 值是非常糟糕的做法，因为它通常会导致 `NullPointerException`，尽管事实上大多数开发人员会在旁边写上“这不该发生”的评论。在 Scala 中，建议返回一个选项而不是 null。在示例代码中，我们从远程内容中获取的任何字段返回值都应该是可选的，因为它可能并不存在于原始的源页面上。此外，我们在收集数据时也应该解决其他区域的一致性问题。例如，我们可以将日期转换成字符串，因为进行调用操作（如 `collect`）时可能会导致序列化问题。对于这些原因，我们应该重新设计 `mapPartitions` 变换，如下所示。

- 测试每个对象的存在性并返回可选结果。
- 将文章内容封装到可序列化的样本类 `Content` 中。
- 捕获任何异常并返回具有未定义值的默认对象。

修改后的代码如下所示：

```
case class Content(
     url: String,
     title: Option[String],
     description: Option[String],
     body: Option[String],
     publishDate: Option[String]
)

def fetchArticles(urlRdd: RDD[String]): RDD[Content] = {
```

```
    urlRdd mapPartitions { urls =>

      val sdf = new SimpleDateFormat("yyyy-MM-dd'T'HH:mm:ssZ")
      val goose = getGooseScraper()

      urls map { url =>

        try {

          val article = goose.extractContent(url)
          var body = None: Option[String]
          var title = None: Option[String]
          var description = None: Option[String]
          var publishDate = None: Option[String]

          if (StringUtils.isNotEmpty(article.cleanedArticleText))
            body = Some(article.cleanedArticleText)

          if (StringUtils.isNotEmpty(article.title))
            title = Some(article.title)

          if (StringUtils.isNotEmpty(article.metaDescription))
            description = Some(article.metaDescription)

          if (article.publishDate != null)
            publishDate = Some(sdf.format(article.publishDate))

          Content(url, title, description, body, publishDate)

          } catch {
            case e: Throwable => Content(url, None, None, None, None)
          }
      }
    }
  }
```

3. 性能调优

虽然大多数时候对代码本身进行修改（我们之前了解过使用 mapPartitions 替代 map 函数实现相同的目标）可以让 Spark 应用的性能大大提高，但你也必须在执行器的总数、每个执行器的内核数和给每个容器分配的内存大小之间找到平衡点。

在进行第二类应用程序调优时，首先要问自己的问题是应用程序到底是 I/O 绑定（大量读/写访问）型，还是网络绑定（很多节点之间的传输）型，还是内存或 CPU 绑定（任务总是要花费太多时间才能完成）型。

要发现Web采集应用程序的主要瓶颈其实很容易。创建一个Goose实例大约需要30ms，获取给定URL的HTML代码大约需要3s。基本上，我们要花99%的时间等待大量内容被检索，这主要是因为互联网的连通性和网站的可用性。解决这个问题的唯一方法是在Spark作业里大幅增加我们使用的执行器数量。注意，因为执行器通常分布在不同的节点（假设Hadoop的设置正确）上，更高的并行度并不会达到网络限制的带宽（如果是在一个多线程的单个节点上就会达到）。

此外，要特别注意的是，因为这个应用是map-only的作业，在任何阶段都不涉及reduce操作（无shuffle），因此它具有线性可伸缩性。从逻辑上讲，两倍以上的执行器会使我们的采集性能高出两倍。为了在应用程序中反映这些设置的作用，我们要确保数据集均匀分区，并且分区数量至少与定义的执行器数量一样。如果数据集只适合单个分区，那么我们设置的多个执行器中只有一个会被使用，这会使Spark的新设置既不匹配又低效。假如我们适当地设置缓存和物化RDD，那么对集合进行重新分区是一次性的操作（虽然代价很高）。我们在这里设置并行性参数为200：

```
val urlRdd = getDistinctUrls(gdeltRdd).repartition(200)
urlRdd.cache()
urlRdd.count()

val contentRdd: RDD[Content] = fetchArticles(urlRdd)
contentRdd.persist(StorageLevel.DISK_ONLY)
contentRdd.count()
```

最后要记住的是将返回的RDD彻底缓存，这将消除它所有延迟定义的变换（包括HTML内容获取）带来的风险，这个风险就是在我们可能采取的任何进一步操作中重新进行计算。为了安全起见，也因为我们绝对不想在互联网上重复获取同样的HTML内容，强制设置缓存在返回的数据集持久化到DISK_ONLY时才显式产生。

6.2 命名实体识别

构建一个Web采集器来充实输入数据集，这些数据集包含来自外部基于Web HTML内容的大量URL。这样做在大数据采集服务中具有巨大的商业价值。不过，一个普通级别的数据科学家能够通过使用一些基本的聚类和分类技术来研究返回的内容，但一个专家级的数据科学家会在后期流程中进一步丰富内容和增加价值，将这一数据充实过程提升到新的层次。通常，对这些增值的处理包括消除外部文本内容歧义、提取实体（如人物、地点和日期）和把原始文本转换成最简单的语法形式。我们将在本节中解释如何利用Spark框架创建一个可靠的自然语言处理（NLP）管道，该管道包括这些很有价值的后处理输出，并可以处理任意规模的英语内容。

6.2.1 Scala 库

ScalaNLP 是 breeze 的父项目，并且是 Spark MLlib 中大量使用的数值计算框架。如果不是在不同版本的 breeze 和 epic 之间存在如此多的依赖问题，它将是 Spark 中 NLP 的最佳选择。为了解决这些核心依赖项不匹配的问题，我们必须重新编译整个 Spark 分发版或完整的 ScalaNLP 栈，这不像公园里散步那样轻松。我们的首选是 NLP 套件，它是采用 Scala 2.11 编写的，提供 3 种不同的 API：斯坦福大学的 CoreNLP 处理器、快速处理器和一个用于处理生物医学文本的处理器。在这个库里，我们可以使用 `FastNLPProcessor`，对基本的命名实体识别（NER）功能来说精度已经足够，它采用 Apache V2 许可。

```
<dependency>
  <groupId>org.clulab</groupId>
  <artifactId>processors-corenlp_2.11</artifactId>
  <version>6.0.1</version>
</dependency>

<dependency>
  <groupId>org.clulab</groupId>
  <artifactId>processors-main_2.11</artifactId>
  <version>6.0.1</version>
</dependency>

<dependency>
  <groupId>org.clulab</groupId>
  <artifactId>processors-models_2.11</artifactId>
  <version>6.0.1</version>
</dependency>
```

6.2.2 NLP 攻略

NLP 处理器分析文档并返回主旨（最简化形式的单词）列表，命名实体（如组织、地点、人物）的列表，以及归一化实体（如真实日期）的列表。

1. 提取实体

在下面的示例中，我们初始化一个 `FastNLPProcessor` 对象，对文档进行分析并将文档分为 `Sentence`（句子）列表，打包主旨和 NER 类型，最后为每个给定的句子返回一个识别出来的实体数组。

```
case class Entity(eType: String, eVal: String)

def processSentence(sentence: Sentence): List[Entity] = {
  val entities = sentence.lemmas.get
    .zip(sentence.entities.get)
    .map {
      case (eVal, eType) =>
        Entity(eType, eVal)
    }
}

def extractEntities(processor: Processor, corpus: String) = {
  val doc = processor.annotate(corpus)
  doc.sentences map processSentence
}

val t = "David Bowie was born in London"
val processor: Processor = new FastNLPProcessor()
val sentences = extractEntities(processor, t)

sentences foreach { sentence =>
  sentence foreach println
}

/*
Entity(David,PERSON)
Entity(Bowie,PERSON)
Entity(was,O)
Entity(born,O)
Entity(in,O)
Entity(London,LOCATION)
*/
```

查看以上输出，你可能会注意到所有检索到的实体都没有连接在一起，David 和 Bowie 都是“人物”的两个不同实体。我们用以下方法递归地聚合连续的相似实体，代码如下：

```
def aggregate(entities: Array[Entity]) = {
  aggregateEntities(entities.head, entities.tail, List())
}

def aggregateEntity(e1: Entity, e2: Entity) = {
  Entity(e1.eType, e1.eVal + " " + e2.eVal)
}
```

```
 def aggEntities(current: Entity, entities: Array[Entity], processed :List[Entity]):
List[Entity] = {
  if(entities.isEmpty) {
   //回收结束，没有其他实体需要处理
   //将最后一个未处理的实体添加到列表中
   current :: processed
 } else {
   val entity = entities.head
   if(entity.eType == current.eType) {
     // 仅聚合同一实体类型的连续值
     val aggEntity = aggregateEntity(current, entity)
     // 继续处理下一条记录
     aggEntities(aggEntity, entities.tail, processed)
   } else {
     //添加当前实体作为下一次聚合的候选者
     //将之前未处理的实体添加到我们的列表中
     aggEntities(entity, entities.tail, current :: processed)
   }
  }
}

 def processSentence(sentence: Sentence): List[Entity] = {
   val entities = sentence.lemmas.get
     .zip(sentence.entities.get)
     .map {
       case (eVal, eType) =>
         Entity(eType, eVal)
     }
   aggregate(entities)
 }
```

现在，输出同样的内容为我们提供更加一致的输出：

```
/*
(PERSON,David Bowie)
(O,was born in)
(LOCATION,London)
*/
```

在函数编程环境中，请尽量限制任何可变对象的使用，如使用 var。根据经验，使用前面的递归函数，可以避免使用任何可变对象。

2. 抽象方法

我们知道，处理一系列句子（句子本身就是一个实体数组）听起来可能是很含糊的。根据经验，在进行一个简单的RDD变换时，就需要多个flatMap函数，那么运行规模较大时，将更加混乱。我们将结果封装到一个Entities类中，并公布下列方法：

```
case class Entities(sentences: Array[List[(String, String)]])
 {
  def getSentences = sentences

  def getEntities(entity: String) = {
    sentences flatMap { sentence =>
      sentence
    } filter { case (entityType, entityValue) =>
      entityType == entity
    } map { case (entityType, entityValue) =>
      entityValue
    } toSeq
  }
```

6.2.3 构建可扩展代码

我们现在已经定义好了NLP框架，并将大部分复杂逻辑抽象成一系列方法和便于使用的类。接下来就是在Spark场景中整合这段代码，处理大规模的文本内容。为了编写可扩展的代码，我们需要特别注意以下几点。

- 在Spark作业中，当在一个闭包的内部使用非序列化的类时，必须谨慎声明，以避免抛出NotSerializableException异常。请参阅6.1节讨论的Goose库序列化问题。
- 每当我们创建一个新的FastNLPProcessor实例（由于延迟定义，当我们第一次采用annotate方法时），所需的模型将从类路径被检索、反序列化，并加载到内存中。这个过程大约需要10s才能完成。
- 除了实例化过程相当慢之外，值得一提的是模型可以非常大（大约1GB），并且将所有模型保留在内存中会逐渐把可用的堆空间消耗光。

1. 一次构建，多次读取

由于各方面的原因，将我们原来的代码嵌入map函数是非常困难的且效率极低（可能会耗尽我们所有可用的堆空间）。按以下示例，我们利用 mapPartitions 模式来优化加载和反序列化模型的时间，以及减小执行器使用的内存大小。使用 mapPartitions 强制处理每个分区的第一条记录，评估引导加载和反序列化过程的模型，以及对该执行器的所有后续调用都将重用该分区中的那些模型，有助于将模型传输和初始化限制为每个执行器只执行一次。

```
def extract(corpusRdd: RDD[String]): RDD[Entities] = {
  corpusRdd mapPartitions {
    case it=>
      val processor = new FastNLPProcessor()
      it map {
        corpus =>
          val entities = extractEntities(processor, corpus)
          new Entities(entities)
      }
  }
}
```

增强 NLP 可扩展性的最终目标是在处理尽可能多的记录的同时加载尽可能少的模型。使用一个执行器，我们将只加载一次模型，不过这样就完全失去了并行计算的意义。使用大量的执行器，我们将花费更多的时间来反序列化模型，而不是处理实际的文本内容。我们将在性能调整的相关章节中对此进行介绍。

2. 可扩展性

因为在将代码集成到 Spark 之前，我们是在本地编写代码，所以要牢记用最方便的方式。它之所以重要，是因为可扩展性不仅是代码在大数据环境下工作的速度，而且还包括人们对它的感觉、开发人员如何高效地与 API 交互。作为开发人员，如果需要链接嵌套的 flatMap 函数以便执行一些本该简单的变换，那么你的代码根本不需要可扩展性！还好我们的数据结构是完全抽象到一个 Entities 类中，所以使用一个简单的 map 函数就能实现从 NLP 提取结果中导出不同的 RDD：

```
val entityRdd: RDD[Entities] = extract(corpusRdd)
entityRdd.persist(StorageLevel.DISK_ONLY)
entityRdd.count()

val perRdd = entityRdd.map(_.getEntities("PERSON"))
val locRdd = entityRdd.map(_.getEntities("LOCATION"))
val orgRdd = entityRdd.map(_.getEntities("ORGANIZATION"))
```

注意，使用 persist 是关键。如以前在 HTML 采集过程中，我们缓存返回的 RDD 以避免在采取任何进一步的行动时要重新评估所有潜在变化的情况。NLP 处理代价相当高昂，你必须确保它不会被执行两次，因此这里只有 DISK_ONLY 缓存。

3. 性能调优

为了使应用规模化，你需要问自己一些关键问题，这个作业是受限于 I/O、内存、CPU 还是网络？NLP 处理代价极高，加载模型又是内存密集型的，我们可能不得不减少执行器的数量，同时给每一个执行器分配更多内存。为了实现这些设置，我们要确保数据集被均匀地分区，并且分区数量至少与执行器数量一样多。我们还要通过缓存 RDD 来实现这种重新分区，并调用一个简单的 count 操作，以评估之前的所有变换（包括分区本身）。

```
val corpusRdd: RDD[String] = inputRdd.repartition(120)
corpusRdd.cache()
corpusRdd.count()

val entityRdd: RDD[Entities] = extract(corpusRdd)
```

6.3 GIS 查询

在前面的章节中，我们介绍了一个有趣的用例，即如何从非结构化数据中提取位置实体。在本节中，我们将通过基于识别出的实体位置来检索实际的地理坐标信息（纬度和经度），让提取的过程更智能。给定一个输入的字符串“London”，我们能检索到英国伦敦这一城市及其相应的经/纬度吗？我们将讨论如何构建一个高效的地理查询系统：不依赖于任何外部 API，利用 Spark 框架和 Reduce-Side-Join 模式可以处理任何规模的位置数据。在构建这个查询服务的时候，我们必须意识到世界上许多地方可能是同名的，如在美国大约有 50 个不同的地方都叫作曼彻斯特；还有，输入记录可能没有使用它本该使用的官方名称（常用的“日内瓦/瑞士”的官方名称是日内瓦）。

6.3.1 GeoNames 数据集

GeoNames 是一个覆盖所有国家/地区的地理数据集，包含超过 1000 万个地名的地理坐标，并可免费下载。在这个示例中，我们将使用 AllCountries.zip 数据集（1.5GB）与 admin1CodesASCII.txt 参考数据，以便将位置字符串转换为有价值的带有地理坐标的位置对象。我们只保留与各大陆、国家、州、地区、城市以及主要的大洋、海洋、河流、湖泊和山脉有关的数据，因此将整个数据集减少了一半。虽然管理代码数据集可以很容易地存储在内存中，但地理名称仍必须在 RDD 中进行处理，并且要转换成以下样本类：

```
case class GeoName(
  geoId: Long,
  name: String,
  altNames: Array[String],
  country: Option[String],
  adminCode: Option[String],
  featureClass: Char,
  featureCode: String,
  population: Long,
  timezone: Array[String],
  geoPoint: GeoPoint
)

case class GeoPoint(
  lat: Double,
  lon: Double
)
```

我们不会描述将文本文件解析成 geoNameRDD 的过程。这个解析器本身非常简单，它可以处理制表符分隔的记录文件，并按上面的样本类定义转换每个值。一些静态方法如下：

```
val geoNameRdd: RDD[GeoName] = GeoNameLookup.load(
  sc,
  adminCodesPath,
  allCountriesPath
)
```

6.3.2 构建高效的连接

检索的主策略将依赖于对地理名称和输入的数据之间执行的 join 操作。为了最大限度地获得位置匹配的机会，我们将在所有可能的替代名称上使用 flatMap 函数，以此扩展初始数据，因此初始记录数从 500 万急剧增加到约 2000 万。同时，我们还要确保清除包含在其中的任何重音符号、破折号或模糊字符。

```
Val geoAltNameRdd = geoNameRdd.flatMap {
  geoName =>
    altNames map { altName =>
      (clean(altName), geoName)
    }
} filter { case (altName, geoName) =>
  StringUtils.isNotEmpty(altName.length)
} distinct()

Val inputNameRdd = inputRdd.map { name =>
  (clean(name), name)
} filter { case (cleanName, place) =>
  StringUtils.isNotEmpty(cleanName.length)
 }
```

剩下的过程就是在“干净”的输入和“清洗”后的 `geoNameRDD` 之间进行简单的 `join` 操作。最后，我们可以将所有匹配上的位置分组成一系列简单的 `GeoName` 对象。

```
def geoLookup(
  inputNameRdd: RDD[(String, String)],
  geoNameRdd: RDD[(String, GeoName)]
): RDD[(String, Array[GeoName])] = {

  inputNameRdd
    .join(geoNameRdd)
    .map { case (key, (name, geo)) =>
      (name, geo)
    }
    .groupByKey()
    .mapValues(_.toSet)
}
```

这里可以讨论一个有趣的模式。Spark 如何在大数据集上执行 `join` 操作？在传统 MapReduce 中这个模式被称为 `Reduce-Side-Join` 模式，它需要框架散列所有来自两边的 RDD 的键，并在一个专用节点上用相同的键（同样的散列）发送所有元素，这样才能本地化地使用 `join` 命令操作它们的值。图 6-2 展示了 `Reduce-Side-Join` 的原则。因为 `Reduce-Side-Join` 是一个代价（网络开销）极高的模式，我们要特别注意以下两个问题。

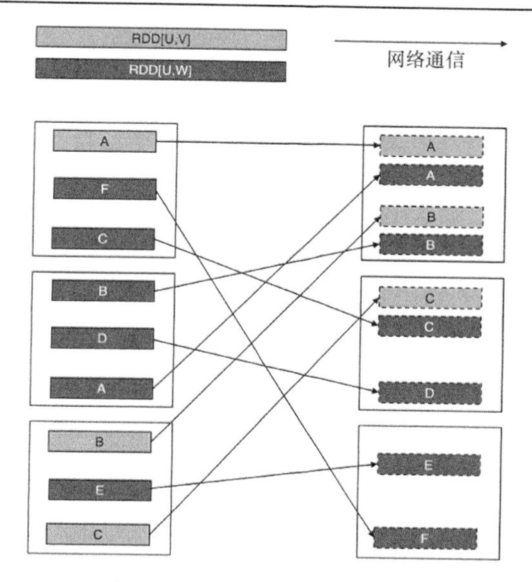

图 6-2 Reduce-Side-Join 的原则

- `GeoNames` 数据集比输入的 RDD 要大得多，我们在洗牌那些无法匹配的数据时会浪费很多开销，使 `join` 操作不仅效率低下，而且可能是做无用功。
- `GeoNames` 数据集不会随着时间而改变。在批量接收位置事件的伪实时系统（例如 Spark Streaming）中对不变的数据集进行重新洗牌是没有意义的。

我们可以建立离线和在线两种不同的策略。前者使用 `Bloom filter` 来大幅减少数据被洗牌的数量，而后者将根据键对 RDD 进行分区，以降低与 `join` 操作相关联的网络成本。

1. 离线策略——Bloom filtering

Bloom filter 是一种节省空间的概率数据结构，用于测试元素是否属于具有有限误报概率的集合。它在传统 MapReduce 中大量应用，它的一些实现已经采用 Scala 编译。我们将使用 breeze 库的 `Bloom filter`，可在 Maven 中使用（与之前讨论过的 ScalaNLP 模型相比，breeze 本身是可用的，不会产生许多依赖不匹配的问题）。

```
<dependency>
  <groupId>org.scalanlp</groupId>
  <artifactId>breeze_2.11</artifactId>
  <version>0.12</version>
</dependency>
```

因为输入数据集比 geoNameRDD 小得多，所以我们利用 mapPartitions 函数，训练一个 Bloom filter 来处理输入数据集。每个执行器都会构建自己的 Bloom fileter，由于它的关联特性，我们可以在 reduce 函数中用按位操作符将其聚合成一个对象：

```
val bfSize = inputRdd.count()
val bf: BloomFilter[String] = inputRdd.mapPartitions { it =>
  val bf = BloomFilter.optimallySized[String](bfSize, 0.001)
  it.foreach { cleanName =>
    bf += cleanName
  }
  Iterator(bf)
} reduce(_ | _)
```

对整个 geoNameRDD 测试我们的过滤器，以便删除我们认为可能不匹配的位置，并最终执行相同的 join 操作，不过这次数据会少很多：

```
Val geoNameFilterRdd = geoAltNameRdd filter {
  case(name, geo) =>
    bf.contains(name)
}

val resultRdd = geoLookup(inputNameRdd, geoNameFilterRdd)
```

通过减小 geoNameRDD 的规模，我们已经能够减轻 shuffling 过程中大量的压力，使 join 操作效率更高。图 6-3 显示了 Reduce-Side-Join 的结果。

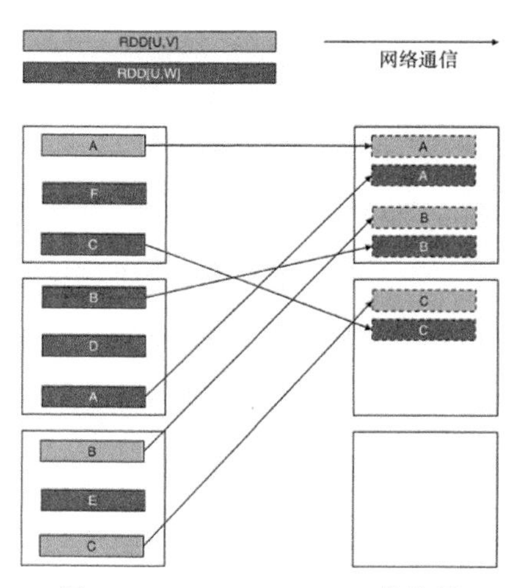

图 6-3　Reduce-Side-Join 的结果

2. 在线策略——散列分区

在离线处理过程中，我们通过对 geoNameRDD 进行预处理来减少要被洗牌的数据量。在流式传输过程中，因为任何一批新的数据都不相同，所以没必要多次地过滤参考数据。在这种情况下，我们可以通过键，采用至少与执行器数量一样的分区执行 HashPartitioner，并对 geoNameRDD 进行预分区，从而大大提高 join 的性能。因为 Spark 框架知道使用了重分区，只有输入的 RDD 被发送去洗牌，这将使查询服务的速度明显加快，如图 6-4 所示。请注意用于强制执行分区的 cache 和 count 方法。最后，我们可以安全地执行同样的 join 操作，这次给网络带来的压力要小得多：

```
val geoAltNamePartitionRdd = geoAltNameRdd.partitionBy(
  new HashPartitioner(100)
).cache()

geoAltNamePartitionRdd.count()
val resultRdd = geoLookup(inputNameRdd, geoAltNamePartitionRdd)
```

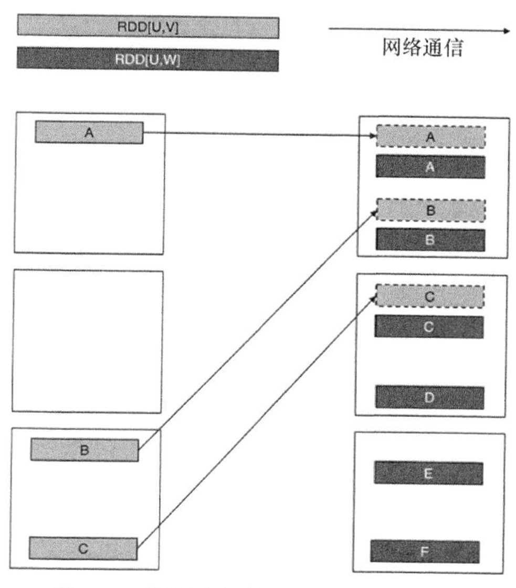

图 6-4 散列分区的 Reduce-Side-Join

6.3.3 内容除重

在我们的数据集中，像曼彻斯特这样的城市出现了 100 次，我们需要研究一个针对相似名称的除重策略，考虑到在随机文本内容中被发现的概率，一些城市名可能不如其他城市名重要。

1. 情境学习

对位置内容进行除重最准确的方法可能是研究在上下文情境下的位置记录。例如苹果公司，就是和谷歌、雅虎齐名的那个公司！而苹果（水果）就是与香蕉、橘子类似的。通过对上下文中的位置进行机器学习，我们可能会发现单词 beavers（海狸）和 bears（熊）与靠近加拿大安大略的伦敦市这一上下文相关。据我们所知，在英国伦敦遇到一只野生熊的概率很小。假设一个人可以访问文本内容，那么训练一个模型并不难，但是要访问地理坐标，那就要建立每一个地方的索引字典，包含它的地理数据和它最具描述性的主题。因为我们无法访问这样的数据集（虽然我们可能会采集维基百科的信息），所以我们不能假设一个人可以访问文本内容，我们只能简单地将地点按重要性排序。

2. 位置评分

给定从 GeoNames 网站上提取的不同代码，我们假定一个大陆的地理数据比一个国家的地理数据更重要，一个国家的地理数据将比一个州的地理数据或一个首都的地理数据更重要，以此类推。这种做法在 80%的情况下是有效的，但可能在一些边缘情况下返回不相关的结果。考虑一个关于“曼彻斯特”的例子，我们会发现这个是曼彻斯特教区，在牙买加的一个重要的州里，而不是“曼彻斯特市”（英国的一个城市）。我们可以根据评分减少限制，并对同一地名的地方按人口的降序排序，以此解决这个问题。返回最重要和最相关的地理数据才是合理的，大多数在线 API 都是这样做的，但这对于那些不那么重要的城市来说公平吗？我们改进评分机制，在会同时涉及多个地方的上下文中添加唯一的引用 ID。如果一个文档只关注加拿大的城市，也没有提到英国，那么这里的“伦敦”很有可能是加拿大的伦敦。如果没有提到国家或州，或者加拿大和英国都出现了，我们把英国伦敦作为数据集中最重要的“伦敦”。除重是对所有匹配的记录中上下文里提到的相似的地区进行排序，然后是根据重要性进行排序，最后是根据人口进行排序。第一个结果将作为最佳选择返回。

6.4 名字除重

我们从 NLP 提取过程中提取实体时，并没有进行任何验证，那些可以被我们检索的名字可以用许多不同的方式写出来：可以用不同的顺序写出来，也可能包含中间名或缩写词、称呼或贵族称号、昵称，甚至一些输出错误和拼写错误。我们的目标不是对内容进行完全除重（如学习到 Ziggy Stardust 和 David Bowie 所代表的是同一个人），我们将介绍两种简单的方法在海量数据中以最小的代价进行除重，方法是将概念 MapReduce 范式和函数式编程结合起来。

6.4.1 用 Scalaz 进行函数式编程

这一节的内容是将富集数据作为采集管道的一部分。因此我们对用先进的机器学习算法构建最精确的系统不感兴趣，而最看重可扩展性较好且效率高的系统。我们想把每个记录的替代名称保存为一个字典，以最快的速度对它们进行合并和更新且使用尽可能少的代码，并支持非常大规模的数据。我们期望这些结构表现得像 monoids，它是 Scalaz 上支持得很好的代数关联结构，这是用于纯函数式编程的库：

```
<dependency>
  <groupId>org.scalaz</groupId>
  <artifactId>scalaz-core_2.11</artifactId>
  <version>7.2.0</version>
</dependency>
```

1. 我们的除重策略

我们用下面的一个简单示例来说明使用 Scalaz 编程的必要性，示例的目的在于构建一个可扩展的、由多个变换构成的除重管道。使用人物的 RDD 和 `personRDD` 作为测试数据集，如下所示：

```
personRDD.take(8).foreach(println)

/*
David Bowie
david bowie
david#Bowie
David Bowie
david bowie
David Bowie
David Bowie
Ziggy Stardust
*/
```

这里，我们先计算每个条目出现的次数。这其实是个很简单的 Wordcount 算法，也是 MapReduce 编程的基础：

```
val wcRDD = personRDD
  .map(_ -> 1)
  .reduceByKey(_+_)

wcRDD.collect.foreach(println)
```

```
    /*
    (David Bowie, 4)
    (david bowie, 2)
    (david#Bowie, 1)
    (Ziggy Stardust, 1)
    */
```

这里，我们先应用第1个变换，如 lowercase，生成一个更新后的报告：

```
val lcRDD = wcRDD.map { case (p, tf) =>
  (p.lowerCase(), tf)
}
.reduceByKey(_+_)

lcRDD.collect.foreach(println)

/*
(david bowie, 6)
(david#bowie, 1)
(ziggy stardust, 1)
*/
```

这里，我们应用第2个变换，删除特殊字符：

```
val reRDD = lcRDD.map { case (p, tf) =>
  (p.replaceAll("[^a-z]", ""), tf)
}
.reduceByKey(_+_)

reRDD.collect.foreach(println)

/*
(david bowie, 7)
(ziggy stardust, 1)
*/
```

现在我们已经将6个条目减少到只有2个，但是因为在变换时失去了原始记录，我们不能以原文->新值的形式构建字典。

2. 使用 mappend 操作符

取而代之的是，我们采用 Scalaz API 为前面的每个记录初始化一个名字频率的字典（作为一个映射，初始化为1），并使用 mappend 函数合并这些字典（通过|+|运算符操作）。在

reduceByKey 函数中，合并发生在每个变换之后。将变换的结果作为键，而词条的频率为键值：

```
import scalaz.Scalaz._

def initialize(rdd: RDD[String]) = {
  rdd.map(s => (s, Map(s -> 1)))
     .reduceByKey(_ |+| _)
}

def lcDedup(rdd: RDD[(String, Map[String, Int])]) = {
  rdd.map { case (name, tf) =>
    (name.toLowerCase(), tf)
  }
  .reduceByKey(_ |+| _)
}

def reDedup(rdd: RDD[(String, Map[String, Int])]) = {
  rdd.map { case (name, tf) =>
    (name.replaceAll("\\W", ""), tf)
    }
    .reduceByKey(_ |+| _)
}

val wcTfRdd = initialize(personRDD)
val lcTfRdd = lcDedup(wcTfRdd)
val reTfRdd = reDedup(lcTfRdd)

reTfRdd.values.collect.foreach(println)

/*
Map(David Bowie -> 4, david bowie -> 2, david#Bowie -> 1)
Map(ziggy stardust -> 1)
*/
```

对于每个除重条目，我们找出最高频的项目，构建如下的字典 RDD：

```
val dicRDD = fuTfRdd.values.flatMap {
  alternatives =>
    val top = alternatives.toList.sortBy(_._2).last._1
    tf.filter(_._1 != top).map { case (alternative, tf) =>
      (alternative, top)
    }
}

dicRDD.collect.foreach(println)
```

```
/*
david bowie, David Bowie
david#Bowie, David Bowie
*/
```

为了能给人物 RDD 彻底除重，我们需要将所有的“david bowie”和“david#Bowie”替换为“David Bowie”。至此，我们已经阐述了除重策略本身，接下来要深入探究各系列的变换。

6.4.2 简单清洗

第一个除重变换显然是清除名字中所有模糊的字符或额外的空格。我们用匹配的 ASCII 字符替换重音符号，处理驼峰式命名法，删除任何停用词，如 mr、miss、sir。一个更简洁的版本，至少在字符串除重的场景下是这样。执行除重本身就和采用 MapReduce 范式与之前介绍的 monoids 概念编写代码一样简单：

```
def clean(name: String, stopWords: Set[String]) = {

  StringUtils.stripAccents(name)
    .split("\\W+").map(_.trim).filter { case part =>
      !stopWords.contains(part.toLowerCase())
    }
    .mkString(" ")
    .split("(?<=[a-z])(?=[A-Z])")
    .filter(_.length >= 2)
    .mkString(" ")
    .toLowerCase()
}

def simpleDedup(rdd: RDD[(String, Map[String, Int])], stopWords:
Set[String]) = {

  rdd.map { case (name, tf) =>
    (clean(name, stopWords), tf)
  }
  .reduceByKey(_ |+| _)
}
```

6.4.3 DoubleMetaphone 算法

DoubleMetaphone 是一种很有用的算法，可以按英语发音索引姓名。虽然它并不能产生名字的精确语音表示，但是它创建了一个简单的散列函数，可用于对具有相似音素的名字进行分组。

要了解更多关于 DoubleMetaphone 算法的信息，请参阅 Philips L. (1990). *Hanging on the Metaphone* (Vol. 7). Computer Language。

我们出于性能原因选用这个算法，因为在大型的字典中查找潜在的错别字和拼写错误通常是一项代价极高的操作，它通常需要将候选名字与我们追踪的每一个名字进行比较。这种类型的比较在大数据环境中是个巨大的挑战，因为它通常需要一个笛卡儿连接，这会生成过大的中间数据集。Metaphone 算法提供了更好的选择，而且速度更快。

在 Apache 的通用包中使用 `DoubleMetaphone` 类，我们可以简单地利用 MapReduce 范式分组共享相同发音的名字。例如："david bowie""david bowi"和"davide bowie"都共享相同的代码"TFT#P"，并被分组在一起。在下面的示例中，我们计算每个记录的 `DoubleMetaphone` 散列值，并调用 `reduceByKey` 函数合并及更新所有名字的频率映射：

```
def metaphone(name: String) = {
  val dm = new DoubleMetaphone()
  name.split("\\s")
    .map(dm.doubleMetaphone)
    .mkString("#")
}

def metaphoneDedup(rdd: RDD[(String, Map[String, Int])]) = {
  rdd.map { case (name, tf) =>
     (metaphone(name), tf)
    }
    .reduceByKey(_ |+| _)
}
```

我们还可以将常见英语昵称（如 bill、bob、will、beth、al 等）及其相关联的大名保存在列表中，以此大大改进这个简单的技术，以便交叉匹配非同音的同义词。我们可以通过预处理名字 RDD 来做到这一点，将已知昵称的散列代码替换为所关联的大名的代码，然后运行相同的除重算法，就能基于音标和同义词的匹配解决重复问题。这将同时检测出拼写错误和不正规的昵称，示例如下：

```
persons.foreach(p => println(p + "\t" + metaphoneAndNickNames(p))
```

```
/*
David Bowie TFT#P
David Bowi TFT#P
Dave Bowie TFT#P
*/
```

我们要强调一个事实，即这个算法（以及上面展示的简单清洗程序）不会像一个适当的模糊字符串匹配方法那样精确，例如，计算每个可能的名字对之间的 Levenshtein 距离。通过牺牲精度，我们确实创建了一种高度可扩展的方法，以最低的成本找出最常见的拼写错误，尤其是不发音辅音的拼写错误。一旦所有的替代名字都按散列代码结果分组在一起，我们就可以为所代表的名字输出最好的替代品，将其从词条频率对象中返回并作为最常见的名字。最好的替代品通过与初始名字 RDD 连接，以替换其指代的任何记录（如果有的话）：

```
def getBestNameRdd(rdd: RDD[(String, Map[String, Int])]) = {
  rdd.flatMap { case (key, tf) =>
    val bestName = tf.toSeq.sortBy(_._2).last._1
    tf.keySet.map { altName =>
      (altName, bestName)
    }
  }
}

val bestNameRdd = getBestNameRdd(nameTfRdd)

val dedupRdd = nameRdd
  .map(_ -> 1)
  .leftOuterJoin(bestNameRdd)
  .map { case (name, (dummy, optBest)) =>
    optBest.getOrElse(name)
  }
```

6.5 新闻索引仪表板

由于我们能够从输入的 URL 中发现有价值的信息来丰富内容，因此下一步自然是开始可视化数据。虽然我们已经在第 4 章中对不同的探索性数据分析技术进行了全面的探讨，我们还是认为用一个 Kibana 中简单的仪表板来概括这些内容是有必要的。从大约 50000 篇文章中，我们能够获取和分析 2016 年 1 月 10 日至 11 日数据，筛选出任何以大卫 • 鲍威（David Bowie）作为 NLP 实体并包含 death 这个词的记录。因为所有的文本内容都已经在 Elasticsearch 中被正确地索引了，我们可以在短短几秒内获取到 209 篇匹配的文章，新闻索引仪表板如图 6-5 所示。

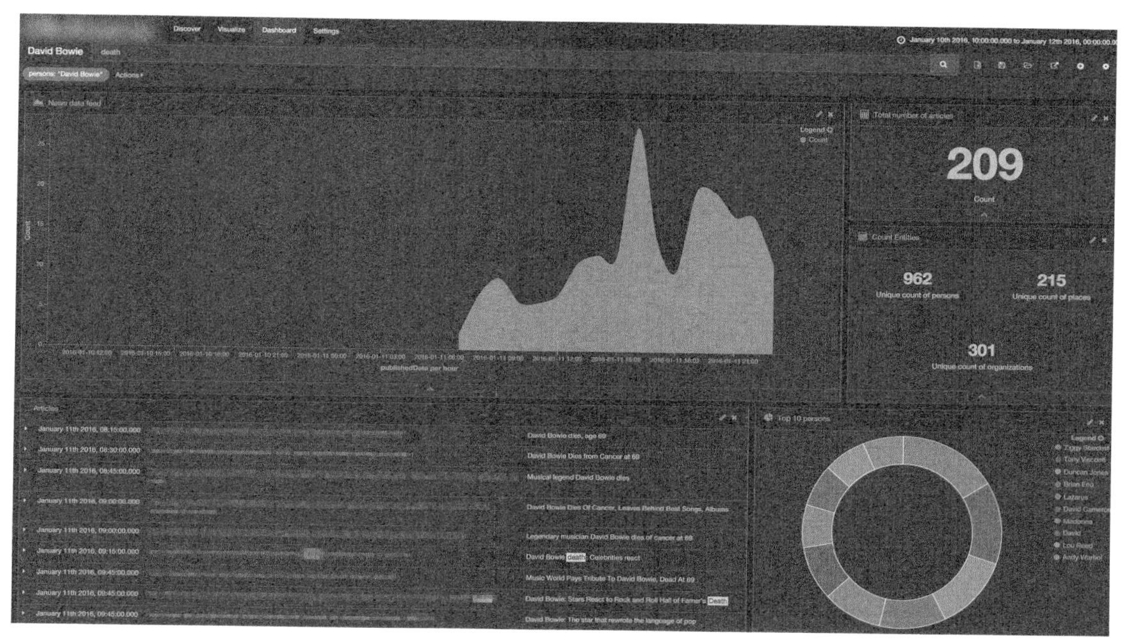

图 6-5 新闻索引仪表板

我们可以很快地获得与大卫・鲍威（David Bowie）一同提到频率最高的前十名人物，包括他的作品 *Ziggy Stardust*，他的儿子邓肯・琼斯（Duncan Jones），他的前制片人托尼・维斯康（Tony Visconti），以及英国前首相卡梅伦。借助之前构建的 GeoLookup 服务，我们展示了所有不同的地方，发现了一个围绕梵蒂冈城的关系圈，枢机主教摩弗兰科・拉瓦西（Gianfranco Ravasi）（也是教廷文化委员会主席），借大卫・鲍威（David Bowie）的歌曲 *Space Oddity* 中著名的歌词，以推文的形式表示敬意，如图 6-6 所示。

图 6-6 Gianfranco Ravasi 在 Twitter 上向 David Bowie 致敬

最后，在各新闻媒体竞相成为追到突发新闻第一家的竞争中，找出第一个发布关于 David Bowie 死讯的新闻媒体就像点击一下鼠标那样简单！

6.6 小结

数据科学不仅涉及机器学习。实际上，机器学习只是它的一小部分。在我们了解现代数据科学是什么的过程中，科学经常就在数据丰富的过程中发生。真正的奇迹发生在一个人能将无意义的数据集转化为一组有价值的信息集并获得新见解的时候。在本章中，我们已经描述了如何构建具有完整功能的数据洞察系统，所用的方法不过是采用了一个简单的 URL 集合（和一点苦力活）。

在这一章中，我们演示了如何用 Goose 库在 Spark 中创建一个高效的 Web 采集器，以及如何利用 NLP 技术和 GeoNames 数据集从原始文本中进行特征提取和除重。我们还介绍了一些有趣的设计模式，如 mapPartitions 和 Bloom filters，这些会在第 14 章中进一步介绍。

在第 7 章中，我们将聚焦于那些从新闻文章中提取出来的人物。我们将描述如何使用简单的联系人链接技术来创建他们之间的连接，还将描述如何有效地存储和查询 Spark 上下文中的大型图，以及如何使用 GraphX 和 Pregel 来进行社区发现。

第7章
构建社区

随着越来越多的人互动、交流、交换信息，或者是在不同的主题上分享共同兴趣，大多数数据科学用例可以使用图表示。虽然很长一段时间以来，非常大的图只被互联网公司、政府和国家安全机构使用，但是现在使用包含数百万个顶点的大型图开始变得越来越普遍。因此，数据科学家面临的主要挑战不一定是找到社区并在图上发现影响者，而是如何以完全分布式和高效的方式来这样做，以克服规模变大而产生的限制。本章使用我们在第6章中描述的NLP提取所识别的人物，构建一个大规模的图示例。

在这一章里，我们将探讨以下主题。

- 使用Spark从Elasticsearch中提取内容，构建一个人物实体图并了解使用Accumulo作为安全图数据库的好处。
- 使用GraphX和三角形最优化编写一个完整的社区发现算法。
- 利用Accumulo特定功能，包括用于观察社区变化的单元级安全性以及用于提供服务器和客户端计算的迭代器。

本章内容完全是技术性的，希望读者已经熟悉图论、消息传递和Pregel API。请读者阅读本章中提到的每篇文章。

7.1 构建一个人物图谱

我们之前使用NLP实体识别从HTML原始格式文本中识别人物。在本章中，我们试图推测这些实体之间的关系，并发现它们周围可能存在的社区，从而进入一个更深的层面。

7.1.1 联系链

对于新闻文章，我们首先需要问自己一个基本问题：什么定义了两个实体之间的关系？最恰当的答案可能是使用第6章中描述的斯坦福NLP库来研究字句。给定下面的输入语句：

"Yoko Ono said she and late husband John Lennon shared a close relationship with David Bowie"

我们可以很容易地提取句法树，这是一种语言学家用来建模句子如何被语法构建的结构，在这种结构中每个元素都标识出类型，如名词（NN）、动词（VR）或限定词（DT）等，以及它在句子中的相对位置：

```
val processor = new CoreNLPProcessor()
val document = processor.annotate(text)

document.sentences foreach { sentence =>
  println(sentence.syntacticTree.get)
}

/*
(NNP Yoko)
(NNP Ono)
(VBD said)
       (PRP she)
     (CC and)
       (JJ late)
       (NN husband)
         (NNP John)
         (NNP Lennon)
     (VBD shared)
       (DT a)
       (JJ close)
       (NN relationship)
       (IN with)
         (NNP David)
         (NNP Bowie)
*/
```

深入研究每个元素，包括其类型、其前身元素和后继元素，将有助于构建一个有向图，它的边是这 3 个实体之间关系的真正定义。根据引用的这句话构建出的语法关系如图 7-1所示。

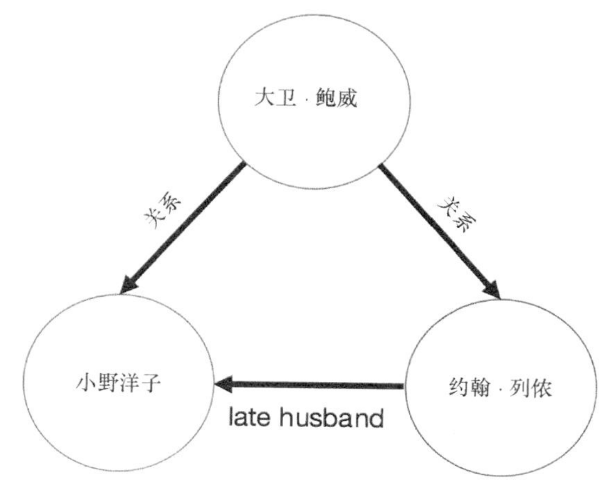

图 7-1 大卫 • 鲍威、小野洋子和约翰 • 列侬的语法关系

尽管用句法树构建图谱是完全合理的（从语法上讲），但是它需要大量的编码（可能需要单独编写一整章来介绍），并且不会带来多少附加价值，这是因为我们将建立的大多数关系（在新闻文章的上下文中）都不是基于从历史书中获取的事实，而是需要放在具体的上下文中。为了说明这一点，这里有两句话。

“Sir Paul McCartney described [David Bowie] as a great star”

“[Sir Paul McCartney] treasure[s] the moments they had together”

它将在顶点“Paul McCartney”和“David Bowie”之间创建相同的语法链接，而实际上只有后者假定它们之间存在物理连接。

我们使用更快的方法进行替代：根据文本中的位置对名称进行分组。我们做一个简单的假设，大多数作者通常首先提到重要人物的名字，然后再写次要人物，最后写不太重要的人物。因此，我们的联系链是给定文章中所有名称的简单嵌套循环，名称根据其实际位置从最重要到最不重要的顺序进行排序。由于其时间复杂度为 $O(n_2)$，这种方法仅对每篇文章的数百条记录有效，可以确定，如果文本提及数十万个不同实体，这个方法会存在限制。

```
def buildTuples(p: Array[String]): Array[(String, String)] = {
    for(i <- 0 to p.length - 2; j <- i + 1 to p.length - 1) yield {
      (p(i), p(j))
    }
  }
```

在我们的代码库中，你将看到一个替代方案：组合。这是一个更通用的解决方案，允许指定变量 r。这让我们可以指定需要在每个输出组合中出现的实体数量，本章中该值为2，但在其他情况中可以设为更多。Combinations.buildTuples 在功能上等同于前面给出的 buildTuples 代码。

7.1.2　从 Elasticsearch 中提取数据

Elasticsearch 是一个存储和索引文本内容及其元数据属性的工具，因此是使用我们第 6 章提取的文本内容进行在线数据存储的合理选择。由于本节更面向批处理，因此我们使用优秀的 Spark Elasticsearch API 将 Elasticsearch 中的数据导入 Spark 集群，代码如下所示：

```
<dependency>
  <groupId>org.elasticsearch</groupId>
  <artifactId>elasticsearch-spark_2.11</artifactId>
  <version>2.4.0<version>
</dependency>
```

给定索引类型和名称，使用 Spark DataFrame 是一种与 Elasticsearch API 交互的便捷方式。在大多数用例中都足够高效（接下来会显示一个简单的示例），在处理更复杂的和嵌套的模式时，这可能会变得比较有挑战性：

```
val spark = SparkSession
  .builder()
  .config("es.nodes", "localhost")
  .config("es.port", "9200")
  .appName("communities-es-download")
  .getOrCreate()

spark
  .read
  .format("org.elasticsearch.spark.sql")
  .load("gzet/news")
  .select("title", "url")
  .show(5)

+--------------------+--------------------+
|               title|                 url|
+--------------------+--------------------+
|Sonia Meets Mehbo...|http://www.newind...|
|"A Job Well Done ...|http://daphneanso...|
|New reading progr...|http://www.mailtr...|
|Barrie fire servi...|http://www.simcoe...|
|Paris police stat...|http://www.dailym...|
+--------------------+--------------------+
```

实际上，Elasticsearch API 不够灵活，无法读取嵌套结构和复杂数组。使用最新版本的 Spark，你将很快遇到错误，例如字段 'persons' 由数组支持，但相关的 Spark 模式不能反映这一点。通过一些实验，可以看到使用一组标准 JSON 解析器（例如以下代码中的 json4s）从 Elasticsearch 访问嵌套和复杂的结构通常要容易得多：

```
<dependency>
  <groupId>org.json4s</groupId>
  <artifactId>json4s-native_2.11</artifactId>
  <version>3.2.11</version>
</dependency>
```

我们使用 Spark 上下文中的隐式 esJsonRdd 函数来查询 Elasticsearch：

```
import org.elasticsearch.spark._
import org.json4s.native.JsonMethods._
import org.json4s.DefaultFormats

def readFromES(query: String = "?q=*"): RDD[Array[String]] = {

  sc.esJsonRDD("gzet/news", query)
    .values
    . map {
      jsonStr =>
        implicit val format = DefaultFormats
        val json = parse(jsonStr)
        (json \ "persons").extract[Array[String]]
    }

}

readFromEs("?persons='david bowie'")
   .map(_.mkString(","))
   .take(3)
   .foreach(println)

/*
david bowie,yoko ono,john lennon,paul mc cartney
duncan jones,david bowie,tony visconti
david bowie,boris johnson,david cameron
*/
```

使用 query 参数，我们可以访问 Elasticsearch 中的所有数据（包括它的示例）甚至是与特定查询匹配的所有记录。我们最终可以使用前面介绍的简单联系链方法构建元组列表：

```
val personRdd = readFromES()
val tupleRdd = personRdd flatMap buildTuples
```

7.2 使用 Accumulo 数据库

上一节已经介绍了一种从 Elasticsearch 中读取 personRdd 对象的方法，这为我们的存储需求提供了一个简洁的解决方案。在编写商业应用程序时必须始终注意安全性，而在编写本书时，Elasticsearch 安全功能仍在开发中（译者注：Elasticsearch 目前已有收费的安全功能），因此在此阶段引入具有原生安全性的存储机制将非常有用。这是我们使用 GDELT 数据的一个重要考虑因素，并且根据定义，GDELT 数据是开源的。在商业环境中，数据集在某种程度上是机密的或商业敏感的。在讨论数据科学之前，客户通常会要求详细说明如何保护他们的数据。作者的经验是，如果解决方案提供商无法展示强健和安全的数据体系结构，将丢失许多商业机会。

Accumulo 是基于 Google Bigtable 设计的 NoSQL 数据库，最初由美国国家安全局开发，随后在 2011 年发布到 Apache 社区。Accumulo 具有常见的大数据技术的优点，如批量加载和并行读取，还有一些额外的功能（如迭代器），可用于实现高效的服务器和客户端预计算、数据聚合以及最重要的单元级安全性。

对于社区发现方面的工作，我们将使用 Accumulo 并充分利用其迭代器和单元级安全功能。首先应该设置一个 Accumulo 实例，然后从 Elasticsearch 加载一些数据到 Accumulo，你可以在我们的 GitHub 存储库中找到完整的代码。

7.2.1 设置 Accumulo

安装 Accumulo 所需的步骤超出了本书的介绍范围，在网上可以找到几个相关教程。尽管我们需要特别注意 Accumulo 配置中的初始安全设置，但只需要 root 用户的默认设置安装即可满足本章的需求。一旦你成功运行了 Accumulo Shell，即可继续本章内容。

使用以下代码作为创建用户的指南。目的是创建具有不同安全标签的多个用户，以便在加载数据时，用户拥有不同的访问权限。

```
# 设置一些用户
createuser matt
createuser ant
createuser dave
createuser andy
```

```
# 创建人物表
createtable persons

# 切换到人物表
table persons

# 确保所有用户都可以访问该表
grant -s System.READ_TABLE -u matt
grant -s System.READ_TABLE -u ant
grant -s System.READ_TABLE -u dave
grant -s System.READ_TABLE -u andy

# 为用户分配安全标签
addauths -s unclassified,secret,topsecret -u matt
addauths -s unclassified,secret -u ant
addauths -s unclassified,topsecret -u dave
addauths -s unclassified -u andy

# 显示用户权限
getauths -u matt

# 创建服务器端迭代器以对值求和
setiter -t persons -p 10 -scan -minc -majc -n sumCombiner -class
org.apache.accumulo.core.iterators.user.SummingCombiner

# 列出正在使用的迭代器
listiter -all

# 一旦表包含一些记录……
user matt

# 我们将看到所有与用户的安全标签匹配的记录
Scan
```

7.2.2 单元级安全

Accumulo 使用令牌保护其单元，令牌由标签组成，在我们的例子中，分别是 unclassified、secret 和 topsecret，但你可以使用任何以逗号分隔的值。Accumulo 行写有可见性字段（请参阅以下代码），该字段只是访问行值所需标签的字符串表示形式。可见性字段可以包含布尔逻辑以组合不同的标签，并且还支持基本优先级，例如：

```
secret&topsecret (secret 和 topsecret)
secret|topsecret (secret 或 topsecret)
unclassified&(secret|topsecret) (unclassified 和 secret, 或 unclassified 和
topsecret)
```

用户必须匹配可见性字段才能被授予访问权限，并且必须提供存储在 `Accumulo` 中的令牌子集的标签，否则查询将被拒绝。任何不匹配的值都不会在用户查询中返回，这一点很重要，因为如果用户发现数据丢失，用户有可能根据数据的性质得出符合逻辑的、正确的（或者更糟的、不正确的）结论。例如，在人物的联系链中，如果某些顶点可供用户使用而某些顶点不可用，但不可用的顶点被标记出存在，那么用户可能能够根据其周围的图表推断这些缺失实体的信息。例如，调查有组织犯罪的政府机构可能允许高级员工查看整个图表，但初级员工只能查看部分图表。假设图表中显示了一些知名人士，并且顶点有一个空白条目，那么很容易就能确定缺失实体是谁。如果这个占位符完全不存在，则没有明显的迹象表明该连接会进一步延伸，从而允许该机构控制信息的传播。然而，该图表仍然适合初级分析员工使用，他们不了解该连接但可以继续研究该图表的特定区域。

7.2.3　迭代器

迭代器是 Accumulo 中非常重要的功能，它提供了一个实时处理框架，该框架利用 Accumulo 的强大功能和并行性，以非常低的延迟生成数据的修改版本。我们不会在这里详细介绍，因为 Accumulo 文档中有很多示例，但我们将使用迭代器来保存相同 Accumulo 行的值的总和，即我们看到同一个人物对的次数，并将其存储在该行值中。每当扫描表时，此迭代器将显示为生效。我们还将演示如何从客户端调用相同的迭代器（用于尚未应用于服务器的情况）。

7.2.4　从 Elasticsearch 到 Accumulo

让我们利用 Spark 的能力来使用 Hadoop 输入和输出格式，这些格式利用了原生的 Elasticsearch 和 Accumulo 库。值得注意的是，我们在这里可以采用不同的途径，第一种途径是使用前面给出的 Elasticsearch 代码生成一个字符串元组数组，并将其提供给 `AccumuloLoader`（可以在代码库中找到）；第二种途径是使用额外的 Hadoop 输入格式的替代方案，我们可以使用 `EsInputFormat` 生成从 Elasticsearch 读取的代码，并使用 `AccumuloOutputFormat` 类将代码写入 Accumulo。

1．Accumulo 中的图数据模型

在深入研究代码之前，有必要描述一下我们将在 Accumulo 中存储人物图的模式。每个源节点（人物 A）将被存储为行键，关联名称被存储为列族；目标节点（人物 B）被存储为列限定符，并将默认值 1 作为列值（用于迭代器聚合），如图 7-2 所示。

<table>
<tr><th rowspan="3">行键</th><th colspan="6">列族</th></tr>
<tr><th colspan="3">relationA</th><th colspan="3">relationB</th></tr>
<tr><th>qualifier</th><th>value</th><th>visibility</th><th>qualifier</th><th>value</th><th>visibility</th></tr>
<tr><td rowspan="2">personA</td><td>personB</td><td>1</td><td>INTERNAL</td><td>personD</td><td>1</td><td>SECRET</td></tr>
<tr><td>personC</td><td>1</td><td>CONFIDENTIAL</td><td></td><td></td><td></td></tr>
<tr><td>personB</td><td>personC</td><td>1</td><td>INTERNAL</td><td>personD</td><td>1</td><td>CONFIDENTIAL</td></tr>
</table>

图 7-2 Accumulo 上的图数据模型

这种模型的主要优点是，给定一个输入顶点（一个人的名字），可以通过一个简单的 GET 查询快速访问所有已知的关系。读者一定会欣赏这种模型单元级的安全性，在没有授予 `SECRET` 授权的大多数 Accumulo 用户看来，我们隐藏了特定边三元组 `personA←relationB→personD`。

这种模型的缺点是，与图数据库（如 Neo4j 或 OrientDB）相比，遍历查询（如深度优先搜索）效率非常低（需要多个递归查询）。在本章后面的内容中我们将把图处理逻辑委托给 GraphX。

2. Hadoop 输入和输出格式

我们使用以下 Maven 依赖项来构建输入/输出格式和 Spark 客户端。其版本显然取决于安装的 Hadoop 和 Accumulo 的发行版。

```
<dependency>
  <groupId>org.apache.accumulo</groupId>
  <artifactId>accumulo-core</artifactId>
  <version>1.7.0<version>
</dependency>
```

我们通过 `ESInputFormat` 类从 Elasticsearch 读取，我们提取 `Text` 和 `MapWritable` 的键值对 RDD，其中键包含文档 ID，值包含可序列化 `HashMap` 中的所有 JSON 文档：

```
val spark = SparkSession
  .builder()
  .appName("communities-loader")
  .getOrCreate()

val sc = spark.sparkContext
val hdpConf = sc.hadoopConfiguration

// 设置 ES 入口点
hdpConf.set("es.nodes", "localhost:9200")
```

```
hdpConf.set("es.resource", "gzet/articles")

// 读取可写对象映射
import org.apache.hadoop.io.Text
import org.apache.hadoop.io.MapWritable
import org.elasticsearch.hadoop.mr.EsInputFormat

val esRDD: RDD[MapWritable] = sc.newAPIHadoopRDD(
  hdpConf,
  classOf[EsInputFormat[Text, MapWritable]],
  classOf[Text],
  classOf[MapWritable]
).values
```

Accumulo 的 mutation 类似于 HBase 中的 put 对象，包含表的坐标（例如行键、列族、列限定符、列值和可见性等）。该对象构建如下：

```
def buildMutations(value: MapWritable) = {

  // 提取人物列表
  val people = value
    .get("person")
    .asInstanceOf[ArrayWritable]
    .get()
    .map(_.asInstanceOf[Text])
    .map(_.toString)

  //使用默认的可见性
  val visibility = new ColumnVisibility("unclassified")

  // 在元组上构建 mutation
  buildTuples(people.toArray)
    .map {
      case (src, dst) =>
        val mutation = new Mutation(src)
        mutation.put("associated", dst, visibility, "1")
        (new Text(accumuloTable), mutation)
    }
```

我们使用前面提到的 buildTuples 方法计算人物对，并使用 Hadoop 的 AccumuloOutputFormat 将它们写入 Accumulo。请注意，可以选择使用 ColumnVisibility 将安全标签应用于每个输出行，请参阅之前介绍的单元级安全性。

我们得为写入 Accumulo 进行配置。输出 RDD 将是 Text 和 Mutation 的键值对 RDD，其中键包含 Accumulo 表和要插入的 mutation 值：

```
// 构建 Mutations
val accumuloRDD = esRDD flatMap buildMutations

// 将 Mutations 保存到 Accumulo
accumuloRDD.saveAsNewAPIHadoopFile(
  "",
  classOf[Text],
  classOf[Mutation],
  classOf[AccumuloOutputFormat]
)
```

7.2.5 从 Accumulo 读取

现在我们在 Accumulo 中保存了数据，可以使用 Shell 来检查它（假设已经选择了一个具有足够权限来查看数据的用户）。使用 Accumulo Shell 中的 scan 命令，我们可以模拟特定用户和查询，从而验证 `io.gzet.community.accumulo.AccumuloReader` 的结果。当使用 Scala 版本时，我们必须确保使用正确的授权，即通过 `String` 传递给 `read` 函数，例如"secret，topsecret"：

```
def read(
  sc: SparkContext,
  accumuloTable: String,
  authorization: Option[String] = None
)
```

这种应用 Hadoop 输入/输出格式的方法利用了 Java 的 Accumulo 库中的静态方法（`AbstractInputFormat` 由 `InputFormatBase` 子类化，而 `InputFormatBase` 由 `AccumuloInputFormat` 子类化）。Spark 用户必须特别注意这些通过 `Job` 对象实例更改 Hadoop 配置的实用程序方法。具体设置如下：

```
val hdpConf = sc.hadoopConfiguration
val job = Job.getInstance(hdpConf)

val clientConfig = new ClientConfiguration()
  .withInstance(accumuloInstance)
  .withZkHosts(zookeeperHosts)

AbstractInputFormat.setConnectorInfo(
  job,
  accumuloUser,
  new PasswordToken(accumuloPassword)
)
```

```
AbstractInputFormat.setZooKeeperInstance(
  job,
  clientConfig
)

if(authorization.isDefined) {
  AbstractInputFormat.setScanAuthorizations(
    job,
    new Authorizations(authorization.get)
  )
}

InputFormatBase.addIterator(job, is)
InputFormatBase.setInputTableName(job, accumuloTable)
```

你还会注意到 Accumulo 迭代器的配置：

```
val is = new IteratorSetting(
  1,
  "summingCombiner",
  "org.apache.accumulo.core.iterators.user.SummingCombiner"
)

is.addOption("all", "")
is.addOption("columns", "associated")
is.addOption("lossy", "TRUE")
is.addOption("type", "STRING")
```

我们可以使用客户端或服务器端迭代器，之前已经介绍了通过 Shell 配置 Accumulo 在服务器端的示例。两者之间的区别在于客户端迭代器在客户端 JVM 中执行，而不是在服务器端 JVM 中执行，它利用了 Accumulo 的 Tablet Server 的强大功能，可以在 Accumulo 文档中找到完整的解释。然而，选择客户端或服务器端迭代器有很多理由，包括 Tablet Server 性能是否会受到影响，JVM 内存使用情况等。应该在创建 Accumulo 架构时做出这些决定。在 `AccumuloReader` 代码的末尾，我们可以看到生成 `EdgeWritable` RDD 的调用函数：

```
val edgeWritableRdd: RDD[EdgeWritable] = sc.newAPIHadoopRDD(
  job.getConfiguration,
  classOf[AccumuloGraphxInputFormat],
  classOf[NullWritable],
  classOf[EdgeWritable]
) values
```

7.2.6 AccumuloGraphxInputFormat 和 EdgeWritable

我们已经实现了自己的 Accumulo `InputFormat`，这使我们能够读取 Accumulo 行并自动输出自己的 Hadoop `Writable：EdgeWritable`。这提供了一个方便的包装器，用于保存源顶点、目标顶点和作为边权重的计数，然后可以在构建图时使用它们。这非常有用，因为 Accumulo 使用前面讨论的迭代器来计算每个唯一行的总计数，所以无须手动执行此操作。由于 Accumulo 是用 Java 编写的，因此我们的 `InputFormat` 使用 Java 来扩展 `InputFormatBase`，从而继承所有 Accumulo `InputFormat` 的默认行为，并输出我们选择的模式。

我们只对输出 `EdgeWtitable` 感兴趣，因此，将所有键设置为 null（`NullWritable`）并将值设置为 `EdgeWritable`。另一个优点是 Hadoop 中的值只需要从 `Writable` 接口继承（尽管我们为了完整性而继承了 `WritableComparable`，因此如果需要，`EdgeWritable` 可以用作密钥）。

7.2.7 构建图

因为 GraphX 使用 long 对象作为存储顶点和边的底层类型，所以我们首先需要将从 Accumulo 获取的所有人物转换为一组唯一的 ID。假设我们的唯一人物列表不适合保存在内存中，或者无论如何也无法高效地实现这步操作，那么只需使用 `zipWithIndex` 函数构建一个分布式字典即可，如下面的代码所示：

```
val dictionary = edgeWritableRdd
  .flatMap {
    edge =>
      List(edge.getSourceVertex, edge.getDestVertex)
  }
  .distinct()
  .zipWithIndex()
  .mapValues {
    index =>
      index + 1L
  }
}

dictionary.cache()
dictionary.count()

dictionary
```

```
  .take(3)
  .foreach(println)

/*
(david bowie, 1L)
(yoko ono, 2L)
(john lennon, 3L)
*/
```

在人物元组上使用两个连续的连接操作创建一个边 RDD，最后构建人物的加权有向图，其顶点包含人名，边的属性是每个元组的频率计数。代码如下所示：

```
val vertices = dictionary.map(_.swap)

val edges = edgeWritableRdd
  .map {
    edge =>
      (edge.getSourceVertex, edge)
  }
  .join(dictionary)
  .map {
    case (from, (edge, fromId)) =>
      (edge.getDestVertex, (fromId, edge))
  }
  .join(dictionary)
  .map {
    case (to, ((fromId, edge), toId)) =>
      Edge(fromId, toId, edge.getCount.toLong)
  }

val personGraph = Graph.apply(vertices, edges)

personGraph.cache()
personGraph.vertices.count()

personGraph
  .triplets
  .take(2)
  .foreach(println)

/*
((david bowie,1),(yoko ono,2),1)
((david bowie,1),(john lennon,3),1)
((yoko ono,2),(john lennon,3),1)
*/
```

7.3 社区发现算法

在过去的几十年中，社区发现已经成为一个热门的研究领域。可惜的是，它的研究对象的变化速度并不像真正的数据科学家所处的数字世界的变化速度那样快。在现实中每秒收集的数据越来越多，导致大多数提议的解决方案根本不适合大数据环境。

尽管许多算法都提出了一种新的用于社区发现的可扩展方法，但从分布式算法和并行计算的角度来看，它们都没有实现真正意义上的可扩展性。

7.3.1 Louvain 算法

Louvain 算法可能是在无向加权图上发现社区的最受欢迎且被广泛使用的算法。

有关 Louvain 算法的更多信息，请参阅出版物：*Fast unfolding of communities in large networks.* Vincent D.Blondel, Jean-Loup Guillaume, Renaud Lambiotte, Etienne Lefebvre. 2008

该算法的出发点是每个顶点都是自己社区的中心。在每个步骤中，我们寻找社区邻居，并检查将两个社区合并在一起是否会导致模块化值增加。当每个顶点都检查后，我们压缩图形，使所有属于同一社区的节点成为一个独特的社区顶点，所有社区内部边成为具有聚合权重的自边。重复这一过程，直到模块化值无法优化。该过程如图 7-3 所示。

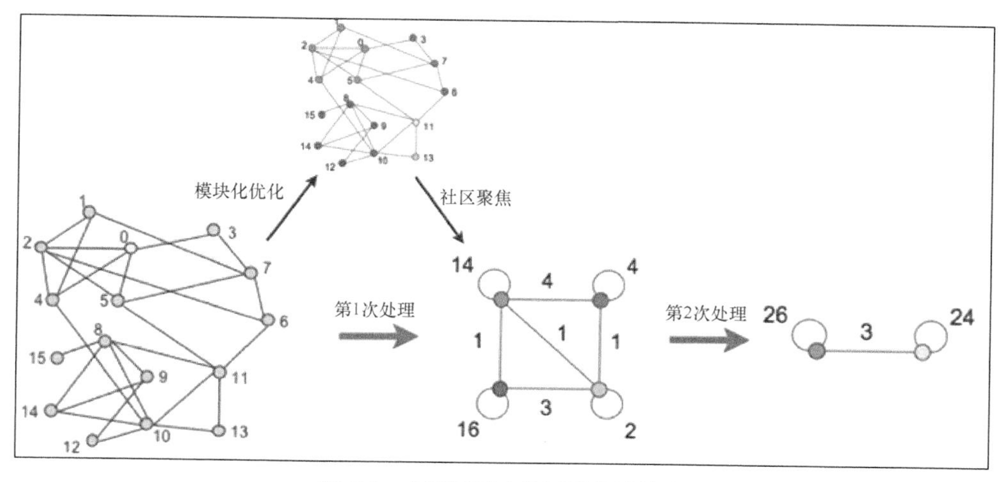

图 7-3 大型网络中社区的快速演变

由于模块化值在任意顶点发生变化时都会更新，并且由于每个顶点的变化需要由全局的模块化值更新来驱动，所以顶点需要按顺序处理。这就使得模块化优化成为并行计算的一个切入点。最近的研究报告称，随着图尺寸的过度增大，结果的质量可能会下降，因此模块化值无法检测出小而明确的社区。

据我们所知，唯一可公开获得的 Louvain 分布式版本是由美国国家安全技术供应商 Sotera 创建的。对于 MapReduce、Giraph 或 GraphX 上的不同实现，该供应商的想法是同时进行顶点选择并在每次更改后更新图状态。由于并行的性质，一些顶点选择是不正确的，因为它们可能不会最大化全局模块化值，但是在反复迭代之后它们最终会变得越来越一致。

这个（可能）不那么准确，但绝对高度可扩展的算法值得被研究。但由于社区发现问题并没有正确或错误的解决方案，又因为每个数据科学用例不同，所以我们决定对一个不同的算法构建自己的分布式版本，而不是采用正在描述的这个现有算法。为方便起见，我们重新打包了这个分布式版本的 Louvain，并在 GitHub 存储库中提供。

7.3.2 加权社区聚类

通过搜索关于图算法的一些文档材料，我们发现了一篇近期发表的精彩的论文，其中提到了可扩展性和并行计算。我们邀请读者在继续学习之前先阅读这篇论文。

有关加权社区聚类（WCC）算法的更多信息，请参阅 A. Prat-Perez, D. Dominguez-Sal, and J.-L. Larriba-Pey, "*High quality, scalable and parallel community detection for large real graphs,*" in Proceedings of the 23rd International Conference on World Wide Web, ser. WWW '14. New York, NY, USA: ACM, 2014, pp. 225-236.

虽然没有找到任何实现，并且作者对他们使用的技术不太了解，但是我们对作为图分区度量的启发式方法特别感兴趣。因为检测可以并行进行，所以不必像图模块化值那样重新计算全局度量。

同样有趣的是他们使用的假设，他们在现实生活中社交网络的启发下，将这一假设作为检测社区的质量标准。由于社区是紧密连接在一起并与图的其余部分松散连接的顶点组，因此每个社区内应该有高度集中的三角形闭合。换句话说，构成社区一部分的顶点在他们自己的社区中闭合的三角形应该比在外面闭合的三角形多得多：

$$WCC(x,\ C)=\begin{cases}\dfrac{t(x,C)}{t(x,V)}\cdot\dfrac{vt(x,V)}{\left|C\setminus\{x\}\right|+vt\left(x,V\setminus C\right)}, & t(x,V)\neq 0\\ 0, & t(x,V)=0\end{cases}$$

根据前面的等式，当 x 闭合，其社区内部的三角形多于外部的三角形时（社区将被很好地定义），或当它不闭合，任何三角形的邻居数量尽可能小时（所有节点都是互连的），社区 C 中给定顶点 x 的聚类系数（WCC）将被最大化。如下面的等式所示，社区 S 的 WCC 将是其每个顶点的平均 WCC：

$$WCC(S)=\frac{1}{|C|}\sum_{x\in S}WCC(x,C)$$

同样，图分区 P 的 WCC 将是每个社区 WCC 的加权平均值：

$$WCC(P)=\frac{1}{|V|}\sum_{i=1}^{n}\left(|C_i|\cdot WCC\left(C_i\right)\right)$$

该算法由下面介绍的 3 个不同阶段组成：创建初始社区集的预处理步骤，确保初始社区一致的社区反向传播，还有优化全局聚类系数值的迭代算法。

1．预处理阶段

第一步是定义一个带有顶点的图结构，包含我们在本地计算 WCC 指标所需的所有变量，如顶点所属的当前社区、每个顶点在其社区内外闭合的三角形数量，与其共享三角形的节点数量以及当前的 WCC 度量。所有这些变量都将包装到 `VState` 类中：

```
class VState extends Serializable {
  var vId = -1L
  var cId = -1L
  var changed = false
  var txV = 0
  var txC = 0
  var vtxV = 0
  var vtxV_C = 0
  var wcc = 0.0d
}
```

为了计算初始 WCC，首先需要计算所有顶点在其邻域内闭合的三角形的数量。计算三角形数量的操作通常包括聚合每个顶点的邻居 ID，将该列表发送给每个邻居，以及在顶点邻居和顶点邻居的邻居中搜索共同的 ID。给定两个连接的顶点 A 和 B，A 和 B 各自的邻居列表之间的交集是顶点 A 与 B 闭合的三角形数量，并且 A 中的聚合返回顶点 A 在图上闭合的三角形的总数。

在顶点高度连接的大型网络中，向每个邻居发送相邻顶点的列表可能是耗时且网络密集的。在 GraphX 中，triangleCount 函数已经被优化过，因此对于每个边，只有最不重要的顶点（以度为单位）才将其列表发送到其相邻节点，从而将相关成本降至最低。此优化要求图是规范的（源 ID 低于目标 ID），并且已经进行了分区。对于我们的人物图谱，可以这样做：

```
val cEdges: RDD[Edge[ED]] = graph.edges
  .map { e =>
    if(e.srcId > e.dstId) {
      Edge(e.dstId, e.srcId, e.attr)
    } else e
  }

val canonicalGraph = Graph
  .apply(graph.vertices, cEdges)
  .partitionBy(PartitionStrategy.EdgePartition2D)

canonicalGraph.cache()
canonicalGraph.vertices.count()
```

WCC 优化的先决条件是移除不属于任何三角形的边，因为它们不会对构建社区起作用。因此，我们需要计算三角形的数量、每个顶点的度数、邻居的 ID，最后移除邻居 ID 为空的边。过滤掉这些边可以用 subGraph 方法完成，该方法既可以获取边的三元组的过滤函数，也可以将顶点的过滤函数作为输入参数：

```
val triGraph = graph.triangleCount()
val neighborRdd = graph.collectNeighborIds(EdgeDirection.Either)

val subGraph = triGraph.outerJoinVertices(neighborRdd)({ (vId, triangle,
neighbors) =>
  (triangle, neighbors.getOrElse(Array()))
}).subgraph((t: EdgeTriplet[(Int, Array[Long]), ED]) => {
  t.srcAttr._2.intersect(t.dstAttr._2).nonEmpty
}, (vId: VertexId, vStats: (Int, Array[Long])) => {
  vStats._1 > 0
})
```

因为我们移除了所有没有闭合任何三角形的边，所以每个顶点的度数变为给定顶点闭合三角形的不同顶点的数量。最后，我们按如下方式创建初始 VState 图，其中每个顶点成为其自身社区的中心节点：

```
val initGraph: Graph[VState, ED] = subGraph.outerJoinVertices(subGraph.
degrees)((vId, vStat, degrees) => {
  val state = new VState()
  state.vId = vId
  state.cId = vId
  state.changed = true
  state.txV = vStat._1
  state.vtxV = degrees.getOrElse(0)
  state.wcc = degrees.getOrElse(0).toDouble / vStat._1
  state
})

initGraph.cache()
initGraph.vertices.count()

canonicalGraph.unpersist(blocking = false)
```

预处理阶段的第二步是使用这些初始 WCC 值初始化社区。当且仅当满足以下 3 个要求时，我们将初始社区集定义为一致的。

- 任何社区必须包含单个中心节点和一些边界节点，并且所有边界节点必须连接到社区中心。
- 任何社区中心必须在其社区中具有最高的聚类系数。
- 连接到两个不同中心的边界节点（根据第一条规则这是两个不同的社区）必须是其中心具有最高聚类系数的社区的一部分。

为了定义我们的初始社区，每个顶点需要向其邻居发送信息，包括它的 ID、聚类系数、度数以及它所属的当前社区。为方便起见，我们将主要顶点属性 VState 类作为消息发送，因为它已经包含了所有这些信息。顶点将从它们的邻居那里接收这些消息，并将选择具有最高 WCC 分数（在我们的 getBestCid 方法中）、最高的度数、最高的 ID 的邻居作为最佳邻居，并相应地更新它们的社区。

这种跨顶点的通信是 aggregateMessages 函数的完美用例，相当于 GraphX 中的 MapReduce 范式。此函数需要实现两个函数，一个函数从一个顶点向其相邻节点发送消息，另一个函数在顶点级别聚合多个消息。此过程称为消息传递，代码如下：

```
def getBestCid(v: VState, msgs: Array[VState]): VertexId = {
```

```
  val candidates = msgs filter {

    msg =>
      msg.wcc > v.wcc ||
      (msg.wcc == v.wcc && msg.vtxV > v.vtxV) ||
      (msg.wcc == v.wcc && msg.vtxV > v.vtxV && msg.cId > v.cId)
    }

  if(candidates.isEmpty) {

    v.cId

  } else {
    candidates
     .sortBy {
       msg =>
          (msg.wcc, msg.vtxV, msg.cId)
      }
      .last
      .cId
  }

}

def sendMsg = (ctx: EdgeContext[VState, ED, Array[VState]]) => {
  ctx.sendToDst(
    Array(ctx.srcAttr)
  )

  ctx.sendToSrc(
    Array(ctx.dstAttr)
  )
}

def mergeMsg = (m1: Array[VState], m2: Array[VState]) => {
  m1 ++ m2
}

def msgs = subGraph.aggregateMessages(sendMsg, mergeMsg)

val initCIdGraph = subGraph.outerJoinVertices(msgs)((vId, vData, msgs) => {
  val newCId = getBestCid(vData, msgs.getOrElse(Array()))
  vData.cId = newCId
  vData
})

initCIdGraph.cache()
```

```
initCIdGraph.vertices.count()
initGraph.unpersist(blocking = false)
```

这个社区初始化过程的一个例子如图 7-4 所示。在图的左部，其节点按比例调整大小以反映其真实的 WCC 系数，并已经用 4 个不同的社区 1、11、16 和 21 进行了初始化。

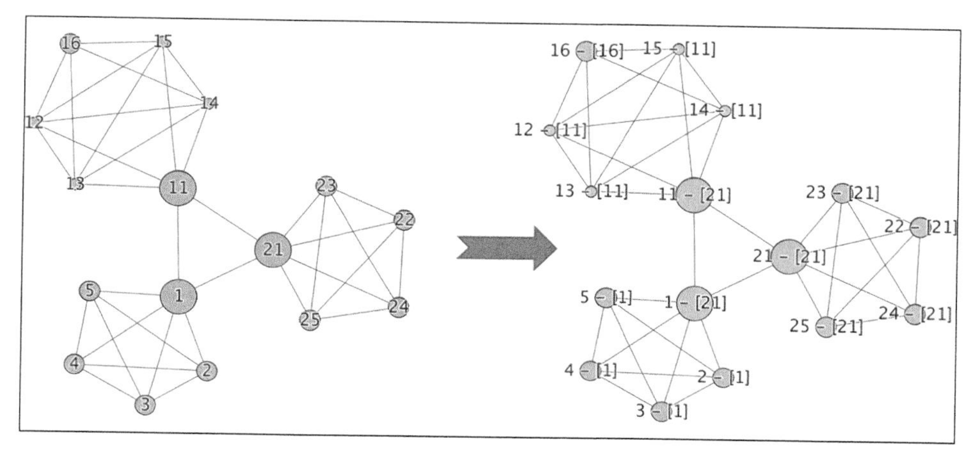

图 7-4 WCC 社区初始化

尽管人们肯定会意识到，单个 aggregateMessages 函数返回相对一致的社区，但是这种初始分区违反了我们之前定义的第 3 条规则。一些顶点（如 2、3、4 和 5）属于中心不是中心节点的社区（顶点 1 属于社区 21）。同样的情况也发生在社区 11 中。

2. 社区反向传播

为了解决这种不一致性问题并遵守我们的第 3 条规则，任何顶点都必须向所有系数较低的邻居广播其更新后的社区，因为根据第 2 条规则，只有这些排名较低的顶点可能成为 x 的边界节点。任何进一步的更新都将导致一条新消息被传递给排名较低的顶点，依此类推，直到没有顶点会改变社区，此时第 3 条规则将得到满足。

由于迭代之间不需要图的全局知识（例如计算全局 WCC 值），因此可以使用 GraphX 的 Pregel API 对社区更新进行广泛的并行化。Pregel 最初是谷歌开发的，它允许顶点从以前的迭代中接收消息，向它们的邻居发送新消息，并修改它们自己的状态，直到没有其他消息可以发送。

有关Pregel算法的更多信息，请参阅G. Malewicz, M. H. Austern, A. J. Bik, J. C. Dehnert, I. Horn, N. Leiser, and G. Czajkowski, “*Pregel: A system for large-scale graph processing*”, in Proceedings of the 2010 ACM SIGMOD International Conference on Management of Data, ser. SIGMOD '10. New York, NY, USA: ACM, 2010, pp. 135-146.

与前面提到的 aggregateMessages 函数类似，我们将顶点属性 VState 作为消息跨顶点发送，作为 Pregel super step 的初始消息，并使用默认值（WCC 为 0）初始化一个新对象。

```
val initialMsg = new VState()
```

当在顶点级别接收到多个消息时，我们只保留具有最高聚类系数的消息，在具有相同的系数时，保留具有最高的度（然后是最高 ID）的消息。为此，我们在 VState 上创建了一个隐式排序：

```
implicit val VSOrdering: Ordering[VState] = Ordering.by({ state =>
  (state.wcc, state.vtxV, state.vId)
})

def compareState(c1: VState, c2: VState) = {
  List(c1, c2).sorted(VStateOrdering.reverse)
}

val mergeMsg = (c1: VState, c2: VState) => {
  compareState(c1, c2).head
}
```

遵循与递归算法相同的原则，我们需要正确定义一个 breaking 子句，此时 Pregel 应该停止发送和处理消息。这将在 send 函数中完成，该函数将边三元组作为输入并返回消息迭代器。当且仅当其社区在前一次迭代中发生更改时，顶点才会发送其 VState 属性。在这种情况下，顶点将通知排名较低的邻居社区更新信息，但也将向自己发送信号以确认此成功广播。后者是通过 breaking 子句实现的，因为它可以确保不会从给定节点发送更多消息（除非其社区在后续步骤中更新）：

```
def sendMsg = (t: EdgeTriplet[VState, ED]) => {
```

```
  val messages = mutable.Map[Long, VState]()
  val sorted = compareState(t.srcAttr, t.dstAttr)
  val (fromNode, toNode) = (sorted.head, sorted.last)
  if (fromNode.changed) {
    messages.put(fromNode.vId, fromNode)
    messages.put(toNode.vId, fromNode)
  }

  messages.toIterator
}
```

最后要实现的是 Pregel 算法的核心功能。在这里，我们定义了在顶点级别应用的逻辑，给定了从 mergeMsg 函数中选择的唯一消息。我们确定了消息的 4 种不同的可能性，每种可能性都根据应用于顶点状态的逻辑来定义，4 种可能性如下。

- 如果消息是从 Pregel 发送的初始消息（未设置顶点 ID，WCC 为空），则不更新顶点社区 ID。
- 如果消息来自顶点本身，那么这是来自 sendMsg 函数的确认，则将顶点状态设置为静默。
- 如果消息（具有更高的 WCC）来自社区的中心节点，则将顶点属性更新为该新社区的边界节点。
- 如果消息（具有更高的 WCC）来自社区的边界节点，则将该顶点作为其自身社区的中心，并且将该更新进一步广播到其排名较低的网络。

```
def vprog = (vId: VertexId, state: VState, message: VState) => {

  if (message.vId >= 0L) {

    // 消息来自自己
    // 停止向人们发送

    if (message.vId == vId) {
      state.changed = false
    }

    // 发送者是其社区的中心
    // 发送者成为了社区的边界节点
    if (message.cId == message.vId) {
      state.changed = false
      state.cId = message.cId
    }
```

```
      //发送者是别的社区的边界节点
      //发送者成为了自身社区的中心节点
      //发送者向下游广播这个变化
      if (message.cId != message.vId) {
        state.changed = true
        state.cId = vId
      }

    }
    state
  }
```

最后，使用 Pregel 对象的 `apply` 函数将这 3 个函数链接在一起。依赖于使用确认类型消息定义的 breaking 子句，将最大迭代次数设置为无穷大：

```
val pregelGraph: Graph[VState, ED] = Pregel.apply(
  initCIdGraph,
  initialMsg,
  Int.MaxValue
)(
  vprog,
  sendMsg,
  mergeMsg
)

pregelGraph.cache()
pregelGraph.vertices.count()
```

尽管 Pregel 的概念很吸引人，但它的实现并不吸引人。作为对这项巨大努力的回报，我们接下来显示图 7-5 所示的结果图。顶点 1 和顶点 11 是社区 21 的一部分，这一点仍然有效，但是社区 1 和社区 11 现在分别被社区 15 和社区 5 替换，顶点在其社区中具有最高的聚类系数，度数或 ID，因此满足了第 3 条规则所需的要求。

我们根据之前介绍的规则使用 Pregel API 创建了初始社区集，但还没有进行设置。图 7-5 确实表明了一些改进，我们将在后面讨论。但是在继续学习之前，请注意这里没有使用特定的分区。如果我们要跨越社区的节点发送多条消息，并且这些顶点位于不同的分区（因此是不同的执行程序），我们将确定不会优化与消息传递相关的网络流量。GraphX 中存在不同种类的分区，但它们都不允许使用社区 ID 之类的顶点属性作为分区的度量。

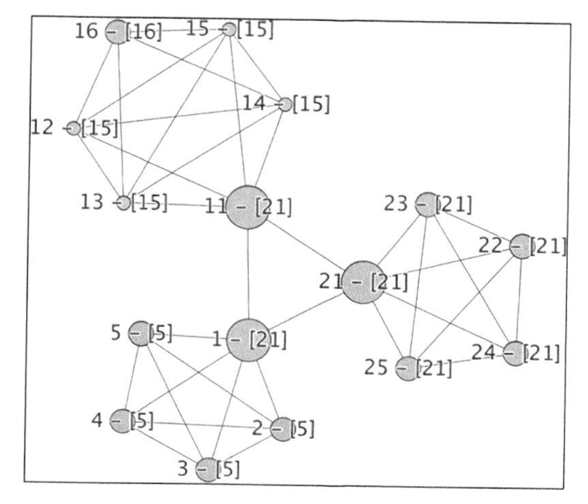

图 7-5　社区反向传播更新

在下面的简单函数中，我们提取所有的图三元组，从社区元组中构建散列码，并使用标准键值 HashPartitioner 类重新分区此边 RDD。最终从这个重新分区的集合中构建了一个新的图，这样就可以保证从社区 C1 连接到社区 C2 的所有顶点都属于同一个分区：

```
def repartition[ED: ClassTag](graph: Graph[VState, ED]) = {

  val partitionedEdges = graph
    .triplets
    .map {
      e =>
        val cId1 = e.srcAttr.cId
        val cId2 = e.dstAttr.cId
        val hash = math.abs((cId1, cId2).hashCode())
        val partition = hash % partitions
        (partition, e)
    }
    .partitionBy(new HashPartitioner(partitions))
    .map {
      pair =>
        Edge(pair._2.srcId, pair._2.dstId, pair._2.attr)
    }

  Graph(graph.vertices, partitionedEdges)

}
```

3. WCC 迭代

此阶段的目的是迭代地让所有顶点在以下 3 个选项之间进行选择，直到 WCC 值不能再被优化为止，此时我们的社区发现算法将收敛到最佳图结构。

- 保留：留在它的社区。
- 转移：从它的社区转移并成为其邻居社区的一部分。
- 移除：离开它的社区，并成为它自身社区的一部分。

对于每个顶点，最佳选择是最大化总 WCC 值的行动。与 Louvain 方法类似，每个行动取决于要计算的全局分数，但我们转向此算法的原因是，该分数可以使用来自 Arnau Prat-Pérez 等人的“用于大型真实图谱的高质量、可扩展和并行化的社区发现算法”定义的启发式来近似评估。因为这种启发式方法不需要计算所有内部三角形，所以顶点可以同时移动，因此这个过程可以以完全分布式且高度可扩展的方式设计。

聚集社区统计数据

为了计算这个启发式，首先需要在社区级别聚合基本统计数据，例如元素数量和入站、出站链接的数量，这两者都表示为简单的字数统计函数。我们将它们组合在内存中，因为社区的数量远小于顶点的数量：

```
case class CommunityStats(
   r: Int,
   d: Double,
   b: Int
)

def getCommunityStats[ED: ClassTag](graph: Graph[VState, ED]) = {

  val cVert = graph
    .vertices
    .map(_._2.cId -> 1)
    .reduceByKey(_+_)
    .collectAsMap()

  val cEdges = graph
    .triplets
    .flatMap { t =>
      if(t.srcAttr.cId == t.dstAttr.cId){
        Iterator((("I", t.srcAttr.cId), 1))
      } else {
        Iterator(
```

```
            (("O", t.srcAttr.cId), 1),
            (("O", t.dstAttr.cId), 1)
          )
        }
      }
      .reduceByKey(_+_)
      .collectAsMap()

    cVert.map {
      case (cId, cCount) =>
        val intEdges = cEdges.getOrElse(("I", cId), 0)
        val extEdges = cEdges.getOrElse(("O", cId), 0)
        val density = 2 * intEdges / math.pow(cCount, 2)
        (cId, CommunityStats(cCount, density, extEdges))
    }

  }
```

最后，我们收集顶点数量和社区统计数据（包括社区边密度），并将结果广播到所有的Spark 执行器：

```
var communityStats = getCommunityStats(pregelGraph)
val bCommunityStats = sc.broadcast(communityStats)
```

> 理解广播方法的使用非常重要。如果在 Spark 变换中使用社区统计数据，这个对象将被发送给执行者，而执行者需要处理每个记录。我们只计算它们一次，然后将结果广播到执行程序的缓存中，以便任何闭包都可以在本地使用它们，从而节省大量不必要的网络传输流量。

WCC 计算

根据前面定义的方程式，每个顶点必须能够访问它所属社区的统计数据，以及它与社区内任何顶点闭合的三角形数量。为此，我们将简单的消息传递来收集邻居，但仅限于同一社区内的顶点，从而限制了网络流量。

```
def collectCommunityEdges[ED: ClassTag](graph: Graph[VState, ED]) = {

  graph.outerJoinVertices(graph.aggregateMessages((e: EdgeContext[VState,
ED, Array[VertexId]]) => {
    if(e.dstAttr.cId == e.srcAttr.cId){
```

```
        e.sendToDst(Array(e.srcId))
        e.sendToSrc(Array(e.dstId))
      }
    }, (e1: Array[VertexId], e2: Array[VertexId]) => {
      e1 ++ e2
    }))((vid, vState, vNeighbours) => {
      (vState, vNeighbours.getOrElse(Array()))
    })
  }
```

同样，使用以下函数计算共享三角形的数量。请注意，我们使用与默认 triangleCount 方法相同的优化方法，即使用小的集合将消息发送到大的集合。

```
def collectCommunityTriangles[ED: ClassTag](graph: Graph[(VState,
Array[Long]), ED]) = {

  graph.aggregateMessages((ctx: EdgeContext[(VState, Array[Long]), ED,
Int]) => {
    if(ctx.srcAttr._1.cId == ctx.dstAttr._1.cId){
      val (smallSet, largeSet) = if (ctx.srcAttr._2.length < ctx.dstAttr._2.length) {
        (ctx.srcAttr._2.toSet, ctx.dstAttr._2.toSet)
      } else {
        (ctx.dstAttr._2.toSet, ctx.srcAttr._2.toSet)
      }
      val it = smallSet.iterator
      var counter: Int = 0
      while (it.hasNext) {
        val vid = it.next()
        if (
          vid != ctx.srcId &&
          vid != ctx.dstId &&
          largeSet.contains(vid)
        ) {
          counter += 1
        }
      }
      ctx.sendToSrc(counter)
      ctx.sendToDst(counter)

    }
  }, (e1: Int, e2: Int) => (e1 + e2))

}
```

我们根据社区邻域大小和社区三角形数量的等式计算并更新每个顶点的新 WCC 分数。

该等式是前面在介绍 WCC 算法时描述过的。我们将分数定义为给定顶点 x 的社区 C 内部与外部闭合的三角形的比值：

```
def updateGraph[ED: ClassTag](graph: Graph[VState, ED], stats:
Broadcast[Map[VertexId, CommunityStats]]) = {

  val cNeighbours = collectCommunityEdges(graph)
  val cTriangles = collectCommunityTriangles(cNeighbours)
  cNeighbours.outerJoinVertices(cTriangles)(
    (vId, vData, tri) => {
      val s = vData._1
      val r = stats.value.get(s.cId).get.r

      // 核心方程式：计算 WCC(v, C)
      val a = s.txC * s.vtxV
      val b = (s.txV * (r - 1 + s.vtxV_C).toDouble)
      val wcc = a / b

      val vtxC = vData._2.length
      s.vtxV_C = s.vtxV - vtxC

      // 三角形被计数两次(传入/ 传出)
      s.txC = tri.getOrElse(0) / 2
      s.wcc = wcc
      s
  })

}
val wccGraph = updateGraph(pregelGraph, bCommunityStats)
```

全局 WCC 值是每个顶点 WCC 值的简单聚合，用每个社区中的元素数量进行了归一化。此值也必须广播到 Spark 执行器，因为它将在 Spark 变换中使用：

```
def computeWCC[ED: ClassTag](graph: Graph[VState, ED], cStats:
Broadcast[Map[VertexId, CommunityStats]]): Double = {

  val total = graph.vertices
    .map {
      case (vId, vState) =>
        (vState.cId, vState.wcc)
    }
    .reduceByKey(_+_)
    .map {
      case (cId, wcc) =>
        cStats.value.get(cId).get.r * wcc
```

```
      }
      .sum

    total / graph.vertices.count

  }

  val wcc = computeWCC(wccGraph, bCommunityStats)
  val bWcc = sc.broadCast(wcc)
```

给定将顶点 x 插入社区 C 中的成本，从社区 C 移除/转移 x 的成本可以表示为前者的函数，并且可以用 3 个参数 Θ_1、Θ_2 和 Θ_3 导出。该启发式规定，对于每个顶点 x，它周围的每个社区 C 都需要进行单独计算，并且可以并行进行，假设我们已经收集了所有最初的社区统计信息：

$$WCC(P') - WCC(P) = WCCI'(v,C)$$
$$= \frac{1}{V} \cdot \left(d_{in} \cdot \Theta 1 + \left(r - d_{in}\right) \cdot \Theta 2 + \Theta 3\right)$$

这里不会介绍 Θ_1、Θ_2 和 Θ_3 的计算（关于该计算，可以在我们的 GitHub 上了解），但该计算取决于社区密度、外部边和元素数量，这些都在我们之前定义的 CommunityStats 对象广播集中提供。最后，值得一提的是，该计算具有线性时间复杂度。

在每次迭代中，我们将收集任何顶点周围的不同社区，并使用在第 6 章中介绍过的 Scalaz 中的 mappend 聚合来聚合边的数量，这有助于减少编写的代码量并避免使用可变对象。

```
  val cDegrees = itGraph.aggregateMessages((ctx: EdgeContext[VState, ED,
  Map[VertexId, Int]]) => {

    ctx.sendToDst(
      Map(ctx.srcAttr.cId -> 1)
    )

    ctx.sendToSrc(
      Map(ctx.dstAttr.cId -> 1)
    )

  }, (e1: Map[VertexId, Int], e2: Map[VertexId, Int]) => {
    e1 |+| e2
  })
```

使用的社区统计数据，包括前一次迭代的 WCC 值、顶点数和上述的边的数量，我们现在可以估算将每个顶点 x 插入周围社区 C 的成本。找到每个顶点及其周边社区的局部最佳行动，最后找出能最大化 WCC 值的最佳行动。

最后，我们回调前面定义的方法和函数集，以便为每个顶点、每个社区更新 WCC 值，然后更新图分区本身，以查看所有这些更改能否导致 WCC 改进。如果 WCC 值不能再被优化了，则算法已经收敛到最优结构，我们最终返回一个顶点 RDD，它包含顶点 ID 和该顶点所属的最终社区 ID。测试社区经过优化，如图 7-6 所示。

我们观察到之前数据中所预期的所有变化。现在，顶点 1 和顶点 11 分别是他们预期的社区 5 和社区 15 的一部分。请注意顶点 16 现已被包含在社区 15 中。

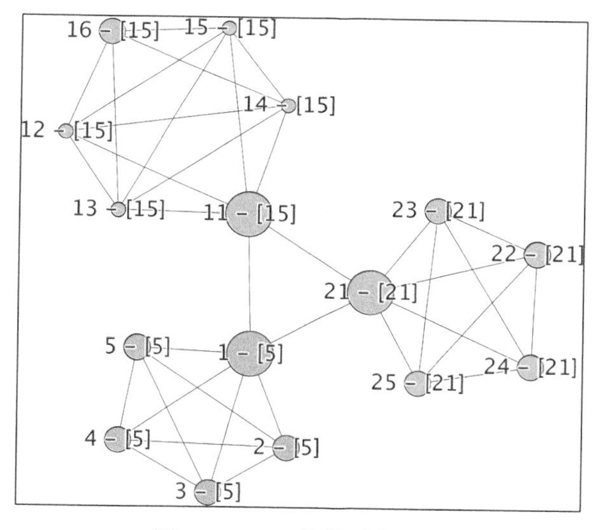

图 7-6 WCC 优化后的社区

7.4 GDELT 数据集

为了验证我们的实现是否正确，请使用第 6 章中分析的 GDELT 数据集。我们提取所有社区，并花了一些时间查看人名，看看我们的社区聚类结果是否一致。图 7-7 展示了社区的全貌，该图使用 Gephi 软件实现，只导入了前几千个连接。

我们首先能观察到，检测到的大多数社区与我们在力导向布局上观察到的完全一致，这为算法的准确性提供了良好的可信度。

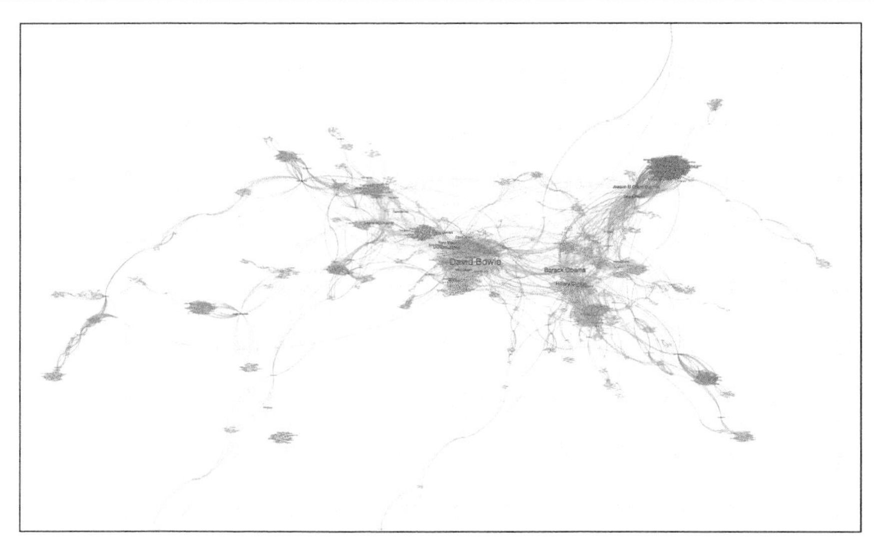

图 7-7 1 月 12 日的社区发现

7.4.1 Bowie 效应

任何定义明确的社区都已被正确识别，而较不明显的社区则是围绕高度连接的顶点（如 David Bowie）的社区。在 GDELT 文章中，David Bowie 这个名字和许多不同的人名一起被大量提及，甚至于在 2016 年 1 月 12 日这天，它变得太“大”而无法成为其逻辑社区（音乐产业）的一部分，并形成了一个影响其周围所有顶点的更广泛的社区。这里肯定有一个有趣的模式，因为这个社区结构让我们对某一天某一特定人的潜在突发新闻有了清晰的了解。

观察图 7-8 中与 David Bowie 最近的社区，可以观察到节点是高度互联的，因此我们称这种现象为 Bowie 效应。事实上，由于从如此众多的社区中获得了如此多的致敬，跨不同社区形成的三角形数量异常多。结果，它使不同的逻辑社区变得更加接近，理论上这些社区不该如此，例如 20 世纪 70 年代的摇滚明星就与宗教人士相当接近。

斯坦利·米尔格兰姆（Stanley Milgram）在 20 世纪 60 年代定义的小世界现象表明，每个人都是通过少数熟人联系在一起的。甚至有人提出美国演员凯文·培根（Kevin Bacon）与其他演员联系的最大深度为 6，这个“6”也被称为“培根数”。

虽然就其突发新闻文章的性质而言，鲍威效应是该特定图结构的真实模式，但可以使用基于名字频率计数的加权边来最小化其效果。实际上，来自 GDELT 数据集的一些随机噪声可能足以闭合来自两个不同社区的临界三角形，从而使它们彼此接近，而不管这个三角形的关键边有多大权重。这种限制对于所有未加权算法都是常见的，并且需要要在预处理阶段减少不需要的噪声。

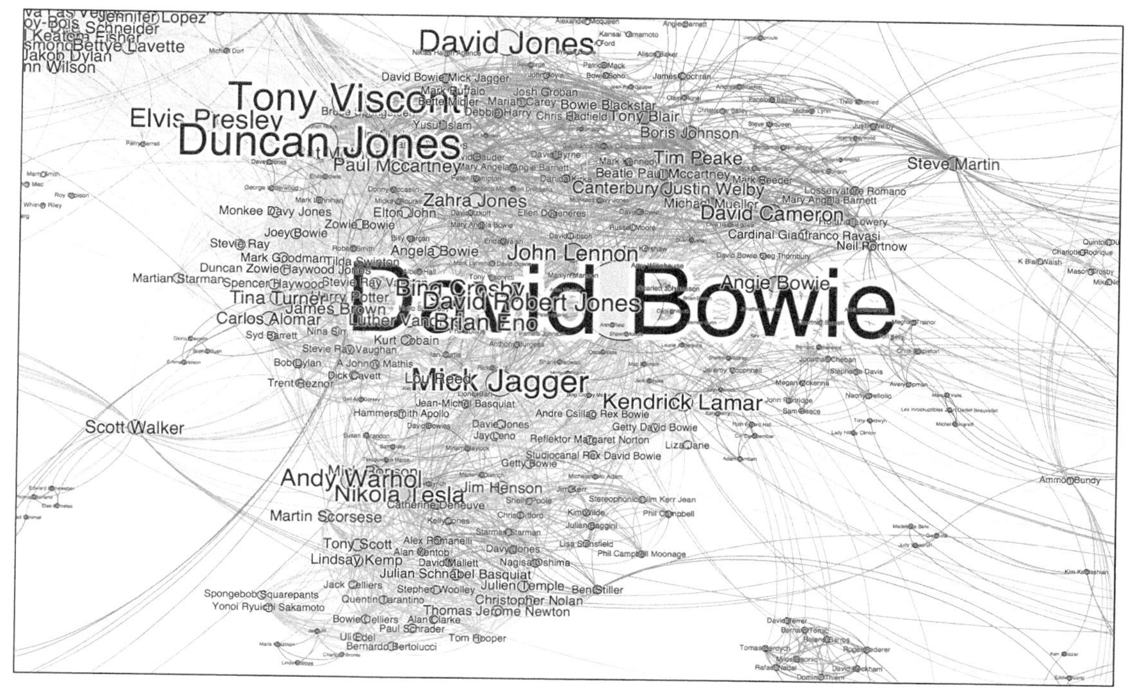

图 7-8　1 月 12 日 David Bowie 周围的社区

7.4.2　较小的社区

然而，我们可以在这里观察到一些更加明确的社区，例如电影导演克里斯托弗·诺兰（Christopher Nolan）、马丁·斯科塞斯（Martin Scorsese）、昆汀·塔伦蒂诺（Quentin Tarantino）。从更广泛的层面来看，我们可以发现并定义明确的社区，例如网球运动员、足球运动员、艺术家。作为准确的无可否认的证据，我们甚至发现马特·勒布朗（Matt Leblanc）、柯特尼·考克斯（Courtney Cox）、马修·派瑞（Matthew Perry）和詹尼弗·安尼斯顿（Jennifer Anniston）是同一个朋友社区的；卢克·天行者（Luke Skywalker）、阿纳金·天行者（Anakin Skywalker）、楚巴卡（Chewbacca）和帕尔帕廷皇帝（Emperor Palpatine）是星球大战社区的一部分，已经去世的女演员凯丽·费雪（Carrie Fisher）也是其中的一员。图 7-9 展示了职业拳击运动员社区。

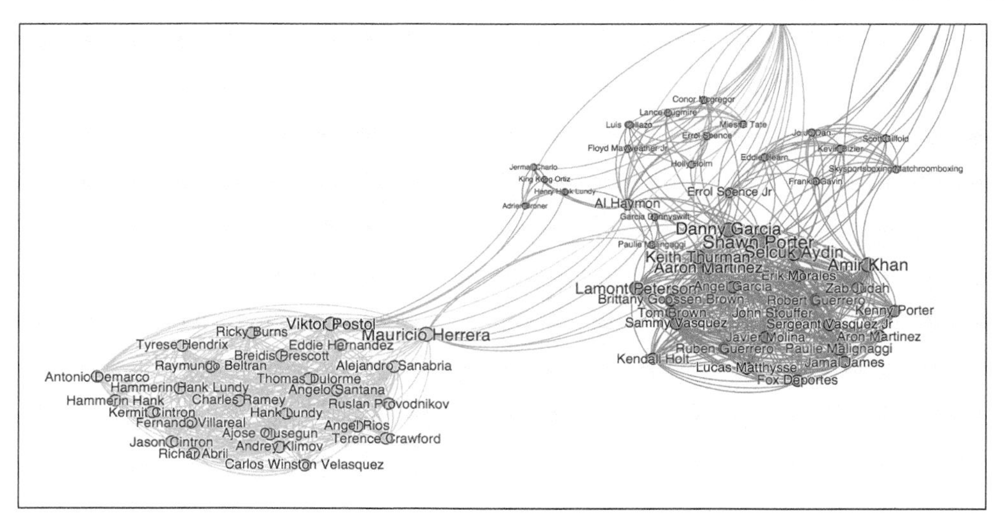

图 7-9　职业拳击运动员社区

7.4.3　使用 Accumulo 单元级的安全性

我们之前已经讨论过 Accumulo 中单元级安全性的本质。在这里生成的图中，安全性的效果可以很好地模拟出来。如果我们配置 Accumulo，将包含 David Bowie 的行安全地标记得与所有其他行不同，那么我们可以打开和关闭 Bowie 效应。任何具有完全访问权限的 Accumulo 用户都将看到之前提供的完整图表。如果我们将该用户访问限制为访问 David Bowie 以外的所有内容（简单更改 AccumuloReader 中的授权），那么结果会如图 7-10 所示。这个新图非常有趣，因为它有很多用途如下。

- 它消除了 David Bowie 去世引发的社交媒体效应所产生的噪声，从而揭示了其所涉及的真实社区。
- 它消除了实体之间的许多错误联系，从而增加了培根数并显示了他们之间的真实关系。
- 它表明可以删除图中的关键人物但仍然保留大量有用信息，从而证明了前面关于出于安全原因删除关键实体的观点（如单元级安全中所讨论的）。

注意，通过删除实体，也可能删除实体之间的关键关系。也就是联系链效应，这在当试图关联单个实体和整体时是一个消极方面，但总体而言，社区仍然完好无损。

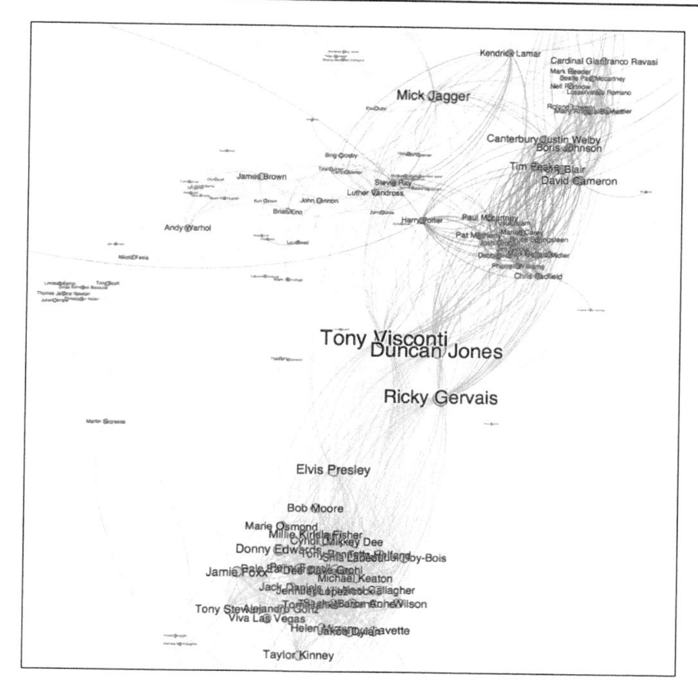

图 7-10 David Bowie 访问受限的社区

7.5 小结

在这一章中，我们已经讨论并利用安全可靠的架构的强大功能构建了一个图社区的现实实现，并概述了在社区发现的问题空间中没有正确或错误解决方案的想法，因为这很大程度上取决于用例。例如，在社交网络环境中，顶点紧密连接在一起（边代表两个用户之间的真实连接），边的权重实际上并不重要，而三角形方法中边的权重可能就很重要。在电信行业中，人们可能对基于给定用户 A 对用户 B 的呼叫频率所构建的社区感兴趣，因此我们转向诸如 Louvain 这样的加权算法。

我们意识到构建社区的算法不是一件容易的事情，并且可能超出了本书的目标范围，但它涉及 Spark 中所有的图处理技术，这使 GraphX 成为一个迷人且可扩展的工具。我们介绍了消息传递、Pregel、图分区和可变广播的概念，并以 Elasticsearch 和 Accumulo 中的实际实现进行支持。

在第 8 章中，我们将把在本章学到的图论的概念应用到音乐行业，学习如何使用音频信号、傅里叶变换和 PageRank 算法构建音乐推荐引擎。

第 8 章 构建推荐系统

如果让你选择一种算法来向公众展示数据科学，那么推荐系统肯定是一个很好的选择。如今，推荐系统随处可见。它们之所以受欢迎，是因为它们通用性好、实用性强、具有广泛的适用性。不论它们是被用来基于用户购物行为推荐产品，还是基于观看偏好推荐新电影，这在生活中都是常见的。甚至有可能将这本书推荐给你，就是某个营销公司知道你的相关信息，则如你的社交网络偏好、工作状态或者浏览历史。

在本章中，我们将演示如何使用原始音频推荐音乐内容。我们将介绍以下主题。

- 使用 Spark 处理存储 HDFS 上的音频文件。
- 学习用傅里叶变换进行音频信号变换。
- 使用 Cassandra 作为在线层和离线层之间的缓存层。
- 使用 `PageRank` 作为无监督推荐算法。
- 将 Spark 作业服务器与 Play 框架集成构建端到端原型。

8.1 不同的方法

推荐系统的最终目标是根据用户的历史行为和偏好来推荐新的项目。基本的思路是对客户过去一直感兴趣的任何产品进行排名。这个排名可以是显式的（让用户将电影从 1 到 5 进行排名）或隐式的（用户访问这个页面的次数）。无论推荐的是一个要购买的产品，一首要听的歌，还是一篇要读的文章，数据科学家通常从两个不同的角度来解决这个问题：协同过滤和基于内容的过滤。

8.1.1 协同过滤

使用这种方法，我们通过收集更多人的行为信息来利用大数据。虽然个人的定义是独特的，但他们的购物行为通常并不独特，总能找到与他人的一些相似之处。推荐项目将针对特定的个体，但它们是通过组合用户的行为与类似用户的行为而获得的。以下是大多数零售网站上的推荐用语：

“买了这个的用户也买了这些……”。

当然，这需要事先了解客户，以及他们以往的订单，还必须有足够的信息与其他客户进行比较。因此，有一个主要的限制因素：项目必须至少被查看一次才能被列为潜在推荐项目。

协同过滤的 Iris 数据集采用 LastFM 数据集。

8.1.2 基于内容的过滤

这是另一种替代方法，它不使用与其他用户的相似性，而是查看产品本身和用户过去一直感兴趣的产品类型。如果你对古典音乐和速度金属都感兴趣，则可以推断你很可能购买（至少考虑）一些混合古典节奏与重金属元素的新专辑。协同过滤很难做出这样的建议，因为你的邻居里没有人会分享你的音乐品味。

这种方法的主要优点是，假如我们对推荐的内容（如类别、标签等）有足够的了解，我们就可以推荐一个新项目，即使之前没有人见过它。而这种方法的缺点是模型更难以构建，选择正确的特征而不丢失信息也是它面临的难题。

8.1.3 自定义的方法

本书的重点在于掌握 Spark 在数据科学中的应用，我们希望给读者提供一种全新的、具有创新性的方法来解决推荐问题，而不是仅解释标准的协同过滤算法，后者任何人都可以用 Spark API 实现。让我们先从一个假定开始：

如果我们准备向最终用户推荐歌曲，就不能构建一个这样的推荐系统吗？不是基于人们喜欢或不喜欢的，也不是基于歌曲的属性（类型，歌手），而是这首歌听起来怎么样。你觉得怎么样？

为了演示如何建立这样一个系统（因为你很可能没有访问包含音乐内容和合法排序数据的公共数据集的权限），我们将讲解如何使用自己的个人音乐库在本地构建它。随意做吧！

8.2 信息不完整的数据

以下技术可以视为改变了现代数据科学家工作的“游戏规则”。虽然处理结构化和非结构化文本的工作很常见，但直接在原始二进制数据上工作并不太常见，原因是计算机科学与数据科学之间存在巨大差别。文本处理仅限于一套标准化的最熟悉的操作，即获取、解析和存储等。与其被困于这样的操作中，我们宁可直接进行音频变换，将信息不完整的信号数据转换成信息完整的转录版。这样处理后，我们就启用了一种类似于“教计算机直接从音频文件听出声音”的新型数据管道。

在这里，我们还鼓励第 2 种（突破性的）想法，就是转变数据科学家们现在从事 Hadoop 和大数据的既定思维。尽管许多人还认为这些技术只是“另一个数据库”，我们还是要展示由这些可用的工具带来的各种可能性。毕竟，没有人会嘲笑数据科学家，他们能训练计算机与客户交谈或理解呼叫中心的录音。

8.2.1 处理字节

首先要考虑的是音频文件格式。使用 AudioSystem 库（来自 javax.Sound）可以对.wav 文件进行很多处理，而对于.mp3 文件，则需要使用外部编解码器库进行预处理。如果从一个 InputStream 中读取一个文件，我们就能创建一个输出字节数组，其中包含了音频信号，代码如下：

```
def readFile(song: String) = {
  val is = new FileInputStream(song)
   processSong(is)
}
def processSong(stream: InputStream): Array[Byte] = {

   val bufferedIn = new BufferedInputStream(stream)
   val out = new ByteArrayOutputStream
   Val audioInputStream = AudioSystem.getAudioInputStream(bufferedIn)

   val format = audioInputStream.getFormat
   val sizeTmp = Math.rint((format.getFrameRate *
                 format.getFrameSize) /
                 format.getFrameRate)
               .toInt
```

```
    val size = (sizeTmp + format.getFrameSize) -
              (sizeTmp % format.getFrameSize)
    val buffer = new Array[Byte](size)

    var available = true
    var totalRead = 0
    while (available) {
      val c = audioInputStream.read(buffer, 0, size)
      totalRead += c
      if (c > -1) {
        out.write(buffer, 0, c)
      } else {
        available = false
      }
    }

    audioInputStream.close()
    out.close()
    out.toByteArray
}
```

歌曲编码一般采用 44kHz 的采样频率，也就是说，根据奈奎斯特定理，它是人耳能察觉（覆盖范围是 20Hz~20kHz）的最高频率的两倍。

为了表示人类可以听到的声音，我们每秒需要大约采样 44 000 次，因此立体声（两个声道）每秒需要 176 400 字节。以下是后续的字节频率代码：

```
val format = audioInputStream.getFormat

val sampleRate = format.getSampleRate

val sizeTmp = Math.rint((format.getFrameRate *
                format.getFrameSize) /
                format.getFrameRate)
              .toInt

val size = (sizeTmp + format.getFrameSize) -
          (sizeTmp % format.getFrameSize)

val byteFreq = format.getFrameSize * format.getFrameRate.toInt
```

最后，我们通过处理输出字节数组，并绘制示例数据最前端的一些字节，以此来操作音频信号（在本例中，图 8-1 显示了《超级马里奥兄弟》主题曲的时间域）。请注意，可以使用字节索引和字节频率值来检索时间戳，代码如下：

```
val data: Array[Byte] = processSong(inputStream)

val timeDomain: Array[(Double, Int)] = data
  .zipWithIndex
  .map { case (b, idx) =>
      (minTime + idx * 1000L / byteFreq.toDouble, b.toInt)
  }
```

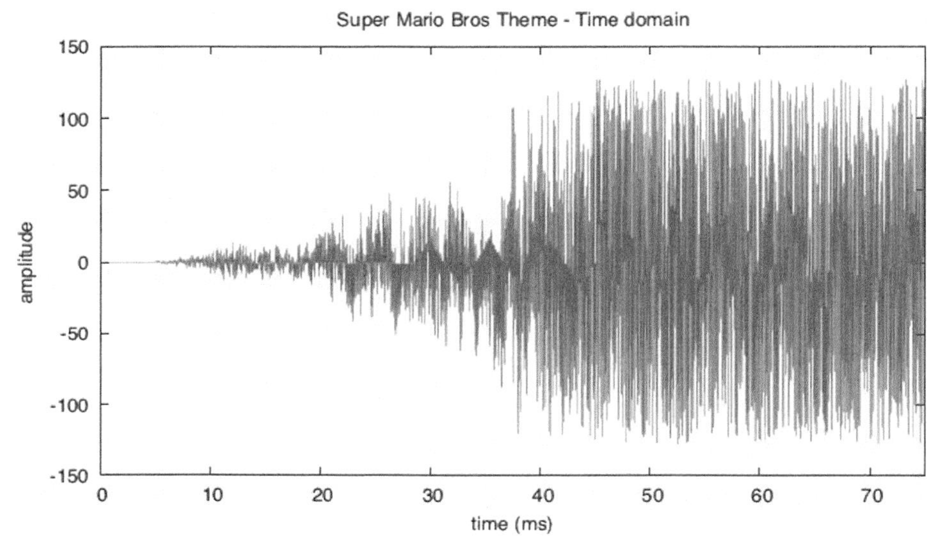

图 8-1 《超级马里奥兄弟》主题曲的时间域

方便起见，我们将所有音频特性封装成一个样本类 Audio（如下面的代码段所示），在本章后续内容中，我们将在其中添加额外的实用方法。

```
case class Audio(data: Array[Byte],
                byteFreq: Int,
                sampleRate: Float,
                minTime: Long,
                id: Int= 0) {

def duration: Double =
  (data.length + 1) * 1000L / byteFreq.toDouble

def timeDomain: Array[(Double, Int)] = data
 .zipWithIndex
 .map { case (b, idx) =>
      (minTime + idx * 1000L / byteFreq.toDouble, b.toInt)
 }
```

```
def findPeak: Float = {
  val freqDomain = frequencyDomain()
  freqDomain
   .sortBy(_._2)
   .reverse
   .map(_._1)
   .head
}

// Next to come

}
```

8.2.2 创建可扩展的代码

现在我们已经实现了从.wav 文件中提取音频信号的功能（通过 `FileInputStream`），下一步是用它来处理存储在 HDFS 上剩下的记录。正如前面章节中强调过的，只要工作逻辑对单个记录有效，这就不会是一项艰巨的任务。事实上，Spark 附带了一个处理二进制数据的工具包，所以我们只需插入以下函数：

```
def read(library: String, sc: SparkContext) = {
   sc.binaryFiles(library)
     .filter { case (filename, stream) =>
       filename.endsWith(".wav")
        }
        .map { case (filename, stream) =>
          val audio = processSong(stream.open())
          (filename, audio)
        }
}

val audioRDD: RDD[(String, Audio)] = read(library, sc)
```

我们确认只发送了.wav 文件给处理器，就能得到一个新的 RDD，其组成包括文件名（歌曲名）和相应的 Audio 样本类（包括提取的音频信号）。

Spark 的 `binaryFiles` 函数可以完整地读取文件（不拆分），输出的 RDD 包含文件路径及其对应的输入流。因此，建议使用相对较小的文件（也许只要几兆字节），因为它明显地影响内存消耗和性能。

8.2.3 从时域到频域

访问音频的时域是一个伟大的成就，但遗憾的是它没有太大价值。我们可以用它来更好地理解信号真正代表的是什么，即提取出信号包含的隐藏频率。我们可以用傅里叶变换将时域信号转为频域信号。

不涉及太多细节，也不需要处理复杂的方程式，总结一下，傅里叶在他极具传奇性的同名公式中做出的基本假设是：所有信号都是由不同频率和相位的正弦波无限积累而成的。

1. 快速傅里叶变换

离散傅里叶变换（DFT）是不同正弦波的和，可用下列等式表示：

$$F(n)=\sum_{k=0}^{N-1}x(k)e^{\frac{-j2\pi kn}{N}}$$

虽然用“暴力”方法实现该算法并不复杂，但它的时间复杂度是效率极低的 $O(n^2)$，因为对于每个数据点 n，我们必须计算 n 指数的总和。因此，播放一首 3min 的歌将产生 $(3\times60\times176400)^2\approx10^{15}$ 次操作。Cooley 和 Tukey 发布了快速傅里叶变换（FFT），它采取分而治之的方法，减少整个时间复杂度到 $O(n\log(n))$。

请参阅 Cooley 和 Tukey 的算法的官方论文。

幸运的是，已经有现成的 FFT 实现可用，因此我们将基于 Java 的库来计算 FFT，该库由 `org.apache.commons.math3` 提供。在使用这个库时，我们只要确保将输入数据用零填充，这样数据总长度为 2 的幂，并可分为奇数序列和偶数序列：

```
def fft(): Array[Complex] = {

  val array = Audio.paddingToPowerOf2(data)
  val transformer = new FastFourierTransformer(
                         DftNormalization.STANDARD)
  transformer.transform(array.map(_.toDouble),
      TransformType.FORWARD)

}
```

以上代码返回一个由实部和虚部组成的复数数组，可以容易地将其转换为频率和振幅（或幅度），方法如下。根据奈奎斯特定理，我们只需要一半的频率：

```
def frequencyDomain(): Array[(Float, Double)] = {

   val t = fft()
   t.take(t.length / 2) // Nyquist
   .zipWithIndex
   .map { case (c, idx) =>
      val freq = (idx + 1) * sampleRate / t.length
      val amplitude = sqrt(pow(c.getReal, 2) +
                          pow(c.getImaginary, 2))
      val db = 20 * log10(amplitude)
      (freq, db)
    }
}
```

最后，我们将这些函数包含于 Audio 样本类中，并绘制出频域在《超级马里奥兄弟》主题曲的前几秒的波形，如图 8-2 所示。

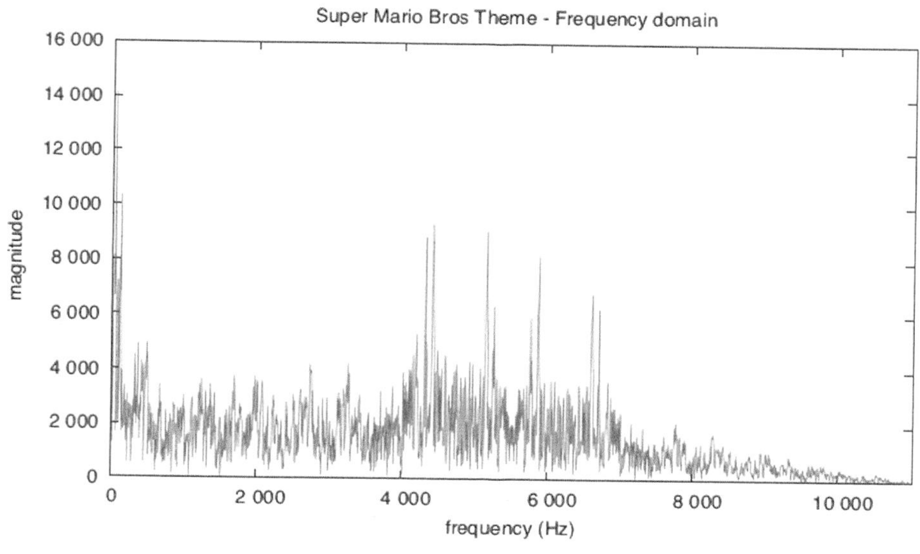

图 8-2 《超级马里奥兄弟》主题曲的频域

在图 8-2 中，我们能看到在中高频范围内呈现出明显的峰值（介于 4kHz 和 7kHz 之间），我们将其作为这首歌的音频“指纹”。

2. 按时间窗口取样

虽然效率高了很多，但由于要消耗大量内存，FFT 仍然是一个昂贵的操作（记住，一首典型的 3min 歌曲大约有 3×60×176 400 个点要处理）。当应用到大量数据点的时候，就会引发大问题，因此在进行大规模处理的时候必须考虑这一点。

我们不使用完整的频谱，而是用时间窗口来对歌曲进行采样。事实上，完整的 FFT 没有什么用，因为我们想知道的是每个主要频率被听到的时间。因此，我们迭代地将每个 `Audio` 类拆分为更小的以 20ms 取样的样本类。这个时间段应该足够小，足以满足分析的目的，也就是小得足以使 FFT 可以被计算，以确保提取足够的频率，这样才能提供足够的音频指纹。生成的 20ms 的块将使 RDD 整体大小大幅增大，代码如下：

```
def sampleByTime(duration: Double = 20.0d,
                padding: Boolean = true): List[Audio] = {

   val size = (duration * byteFreq / 1000.0f).toInt
   sample(size, padding)

}

def sample(size: Int= math.pow(2, 20).toInt,
         padding: Boolean = true): List[Audio] = {

  Audio
   .sample(data, size, padding)
   .zipWithIndex
   .map { case (sampleAudio, idx) =>
     val firstByte = idx * size
      val firstTime = firstByte * 1000L / byteFreq.toLong
      Audio(
          sampleAudio,
          byteFreq,
          sampleRate,
          firstTime,
          idx
       )
    }
}

val sampleRDD = audioRDDflatMap { case (song, audio) =>
   audio.sampleByTime()
    .map { sample =>
       (song, sample)
    }
}
```

虽然不是主要焦点，但我们可以重建所有信号的完整FFT频谱，方法是用内外FFT组合取样，并引入旋转因子。当处理大规模记录而可用内存数量有限时，这是很有帮助的。

3. 提取音频信号

现在我们在规则的时间间隔里有多重样本，这样就可以用FFT提取频率特征。为了生成样本特征，而不是使用确切的峰值（可以是近似的），我们尝试在不同频率找到最相似的音符。这提供的是一个近似值，但是这样能克服在原始信号中存在的噪声问题，因为噪声会干扰特征。

我们看20Hz～60Hz、60Hz～250Hz、250Hz～2000Hz、2Hz～4KHz和4Hz～6kHz频带，并根据图8-3找出最接近的音符。这些频带不是随机的。它们对应于乐器的不同范围（例如，低音提琴的声波频带为50Hz~200Hz，短笛的声波频带为500Hz~5kHz）。

	C	C#	D	Eb	E	F	F#	G	G#	A	Bb	B
0	16.35	17.32	18.35	19.45	20.60	21.83	23.12	24.50	25.96	27.50	29.14	30.87
1	32.70	34.65	36.71	38.89	41.20	43.65	46.25	49.00	51.91	55.00	58.27	61.74
2	65.41	69.30	73.42	77.78	82.41	87.31	92.50	98.00	103.8	110.0	116.5	123.5
3	130.8	138.6	146.8	155.6	164.8	174.6	185.0	196.0	207.7	220.0	233.1	246.9
4	261.6	277.2	293.7	311.1	329.6	349.2	370.0	392.0	415.3	440.0	466.2	493.9
5	523.3	554.4	587.3	622.3	659.3	698.5	740.0	784.0	830.6	880.0	932.3	987.8
6	1 047	1 109	1 175	1 245	1 319	1 397	1 480	1 568	1 661	1 760	1 865	1 976
7	2 093	2 217	2 349	2 489	2 637	2 794	2 960	3 136	3 322	3 520	3 729	3 951
8	4 186	4 435	4 699	4 978	5 274	5 588	5 920	6 272	6 645	7 040	7 459	7 902

图8-3 频率参考

图8-4显示了《超级马里奥兄弟》主题曲在低频段的第1个样本。可以看到，43Hz的最高幅值对应于音符F的纯八度。

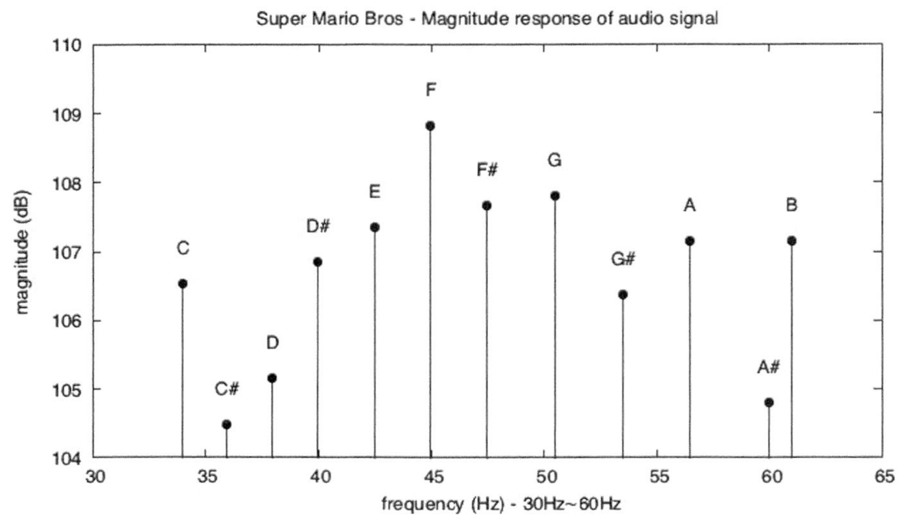

图 8-4 《超级马里奥兄弟》主题曲在低频段的第 1 个样本

对于每个样本，我们构建了一个由 5 个字母（如 E-D#-A -B-B-F）组成的散列对应于前一个频带中的最强音符（最高峰值）。我们认为这个散列值是这个特定的 20ms 时间窗口的指纹。然后，再构建一个由新的散列值组成的 RDD（在 Audio 样本类中包含了散列函数），代码如下：

```
def hash: String = {
  val freqDomain = frequencyDomain()
  freqDomain.groupBy { case (fq, db) =>
    Audio.getFrequencyBand(fq)
  }.map { case (bucket, frequencies) =>
    val (dominant, _) = frequencies.map { case (fq, db) =>
      (Audio.findClosestNote(fq), db)
    }.sortBy { case (note, db) =>
      db
    }.last
    (bucket, dominant)
  }.toList
  .sortBy(_._1)
  .map(_._2)
  .mkString("-")
  }
/*
001 Amadeus Mozart - Requiem (K. 626)     E-D#-A-B-B-F
001 Amadeus Mozart - Requiem (K. 626)     G#-D-F#-B-B-F
001 Amadeus Mozart - Requiem (K. 626)     F#-F#-C-B-C-F
```

```
001 Amadeus Mozart - Requiem (K. 626)    E-F-F#-B-B-F
001 Amadeus Mozart - Requiem (K. 626)    E-F#-C#-B-B-F
001 Amadeus Mozart - Requiem (K. 626)    B-E-F-A#-C#-F
*/
```

现在我们将共享相同散列的所有歌曲 ID 进行分组，以便构建唯一散列的 RDD：

```
case class HashSongsPair(
                        id: String,
                        songs: List[Long]
                        )

val hashRDD = sampleRDD.map { case (id, sample) =>
  (sample.hash, id)
}
.groupByKey()
.map { case (id, songs) =>
   HashSongsPair(id, songs.toList)
}
```

我们的假设是，在特定时间窗口给一首歌定义散列时，相似的歌曲有可能共享相似的散列值，但两首歌曲的散列值都是一样的话（且按顺序），那这两首歌就是完全相同的。一个人共享我的一部分 DNA，但如果他拥有与我完全相同的 DNA，那他就是我的完美克隆。

如果一个乐迷在听柴可夫斯基的《D 大调小提琴协奏曲》时感觉到很幸福，我们能向他推荐帕赫贝尔的《D 大调卡农》吗？两者都有共同的音乐节奏（就是在 D 附近的常见频率）。

只基于特定频带就推荐播放列表，这样能有效（可行）吗？当然，频率本身并不足以完全描述一首歌。那节奏、音色或旋律如何？这个模型是否足够完备到能精确地表现出音乐多样性和范围的所有细微差别？可能不是，但是出于数据科学的目的，无论如何这个模型都是值得研究的！

8.3 构建歌曲分析器

然而，在深入研究推荐系统本身前，读者可能已经注意到了我们能从信号数据中提取出重要的属性。自从在固定的时间间隔内生成音频特征，我们可以比较音频特征，寻找潜在的复制品。例如，给定一首随机歌曲，基于以前索引的特征，我们应该能够猜出标题。事实上，许多公司在提供音乐识别服务时就是采取这种方法。更进一步，我们就可以潜在地洞察乐队的音乐影响力。再进一步，甚至能识别乐曲是否抄袭，一劳永逸地解决 *Stairway to Heaven* 引发的 Led Zeppelin 与美国摇滚乐队 Spirit 之间的争议。

考虑到这一点，我们将绕过推荐系统的用例，继续对歌曲识别做进一步研究。接下来，我们建立一个分析系统，它能够匿名接收歌曲，分析歌曲的流，并返回歌曲的标题（在示例中为原文件名）。

推销数据科学和推销纸杯蛋糕是一样的

遗憾的是，在数据科学领域，有一个经常被忽视的方面就是数据可视化。换句话说，如何将你的结果反馈给用户。尽管许多科学家都满足于在 Excel 电子表格中展示他们的发现，但今天的用户热衷于更丰富、更真实的体验。他们经常想四处浏览，与数据互动。确实，为用户提供一个完整的、端到端的用户体验，即使只是一个简单的用户体验，也是激发人们对你的科学感兴趣的一个好方法，例如把一个简单的概念证明转化成一个人们更容易理解的原型。由于 Web 2.0 技术的普及，用户的期望变得很高。但值得庆幸的是，有各种各样的免费开源产品能帮上忙，例如，Mike Bostock 的 D3.js 就是一个流行的框架，提供了用于创建用户界面的工具包。

在没有丰富的数据可视化的情况下推销数据科学，就像是在不加糖霜的情况下出售蛋糕，没有人会相信这样的成品。因此，我们将为分析系统构建一个用户界面。但是首先，我们要从 Spark 中获取音频数据（散列值当前还存储在内存的 RDD 中），并将其送入大规模网络数据存储中。

1. 使用 Cassandra

我们需要一个快速、高效和分布式的键值存储来保存所有的散列值。虽然许多数据库都能满足这个需求，但我们选择 Cassandra，以便展示它与 Spark 的整合能力。首先，使用 Maven 依赖项导入 Cassandra 的输入/输出格式：

```
<dependency>
  <groupId>com.datastax.spark</groupId>
  <artifactId>spark-cassandra-connector_2.11</artifactId>
  <version>2.0.0</version>
</dependency>
```

如你所料，把 RDD 从 Spark 持久化（以及检索）到 Cassandra 里并非难事：

```
import com.datastax.spark.connector._

 val keyspace = "gzet"
```

```
  val table = "hashes"

  // 持久化 RDD
  hashRDD.saveAsCassandraTable(keyspace, table)

  // 检索 RDD
  val retrievedRDD = sc.cassandraTable[HashSongsPair](
    keyspace,
    table
)
```

这将在键空间 gzet 上创建一个新的 hashes 表，并从 HashSongsPair 对象中推出模式。下面是执行的等效 SQL 语句（此处仅供参考）：

```
CREATE TABLE gzet.hashes (
  id text PRIMARY KEY,
  songs list<bigint>
)
```

2. 使用 Play 框架

由于 Web UI 将面对复杂的处理过程，并需要将歌曲转换为频率散列，所以我们希望它是一个交互式 Web 应用程序，而不是一组简单的静态 HTML 页面。此外，这必须以完全相同的方式、使用相同的函数完成，就和我们在 Spark 中的操作一样（也就是说，同一首歌应该产生相同的散列）。Play 框架能帮我们完成这些功能，Twitter 的 Bootstrap 则提供了更专业的外观和体验，就像将糖霜置于蛋糕面上。

虽然本书的内容不是关于构建用户界面的，但我们将介绍一些与 Play 框架相关的概念，如果使用得当，它可以为数据科学家带来很大的价值。完整代码存放在我们的 GitHub 存储库中。

首先，我们创建一个数据访问层，用于处理与 Cassandra 的连接和查询。对于任何给定的散列值，我们返回匹配的歌曲 ID 的列表。类似地，对于任何给定 ID，返回的是歌曲名称：

```
val cluster = Cluster
  .builder()
  .addContactPoint(cassandraHost)
  .withPort(cassandraPort)
  .build()
val session = cluster.connect()

 def findSongsByHash(hash: String): List[Long] = {
   val stmt = s"SELECT songs FROM hashes WHERE id = '$hash';"
   val results = session.execute(stmt)
   results flatMap { row =>
```

```
        row.getList("songs", classOf[Long])
      }
      .toList
  }
```

接下来，我们创建一个简单的视图，由 3 个对象组成：text 字段、文件上传组件 Upload、submit 按钮。以下几行代码就构建了用户界面：

```
<div>
   <input type="text" class="form-control">
   <span class="input-group-btn">
     <button class="btn-primary">Upload</button>
     <button class="btn-success">Analyze</button>
   </span>
</div>
```

然后，我们创建一个控制器，通过 index 和 submit 方法分别来处理 GET 和 POST 两种 HTTP 请求。Submit 方法将处理上传的文件，把 FileInputStream 转换为 Audio 样本类，并将其拆分为 20ms 的块，提取出 FFT 特征（散列），再向 Cassandra 查询匹配的 ID：

```
def index = Action { implicit request =>
   Ok(views.html.analyze("Select a wav file to analyze"))
}

def submit = Action(parse.multipartFormData) { request =>
  request.body.file("song").map { upload =>
    val file = new File(s"/tmp/${UUID.randomUUID()}")
    upload.ref.moveTo(file)
    val song = process(file)
    if(song.isEmpty) {
      Redirect(routes.Analyze.index())
        .flashing("warning" -> s"No match")
    } else {
      Redirect(routes.Analyze.index())
        .flashing("success" -> song.get)
    }
  }.getOrElse {
    Redirect(routes.Analyze.index())
      .flashing("error" -> "Missing file")
    }
}

def process(file: File): Option[String] = {
  val is = new FileInputStream(file)
```

```
    val audio = Audio.processSong(is)
    val potentialMatches = audio.sampleByTime().map {a =>
      queryCassandra(a.hash)
    }
    bestMatch(potentialMatches)
  }
```

最后，我们通过一条闪烁的消息返回匹配的结果（如果有的话），为 Analyze 服务定义一个新的路由，将视图和控制器链接起来，代码如下：

```
GET     /analyze    controllers.Analyze.index
POST    /analyze    controllers.Analyze.submit
```

图 8-5 展示了歌曲分析的 UI 界面，它和我们的音乐库完美配合。

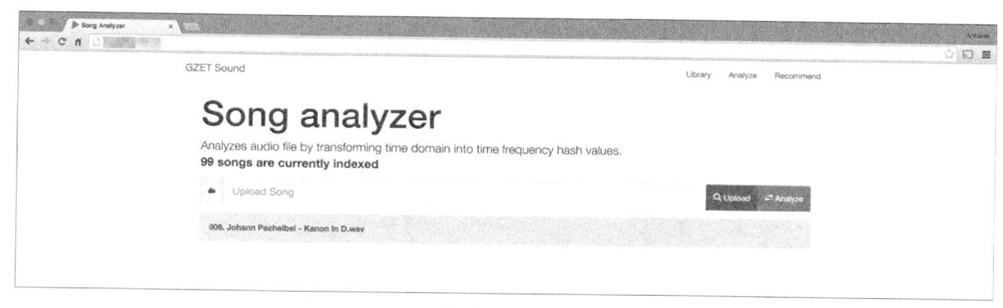

图 8-5 歌曲分析的 UI 界面

图 8-6 展示了歌曲分析的处理过程。

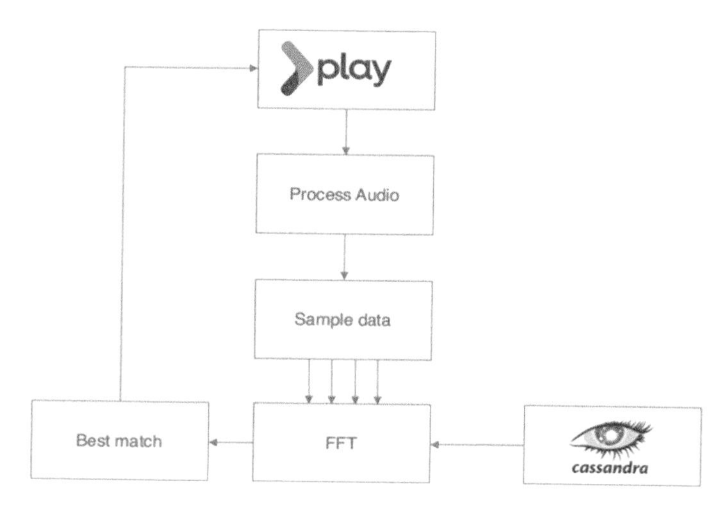

图 8-6 歌曲分析的处理过程

如前所述，Play 框架与离线 Spark 作业共享一些代码。之所以能够做到这一点，是因为我们采用的是函数式编程，并应用了良好的关注分离。Play 框架并不能直接与 Spark 一起工作（在 RDD 和 Spark 的 `context` 对象方面），因为它们不依赖于 Spark，但我们可以使用前面创建的任何函数（如 `Audio` 类中的函数）。这是函数式编程的诸多优点之一，根据定义，函数是无状态的，并代表了采用六角架构的关键组成部分。独立的函数总是可以被不同的参与者调用，无论是在 RDD 内部还是在 Play 控制器内。

8.4 构建一个推荐系统

我们已经探索了歌曲分析器，现在回到正轨，继续构建推荐系统。如前面所讨论的，我们想基于从音频信号中提取到的频率散列值来推荐歌曲。以 Led Zeppelin 与 Spirit 之间的矛盾为例，我们本来希望这两首歌彼此很相近，据说他们分享了一段旋律。以这个想法为主要假设，我们可能会把 *Taurus* 推荐给对 *Stairway to Heaven* 有兴趣的人。

8.4.1 PageRank 算法

我们将推荐播放列表，而不是推荐特定歌曲。播放列表将包括所有的按相关度评级排序（按相关性从最高到最低）的歌曲。我们假定人们听音乐的方式和他们在 Web 上浏览文章的方式相似，即遵循从链接到链接的逻辑路径，只偶尔切换方向，或跳转去浏览一个完全不同的网站。继续类比，听音乐时，一个人可以继续听类似风格的音乐（因此遵循他们最期待的旅程），或者跳到一首完全不同体裁的随机歌曲。事实证明，这正是谷歌采用 PageRank 算法通过流行度对网站进行排名的方法。

网站的流行度是由它指向的链接的数量来衡量的（还有被引用）。在我们的音乐用例中，流行度是由对给定的歌曲与所有邻居共享的数量进行散列而建立的。为了替代流行度，我们要引入歌曲共同性的概念。

1. 构建频率共现图谱

我们首先从 Cassandra 中读取散列值，重新建立每个不同的散列值的歌曲 ID 列表。一旦完成，我们就可以用简单的 `reduceByKey` 函数来计算每首歌的散列值数目，因为音频库相对较小，我们将其收集并广播给 Spark 执行器，代码如下：

```
val hashSongsRDD = sc.cassandraTable[HashSongsPair]("gzet", "hashes")

val songHashRDD = hashSongsRDD flatMap { hash =>
```

```
        hash.songs map { song =>
          ((hash, song), 1)
        }
    }

    val songTfRDD = songHashRDD map { case ((hash,songId),count) =>
        (songId, count)
      } reduceByKey(_+_)

    val songTf = sc.broadcast(songTfRDD.collectAsMap())
```

接下来，我们收集每首歌所共享的相同散列值的交叉乘积，构建一个共现矩阵，并计算相同元组的频次。最后，我们将歌曲 ID 封装，在来自 GraphX 的 Edge 类中，对频率计数进行归一化（用我们刚才广播的频率条目），代码如下：

```
implicit class Crossable[X](xs: Traversable[X]) {
      def cross[Y](ys: Traversable[Y]) = for { x <- xs; y <- ys } yield (x,y)

val crossSongRDD = songHashRDD.keys
    .groupByKey()
    .values
    .flatMap { songIds =>
        songIds cross songIds filter { case (from, to) =>
           from != to
      }.map(_ -> 1)
    }.reduceByKey(_+_)
    .map { case ((from, to), count) =>
      val weight = count.toDouble /
                   songTfB.value.getOrElse(from, 1)
      Edge(from, to, weight)
    }.filter { edge =>
     edge.attr > minSimilarityB.value
  }

val graph = Graph.fromEdges(crossSongRDD, 0L)
```

为了建立散列频率图谱，我们只保留那些权重（意味着散列共现）大于预定义阈值的边。

2. 运行 PageRank

与运行 PageRank 时的预期相反，我们的图是无向图。事实证明，对于推荐系统来说，没有方向并不重要，因为我们只是试图找到 Led Zeppelin 和 Spirit 之间的相似性。引入方向的一种可能的目的是查看歌曲的出版日期。为了探明音乐的影响力，我们当然可以引入从最旧到最新的年表，这样就能给边赋予方向。

在下面的 PageRank 中，我们定义了 15%的跳过概率，或者说是跳转的概率，跳转到任何随机的歌曲，这显然可以适应不同的需求：

```
val prGraph = graph.pageRank(0.001, 0.15)
```

最后，我们提取页面排序的顶点，并通过 song 样本类中的 RDD 将其保存为 Cassandra 中的播放列表：

```
case class Song(id: Long, name: String, commonality: Double)
val vertices = prGraph
  .vertices
  .mapPartitions { vertices =>
    val songIds = songIdsB
   .value
   .vertices
   .map { case (songId, pr) =>
        val songName = songIds.get(vId).get
         Song(songId, songName, pr)
    }
}

vertices.saveAsCassandraTable("gzet", "playlist")
```

读者可能在思考 PageRank 在这里的确切目的，以及它是如何实现推荐功能的。事实上，我们对 PageRank 的应用意味着排名最高的是与其他歌曲共享大量频率的那些歌曲。这可能是由于通用的编排、音调的主题或旋律；或者可能是因为某个特定的艺术家对音乐潮流具有重大影响。然而，至少在理论上，这些歌曲应该是更受欢迎的（由于它们发生的次数更多）的，这意味着它们更可能有着很大的吸引力。

在频谱的另一端，评分较低的是那些找不到与已知的任何歌曲存在相似性的歌曲。这些歌要么是太前卫，以前没有人探索过这些音乐理念，要么是太糟糕以至于没人想要复制它们！也许它们是由你在叛逆的少年岁月里倾听的那位还在成长道路上的艺术家谱成的。无论哪种，一个随机用户喜欢这些歌曲的机会可忽略不计。令人惊讶的是，不知是否是纯粹的巧合，还是我们的假设确实真的有意义，在这个特定的歌曲库里排名最低的歌曲是 Daft Punk 乐队的 *Motherboard*，它有一个相当原始的标题（虽然挺精彩的），同时有着绝对独特的声音。

8.4.2 构建个性化的播放列表

我们刚刚看到，一个简单的 PageRank 就能帮我们创建一个通用的播放列表。虽然不是针对任何人，但它可以为随机用户提供播放列表。这是我们在没有任何关于用户偏好信息的情况下，所能提供的最好的推荐。对用户的了解越多，就越能个性化定制出他们真正喜欢的播放列表。要做到这一点，我们可能要采用基于内容的推荐方法。

如果没有关于用户偏好的最新信息，则在用户播放歌曲时，我们可以寻求收集自己需要的信息，由此个性化地定制运行时的播放列表。要做到这一点，我们将假设用户正在欣赏他们以前听过的歌曲。我们还需要禁止跳转功能，并从某个特殊的歌曲 ID 生成新的播放列表。

PageRank 和个性化 PageRank 计算得分的方式完全相同（使用输入/输出边的权重），但个性化版本只允许用户跳转到所提供的 ID。只要对代码做一点简单修改，我们就能够使用特定社区 ID（参阅第 7 章中关于“社区”的定义）对 PageRank 进行个性化，或使用某种音乐属性，如歌手或风格。给定之前的图表，个性化的页面排名实现代码如下：

```
val graph = Graph.fromEdges(edgeRDD, 0L)
val prGraph = graph.personalizedPageRank(id, 0.001, 0.1)
```

在这里，跳转到随机歌曲的机会是零。不过仍然有 10%的机会跳转，但只能限定在提供的歌曲 ID 的极小容差范围中。换句话说，不管现在听的是什么歌，我们在根本上定义了 10%的机会来播放作为种子提供的歌曲。

8.5 扩大“蛋糕厂”规模

类似于前面的歌曲分析器原型，为了将建议的播放列表提供给想象中的用户，我们还要呈现一个美观、整洁的用户界面。

8.5.1 构建播放列表服务

我们的技术栈保持不变，仍然使用 Play 框架，这次我们只要简单地创建一个新的终端（新的路由），代码如下：

```
GET /playlist  controllers.Playlist.index
```

和之前一样，我们创建一个额外的控制器来处理简单的 GET 请求（当用户加载播放列表网页时触发）。我们将存储在 Cassandra 里的一般播放列表加载出来，将所有歌曲封装在 `Playlist` 样本类中，并将其发送到 `playlist.scala.html` 视图。控制器模型的代码如下：

```
def getSongs: List[Song] = {
   val s = "SELECT id, name, commonality FROM gzet.playlist;"
   val results = session.execute(s)
   results map { row =>
     val id = row.getLong("id")
     val name = row.getString("name")
     val popularity = row.getDouble("commonality")
     Song(id, name, popularity)
   } toList
}
def index = Action { implicit request =>
  val playlist = models.Playlist(getSongs)
  Ok(views.html.playlist(playlist))
}
```

当我们遍历所有要显示的歌曲时，视图仍然相当简单，歌曲按共同性排序（从最常见的到最不常见的）：

```
@(playlist: Playlist)

@displaySongs(playlist: Playlist) = {
   @for(node <- playlist.songs.sortBy(_.commonality).reverse) {
     <a href="/playlist/@node.id" class="list-group-item">
       <iclass="glyphiconglyphicon-play"></i>
       <span class="badge">
         @node.commonality
       </span>
       @node.name
       </a>
    }
}

@main("playlist") {
  <div class="row">
    <div class="list-group">
      @displaySongs(playlist)
    </div>
  </div>
}
```

注意每个 list 项中的 href 属性，每次用户从列表中点击一首歌的时候，我们会为播放列表/ID 终端生成一个新的 REST 调用（后面章节中将做介绍）。

最后，我们很高兴公开展示推荐的（通用）播放列表，如图 8-7 所示。由于一些不明的原因，一个古典音乐的初学者显然应该从聆听古斯塔夫·马勒（Gustav Mahler）的《第五交响曲》开始。

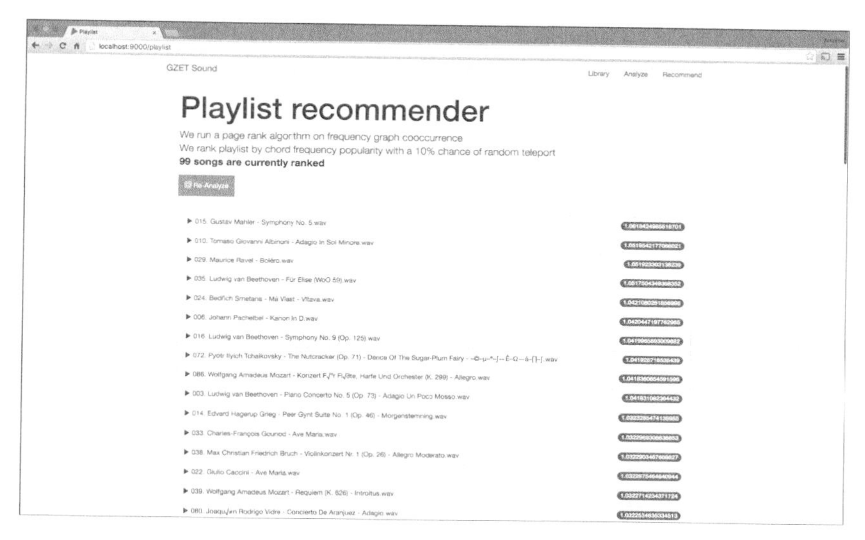

图 8-7 推荐的播放列表

8.5.2 应用 Spark 任务服务器

现在又迎来了一个有趣的挑战。尽管我们通用的歌曲列表和 PageRank 得分都存储在 Cassandra 上，但是这对于个性化播放列表却是不可行的，因为它需要预先计算所有可能的歌曲 ID 的所有 PageRank 得分。当我们要在伪实时条件下构建个性化播放列表，并可能会定期加载新歌时，我们需要找到一种更好的方式，而不是为每个请求启动 `SparkContext`。

第 1 个挑战是 PageRank 函数本质上是一个分布式过程，不能在 Spark 的场景之外使用（也就是说，在 Play 框架的 JVM 里面）。我们明白，在每个 HTTP 请求上创建一个新的 Spark 作业肯定会有点麻烦，所以我们希望只启动一个 Spark 作业，只在需要时处理新的图谱，最好是通过简单的 REST API 调用。

第 2 个挑战是，我们不想从 Cassandra 上重复加载相同的图谱数据集。应该只将其加载一次并缓存到 Spark 的内存中，在不同的任务间共享。在 Spark 的术语中，这要求 RDD 可以在共享的场景中被操作。

幸而，这两点都能用 Spark 作业服务器来解决。虽然这个项目目前还相当不成熟（或者至少还没有完全适合生产），但很有可能成为用于展示数据科学的完美可行的解决方案。

基于本书的目标，我们使用本地配置来编译和部署 Spark 作业服务器。我们强烈建议读者浏览作业服务器的网站，对有关打包和部署等内容进行更深入地研究。一旦服务器启动，我们需要创建一个新的场景（意味着启动一个新的 Spark 作业），用于处理连接到 Cassandra 的附加配置设置。我们给这个场景命名，以便后面使用它：

```
curl -XPOST 'localhost:8090/contexts/gzet?\
  num-cpu-cores=4&\
  memory-per-node=4g&\
  spark.executor.instances=2&\
  spark.driver.memory=2g&\
  passthrough.spark.cassandra.connection.host=127.0.0.1&\
  passthrough.spark.cassandra.connection.port=9042'
```

接下来的步骤是修改代码以便与 Spark 作业服务器保持一致，我们需要以下的依赖项：

```
<dependency>
   <groupId>spark.jobserver</groupId>
   <artifactId>job-server-api_2.11</artifactId>
   <version>spark-2.0-preview</version>
</dependency>
```

我们使用作业服务器的 `SparkJob` 接口的签名来修改 Spark 作业。以下是所有 Spark 作业服务器作业的要求：

```
object PlaylistBuilder extends SparkJob {

  override def runJob(
    sc: SparkContext,
    jobConfig: Config
   ): Any = ???

   override def validate(
     sc: SparkContext,
     config: Config
   ): SparkJobValidation = ???
}
```

在 validate 方法中，我们得保证作业的所有要求都会得到满足（如该作业所需的输入配置）。在 runJob 中，我们就像以往一样执行正常的 Spark 逻辑。最后还有一个变化，我们仍然把通用播放列表存储在 Cassandra 中，但是将顶点和边的 RDD 缓存在 Spark 共享内存中，在这里它们能被适配以用于以后的作业。这一点可以通过 NamedRddSupport 特性来实现。

我们只需要保存边和顶点的 RDD（注意，仍不支持保存一个 Graph 对象），这样才能在后续作业中继续访问图谱：

```
this.namedRdds.update("rdd:edges", edgeRDD)
this.namedRdds.update("rdd:nodes", nodeRDD)
```

在个性化的 Playlist 作业中，我们按如下代码检索和处理 RDD：

```
val edgeRDD = this.namedRdds.get[Edge]("rdd:edges").get
val nodeRDD = this.namedRdds.get[Node]("rdd:nodes").get

val graph = Graph.fromEdges(edgeRDD, 0L)
```

然后我们执行个性化的 PageRank，但不将结果保存到 Cassandra，而只简单将前 50 首歌曲收集起来。部署后，在 Spark 作业服务器的“魔力”下，这个操作将该列表隐式地输出：

```
val prGraph = graph.personalizedPageRank(id, 0.001, 0.1)

prGraph
 .vertices
 .map { case(vId, pr) =>
   List(vId, songIds.value.get(vId).get, pr).mkString(",")
 }
.take(50)
```

编译我们的代码，并把 JAR 文件发布到作业服务器，并给它一个应用程序名称，代码如下：

```
curl --data-binary @recommender-core-1.0.jar \
 'localhost:8090/jars/gzet'
```

现在，部署推荐系统的准备工作基本已经完成了，来回顾一下要演示的内容。我们将马上执行以下两个不同的用户流。

- 当用户登录推荐页面时，我们在 Cassandra 上检索最新的通用播放列表。或者，如果需要，可以启动一个新的异步作业去创建一个新的列表。这将在 Spark 场景中加载所需的 RDD。

- 当用户从我们推荐的项目中选择播放新歌时，我们转发一个同步调用给 Spark 作业服务器，基于这首歌的 ID 构建下一个播放列表。

通用 PageRank 播放列表的工作流程如图 8-8 所示。

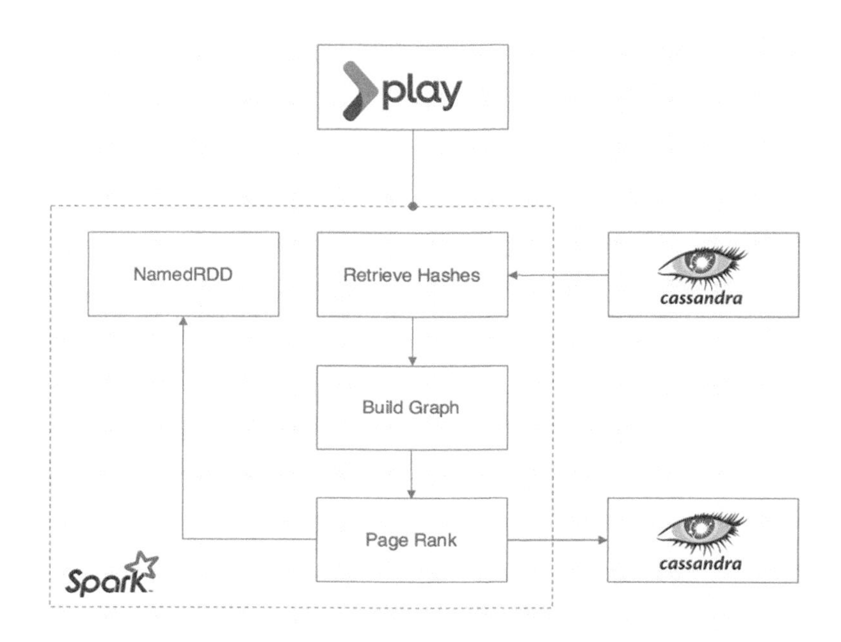

图 8-8　通用 PageRank 播放列表的工作流程

个性化 PageRank 播放列表的工作流程如图 8-9 所示。

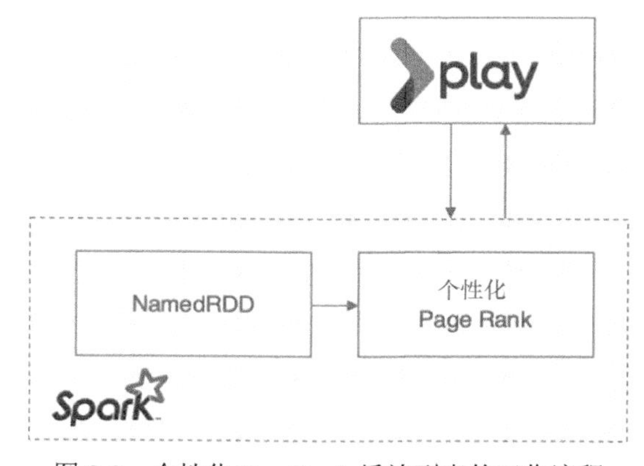

图 8-9　个性化 PageRank 播放列表的工作流程

8.5.3 用户界面

最后一个难题是如何从 Play 框架的服务层向 Spark 作业服务器发出一个调用。不过通过 `java.net` 包的编程方式就能完成这个功能，其实它是一个 REST API，等价于 `curl` 请求，代码如下：

```
# Asynchronous Playlist Builder
curl -XPOST 'localhost:8090/jobs?\
 context=gzet&\
 appName=gzet&\
 classPath=io.gzet.recommender.PlaylistBuilder'

# Synchronous Personalized Playlist for song 12
curl -XPOST -d "song.id=12" 'localhost:8090/jobs?\
 context=gzet&\
 appName=gzet&\
 sync=true&\
 timeout=60000&\
 classPath=io.gzet.recommender.PersonalizedPlaylistBuilder'
```

最初，在构建 HTML 代码的时候，我们引入了一个 URL，或者说是 `href`，它指向 `/playlist/${id}`。这个 REST 调用将被转换为 GET 请求，发给 `Playlist` 控制器，并绑定到 `personalize` 函数，代码如下：

```
GET /playlist/:id controllers.Playlist.personalize(id: Long)
```

第 1 次对 Spark 作业服务器的调用将同步地启动一个新的 Spark 作业，从作业输出中读取返回的结果，并将更新后的播放列表重新定向到同一页的视图中，这次操作是基于这首歌曲的 ID：

```
def personalize(id: Long) = Action { implicit request =>
   val name = cassandra.getSongName(id)
   try {
     val nodes = sparkServer.generatePlaylist(id)
     val playlist = models.Playlist(nodes, name)
     Ok(views.html.playlist(playlist))
   } catch {
     case e: Exception =>
       Redirect(routes.Playlist.index())
         .flashing("error" -> e.getMessage)
   }
}
```

得到的 UI 如图 8-10 所示。无论何时，用户一旦播放一首歌曲，播放列表将被更新和重新显示，像一个全面的排名推荐系统。

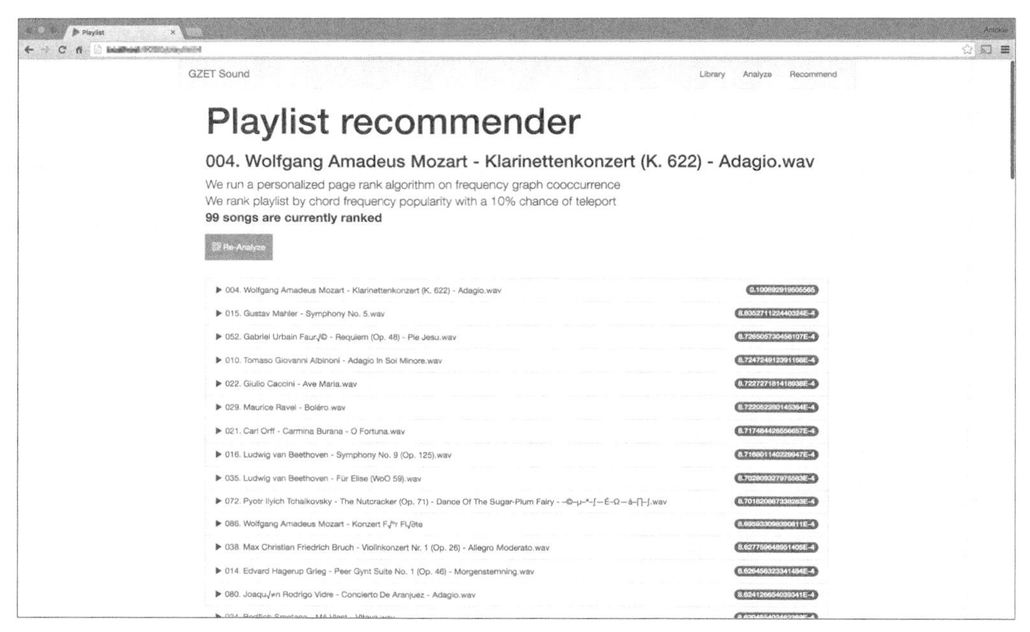

图 8-10　个性化播放列表推荐界面

8.6　小结

虽然我们的推荐系统可能没有采取典型的教科书方法，也未必是最准确的推荐器，但它确实代表了一种完全可证明的、非常有趣的方法，并且也是现代数据科学中最常见的技术之一。此外，使用持久性的数据存储、REST API、分布式共享内存缓存以及基于现代 Web 2.0 的用户界面，它提供了一个相当完备和完整的候选方案。

当然，要把这个原型打磨成生产级的产品仍然需要更多的努力。在信号处理领域仍有待改进。例如，通过使用响度滤波器、提取音调和旋律可以改善声压和降低信号噪声，或者最重要的是，将立体声转换为单声道信号。

这些处理过程实际上是一个活跃的研究领域的一部分。

此外，我们还咨询了如何通过简单（交互式）用户界面来提升数据科学演示的效果。如前文所述，这是一个经常被忽视的方面，但却是演示的关键。即使是在项目的早期阶段，也值得在数据可视化上投入足够的时间，因为它在说服商务人士认可产品的可行性时特别有用。

最后一个想法，作为干货满满的一章，我们在 Spark 环境中探索了一些创新方法来解决数据用例。通过平衡数学和计算机科学之间的技能，数据科学家应该自由探索、发挥创造力、反推出可行的边界、做人们所说的不可能的事情，但最重要的是享受数据带来的乐趣。这就是数据科学家被认为是 21 世纪最有魅力职业的主要原因。

本章是一段关于音乐的插曲。在第 9 章中，我们将通过使用 Twitter 数据 Bootstrapping 分类模型来对 GDELT 文章进行分类，这是另一项雄心勃勃的任务。

第 9 章 新闻词典和实时标记系统

虽然分层数据仓库将数据存储在文件夹的文件中，但典型的基于 Hadoop 的系统依赖扁平架构来存储数据。如果没有适当的数据治理或对数据全部内容的清晰理解，那数据湖就将不可避免地变成沼泽，在沼泽中，像 GDELT 这样的有趣数据集只不过是一个包含大量非结构化文本文件的文件夹。因此，数据分类可能是大型组织中使用最广泛的机器学习技术之一，因为它允许用户正确分类和标记他们的数据，将这些类别作为其元数据解决方案的一部分发布，从而以最有效的方式访问特定信息。如果没有预先执行适当的标记机制，理论上在摄取时，查找有关特定主题的所有新闻文章将需要解析整个数据集以查找特定关键字。在本章中，我们将描述一种创新的方式，它使用 Spark Streaming 和 1%Twitter firehost 以非监督的方式近实时地标记传入的 GDELT 数据。

在这一章中，我们将探讨以下主题。

- 使用 Stack Exchange 数据引导朴素贝叶斯分类器。
- 用于实时流应用的 Lambda 与 Kappa 架构。
- Spark Streaming 应用中的 Kafka 和 Twitter4J。
- 部署模型时的线程安全性。
- 使用 Elasticsearch 作为缓存层。

9.1 土耳其机器人

数据分类是一种监督学习技术，这意味着你只能预测从训练数据集中学习的标签和类别。因为训练数据集必须被恰当地标记，这将成为我们本章中讨论的主要挑战。

9.1.1 人类智能任务

在新闻文章的背景下，数据都没有得到适当的标记。严格来说，我们无法从中学到任何东西。数据科学家的常识是开始手工标记一些输入记录，这些记录将用作训练数据集。但是，类的数量可能相对较大，至少在我们的案例中可能有数百个标签，标记的数据量（数千篇文章）可能很大，需要付出巨大的努力。第一个解决方案是将这项繁重的任务外包给一个“土耳其机器人”（Mechanical Turk）[①]，这个术语被用来描述历史上最著名的恶作剧之一。在这个恶作剧中，一个“自动化”象棋选手愚弄了当时的很多名人。这通常描述了一个看上去由计算机完成的过程，但实际上它是由一个隐藏的人完成的，因此是一个人类智能任务。

对于读者来说，亚马逊已经实施了土耳其机器人计划，在那里，个人可以注册来执行人类智能任务，例如标记输入数据或检测文本内容情感。假设你可以将此内部（以及可能保密的）数据集共享给第三方，那么将此任务众包可能是一种可行的解决方案。本书介绍的另一种解决方案是使用预先存在的标记数据集来引导分类模型。

9.1.2 引导分类模型

通常从词条频率向量中学习文本分类算法，一种可能的方法是使用具有类似上下文的外部资源来训练模型。例如，可以使用从 Stack Overflow 网站的完整转储中学习到的类别对未标记的 IT 相关内容进行分类。由于 Stack Exchange 不仅为 IT 专业人员服务，因此人们可以在许多不同的上下文中找到各种数据集，这些数据集可以服务于多种目的。

1. 从 Stack Exchange 学习

在这里将演示如何使用 Stack Exchange 网站上的家庭酿造相关数据集来引导一个简单的朴素贝叶斯分类模型：

```
$ wget https://archive.org/download/stackexchange/beer.stackexchange.com.7z
$ 7z e beer.stackexchange.com.7z
```

我们创建了一些方法，从所有 XML 文档中提取正文和标签，从 HTML 编码正文中提取“干净”的文本内容（使用第 6 章介绍的 Goose scraper），最后将 XML 文档的 RDD 转换为 Spark DataFrame。这里没有说明不同的方法，但可以在我们的代码库中找到它们。需要注意

① 注：“土耳其机器人”是由沃尔夫冈·冯·坎佩伦（Wolfgang von Kempelen）在 1770 年发明的自动下棋机，它击败了很多优秀的棋手，但这个机器人并不“智能”，而是依靠藏在其内部的人来完成工作。

的是，Goose scraper 可以通过提供 HTML 内容（作为字符串）和虚拟 URL 来脱机使用。

我们为读者提供了一种方便的解析方法，可用于预处理来自 Stack Exchange 网站的任何 `Post.xml` 数据。此函数是代码库中可用的 `StackBootstraping` 代码的一部分：

```
import io.gzet.tagging.stackoverflow.StackBootstraping

val spark = SparkSession.builder()
  .appName("StackExchange")
  .getOrCreate()

val sc = spark.sparkContext
val rdd = sc.textFile("/path/to/posts.xml")
val brewing = StackBootstraping.parse(rdd)

brewing.show(5)

+--------------------+--------------------+
|                body|                tags|
+--------------------+--------------------+
|I was offered a b...|              [hops]|
|As far as we know...|           [history]|
|How is low/no alc...|           [brewing]|
|In general, what'...|[serving, tempera...|
|Currently I am st...|[pilsener, storage]|
+--------------------+--------------------+
```

2. 构建文本特征

正确标记我们的内容之后，剩下的过程就是 Bootstrap 算法本身。为此，我们使用一种简单的朴素贝叶斯分类算法来确定给定项目特征的标签的条件概率。首先收集所有不同的标签，分配一个唯一的标识符（保存为 `Double` 类型），并将标签字典广播给 Spark 执行器：

```
val labelMap = brewing
  .select("tags")
  .withColumn("tag", explode(brewing("tags")))
  .select("tag")
  .distinct()
  .rdd
  .map(_.getString(0)).zipWithIndex()
  .mapValues(_.toDouble + 1.0d)
labelMap.take(5).foreach(println)

/*
(imperal-stout,1.0)
```

```
(malt,2.0)
(lent,3.0)
(production,4.0)
(local,5.0)
*/
```

如前文所述，请确保已将 Spark 变换中使用的大型集合广播到所有 Spark 执行器，这会降低与网络传输相关的成本。

`LabeledPoint` 由标签（保存为 `Double` 类型）和特征（保存为 `Vector` 类型）组成。从文本内容中构建特征的常见做法是构建词条频率向量，其中所有文档中的每个单词对应一个特定维度。由于大约有几十万个维度（英语单词的估计数量是 1 025 109 个），这种高维空间对大多数机器学习算法来说效率特别低。事实上，当朴素贝叶斯乘以概率（小于 1）时，由于机器精度问题，存在结果趋近 0 的风险。数据科学家利用降维原理克服了这一限制，将稀疏向量投射到更密集的空间，同时保留了距离度量（降维原理将在第 10 章中介绍）。虽然可以找到许多算法和技术来实现这个目的，不过我们使用的是 Spark 提供的散列实用程序。

在向量大小为 n（默认值为 2^{20}）的情况下，其 `transform` 方法根据散列值将 n 个不同存储桶中的所有单词分组，并对存储桶频率求和以构建更密集的向量。

在降维（这可能是一项昂贵的操作）之前，通过词干提取和清理文本内容可以大大减小向量大小。在这里使用的是 Apache Lucene 分析器：

```
<dependency>
   <groupId>org.apache.lucene</groupId>
   <artifactId>lucene-analyzers-common</artifactId>
   <version>4.10.1</version>
</dependency>
```

删除所有标点符号和数字，并将纯文本对象提供给 Lucene 分析器，将每个清理后的单词收集为 `CharTermAttribute`：

```
def stem(rdd: RDD[(String, Array[String])]) = {

val replacePunc = """\\W""".r
val replaceDigitOnly = """\\s\\d+\\s""".r

rdd mapPartitions { it =>
```

```
    val analyzer = new EnglishAnalyzer
    it map { case (body, tags) =>
      val content1 = replacePunc.replaceAllIn(body, " ")
      val content = replaceDigitOnly.replaceAllIn(content1, " ")
      val tReader = new StringReader(content)
      val tStream = analyzer.tokenStream("contents", tReader)
      val term = tStream.addAttribute(classOf[CharTermAttribute])
       tStream.reset()
      val terms = collection.mutable.MutableList[String]()
      while (tStream.incrementToken) {
        val clean = term.toString
        if (!clean.matches(".*\\d.*") && clean.length > 3) {
           terms += clean
        }
      }
      tStream.close()
      (terms.toArray, tags)
      }
  }
```

通过这种方法，将文本“Mastering Spark for Data Science - V1”转换为“master spark data science”，从而减少了输入向量中的单词数量（因此维度降低）。最后，使用 MLlib 的 `normalizer` 类对词条频率向量进行标准化：

```
val hashingTf = new HashingTF()
val normalizer = new Normalizer()

val labeledCorpus = stem(df map { row =>
  val body = row.getString(0)
  val tags = row.getAs[mutable.WrappedArray[String]](1)
  (body, tags)
})

val labeledPoints = labeledCorpus flatMap { case (corpus, tags) =>
  val vector = hashingTf.transform(corpus)
  val normVector = normalizer.transform(vector)
  tags map { tag =>
    val label = bLabelMap.value.getOrElse(tag, 0.0d)
    LabeledPoint(label, normVector)
  }
}
```

散列函数可能会因冲突而导致严重的高估（完全不同含义的两个单词可能共享相同的散列值）。我们将在第 10 章中讨论随机索引技术，以便在保留距离度量的同时限制冲突的数量。

3. 训练朴素贝叶斯模型

按照如下方式训练朴素贝叶斯模型，并使用未包含在训练数据点中的测试数据集来测试我们的分类器。以下示例最终显示了前 5 个预测。左侧的标签是我们测试内容的原始标签，右侧是朴素贝叶斯分类的结果。ipa 被预测为 hangover，可以确定地验证我们分类算法的准确性：

```
labeledPoints.cache()
val model: NaiveBayesModel = NaiveBayes.train(labeledPoints)
labeledPoints.unpersist(blocking = false)

model
  .predict(testPoints)
  .map { prediction =>
     bLabelMap.value.map(_.swap).get(prediction).get
   }
  .zip(testLabels)
  .toDF("predicted","original")
  .show(5)

+---------+-----------+
| original| predicted|
+---------+-----------+
|  brewing|    brewing|
|      ipa|   hangover|
| hangover|   hangover|
| drinking|   drinking|
| pilsener|   pilsener|
+---------+-----------+
```

方便起见，我们对所有方法进行了抽象，并在稍后将使用的 Classifier 对象中公开了以下方法：

```
def train(rdd: RDD[(String, Array[String])]): ClassifierModel
def predict(rdd: RDD[String]): RDD[String]
```

我们已经演示了如何从外部源导出标记数据，如何构建词条频率向量，以及如何训练简单的朴素贝叶斯分类模型。此处经过的分类工作流如图 9-1 所示，它对大多数分类用例来说是很常见的。

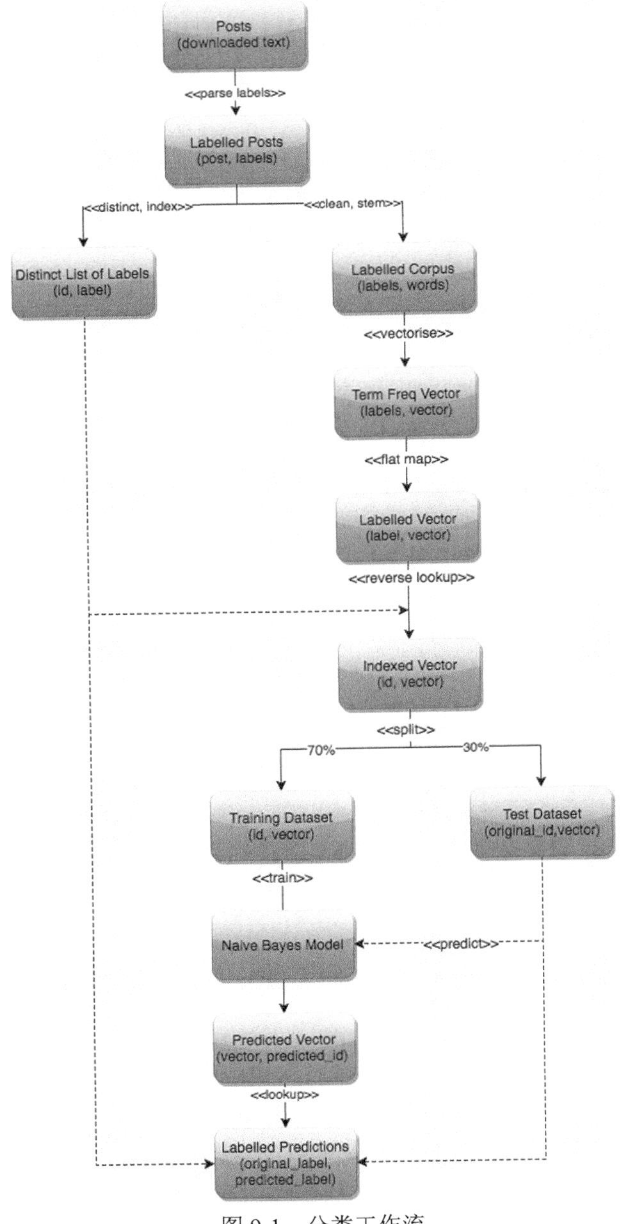

图 9-1　分类工作流

下一步是开始对原始未标记的数据进行分类（假设我们的内容仍与啤酒厂相关）。这就结束了朴素贝叶斯分类的介绍，以及 Bootstarpped 模型如何从外部资源中提取基本事实。这两种技术将在 9.2 节的分类系统中使用。

9.1.3　懒惰、急躁、傲慢

以下是在新闻文章背景下面临的第二个主要挑战。假设某人花了几天时间手动标记数据，这将解决在特定时间点对已知类别的分类问题，并且可能仅在回溯测试数据时才有效。谁知道明天报纸的新闻标题是什么？没有人能够定义所有在不久的将来将要涉及的细粒度标签和主题（尽管更广泛的类别仍然可以被定义）。无论何时出现新的热门话题，都需要付出很多努力来不断重新评估、重新训练和部署我们的模型。讲一个具体的例子，一年前没有人谈论英国脱欧的话题，现在这个话题在新闻文章中却被大量提及。

根据我们的经验，数据科学家应该记住 Perl 编程语言的发明者 Larry Wall 的名言："我们将鼓励你发扬程序员的三大'美德'：懒惰、急躁和傲慢。"

- **懒惰**会让你付出巨大努力来减少整体的精力消耗。
- **急躁**使你编写的程序不仅能满足当下的需求，而且能够预测程序将来要面对的情况。
- **傲慢**使你写出别人无可挑剔的程序。

我们希望避免分类模型的准备和维护相关工作（懒惰）以及以编程方式预测产生新主题（急躁），尽管这听起来似乎是一项"野心勃勃的"任务（如果不是因实现不可能的任务而带来无比骄傲，又何谈傲慢呢？）。社交网络是一个从中提取事实的绝佳场所，人们发布新闻文章时，会无意识地帮助我们标注数据。当有数百万用户为我们工作时，可能就不需要为"土耳其机器人"支付费用了。换句话说，我们将 GDELT 数据的标签众包给了 Twitter 用户。

Twitter 上的任何文章都将帮助我们构建一个词条频率向量，而相关的主题标签将用作正确的标签。有关时任总统奥巴马会见穿着浴袍的乔治王子的消息被归类为#Obama 和#Prince。

在图 9-2 的例子中，我们在《卫报》的一篇新闻文章中通过机器学习得到主题#DavidBowie、#Prince、#GeorgeMichael 和#LeonardCohen，以此向 2016 年音乐界的所有重大事件致敬。

使用这种方法，我们的算法将不断地自动重新评估，从自己的主题中学习，从而以非监督的方式工作（尽管在真正意义上这是一个有监督的学习算法）。

图 9-2 《卫报》的文章截图

9.2 设计 Spark Streaming 应用

在体系结构和组件方面，构建实时应用程序与批处理相当不同。后者可以轻松地自下而上构建，程序员可以在需要时添加功能和组件。而前者通常需要自上而下构建，并具有一个可靠的架构。实际上，由于容量和速度的限制（或流环境中的精确性），不适当的架构将阻止程序员添加新的功能。人们总是需要清楚地了解数据流如何以及在哪里互联、处理、缓存和检索。

9.2.1 两个架构的故事

在使用 Apache Spark 进行流处理之前，应该考虑两种新兴架构：Lambda 架构和 Kappa 架构。在深入研究这两种架构的细节之前，让我们讨论它们试图解决的问题、它们的共同点，以及在什么环境下使用它们。

1. CAP 定理

多年来，致力于高度分布式系统的工程师一直在关注处理网络中断问题。以下是特别受关注的场景，请考虑图 9-3 所示的情况。

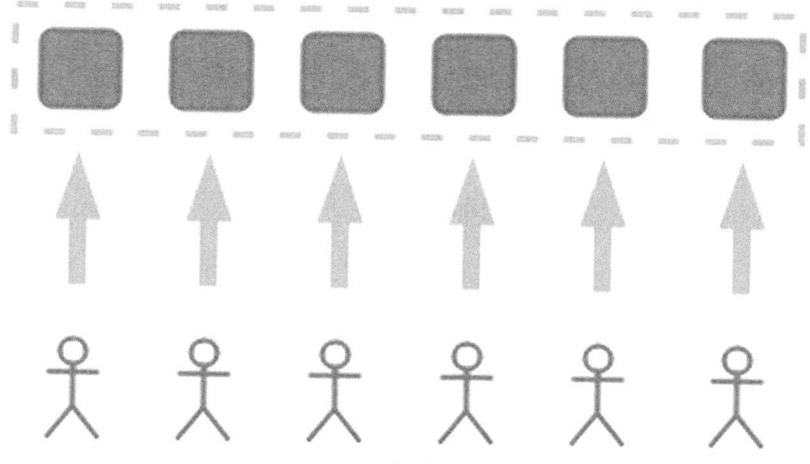

图 9-3 分布式系统中断

典型分布式系统的正常运行是用户执行操作，系统使用复制、缓存和索引等技术来确保正确性和及时响应。但是当出现问题时会发生什么呢，结果如图 9-4 所示。

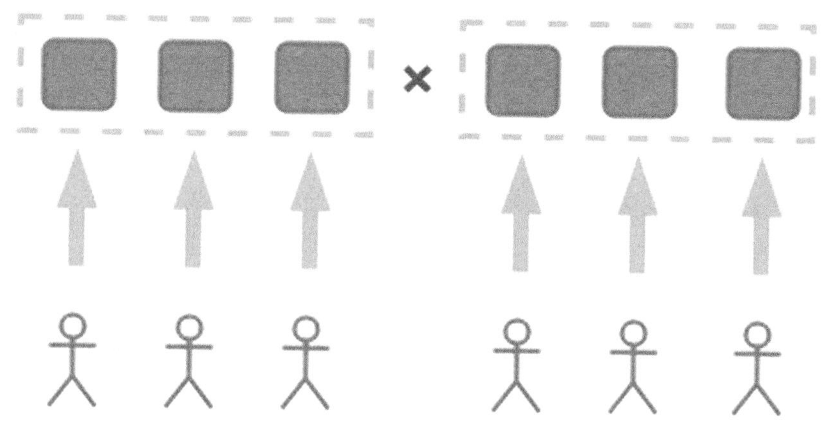

图 9-4 分布式系统“脑裂综合征”

在这里，网络中断有效地阻止了用户安全地执行操作。是的，一个简单的网络故障会导致一个复杂的问题，这不仅会影响你可能期望的功能和性能，还会影响系统的正确性。

事实上，该系统现在患有所谓的“脑裂综合征”。在这种情况下，系统的两个部分不能够相互通信，因此用户在一侧执行的任何修改在另一侧都不可见。它几乎就像有两个独立的系统，每个系统都保持着自己的内部状态，随着时间的推移状态会变得非常不同。至关重要的是，当用户在任何一侧运行相同的查询时，它们可能会报告不同的结果。

这只是分布式系统中故障的一般情况中的一个例子，尽管已经花了很多时间来解决这些问题，但仍然只有以下3种实用方法。

- 阻止用户进行任何更新，直到底层问题得到解决，同时保持系统的当前状态（故障前的最后已知状态）正确（即牺牲分区容错性）。
- 允许用户像以前一样继续进行更新，但接受答案可能不同的状况，并且当底层问题得到解决时，必须在某个时刻收敛（即牺牲一致性）。
- 将所有用户转移到系统的一个部分，并允许他们像以前一样继续进行更新。系统的另一部分被视为故障，并且接受处理能力部分降低直到问题得到解决——系统响应可能因此而变得不那么灵敏（即牺牲可用性）。

前面的结论更正式的名称为CAP定理。这是因为在一个失败已经成为现实的环境中，你不能牺牲功能（第一条方法），你必须在拥有一致的应答（第二条方法）或完全的能力（第三条方法）之间做出选择。你不能两者兼得，这是需要权衡的。

实际上，将“故障”描述为更通用的术语“分区容错”更为正确，因为这种类型的故障可能涉及系统的任何部分，例如网络中断、服务器重启、完整磁盘等。它不一定是特定的网络问题。

毋庸置疑，这是一种简化。尽管如此，如果出现故障，大多数数据处理系统都将属于这些大类之一。此外，事实证明，大多数传统的数据库系统都支持一致性，这是通过众所周知的计算机科学技术来实现的，例如事务、预写日志和悲观锁定。

然而，在当今的网络世界中，用户希望24小时全天候访问服务，其中许多服务是可以创收的，物联网或实时决策需要一种可扩展的容错方法。因此，越来越多的人在努力生产替代品，以确保在发生故障时的可用性（事实上，互联网本身就是出于这种需要而产生的）。

事实证明，在实现高可用性系统和提供可接受的一致性水平之间取得适当的平衡是一项挑战。为了达到必要的平衡，各种方法倾向于提供较弱的一致性定义，即最终的一致性。在这种情况下，陈旧的数据通常会被容忍一段时间，随着时间的推移，正确的数据会被认可。然而，即使有了这种妥协，仍然还需要使用复杂得多的技术，因此它们更难被构建和维护。

随着更繁重的实现，向量时钟和读取修复都是为了处理并发性并防止数据损坏。

2. 希腊字母命名方案来帮忙

Lambda 和 Kappa 架构都为前面描述的问题提供了更简单的解决方案。它们提倡使用现代大数据技术，例如 Apache Spark 和 Apache Kafka，作为一致可用处理系统的基础，可以在不需要推断故障原因的情况下开发逻辑。它们适用于具有以下特征的情况。

- 一种无限的入站信息流，可能来自多个来源。
- 对非常大的累积数据集进行分析处理。
- 用户查询具有基于时间的数据一致性保证。
- 对性能降低或停机时间零容忍。

在具备这些条件的情况下，你可以将两种架构都视为通用候选的架构。每个都遵循以下核心原则，这些原则有助于简化数据一致性、并发访问和防范数据损坏等。

- **数据不变性：** 仅创建或读取数据，永远不会更新或删除它。以这种方式处理数据大大简化了保持数据一致性所需的模型。
- **人为故障容忍：** 在软件开发生命周期的正常过程中修复或升级软件时，通常需要部署新版本的分析并通过系统重放历史数据以生成修订后的答案。实际上，管理系统在何时对此功能数据进行直接处理，通常是至关重要的。批处理层提供了历史数据的持久存储，因此允许恢复任何错误。

正是这些原则构成了最终一致解决方案的基础，而无须担心读取修复或向量时钟等复杂问题，它们肯定是更适合开发人员的架构！

9.2.2 Lambda 架构的价值

Lambda 架构由 Nathan Marz 首先提出，如图 9-5 所示。

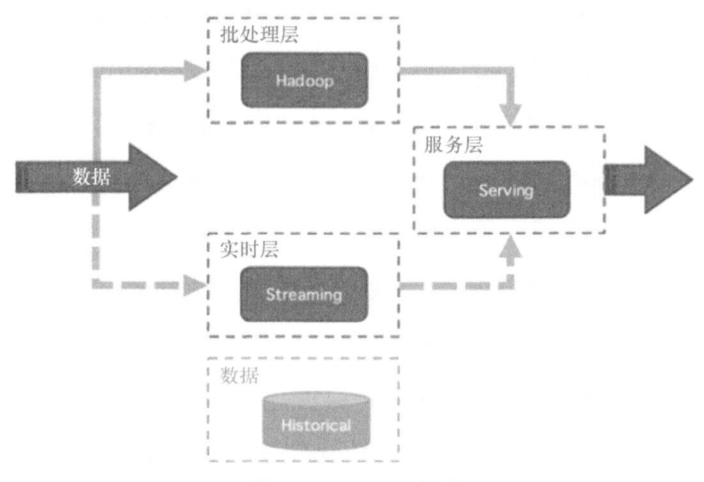

图 9-5 Lambda 架构

实质上，数据被传输到以下两层。

- **批处理层**能够在给定时间点计算快照。
- **实时层**能够处理自上次快照以来的增量更改。

然后使用服务层将数据的这两个视图合并在一起，产生事实的单个最新版本。除了前面描述的一般特性之外，当你符合以下任一特定条件时，Lambda 架构最适合。

- 复杂或耗时的批量或批处理算法，没有等效或替代的增量迭代算法（近似值是不可接受的），因此你需要批处理层。
- 无论系统的并行性如何，单独的批处理层都无法满足数据一致性的要求，因此你需要一个实时层。例如处理以下问题。
  - 低延迟写入/读取。
  - 任意大范围的数据，例如，以数年计。
  - 严重的数据倾斜。

如果你有一个以上的问题，则应考虑使用 Lambda 架构。但是，在开始之前，请注意它带来了以下可能的挑战。

- 两个数据管道：批处理和流处理有单独的工作流，虽然在可能的情况下你可以尝试重用核心逻辑和库，但流本身必须在运行时单独管理。
- 复杂的代码维护：除了简单的聚合外，批处理和实时层中采用的算法都必须不一样。

对于机器学习算法尤其如此，有一个完整的领域专门用于这项研究，称为在线机器学习，它可能涉及在现有框架之外实现增量迭代算法或近似算法。

- 服务层的复杂性增加：服务层中必须使用聚合、联合和连接，以便利用聚合合并增量。工程师应该小心，不要把它分解成消耗系统。

尽管存在这些挑战，Lambda 架构仍然是一种强大且有用的方法，已在许多机构和组织中成功实施，包括 Yahoo、Netflix 和 Twitter 等。

9.2.3 Kappa 架构的价值

通过将分布式日志的概念置于中心地位，Kappa 架构进一步简化了这一过程。这样就可以完全去除批处理层，从而创造出非常简单的设计。Kappa 有许多不同的实现方式，但通常看起来如图 9-6 所示。

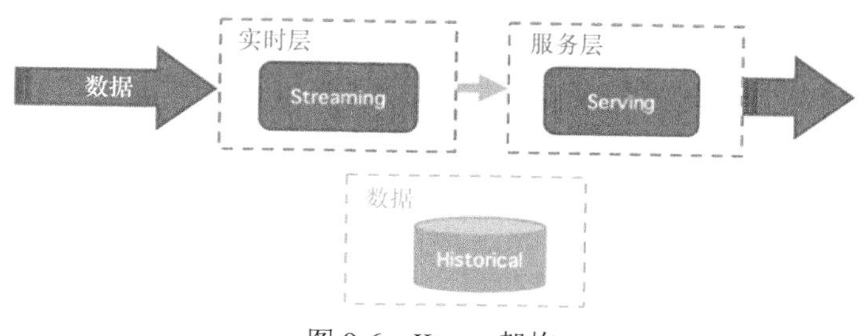

图 9-6 Kappa 架构

在这种架构中，分布式日志本质上提供了数据不变性和可重用性的特性。通过在批处理层中引入可变状态存储的概念，Kappa 架构统一了计算模型，将所有处理视为流处理，甚至批处理也被认为只是流处理的一种特殊情况。当你的情况满足以下任一特定条件时，Kappa 架构最适合。

- 通过增加系统的并行性来减少延迟，可以使用现有的批处理算法来满足数据一致性的要求。
- 通过实施增量迭代算法可以满足数据一致性的要求。

如果这些选项中的任何一个都是可行的，那么 Kappa 架构应该提供一种现代化的、可扩展的方法来满足你的批处理和流式传输需求。但是，在你决定执行任何措施之前，好好考虑一下你所选择的技术存在的限制和挑战，潜在的限制包括以下几个。

- 精确一次性的语义。许多流行的分布式消息传递系统，例如 Apache Kafka，目前不支持一次性的消息传递语义（译者注：0.11.X 之后的 Kafka 已支持）。这意味着，目前，消费系统必须自己处理接收数据重复的问题。这通常是通过使用检查点、唯一键、幂等写入或其他类似除重技术来完成，但它确实增加了复杂性，因此使解决方案更难被构建和维护。

- 乱序事件处理。许多流式实现（例如 Apache Spark）当前不支持按事件时间排序的更新，而是采用处理时间，即系统首次观察到事件的时间。因此，更新可能会被无序接收，系统需要能够处理这个问题。同样，这增加了代码复杂性，使解决方案更难被构建和维护。
- 没有强一致性，即线性化。由于所有更新都是异步应用的，因此无法保证写入会立即生效（尽管它们最终会保持一致）。这意味着在某些情况下，你无法立即“读取你的写入”。

在第 10 章中，将讨论增量迭代算法、数据倾斜或服务器故障如何影响一致性，以及 Spark Streaming 中的背压功能如何帮助减少故障。关于本节中已解释的内容，我们将按照 Kappa 架构构建分类系统。

9.3 消费数据流

与批处理作业类似，我们使用 `SparkConf` 对象和上下文创建新的 Spark 应用程序。在流应用中，上下文是使用批处理大小参数创建的，该参数将用于任何传入流（GDELT 和 Twitter 层都是相同上下文的一部分，都将绑定到相同的批处理大小）。GDELT 数据每 15min 发布一次，批量大小自然是 15min，因为我们希望以伪实时方式预测类别：

```
val sparkConf = new SparkConf().setAppName("GZET")
val ssc = new StreamingContext(sparkConf, Minutes(15))
val sc = ssc.sparkContext
```

9.3.1 创建 GDELT 数据流

将外部数据发布到 Spark 流应用程序有很多种方法，可以打开一个简单的套接字然后开始通过 netcat 程序发布数据，也可以通过监控外部目录的 Flume 代理来传输数据。生产系统通常使用 Kafka 作为其高吞吐量和整体可靠性的默认代理（数据在多个分区上复制）。当然，可以使用与第 10 章所描述的相同的 Apache NiFi 栈，但在这里我们想描述一个更容易的路径，只需基于 Kafka 主题，简单地通过“管道化”将文章 URL（从 GDELT 记录中提取）送到 Spark 中。

1. 创建 Kafka 主题

创建一个新的 Kafka 主题非常简单（在测试环境中）。在生产环境中，必须格外小心地选择正确数量的分区和复制因子。另请注意，必须安装和配置适当的 ZooKeeper 法定数量。我们启动 Kafka 服务器并创建一个名为 gzet 的主题，仅使用一个分区，复制因子为 1：

```
$ kafka-server-start /usr/local/etc/kafka/server.properties >
/var/log/kafka/kafka-server.log 2>&1 &

$ kafka-topics --create --zookeeper localhost:2181 --replication-factor 1 -
-partitions 1 --topic gzet
```

2. 将内容发布到 Kafka 主题

可以通过将内容输送给 `kafka-console-producer` 程序来提供 Kafka 队列。我们使用 `awk`、`sort` 和 `uniq` 命令，因为只对 GDELT 记录中的不同 URL 感兴趣（`URL` 是我们的制表符分隔值的最后一个字段，因此是`$NF`）：

```
$ cat ${FILE} | awk '{print $NF}' | sort | uniq | kafka-console-producer--
broker-list localhost:9092 --topic gzet
```

方便起见，我们创建了一个简单的 Bash 脚本，用于监测 GDELT 网站上的新文件，将内容下载并提取到临时目录中，然后执行上述命令。该脚本可以在我们的代码库（`gdelt-stream.sh`）中找到。

3. 从 Spark Streaming 消费 Kafka

Kafka 是 Spark Streaming 的官方来源，可通过以下依赖项获得：

```
<dependency>
   <groupId>org.apache.spark</groupId>
   <artifactId>spark-streaming-kafka-0-8_2.11</artifactId>
   <version>2.0.0</version>
</dependency>
```

我们定义了 Spark 分区的数量，这些分区将用于处理 gzet 主题中的数据（此处为 10）以及 ZooKeeper 法定人数。我们返回消息本身（通过管道传送给 Kafka 生产者的 URL），以构建文章 URL 的流：

```
def createGdeltStream(ssc: StreamingContext) = {
  KafkaUtils.createStream(
    ssc,
    "localhost:2181",
    "gzet",
    Map("gzet" -> 10)
  ).values
 }

val gdeltUrlStream: DStream[String] = createGdeltStream(ssc)
```

9.3.2 创建 Twitter 数据流

图 9-7 所示为创建 Twitter 数据流，通过侦听 Kafka 主题，我们展示了如何批量处理 GDELT 数据。应用第 6 章中描述的 HTML 解析器来分析每一批文章并将其下载。

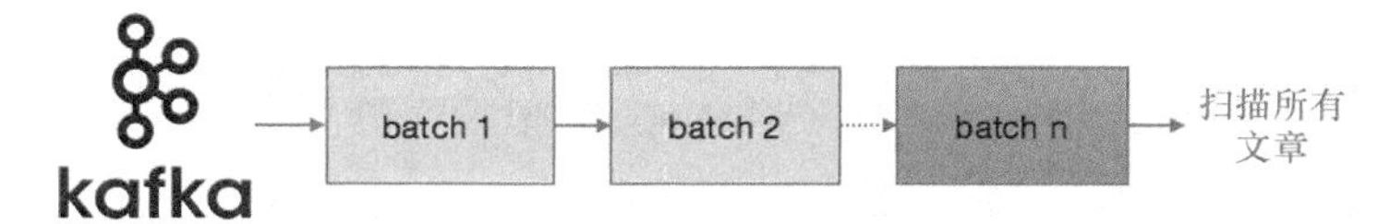

图 9-7 创建 Twitter 数据流

使用 Twitter 的明显约束是规模约束。由于每天有超过 5 亿条推文，我们的应用程序需要以最高分布式和可扩展的方式编写，以便处理大量的输入数据。此外，即使这些推文中只有 2%包含对外部 URL 的引用，每天仍会有 1 000 万个 URL（再加上来自 GDELT 的数千个）要提取和分析。因为没有专门的架构来处理为编写本书而获取的数据的真实性，我们将使用 Twitter 免费提供的 1% Firehose。只需要在 Twitter 网站上注册一个新的应用程序，并检索其相关的应用程序设置和授权令牌即可使用 1%Firehose。但请注意，自 2.0.0 版以来，Twitter 连接器不再是核心 Spark Streaming 的一部分。作为 Apache Bahir 项目的一部分，它可以与以下 Maven 依赖项一起使用：

```
<dependency>
  <groupId>org.apache.bahir</groupId>
  <artifactId>spark-streaming-twitter_2.11</artifactId>
  <version>2.0.0</version>
</dependency>
```

因为 Spark Streaming 在后台使用了 `twitter4j`，所以使用来自 `twitter4j` 库的 `ConfigurationBuilder` 对象即可完成配置：

```
import twitter4j.auth.OAuthAuthorization
```

```
import twitter4j.conf.ConfigurationBuilder

def getTwitterConfiguration = {

  val builder = new ConfigurationBuilder()

  builder.setOAuthConsumerKey("XXXXXXXXXXXXXXX")
  builder.setOAuthConsumerSecret("XXXXXXXXXXXX")
  builder.setOAuthAccessToken("XXXXXXXXXXXXXXX")
  builder.setOAuthAccessTokenSecret("XXXXXXXXX")

  val configuration = builder.build()
  Some(new OAuthAuthorization(configuration))

}
```

我们通过提供一组关键字（可以是特定的主题标签）来创建数据流。在本例中，我们想要的是监测所有 1%推文而不论它使用什么关键字或主题标签（发现新的主题标签实际上是我们的应用程序的一部分），因此提供一个空数组：

```
def createTwitterStream(ssc: StreamingContext) = {
   TwitterUtils.createStream(
     ssc,
     getTwitterConfiguration,
     Array[String]()
   )
}

val twitterStream: DStream[Status] = createTwitterStream(ssc)
```

返回的对象是 status 流，twitter4j 类嵌入了所有推文属性，例如下面代码段中报告的属性。但在本应用程序的范围内，我们只对返回 tweet 体的 getText 方法感兴趣：

```
val body: String = status.getText()
val user: User = status.getUser()
val contributors: Array[Long] = status.getContributors()
val createdAt: Long = status.getCreatedAt()
../..
```

9.4 处理 Twitter 数据

使用 Twitter 的第二个主要限制因素是噪声产生的约束。当大多数分类模型仅针对数十个不同的分类进行训练时，我们每天将处理数十万个不同的主题标签。虽然我们将只关注热门话题，也就是在一个定义的批处理窗口中出现的趋势话题。但是，由于 Twitter 上 15min 的批处理大小并不足以检测趋势，我们将使用 24h 移动窗口来记录和计算所有主题标签，并仅保留最常用的标签，如图 9-8 所示。

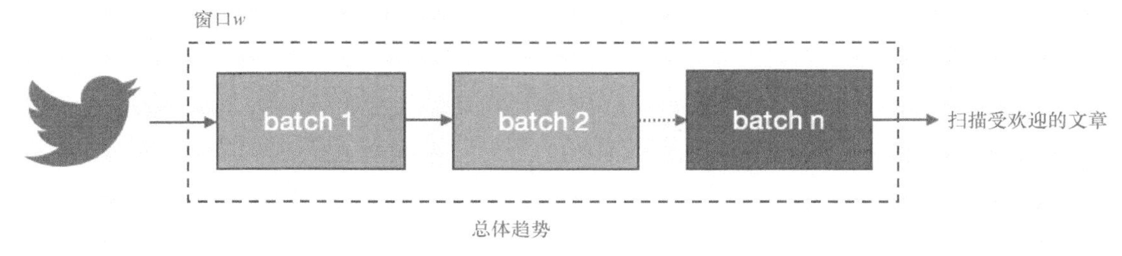

图 9-8 Twitter 实时层、批处理和窗口大小

使用这种方法减少了不受欢迎的主题标签的噪声，使我们的分类器更加准确和可扩展，并显著减少了要获取的文章数量，因为我们只专注于与热门主题一起提到的趋势 URL。这使我们可以节省大量用于分析无关数据的时间和资源（对于分类模型来说）。

9.4.1 提取 URL 和主题标签

我们提取了干净的主题标签（即降低噪声的另一种方法）和对有效 URL 的引用。请注意 Scala 的 `Try` 方法在测试 `URL` 对象时会捕获任何异常，并且只保留符合这两个条件的推文：

```
def extractTags(tweet: String) = {
  StringUtils.stripAccents(tweet.toLowerCase())
    .split("\\s")
    .filter { word =>
      word.startsWith("#") &&
       word.length > minHashTagLength &&
       word.matches("#[a-z]+")
    }
}

def extractUrls(tweet: String) = {
  tweet.split("\\s")
    .filter(_.startsWith("http"))
    .map(_.trim)
    .filter(url => Try(new URL(url)).isSuccess)
}
```

```
def getLabeledUrls(twitterStream: DStream[Status]) = {
  twitterStream flatMap { tweet =>
    val tags = extractTags(tweet.getText)
    val urls = extractUrls(tweet.getText)
    urls map { url =>
      (url, tags)
    }
  }
}

val labeledUrls = getLabeledUrls(twitterStream)
```

9.4.2 保存流行的主题标签

此步骤的基本思想是在 24h 的时间窗口内执行简单的单词计数。提取所有主题标签，赋值为 1，并使用 `reduce` 函数计算出现次数。在流的上下文中，`reduceByKey` 函数可以使用 `reduceByKeyAndWindow` 方法应用于窗口（必须大于批处理大小）。虽然这个词条频率字典在每一批数据中都是可用的，但是当前的 10 个标签都是每 15min 输出一次，数据将在更长的时间（24h）内被计数：

```
def getTrends(twitterStream: DStream[Status]) = {

  val stream = twitterStream
    .flatMap { tweet =>
      extractTags(tweet.getText)
    }
    .map(_ -> 1)
    .reduceByKeyAndWindow(_ + _, Minutes(windowSize))

    stream.foreachRDD { rdd =>
    val top10 = rdd.sortBy(_._2, ascending = false).take(10)
    top10.foreach { case (hashTag, count) =>
      println(s"[$hashTag] - $count")
    }
  }

  stream
}

val twitterTrend = getTrends(twitterStream)
```

在批处理环境中，我们可以很容易地将主题标签的 RDD 加入 Twitter RDD，以便只保留“最热门”的推文（推文提及一篇文章以及一个流行的标签）。在流式环境中，由于每个流包含多个RDD,因此无法连接数据流。相反,我们使用transformWith函数将DStream转换为另一个，该函数将匿名函数作为参数并将其应用于每个RDD。通过应用过滤不受欢迎的推文的功能，使用主题标签流来转换我们的Twitter流。请注意，我们使用Spark上下文来广播当前的前 n 个主题标签（仅限于前100个）:

```
val joinFunc = (labeledUrls: RDD[(String, Array[String])], twitterTrend:
RDD[(String, Int)]) => {

  val sc = twitterTrend.sparkContext
  val leaderBoard = twitterTrend
    .sortBy(_._2, ascending = false)
    .take(100)
    .map(_._1)

  val bLeaderBoard = sc.broadcast(leaderBoard)

  labeledUrls
    .flatMap { case (url, tags) =>
      tags map (tag => (url, tag))
   }
    .filter { case (url, tag) =>
      bLeaderBoard.value.contains(tag)
   }
   .groupByKey()
   .mapValues(_.toArray.distinct)

}

val labeledTrendUrls = labeledUrls
  .transformWith(twitterTrend, joinFunc)
```

由于返回的流只包含“最热门”的URL，因此数据量应该大幅减少了。虽然无法保证在此阶段URL是否指向正确的文本内容（可能是YouTube视频或简单图像），但至少我们不会浪费精力来获取那些无用主题的内容。

9.4.3 扩展缩短的URL

Twitter上的URL都被缩短了。而以编程方式检测来源真实性的唯一方法是扩展所有的URL。遗憾的是，这在可能不相关的内容上浪费了大量时间和精力。还值得一提的是，许多网络抓取工具无法有效处理缩短的URL（包括Goose scraper）。我们通过打开HTTP链接、禁用重定向和查看Location标头来扩展URL。我们还为该方法提供了一个“不受信任”来源列表，这些来源对分类模型的环境而言，不提供任何有用的内容:

```
  def expandUrl(url: String) : String = {

    var connection: HttpURLConnection = null
    try {

      connection = new URL(url)
                   .openConnection
                   .asInstanceOf[HttpURLConnection]

      connection.setInstanceFollowRedirects(false)
      connection.setUseCaches(false)
      connection.setRequestMethod("GET")
      connection.connect()

      val redirectedUrl = connection.getHeaderField("Location")

      if(StringUtils.isNotEmpty(redirectedUrl)){
         redirectedUrl
       } else {
         url
       }

    } catch {
      case e: Throwable => url
    } finally {
      if(connection != null)
        connection.disconnect()
    }
  }

  def expandUrls(tStream: DStream[(String, Array[String])]) = {
    tStream
      .map { case (url, tags) =>
        (HtmlHandler.expandUrl(url), tags)
      }
      .filter { case (url, tags) =>
       !untrustedSources.value.contains(url)
      }
}

val expandedUrls = expandUrls(labeledTrendUrls)
```

与第 8 章中类似，我们捕获了 HTTP 链接所引起的任何可能的异常。任何未捕获的异常（可能只是一个简单的 404 错误）都会使这个任务在引发致命异常之前在不同的 Spark 执行器上重新评估，从而退出 Spark 应用程序。

9.5　获取 HTML 内容

我们已经在第 8 章介绍了网页抓取器，使用了为 Scala 2.11 重新编译的 Goose 库。我们将创建一个方法，将 DStream 作为输入而不是 RDD，并且仅保留那些至少有 500 个单词的有效文本内容。最终我们将返回一个文本流以及相关的主题标签（流行的标签）：

```
def fetchHtmlContent(tStream: DStream[(String, Array[String])]) = {

  tStream
    .reduceByKey(_++_.distinct)
    .mapPartitions { it =>

     val htmlFetcher = new HtmlHandler()
     val goose = htmlFetcher.getGooseScraper
     val sdf = new SimpleDateFormat("yyyyMMdd")

     it.map { case (url, tags) =>
       val content = htmlFetcher.fetchUrl(goose, url, sdf)
       (content, tags)
     }
     .filter { case (contentOpt, tags) =>
       contentOpt.isDefined &&
         contentOpt.get.body.isDefined &&
         contentOpt.get.body.get.split("\\s+").length >= 500
     }
     .map { case (contentOpt, tags) =>
       (contentOpt.get.body.get, tags)
     }

}

val twitterContent = fetchHtmlContent(expandedUrls)
```

我们对 GDELT 数据应用相同的方法，其中还将返回所有内容（文本、标题、描述等）。请注意 reduceByKey 方法，它是我们数据流的独特函数：

```
def fetchHtmlContent(urlStream: DStream[String]) = {

  urlStream
    .map(_ -> 1)
    .reduceByKey()
    .keys
    .mapPartitions { urls =>

      val sdf = new SimpleDateFormat("yyyyMMdd")
      val htmlHandler = new HtmlHandler()
      val goose = htmlHandler.getGooseScraper
      urls.map { url =>
        htmlHandler.fetchUrl(goose, url, sdf)
      }
    }
    .filter { content =>
      content.isDefined &&
        content.get.body.isDefined &&
        content.get.body.get.split("\\s+").length > 500
    }
    .map(_.get)
}

val gdeltContent = fetchHtmlContent(gdeltUrlStream)
```

9.6 使用 Elasticsearch 作为缓存层

我们的最终目标是每批次（每 15min）训练一个新的分类器。但是，用来供分类器进行训练的不仅限于当前批次中下载的几条记录。我们不得不在更长的时间内（设置为 24h）缓存文本内容，并在需要训练新分类器时检索它。请铭记 Larry Wall 的名言，尽可能地保持“懒惰”，以保持在线层的数据一致性。其基本思想是使用生存时间（TTL）参数，该参数将无缝地删除任何过时的记录。Cassandra 数据库提供了便捷的功能（HBase 或 Accumulo 也是如此），而 Elasticsearch 已经是我们核心架构的一部分，也可以很容易地使用。在启用 _ttl 参数的情况下，我们将为 gzet/twitter 索引创建以下映射：

```
$ curl -XPUT 'http://localhost:9200/gzet'
```

```
$ curl -XPUT 'http://localhost:9200/gzet/_mapping/twitter' -d '
{
    "_ttl" : {
           "enabled" : true
    },
    "properties": {
      "body": {
        "type": "string"
      },
     "time": {
        "type": "date",
        "format": "yyyy-MM-dd HH:mm:ss"
     },
     "tags": {
        "type": "string",
        "index": "not_analyzed"
      },
     "batch": {
        "type": "integer"
     }
    }
}'
```

记录将在 Elasticsearch 上存在 24h（TTL 值在插入时定义），此后任何记录都将被丢弃。当我们将维护任务委托给 Elasticsearch 时，可以安全地从在线缓存中提取所有可能的记录，而不必过多地担心任何过时的值存在。所有检索到的数据将用作分类器的训练集。高层面过程如图 9-9 所示。

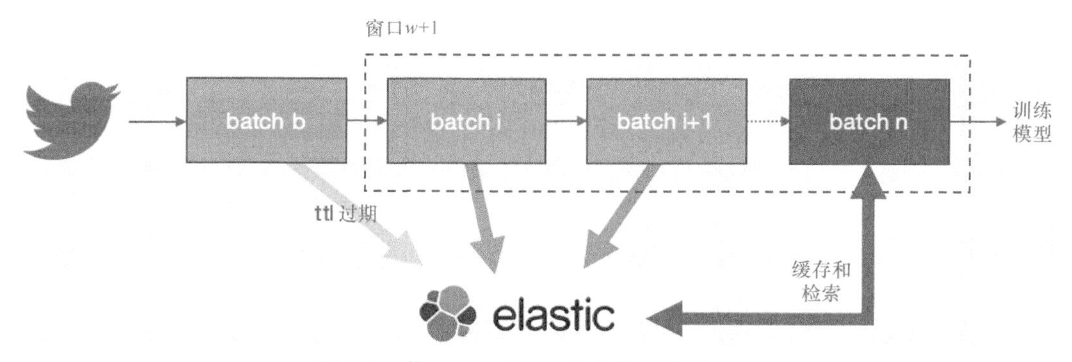

图 9-9 使用 Elasticsearch 作为缓存层

对于数据流中的每个 RDD，我们检索前 24h 内的所有现有记录，缓存当前的 Twitter 内容集，并训练新的分类器。使用 `foreachRDD` 函数可以非常简单地将数据流转换为 RDD。

使用 Elasticsearch API 中的 saveToEsWithMeta 函数将当前记录保存到 Elasticsearch 中。此函数接受 TTL 参数作为元数据映射的一部分（设置为 24h，以 s 为单位，格式为 String 类型）：

```
import org.elasticsearch.spark._
import org.elasticsearch.spark.rdd.Metadata._

def saveCurrentBatch(twitterContent: RDD[(String, Array[String])]) = {
  twitterContent mapPartitions { it =>
    val sdf = new SimpleDateFormat("yyyy-MM-dd HH:mm:ss")
    it map { case (content, tags) =>
     val data = Map(
       "time" -> sdf.format(new Date()),
       "body" -> content,
       "tags" -> tags
     )
     val metadata = Map(
       TTL -> "172800s"
     )
     (metadata, data)
    }
  } saveToEsWithMeta "gzet/twitter"
}
```

为确保 TTL 参数已被正确设置，并且每秒都在有效地减小，有必要对 Elasticsearch 执行一个简单检查。一旦它达到 0，就应该删除索引文档。以下的简单命令每秒输出 ID 为 AVRr9LaCoYjYhZG9lvBl 的文档的_ttl 值。它使用一个简单的 jq 实用程序从命令行解析 JSON 对象：

```
$ while true ; do TTL=`curl -XGET
'http://localhost:9200/gzet/twitter/AVRr9LaCoYjYhZG9lvBl' 2>/dev/null | jq
"._ttl"`; echo "TTL is $TTL"; sleep 1; done

../..
TTL is 48366081
TTL is 48365060
TTL is 48364038
TTL is 48363016
../..
```

可以使用以下函数将所有在线记录（TTL 未到期的记录）检索到 RDD 中。与我们在第 7 章中所做的类似，使用 JSON 解析从 Elasticsearch 中提取列表要比使用 Spark DataFrame

容易得多：

```
import org.elasticsearch.spark._
import org.json4s.DefaultFormats
import org.json4s.jackson.JsonMethods._

def getOnlineRecords(sc: SparkContext) = {
  sc.esJsonRDD("gzet/twitter").values map { jsonStr =>
    implicit val format = DefaultFormats
    val json = parse(jsonStr)
    val tags = (json \ "tags").extract[Array[String]]
    val body = (json \ "body").extract[String]
    (body, tags)
  }
}
```

我们从缓存层下载所有 Twitter 内容，同时保存当前批次数据。剩下的过程是训练我们的分类算法。以下部分将讨论此方法：

```
twitterContent foreachRDD { batch =>

  val sc = batch.sparkContext
  batch.cache()

  if(batch.count() > 0) {
    val window = getOnlineRecords(sc)
    saveCurrentBatch(batch)
    val trainingSet = batch.union(window)
    //训练方法如下所述
    trainAndSave(trainingSet, modelOutputDir)
  }

  batch.unpersist(blocking = false)
}
```

9.7 分类数据

应用程序的其余部分是开始分类数据。如前文所述，使用 Twitter 的原因是能从外部资源中提取基本事实。我们将使用 Twitter 数据训练朴素贝叶斯分类模型，同时预测 GDELT URL 的类别。使用 Kappa 架构方法的方便之处在于，不必太担心在不同的应用程序或不同的环境中导出一些常见的代码片段。更好的是，我们不必在批处理和速度层之间导出/导入模型（GDELT 和 Twitter 共享相同的 Spark 上下文，是同一物理层的一部分）。我们可以将模型保存到 HDFS 中进行审计，但是只需要在两个类之间传递对 Scala 对象的引用。

9.7.1 训练朴素贝叶斯模型

我们已经介绍了使用 Stack Exchange 数据集引导朴素贝叶斯模型的概念，以及使用从文本内容中构建 `LabeledPoints` 的 `Classifier` 对象。我们将创建一个 `ClassifierModel` 样本类，它封装朴素贝叶斯模型及其关联的标签字典，并公开了 `predict` 和 `save` 方法：

```
case class ClassifierModel(
  model: NaiveBayesModel,
  labels: Map[String, Double]
) {

   def predictProbabilities(vectors: RDD[Vector]) = {
     val sc = vectors.sparkContext
     val bLabels = sc.broadcast(labels.map(_.swap))
     model.predictProbabilities(vectors).map { vector =>
      bLabels.value
        .toSeq
        .sortBy(_._1)
        .map(_._2)
        .zip(vector.toArray)
        .toMap
     }
   }
   def save(sc: SparkContext, outputDir: String) = {
     model.save(sc, s"$outputDir/model")
     sc.parallelize(labels.toSeq)
       .saveAsObjectFile(s"$outputDir/labels")
   }

}
```

因为完全描述文章内容可能需要多个标签，所以我们将使用 `predictProbabilities` 函数预测概率分布。我们使用与模型一同保存的标签字典将标签标识符（存为 `Double` 类型）转换为最初的类别（存为 String 类型）。最后，可以将模型和标签字典保存到 HDFS 中，但仅用于审计目的。

所有 MLlib 模型都支持保存和加载功能。数据将作为 ObjectFile 保存在 HDFS 中，并且可以轻松地进行检索和反序列化。使用 ML 库，对象会被保存为 Parquet 格式。但是，人们需要保存额外的信息。例如，在我们的例子中用于训练该模型的标签字典。

9.7.2 确保线程安全

我们的 Classifier 是一个单例对象，并且，根据单例模式，它必须是线程安全的。这意味着并行线程不应使用诸如 setter 的方法修改相同的状态。在我们当前的架构中，只有 Twitter 可以每 15min 训练和更新一个新模型，这些模型将仅由 GDELT 服务使用（没有并发的更新）。但是，还有以下两件重要的事情需要考虑。

- 首先，我们的模型已经使用不同的标签（在 24h 时间窗口中找到的标签，每 15min 提取一次）进行训练。一个新的模型将根据更新的字典进行训练。模型和标签都紧密耦合，因此必须同步。如果在 Twitter 更新模型时，GDELT 拉取标签这样的小概率事件发生，那预测将会不一致。我们通过将标签和模型包装在同一个 ClassifierModel 样本类中来确保线程安全。
- 第二个（虽然不太重要）问题是我们的过程是并行的。这意味着类似的任务将在不同的数据块上同时从不同的执行器执行。在某个时间点，我们需要确保每个执行器上的所有模型都是相同的版本，尽管使用稍微更新的模型预测特定数据块在技术上仍然有效（只要模型和标签同步）。我们用以下两个示例来说明这个情况。第一个示例不能保证执行者之间模型的一致性：

```
val model = NaiveBayes.train(points)
vectors.map { vector =>
  model.predict(vector)
}
```

第二个示例（由 Spark 默认使用）一次向所有执行程序广播模型，从而保证预测阶段的整体一致性：

```
val model = NaiveBayes.train(points)
val bcModel = sc.broadcast(model)
vectors mapPartitions { it =>
  val model = bcModel.value
```

```
    it.map { vector =>
      model.predict(vector)
    }
}
```

在我们的 Classifier 单例对象中，我们将模型定义为全局变量（可选，因为它可能不存在），每次调用 train 方法后它都会更新：

```
var model = None: Option[ClassifierModel]

def train(rdd: RDD[(String, Array[String])]): ClassifierModel = {
  val labeledPoints = buildLabeledPoints(rdd)
  val labels = getLabels(rdd)
  labeledPoints.cache()
  val nbModel = NaiveBayes.train(labeledPoints)
  labeledPoints.unpersist(blocking = false)
  val cModel = ClassifierModel(nbModel, labels)
  model = Some(cModel)
  cModel
}
```

回到我们的 Twitter 流，对于每个 RDD，构建训练集（在 Classifier 中抽出来）、训练一个新模型，然后将其保存到 HDFS：

```
def trainAndSave(trainingSet: RDD[(String, Array[String])],
 modelOutputDir: String) = {
  Classifier
     .train(trainingSet)
     .save(batch.sparkContext, modelOutputDir)
}
```

9.7.3 预测 GDELT 数据

使用 Classifier 单例对象，可以访问从 Twitter 处理器发布的最新模型。对于每个 RDD，对于每篇文章，我们只是预测描述每篇文章文本内容的主题标签概率分布：

```
gdeltContent.foreachRDD { batch =>

  val textRdd = batch.map(_.body.get)
  val predictions = Classifier.predictProbabilities(textRdd)

  batch.zip(predictions).map { case (content, dist) =>
    val hashTags = dist.filter { case (hashTag, proba) =>
      proba > 0.25d
```

```
      }
      .toSeq
      .map(_._1)
      (content, hashTags)
    }
    .map { case (content, hashTags) =>
      val sdf = new SimpleDateFormat("yyyy-MM-dd HH:mm:ss")
      Map(
       "time"  -> sdf.format(new Date()),
       "body"  -> content.body.get,
       "url"   -> content.url,
       "tags"  -> hashTags,
       "title" -> content.title
      )
    }
    .saveToEs("gzet/gdelt")

}
```

我们只保留概率高于 25%的结果，并将每篇文章及其预测的主题标签发布到 Elasticsearch 集群中。公布结果正式标志着分类应用的结束。完整的架构如图 9-10 所示。

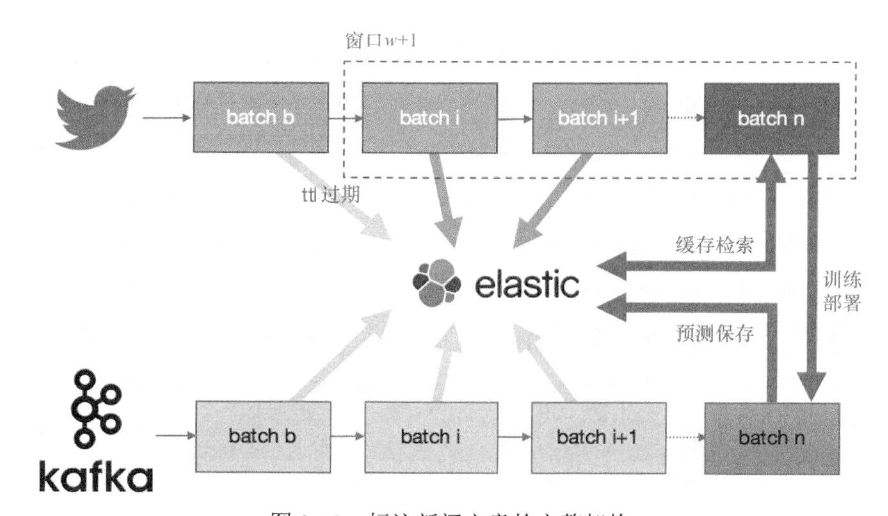

图 9-10 标注新闻文章的完整架构

9.8 Twitter 土耳其机器人

分类算法的准确性应该根据测试数据集来测量，也就是说，训练阶段不包括有标签的数据集。我们无法访问这样的数据集（这是我们最初 Bootstrap 模型的原因），因此无法比较原始类别和预测类别。我们可以通过可视化结果来估算整体置信度，而不是真正的准确度。利用 Elasticsearch 上的所有数据，我们构建了一个 Kibana 仪表板，其中包含一个用于标签云可视化的附加插件。

图 9-11 显示了 2016 年 5 月 1 日分析和预测的 GDELT 文章的数量。在不到 24h 内（以 15min 为批量间隔）下载了大约 18 000 篇文章。在每个批次中，我们观察到不超过 100 个不同的预测主题标签。这很幸运，因为我们只保留 24h 内出现的前 100 个流行标签。此外，它提供了关于 GDELT 和 Twitter 都遵循一个相当的正态分布的提示（批次不会围绕特定类别倾斜）。

除了这 18 000 篇文章之外，我们还提取了大约 700 篇 Twitter 文本内容，这些内容标有 100 个流行标签，使每个主题平均被 7 篇推文覆盖。虽然这个训练集在本书内容中是一个良好的开端，但可以通过减少词条内容的限制或将类似的主题标签分组到更广泛的类别来扩展它。还可以增加 Elasticsearch 上的 TTL 值，在限制 Twitter 噪声的同时增加观察数量肯定会提高整体模型的准确度。

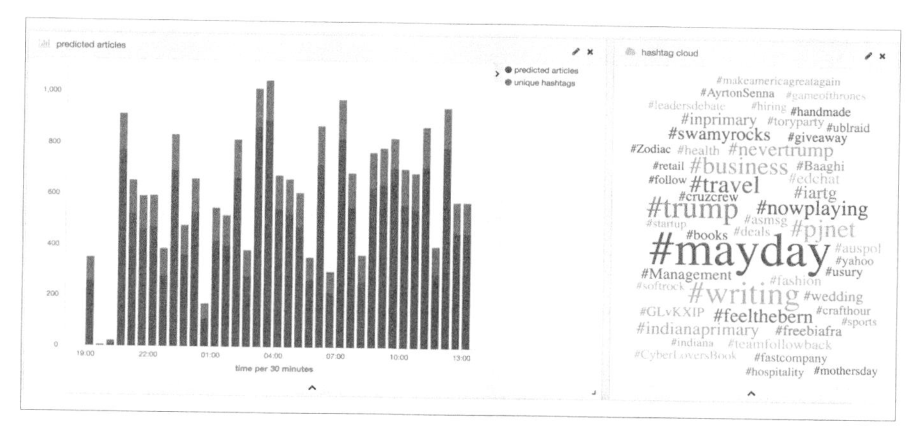

图 9-11　2016 年 5 月 1 日预测的 GDELT 文章

我们观察到特定窗口中最流行的标签是 #mayday 和#trump。此外，我们观察到至少和#mavert 一样多的#nevertrump，因此两个美国政党都会感到满意。这将通过第 11 章中的美国选举数据得到确认。

最后，我们选择一个特定的主题标签并检索它所有相关的关键字，这很重要，因为它基本上验证了我们的分类算法的一致性。我们希望，对于来自 Twitter 的每个标签，来自 GDELT 的重要词条将足够一致，并且都应该与相同的标签含义相关。我们关注#trump 标签并访问图 9-12 所示的 trump 词云。

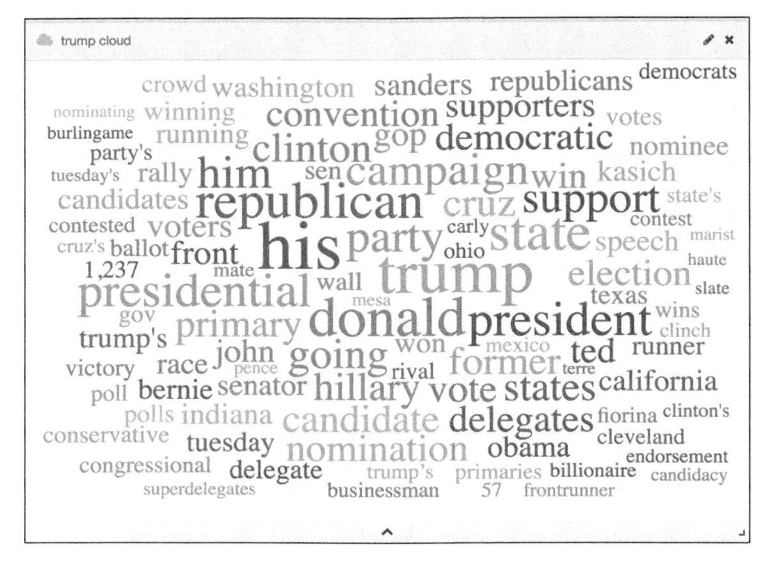

图 9-12　trump 词云

9.9　小结

尽管对许多整体模型的一致性印象深刻，但我们意识到，我们确实还没有建立有史以来最准确的分类系统。将这项任务众包给数以百万计的用户是一项雄心勃勃的任务，而且远不是获得明确定义的类别的最简单方式。然而，这个简单的概念证明向我们展示了以下一些重要的内容。

- 它在技术上验证了我们的 Spark Streaming 架构。
- 它验证了我们使用外部数据集 bootstrapping GDELT 的假设。
- 它让我们变得懒惰、急躁和傲慢。
- 它在没有任何监督的情况下学习，并最终在每一批数据训练下都变得更好。

没有任何一个数据科学家可以在短短几周内建立一个功能齐全且高度准确的分类系统，尤其是在动态数据上。一个合适的分类器至少要在最初几个月进行评估、训练、重新评估、调整和重新训练，然后至少每半年重新评估一次。我们的目标是描述实时机器学习应用中涉及的组件，并帮助数据科学家开拓他们的创造性思维（开箱即用的思维是现代数据科学家的第一优点）。

在第 10 章中，我们将重点关注文章突变和故事除重：一个主题随着时间的推移发生演变的可能性有多大？一群人（或社区）随着时间的推移发生突变的可能性又有多大？随着去重的文章成为故事，故事成为大事记，我们能根据以前的观察结果预测未来吗？

第 10 章 故事除重和变迁

万维网有多大？虽然不可能知道确切的大小，据估计在 2008 年它已拥有超过一万亿个页面，从数据时代的角度来看，这个时代相当于还处在中世纪。可以很肯定地认为，近十年后，互联网的集体大脑比真人两耳之间的大脑拥有更多的神经元。但是，在这万亿的 URL 中，有多少网页实际是相同、相似或覆盖同一主题的呢？

本章我们将对 GDELT 数据库进行除重和索引，将其转为“故事”。然后，我们将追踪故事随着时间推移的进展，了解它们之间的联系，如果它们在不久的将来能引发任何后续事件，那么它们又是如何变迁的呢？

在这一章里，我们将探讨以下主题。

- 理解 Simhash 检测近似重复的概念。
- 构建一个在线的除重 API。
- 用 TF-IDF 构建向量并用随机索引降低维度。
- 用 Streaming 的 KMeans 构建伪实时的故事关联。

10.1 检测近似重复

本章是关于把文章分组编成故事的，第 1 节是关于检测近似重复的。在深入研究除重算法本身之前，有必要花时间介绍在新闻报道的背景下“故事”和“除重”的概念。给定两篇不同的文章，所谓不同是有两个不同的 URL，我们可以观察到以下情景。

- 文章 1 的 URL 实际上重定向到文章 2，或者是后者提供的 URL 的扩展（例如，一些附加的 URL 参数或短的 URL）。两篇文章内容相同，即认定它们是“真实重复”

的，虽然它们的 URL 不同。

- 文章 1 和文章 2 都涵盖了完全相同的事件，但可能是由两个不同媒体发布的。它们有很多共同的内容，但不是完全相似。根据下面解释的某些规则，它们被认为可能是“近似重复”的。
- 文章 1 和文章 2 均涵盖同一类型的事件。我们能发觉风格上的较大差异，或者同一主题下的不同特色。它们可以分组为一个共同的故事。
- 文章 1 和文章 2 涉及两个不同的事件。两者内容都是不同的，不应该被分组在同一个故事中，也不应该被认为是近似重复的。

脸书（Facebook）用户一定注意到了“相关文章”的特性。当你喜欢某个新闻文章时，点击文章的链接或播放文章的视频，脸书会认为这个链接是让你感兴趣的，还会更新它的时间线（或随便怎么称呼）以显示更多看起来相似的内容。在图 10-1 中，我如果点开了因三星 Galaxy Note 7 智能手机冒烟或者起火，美国的大部分航班禁止乘客携带该型号手机登机的文章。脸书会自动推荐给我类似的围绕三星的文章。打开这个链接，可能发生的是：我可能已经查询了脸书的内部 API 并要求查看类似内容。这就引出了实时查找近似重复的概念，也是我们在 10.1 节里要尝试构建的。

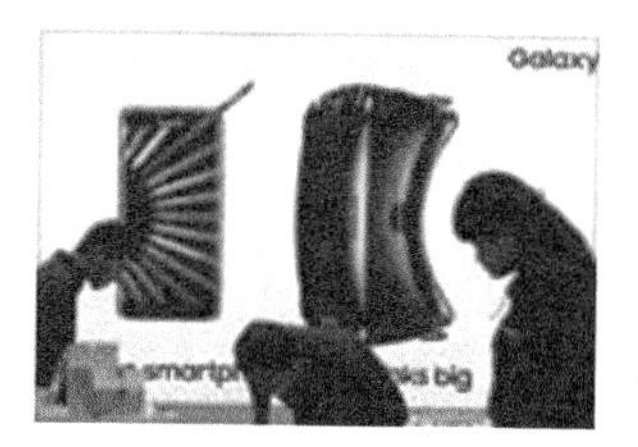

图 10-1 脸书（Facebook）推荐的相关文章

10.1.1 从散列开始第一步

找到真正的重复是很容易的。如果两篇文章内容相同，则它们会被认为是相同的。但并不是比较字符串（规模可能非常大，因此十分低效），而是比较它们的散列值，就像比较手写签名那样，具有相同签名的两篇文章应被认为是相同的。一个简单的 groupby 函数就能从字符串数组中检测出真正的重复性，代码如下所示：

```
Array("Hello Spark", "Hello Hadoop", "Hello Spark")
  .groupBy(a => Integer.toBinaryString(a.hashCode))
  .foreach(println)

11001100010111100111000111001111 List(Hello Spark, Hello Spark)
10101011110110000110101101110011 List(Hello Hadoop)
```

但即使是最复杂的散列函数也会引起一些冲突。Java 内置的 hashCode 函数将字符串编码成 32 位整数，这意味着，在理论上，我们只有 2^{32} 种可能得到不同的单词共享同一个散列值。在实践中，应该小心地处理碰撞，因为根据生日悖论，它们出现的可能远高于每 2^{32} 次出现一次。为了证明这个观点，下面的示例认为这 4 个不同的字符串是相同的：

```
Array("AaAa", "BBBB", "AaBB", "BBAa")
  .groupBy(a => Integer.toBinaryString(a.hashCode))
  .foreach(Sprintln)

11111000000001000000 List(AaAa, BBBB, AaBB, BBAa)
```

同时，有时有些文章只有一小部分文字不同，例如一则广告、一个额外的页脚，或者在 HTML 代码里额外的一位数据，这些都会使散列签名与内容几乎相同的文章的签名不同。事实上，即使是单个单词的一个小拼写错误都将导致完全不同的散列值，从而使两个近似重复的文章被认为是完全不同的。

```
Array("Hello, Spark", "Hello Spark")
  .groupBy(a => Integer.toBinaryString(a.hashCode))
  .foreach(println)

11100001101000010101000011010111 List(Hello, Spark)
11001100010111100111000111001111 List(Hello Spark)
```

虽然“Hello Spark”和“Hello ,Spark”这两个字符串真的很近似（它们只差 1 个字符而已），但它们的散列值相差 16 位（共 32 位）。幸运的是，互联网的先驱们可能已经找到了使用散列值来检测近似重复的解决方案。

10.1.2 站在“互联网巨人”的肩膀上

无须多言，谷歌在索引网页方面做得相当不错。超过一万亿不同的 URL，检测重复是在索引 Web 内容时的关键技术。当然，大型互联网公司多年来已经开发了一些技术来解决规模的问题，从而使索引整个互联网所需的计算资源量还在一定限度内。这些技术中，我们要介绍的是被称为 Simhash 的技术，虽然它十分高效，但它是如此简单而整洁。如果你想通过掌握 Spark 来了解数据科学，那么你必须掌握它

1. Simhash

Simhash 背后的主要思想不是立刻计算出一个散列值，而是查看文章的内容并计算多个单独的散列。对于每个单词、每个词组，甚至每两个字符，我们都可以很容易地用前面描述过 Java 内置的简单 hashCode 函数来计算散列值。如图 10-2 所示，它显示包含在字符串“hello simhash”里的两个字符集合的所有 32 位散列值（省略前 20 个零值）。

一个简单的 Scala 实现代码如下所示：

```
def shingles(content: String) = {
  content.replaceAll("\\s+", "")
      .sliding(2)
      .map(s => s.mkString(""))
      .map(s => (s, s.hashCode))
}
implicit class BitOperations(i1: Int) {
    def toHashString: String = {
      String.format(
            "%32s",
            Integer.toBinaryString(i1)
        ).replace(" ", "0")
    }
}
shingles("spark").foreach { case (shingle, hash) =>
  println("[" + shingle + "]\t" + hash.toHashString)
}
```

```
[sp] 00000000000000000000111001011101
[pa] 00000000000000000000110111110001
[ar] 00000000000000000000110000110001
[rk] 00000000000000000000111000111001
```

	hashcodes											
he	1	1	0	0	1	1	1	1	1	1	0	1
el	1	1	0	0	1	0	1	0	0	1	1	1
ll	1	1	0	1	1	0	0	0	0	0	0	0
lo	1	1	0	1	1	0	0	0	0	0	1	1
si	1	1	1	0	0	1	0	1	0	1	1	0
im	1	1	0	1	0	0	1	0	0	1	0	0
mh	1	1	0	1	1	0	0	1	1	0	1	1
ha	1	1	0	0	1	1	1	1	1	0	0	1
as	1	1	0	0	0	0	1	1	0	0	1	0
sh	1	1	1	0	0	1	0	1	0	1	0	1

图 10-2 构建“hello simhash”字符的散列

通过计算这些散列值，我们将 Simhash 对象初始化为整数零。对于该 32 位整数中的每一位，我们用它计算列表中特定位设置为 1 的散列值的个数，并减去同一列表中特定位未设置的数目。这返回了图 10-3 所示的数组。最后，任何大于 0 的值将被设置为 1，任何小于或等于 0 的值将被设置为 0。唯一棘手的问题是如何进行移位操作，但算法本身是相当细微的。请注意，我们在这里使用了递归，以避免使用可变变量（使用 var）或列表。

	10	10	-6	-2	2	-2	0	2	-4	0	0	2
hello simhash	1	1	0	0	1	0	0	1	0	0	0	1

图 10-3 构建“hello simhash”字符

```
implicit class BitOperations(i1: Int) {

  // ../..

  def isBitSet(bit: Int): Boolean = {
     ((i1 >> bit) & 1) == 1
  }
}

implicit class Simhash(content: String) {

  def simhash = {
    val aggHash = shingles(content).flatMap{ hash =>
      Range(0, 32).map { bit =>
         (bit, if (hash.isBitSet(bit)) 1 else -1)
            }
        }
        .groupBy(_._1)
        .mapValues(_.map(_._2).sum > 0)
        .toArray
```

```
      buildSimhash(0, aggHash)
    }

  private def buildSimhash(
      simhash: Int,
      aggBit: Array[(Int, Boolean)]
    ): Int = {

    if(aggBit.isEmpty) return simhash
    val (bit, isSet) = aggBit.head
    val newSimhash = if(isSet) {
      simhash | (1 << bit)
    } else {
      simhash
    }
    buildSimhash(newSimhash, aggBit.tail)
  }
}
val s = "mastering spark for data science"
println(toHashString(s.simhash))

00000000000000000000110000110001
```

2. 汉明权重

很容易理解的是，两篇文章中共同的单词越多，两者在 Simhash 中相同的某个位 *b* 被设置为 1 的情况就越多。Simhash 的优美之处在于伴随着这个聚合步骤。我们语料库中的许多其他单词（其他散列）可能这个特定的位 *b* 没有被设定值，因此使得这个值在观察到不同散列的时候被减小。只是共享一系列共同的词语还不够，类似的文章必须也有相同的词频。下面的示例显示了 3 个字符串“hello simhash”“hello minhash”“hello world”计算出来的 Simhash 值，如图 10-4 所示。

hello simhash	1	1	0	0	1	0	0	1	0	0	0	1
hello minhash	1	1	0	0	1	0	1	1	0	0	0	1
hello world	1	1	0	0	1	0	1	0	0	0	0	0

图 10-4 3 个字符串的 simhash 值

“hello simhash”和“hello world”只相差 3 位，“hello simhash”和“hello minhash”只差 1 位。事实上，我们可以把它们之间的距离表示为它们的异或（XOR）乘积的汉明权重（hamming weight）。汉明权重就是为了把一个给定的数字变成零元素所需要改变的位的数量，如图 10-5 所示。两个数的异或运算的汉明权重实际上就是两个元素相异的位的数目，在本例中为 1。

hello simhash	1	1	0	0	1	0	0	1	0	0	0	1
hello minhash	1	1	0	0	1	0	1	1	0	0	0	1
XOR	0	0	0	0	0	0	1	0	0	0	0	0

图 10-5 simhash 的汉明权重

只要简单地使用 Java 的 bitCount 函数，就能返回两个指定整数的补码二进制形式中 1 的数目：

```
implicit class BitOperations(i1: Int) {
  // ../..
  def distance(i2: Int) = {
    Integer.bitCount(i1 ^ i2)
  }
}

val s1 = "hello simhash"
val s2 = "hello minhash"
val dist = s1.simhash.distance(s2.simhash)
```

我们已经成功地构建了 Simhash，并执行了一些简单的成对比较。下一步是将其扩展，开始检测 GDELT 数据库中实际的重复数据。

10.1.3 检测 GDELT 中的近似重复

在第 2 章中，我们对数据采集过程进行了深入地研究。在这个用例中，我们将使用图 10-6 所示的 NiFi 流来监测 GDELT 的主 URL，获取并解压缩最新的 GKG 文档，并以压缩格式将文件存储在 HDFS 上。

我们首先用先前创建的解析器集合（放在我们的 GitHub Repo 上）来解析 GKG 记录，提取所有不同的 URL 并使用第 6 章中介绍的 Goose 提取器来获取 HTML 内容：

```
val gdeltInputDir = args.head
val gkgRDD = sc.textFile(gdeltInputDir)
  .map(GKGParser.toJsonGKGV2)
  .map(GKGParser.toCaseClass2)
val urlRDD = gkgRDD.map(g => g.documentId.getOrElse("NA"))
  .filter(url => Try(new URL(url)).isSuccess)
  .distinct()
  .repartition(partitions)
val contentRDD = urlRDD mapPartitions { it =>
```

```
  val html = new HtmlFetcher()
  it map html.fetch
}
```

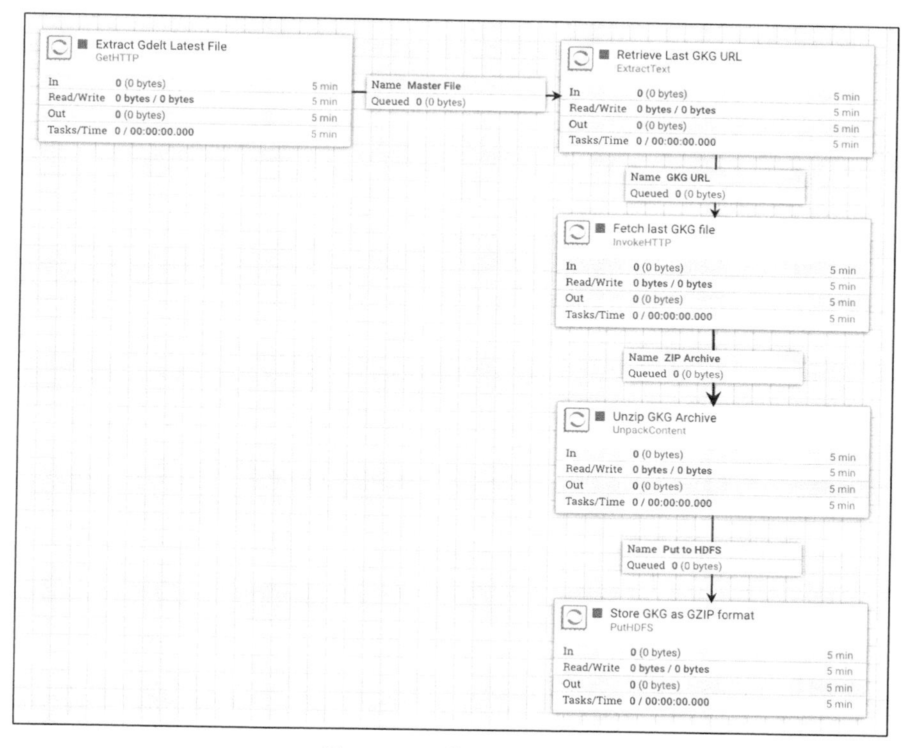

图 10-6 下载 GKG 数据

因为 hashcode 函数是区分大小写的（“Spark”和“spark”返回的散列值是完全不同的），所以我们强烈建议在 simhash 函数之前清理文本。类似第 9 章所描述的，我们先用下面的 Lucene 分析器来将单词词干化。

```
<dependency>
  <groupId>org.apache.lucene</groupId>
  <artifactId>lucene-analyzers-common</artifactId>
  <version>4.10.1</version>
</dependency>
```

正如你之前注意到的，我们在隐式类中编写了 Simhash 算法，可以使用以下 `import` 语句直接将 `simhash` 函数应用到一个字符串。在开发的早期阶段，付出额外的努力总是会有回报的。

```
import io.gzet.story.simhash.SimhashUtils._
val simhashRDD = corpusRDD.mapValues(_.simhash)
```

现在我们有了场景的 RDD（Content 是一个封装文章 URL、标题和主体的样本类）和它的 Simhash 值，以及一个唯一标识符，这个以后我们会用到。我们先来验证算法，并找出第一个重复的副本。从现在开始，我们只将其 32 位的 Simhash 值中差异不超过 2 位的文章视为重复。

```
hamming match {
  case 0 => // 相同的文章，真实重复
  case 1 => // 近似重复（主要是书写错误）
  case 2 => // 近似重复（在形式上有较小差异）
  case _ => // 不同的文章
}
```

接下来又要面对可扩展性方面的挑战：我们当然不想执行笛卡儿积来逐对比较 Simhash RDD 中的文章。相反，我们想要采用 MapReduce 范式（使用 `groupByKey` 函数），只对重复的文章进行分组。方法是遵循先扩展再克服（`expand-and-conquer`）的模式，我们先对初始数据集进行扩展，利用 Spark 进行洗牌，然后在本地的执行器层面上解决问题。因为只需要处理 1 位差（此后我们将应用相同的逻辑处理 2 位差），所以我们的策略是扩展 RDD，以便对于每个 Simhash 值 s，使用相同的 1 位掩码，输出所有 31 个 1 位 s 组合。

```
def oneBitMasks: Set[Int] = {
  (0 to 31).map(offset => 1 << offset).toSet
}

00000000000000000000000000000001
00000000000000000000000000000010
00000000000000000000000000000100
00000000000000000000000000001000
...
```

取一个 Simhash 值 s，我们对每个前缀掩码和 Simhash 值 s 进行 XOR 运算，输出可能的 1 位 s 组合。

```
val s = 23423
oneBitMasks foreach { mask =>
  println((mask ^ s).toHashString)
}
```

```
00000000000000000101101101111111
00000000000000000101101101111110
00000000000000000101101101111101
00000000000000000101101101111011
...
```

处理 2 位的过程没什么区别，虽然在扩展性上有点麻烦（现在的输出可能有 496 种组合，意味着 32 位中的任意 2 位组合）。

```
def twoBitsMasks: Set[Int] = {
  val masks = oneBitMasks
  masks flatMap { e1 =>
    masks.filter( e2 => e1 != e2) map { e2 =>
      e1 | e2
    }
  }
}
```

```
00000000000000000000000000000011
00000000000000000000000000000101
00000000000000000000000000000110
00000000000000000000000000001001
...
```

最后，我们构建了一套可以用来检测重复的掩码（注意，我们也希望通过 0 位差掩码来输出原始的 Simhash）：

```
val searchmasks = twoBitsMasks ++ oneBitMasks ++ Set(0)
```

这也有助于我们相应地扩大初始 RDD。它的确需要高昂的操作成本，因为它增加了常数级（496 + 32 + 1 可能性组合）RDD 的大小，但只保持线性的时间复杂度，而笛卡儿连接的复杂度是二次幂运算 $O(n^2)$。

```
val duplicateTupleRDD = simhashRDD.flatMap {
  case ((id, _), simhash) =>
    searchmasks.map { mask =>
      (simhash ^ mask, id)
    }
}
.groupByKey()
```

我们发现文章 A 是文章 B 的复制品，文章 B 又是文章 C 的复制品。这就是一个简单的图的问题，可以用 GraphX 中的连通分量算法方便地求解。

```
val edgeRDD = duplicateTupleRDD
  .values
  .flatMap { it =>
    val list = it.toList
    for (x <- list; y <- list) yield (x, y)
   }
   .filter { case (x, y) =>
     x != y
   }
   .distinct()
   .map {case (x, y) =>
     Edge(x, y, 0)
   }

val duplicateRDD = Graph.fromEdges(edgeRDD, 0L)
  .connectedComponents()
  .vertices
  .join(simhashRDD.keys)
  .values
```

在测试所用的 15 000 篇文章中，我们提取了大约 3 000 个不同的故事。我们在图 10-7 中展示了一个例子，其中包括了检测出来的两篇近似重复的文章，两者高度相似但不完全相同。

Note 7 fiasco leaves Samsung's smartphone brand in question

By ASSOCIATED PRESS
PUBLISHED: 20:02, 12 October 2016 | **UPDATED:** 20:02, 12 October 2016

Share

SEOUL, South Korea (AP) — The fiasco of Samsung's fire-prone Galaxy Note 7 smartphones — and its stumbling response to the problem — has left consumers from Shanghai to New York reconsidering how they feel about the South Korean tech giant and its products.

Samsung Electronics said this week that it would stop making the Note 7 for good, after first recalling some devices and then recalling their replacements , too. Now, like the makers of Tylenol, Ford Pintos and other products that faced crises in the past, it must try to restore its relationship with customers as it repairs damage to its brand.

Samsung shares plunged as much as 8 percent in Seoul, their biggest one-day drop since the 2008 financial crisis, after the company apologized for halting sales of the Note 7 .

+6

图 10-7 GDELT 数据库中有关 Galaxy Note7 的两篇文章

图 10-7 GDELT 数据库中有关 Galaxy Note7 的两篇文章（续）

10.1.4 索引 GDELT 数据库

下一步开始构建我们的在线 API，这样任何用户都可以实时检测近似重复的内容，就像脸书在用户的时间线所做的那样。这里使用 Play 框架，但是我们只做简要描述，因为这些内容在第 8 章中已经描述过。

1. 持久化 RDD

首先，我们要从 RDD 中提取数据，并将其保存在可靠、可扩展、能用键高效地检索的位置。数据库的主要目的是检索给定的特定键（键为 Simhash），Cassandra（Maven 的依赖项如下）看起来很适合这项工作：

```
<dependency>
  <groupId>com.datastax.spark</groupId>
  <artifactId>spark-cassandra-connector_2.11</artifactId>
</dependency>
```

我们的数据模型十分简洁，并包含了一个简单的表：

```
CREATE TABLE gzet.articles (
  simhash int PRIMARY KEY,
  url text,
  title text,
  body text
);
```

把 RDD 存入 Cassandra 最简单的方法是将结果封装在样本类对象中，这与我们前面的表定义相匹配，然后调用 saveToCassandra 函数：

```
import com.datastax.spark.connector._

corpusRDD.map { case (content, simhash) =>
  Article(
    simhash,
    content.body,
    content.title,
    content.url
  )
}
.saveToCassandra(cassandraKeyspace, cassandraTable)
```

2. 构建 REST 的 API

接下来是研究 API 本身。我们创建了一个新的 Maven 模块（打包为 play2）并导入以下依赖项：

```
<packaging>play2</packaging>

<dependencies>
  <dependency>
    <groupId>com.typesafe.play</groupId>
    <artifactId>play_2.11</artifactId>
  </dependency>
  <dependency>
    <groupId>com.datastax.cassandra</groupId>
    <artifactId>cassandra-driver-core</artifactId>
  </dependency>
</dependencies>
```

我们先创建一个新的数据访问层，即给定一个输入 Simhash，将构建出前面讨论过的所有可能的 1 位和 2 位掩码列表，并从 Cassandra 中找出所有匹配的记录：

```
class CassandraDao() {

  private val session = Cluster.builder()
                                 .addContactPoint(cassandraHost)
                                 .withPort(cassandraPort)
                                 .build()
                                 .connect()

def findDuplicates(hash: Int): List[Article] = {
  searchmasks.map { mask =>
```

```
      val searchHash = mask ^ hash
      val stmt = s"SELECT simhash, url, title, body FROM gzet.articles
  WHERE simhash = $searchHash;"
      val results = session.execute(stmt).all()
      results.map { row =>
        Article(
           row.getInt("simhash"),
           row.getString("body"),
           row.getString("title"),
           row.getString("url")
          )
        }
        .head
      }
      .toList
    }
  }
```

在控制器中，给定一个输入 URL，我们提取 HTML 内容，将文本分词，求解 Simhash 值，最终调用服务层以 JSON 格式返回匹配的记录：

```
object Simhash extends Controller {

  val dao = new CassandraDao()
  val goose = new HtmlFetcher()

  def detect = Action { implicit request =>
    val url = request.getQueryString("url").getOrElse("NA")
    val article = goose.fetch(url)
    val hash = Tokenizer.lucene(article.body).simhash
    val related = dao.findDuplicates(hash)
    Ok(
        Json.toJson(
        Duplicate(
          hash,
          article.body,
          article.title,
          url,
          related
        )
      )
    )
  }
}
```

后面的 `play2` 路由将把任何 GET 请求重定向到之前描述过的 `detect` 方法上：

```
GET /simhash io.gzet.story.web.controllers.Simhash.detect
```

最后，API 可以用如下方式启动，提供给最终用户：

```
curl -XGET 'localhost:9000/simhash?url=
http://www.detroitnews.com/story/tech/2016/10/12/samsung-damage/91948802/'

{
  "simhash": 1822083259,
  "body": "Seoul, South Korea - The fiasco of Samsung's [...]
  "title": "Fiasco leaves Samsung's smartphone brand [...]",
  "url": "http://www.detroitnews.com/story/tech/2016/[...]",
  "related": [
    {
      "hash": 1821919419,
      "body": "SEOUL, South Korea - The fiasco of [...]
      "title": "Note 7 fiasco leaves Samsung's [...]",
      "url":"http://www.chron.com/business/technology/[...]"
    },
    {
      "hash": -325433157,
      "body": "The fiasco of Samsung's fire-prone [...]
      "title": "Samsung's Smartphone Brand [...]",
      "url": "http://www.toptechnews.com/[...]"
     }
   ]
}
```

你现在已经建立了一个在线 API，能用来检测近似重复，如关于“Galaxy Note 7”的各种报道，但 API 与脸书（Facebook）相比有多精确呢？它肯定足够精确，足以用它将高度相似的事件分组为故事，并给 GDELT 数据去噪。

3．提高之处

虽然 API 给出的结果的整体质量让人感到满意，但我们要讨论的是新闻文章场景中的一个重大改进。事实上，文章不仅是不同的词袋，而且遵循明确的结构，其中秩序尤为重要。事实上，标题总是引人入胜，仅在最初几行中就能很好地涵盖主要内容。文章的其余部分也很重要，但可能没有引言那么重要。考虑到这个假设，我们可以稍微修改 Simhash 算法，对每个单词赋予不同的权重，这样修改后的算法就能体现顺序的影响。

```
implicit class Simhash(content: String) {

  // ../..

  def weightedSimhash = {
    val features = shingles(content)
    val totalWords = features.length
    val aggHashWeight = features.zipWithIndex
      .map {case (hash, id) =>
        (hash, 1.0 - id / totalWords.toDouble)
      }
      .flatMap { case (hash, weight) =>
        Range(0, 32).map { bit =>
          (bit, if(hash.isBitSet(bit)) weight else -weight)
        }
      }
      .groupBy(_._1)
      .mapValues(_.map(_._2).sum > 0)
      .toArray

    buildSimhash(0, aggHashWeight)
    }
}
```

不论相同位的值是否已设置，我们不再添加 1 或−1，而是添加相应的权重，权重取决于它在文章中的位置。类似的文章将必须是共享相同的词、相同的词频，还要有相似的结构。换句话说，比起在文章末尾，在文章最初几行文本中出现差异的限制要严格得多。

10.2 构建故事

Simhash 应该只用于检测近似重复的文章。若把搜索范围扩大到 3 位或 4 位差异，它将非常低效（3 位差异需要对 Cassandra 进行 5 488 个不同查询，4 位差异将需要检测 41 448 个查询），而且可能带来的更多是噪声而不是相关的文章。如果用户想构建更大的故事库，必须应用典型的集群技术。

10.2.1 构建词频向量

我们准备以文章的词频作为输入向量，采用 KMeans 算法将事件分组到故事中。TF-IDF 是简单、高效的技术，而且在建立文本内容的向量方面行之有效。基本思路是计算一个词频，将其用数据集文件中的逆文档频率进行归一化，从而减少常用词（如停用词）的权重，而提高能展现文档特征的词的权重。它的实现（Wordcount 算法）是 MapReduce 处理的基础知识之一。我们首先计算每个文档中每个词的词频 RDD：

```
val tfRDD = documentRDD.flatMap { case (docId, body) =>
  body.split("\\s").map { word =>
    ((docId, word), 1)
  }
}
.reduceByKey(_+_)
.map { case ((docId, word), tf) =>
  (docId, (word, tf))
}
```

IDF 是文档总数除以包含字母 w 的文件数的对数值（译者注：分子、分母各加 1 是为了避免出现值为 0 的情况）：

$$idf_i = \log\left(\frac{n+1}{df_i+1}\right)$$

```
val n = sc.broadcast(documentRDD.count())
val dfMap = sc.broadcast(
  tfRDD.map { case (docId, (word, _)) =>
    (docId, word)
  }
  .distinct()
  .values
  .map { word =>
    (word, 1)
  }
  .reduceByKey(_+_)
  .collectAsMap()
)

val tfIdfRDD = tfRDD.mapValues { case (word, tf) =>
  val df = dfMap.value.get(word).get
  val idf = math.log((n.value + 1) / (df + 1))
  (word, tf * idf)
}
```

由于输出向量是由单词组成的，所以我们需要给语料库中的每个单词分配一个序列 ID。这里可能有两个解决方案。要么建字典，给每个词分配一个 ID，要么使用散列函数将不同的单词分组在同一个存储桶中。前者是理想化的，但结果向量中大约有 100 万个特征（特征数与唯一词的数量一样多），而后者则少得多（特征数和用户指定的一样多），但是可能由于散列冲突导致意外的影响（特征越少，冲突越多）。

```
val numFeatures = 256

val vectorRDD = tfIdfRDD.mapValues { case (word, tfIdf) =>
  val rawMod = word.hashCode % numFeatures
  rawMod + (if (rawMod < 0) numFeatures else 0)
  (word.hashCode / numFeatures, tfIdf)
}
.groupByKey()
.values
.map { it =>
  Vectors.sparse(numFeatures, it.toSeq)
}
```

虽然我们详细描述了 TF-IDF 技术，但是由于 MLlib 工具包，可以用几行代码就能完成散列 TF,后面我们会讲到。我们构建了 256 个大向量 RDD 可以馈送(在技术上)给 KMeans 进行聚类，但是，由于之前解释过的散列性质，我们有可能受到剧烈的散列冲突：

```
val tfModel = new HashingTF(1 << 20)
val tfRDD = documentRDD.values.map { body =>
  tfModel.transform(body.split("\\s"))
}

val idfModel = new IDF().fit(tfRDD)
val tfIdfRDD = idfModel.transform(tfRDD)
val normalizer = new Normalizer()
val sparseVectorRDD = tfIdfRDD map normalizer.transform
```

10.2.2 维度灾难，数据科学之痛

把特征数量从 256 增加到 2^{20}，散列冲突的数量会大大减少，但代价是数据点会被嵌入一个高维度的空间。

这里，我们讲述一种克服维度灾难的巧妙方法，不必深入研究关于矩阵计算的模糊数学理论（如奇异值分解），也不需要计算密集型操作。这种方法被称为随机索引（Random Indexing），类似于前面介绍过的 Simhash 概念。

其思想是为每个独立的特征（这里就是一个词）生成一个稀疏的、随机的、唯一的表示形式，由+1、−1、0 组成。在上下文（文档）中遇到一个单词，我们将这个单词的特征添加到上下文向量中。一个文档向量是每个单词向量的总和，如图 10-8 所示（在本例中，

即 TF-IDF 向量的总和）。

	Random Contexts								
mastering	1	0	0	0	0	1	1	0	-1
spark	0	1	0	0	1	1	1	-1	0
for	1	0	0	0	1	1	-1	0	1
data	0	0	0	0	0	0	0	1	0
science	-1	1	1	0	1	1	0	0	-1

	Aggregated Context								
mastering spark for data science	1	2	1	0	3	4	1	0	-1

图 10-8 随机索引向量

如果你是一个“纯数学极客”，我推荐你去深入研究 Johnson Lindenstrauss 引理。它的基本表达是：“如果将向量空间中的点投影到一个随机选择的维度足够高的子空间中，点与点之间的距离仍大致相同。”虽然随机索引技术本身可以实现（需要付出相当大的努力），并且 Johnson Lindenstrauss 引理非常有用，但还是很难掌握它们。幸运的是，Spark 包中有了优秀的实现：generalized-kmeansclustering。它由 Derrick Burns 提供。

```
val embedding = Embedding(Embedding.MEDIUM_DIMENSIONAL_RI)
val denseVectorRDD = sparseVectorRDD map embedding.embed
denseVectorRDD.cache()
```

终于，我们能将 2^{20} 维的大向量投射到 256 个维度，这种技术至少提供了以下几个好处。

- 特征数量固定。在未来遇到一个不在初始字典中的新单词，载体的大小也永远不会变大，这在流媒体场景中特别有用。
- 我们的输入特征集是非常大的（2^{20}）。虽然冲突仍可能发生，但风险大大降低。
- 根据 Johnson Lindenstrauss 引理，距离得以保持不变。
- 我们的输出向量相对较小（256）。我们克服了维度灾难。

把 RDD 向量缓存到内存之后，我们就可以来关注 KMeans 聚类本身。

10.2.3 优化 KMeans

假定读者已经熟悉 KMeans 聚类，因为这个算法可能是最著名和广泛使用的无监督聚类算法。它经过了半个多世纪的积极研究，在这里另外再做一个解释还不如你自己去找一些资源来了解它。

之前，我们基于文章内容（TF-IDF）创建了向量。下一步是基于文章之间的相似性把文章分组为故事。Spark 的 KMeans 实现只支持欧氏距离（Euclidean Distance）。有人会说余弦距离更适合文本分析，但我们认为前者已经足够准确了，我们不想为了练习而去重新打包 MLlib 发行版。在下面演示的代码中，欧氏距离和余弦距离都可以应用于任何双精度数组（隐含在密集向量后面的逻辑数据结构）：

```
def euclidean(xs: Array[Double], ys: Array[Double]) = {
  require(xs.length == ys.length)
  math.sqrt((xs zip ys)
    .map { case (x, y) =>
      math.pow(y - x, 2)
    }
    .sum
  )
}

def cosine(xs: Array[Double], ys: Array[Double]) = {

  require(xs.length == ys.length)
  val magX = math.sqrt(xs.map(i => i * i).sum)
  val magY = math.sqrt(ys.map(i => i * i).sum)
  val dotP = (xs zip ys).map { case (x, y) =>
    x * y
  }.sum

  dotP / (magX * magY)
}
```

使用 MLlib 包来训练一个新的 KMeans 聚类相当简单。指定了一个阈值 0.01 后，我们只需要考虑聚类中心的收敛，并设置最大迭代次数为 1000：

```
val model: KMeansModel = new KMeans()
  .setEpsilon(0.01)
  .setK(numberOfClusters)
  .setMaxIterations(1000)
  .run(denseVectorRDD)
```

但是，在我们这个特定用例中，正确的簇数应该设为多少？在每 15min 批次里有 500 到 1 000 篇不同的文章，我们能构建出多少故事？正确的问法应该是：在 15min 的批处理窗口中，发生了多少真实事件？事实上，优化新闻文章的 KMeans 与其他用例并没有什么不同，就是通过优化它的相关成本来实现的，成本是从点到各自的质心的距离平方（SSE）之和。

```
val wsse = model.computeCost(denseVectorRDD)
```

如果 k 等于文章数量，则相关成本为 0（每篇文章都是它自己的簇中心）。同样，k 等于 1 时，成本将是最大的。最佳的 k 值是添加一个新的簇不会带来相关成本的任何增益的最小可能值，通常表示为 SSE 曲线中的“弯头”，如图 10-9 所示。

使用迄今为止收集到的所有 15 000 篇文章，这里最佳聚类数不是很明显，但可能在 300 左右。

经验法则是让 k 作为 n（文章数量）的函数，如下。超过 15 000 篇文章的情形，按这个规则将返回 $k≈100$。

$$k \approx \sqrt{\frac{n}{2}}$$

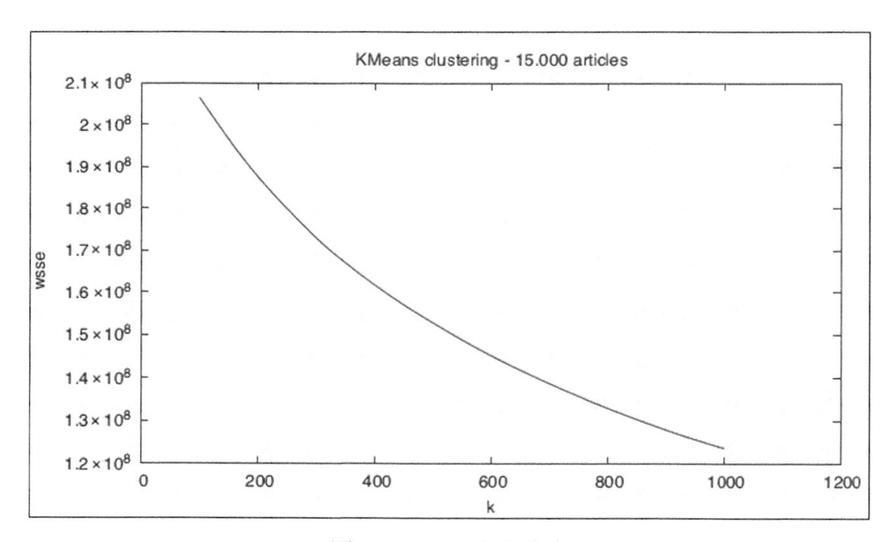

图 10-9　KM 成本曲线

我们就采用值 100 为每个数据点预测簇。

```
val clusterTitleRDD = articleRDD
  .zip(denseVectorRDD)
  .map { case ((id, article), vector) =>
    (model.predict(vector), article.title)
}
```

虽然还有很大的提高空间，不过我们可以确认许多看起来相似的文章被分组到相同的故事里。下面我们展示了一些与三星相关的文章，它们都属于相同的簇。

- 三星可以从 Tylenol、Mattel 和 JetBlue 学到什么……
- 鉴于 Note 7 崩溃，三星可能准备好……
- 三星的盘活股票吸引了投资者来投资……
- Note 7 惨败给三星的智能手机品牌留下……
- 三星的智能手机品牌因 Note 7 惨败而遭受打击……
- Note 7 惨败给三星的智能手机品牌留下问题……
- 三星的智能手机品牌因 Note 7 惨败被打击……
- 惨败给三星的智能手机品牌留下问题……

显然，这些相似的文章没有必要用 Simhash 进行查找，因为它们的差异大于 1 位或 2 位。聚类技术可用于分组相似（但不重复）文章进入更宽泛的故事。值得一提的是，优化 KMeans 是一项烦琐的任务，需要多次迭代和彻底的分析。然而，这不在我们关注的范围内，因为我们更看重的是实时情况下更大的簇和更小的数据集。

10.3 故事变迁

现在，我们已经有足够的材料进入核心主题。我们能够探测到近似重复的事件，把相似的文章分组到同一个故事中。在本节中，我们将在实时模式下（在 Spark Streaming 场景中）工作，监听新闻文章，并将其分组到故事里，同时也关注这些故事如何随着时间的推移而变化。我们知道故事的数量是不可知的，因为我们不可能事先知道未来几天会发生什么事件。难以想象为每个批次间隔（GDELT 里的 15min）优化 KMeans，效率也不高，我们决定不把这个约束视为限制因素，而把它当作检测突发新闻文章的优势。

10.3.1 平衡态

如果我们把全世界的新闻文章划为 10～15 个簇，并将这个数值固定，不随时间而变化，那么，训练出的 KMeans 聚类的分组应该将相似的（未必是重复的）文章归于同类的故事。为方便起见，我们给出以下定义。

- 一篇文章（article）是在一个时间 T 内报道特定事件的新闻文章。
- 一个故事（story）是一组类似的文章，覆盖了在一个时间 T 内的事件。

- 一个主题（topic）是一组类似的故事，覆盖了一段时期 P 里的不同事件。
- 一个大事记（epic）是一组类似的故事，覆盖了一段时期 P 里的同一事件。

我们假设在没有重大新闻事件的一段时间后，任何故事都会被归类分成不同的主题（每个主题都涉及一个或几个场景）。例如，任何关于政治（无论政治事件的性质如何）都可以归入政治范畴。这就是我们所说的平衡态，世界上的信息被均匀地分为 15 个独立而明确的类别（战争、政治、金融、技术、教育等）。

但是，如果一个重大事件刚刚爆发，会发生什么？事件可能变得十分重要，随着时间的推移（也由于簇的数量是固定的），它将覆盖不太重要的话题，并成为独立话题。类似 BBC 的广播，存在着一个 30min 的窗口，一些小事件如英国小镇惠特斯特布尔的牡蛎节，可能会被忽略，而转向一个重大的国际活动（这令牡蛎爱好者非常沮丧）。这个主题不再是一般性的，而是与特定事件相关联的，我们称这个主题为大事记。例如，一般性主题“恐怖主义、战争和暴力”在一次重大恐怖袭击爆发时成为大事记“巴黎袭击”；关于暴力和恐怖主义的广泛讨论已形成了一个关于在巴黎举行的活动的文章的专门分支。

想象一下，一个大事记的规模不断增长。第一篇关于巴黎袭击的文章报道了事实，几个小时后，全世界都在悼念被害者并且谴责恐怖主义。与此同时，法国和比利时警察主导了调查，追踪和摧毁恐怖主义网络。这些故事都被大量报道，因此成了同一个大事记的两个不同版本。故事变迁分支的概念如图 10-10 所示。

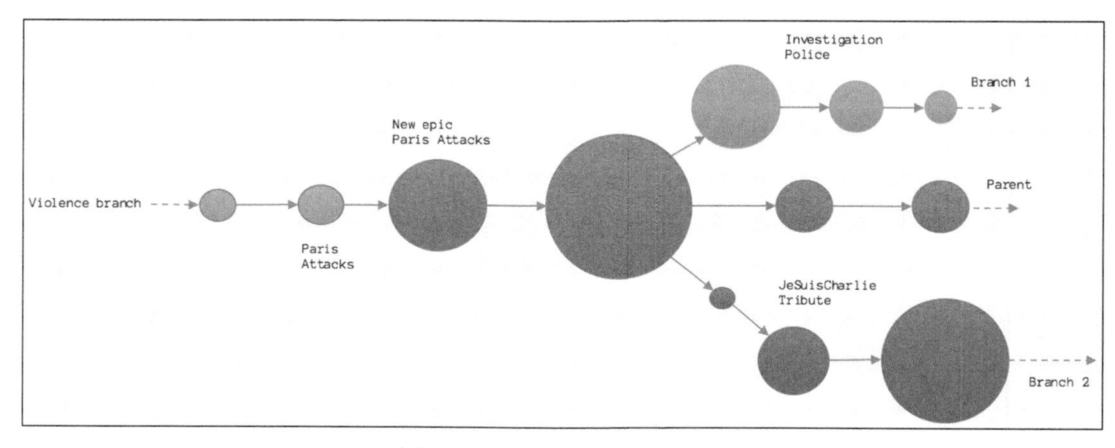

图 10-10 故事变迁分支的概念

一些大事记肯定会比其他大事记持续更长的时间，但如果它们消失了，它们的分支可能被回收，以覆盖新的突发事件文章（记住簇的固定数量），或者被重新用于将同类的故事分组到它们的同类主题。在某个时间点，我们最终会达到一个新的平衡状态，世界很好地适应了 15 个不同的主题。但是，我们假定一个新的平衡态肯定不是之前平衡态的完美复制，因为这场骚乱可能在某种形式下已经无法抹去并重塑了世界。举个具体的例子，直到今天，我们仍然会提到与“9・11”有关的文章。2001 年在纽约发生的世界贸易中心袭击事件仍有助于确定“暴力、战争和恐怖主义”主题。

10.3.2 随时间追踪故事

虽然前面的描述比任何东西都更抽象，而且可能值得作为一个数据科学应用于地缘政治的博士学位的课题，不过，我们还想做更进一步的了解，查明 Streaming KMeans 如何成为这个用例的绝佳工具。

1. 构建流式应用程序

首先实时获取数据，因此修改现有的 NiFi 流以便将下载的文档分流到 Spark Steaming 场景。有的人可以简单地用 netcat 将文件内容转向一个打开的套接字，但我们希望这个过程具有弹性和容错性。默认情况下，NiFi 提供了输出端口的概念，形成用 `Site-To-Site` 将数据传输到远程实例的机制，在这种情况下，端口就像队列一样工作，很有可能在传输途中不会丢失数据。我们在 nifi.properties 文件中分配端口号以启用此功能：

```
nifi.remote.input.socket.port=8055
```

我们在画布上创建一个名为 `Send_To_Spark` 的端口，每个记录（SplitText 处理器）都将被发送给它，如图 10-11 所示，就像我们在 Kafka 中做的那样。

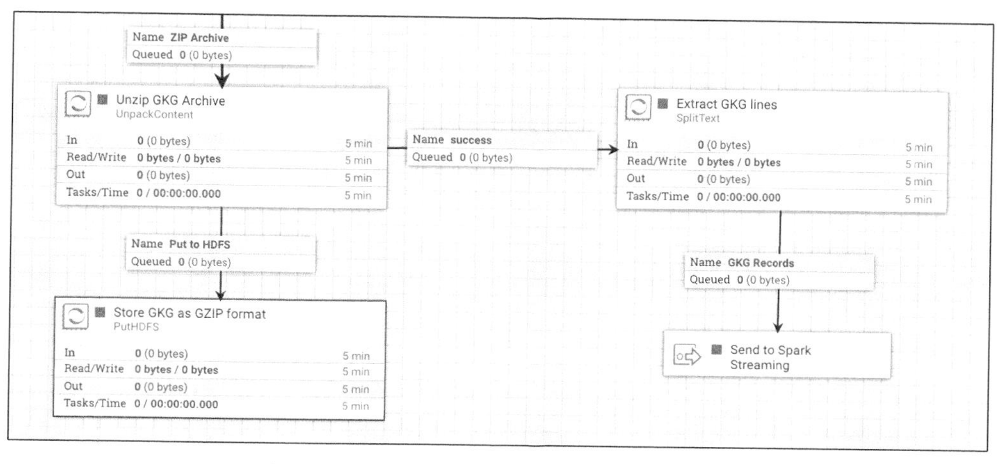

图 10-11 发送 GKG 记录给 Spark Steaming

虽然是在设计一个流式应用程序,但我们建议始终将数据的不可变副本保存在弹性数据存储中（这里是 HDFS)。在之前的 NiFi 流里，我们没有改变现有的进程，只是将其分流，同时发送记录到 Spark Steaming。当我们需要重放数据集的一部分时，这将特别有用。

在 Spark 端，我们需要构建一个 NiFi 接收器。这可以通过下面的 Maven 依赖实现:

```
<dependency>
  <groupId>org.apache.nifi</groupId>
  <artifactId>nifi-spark-receiver</artifactId>
  <version>0.6.1</version>
</dependency>
```

我们将 NiFi 端点定义为之前指定的端口名 `Send_To_Spark`。数据流将被接收为能用 `getContent` 方法轻松转换为字符串的数据包流。

```
def readFromNifi(ssc: StreamingContext): DStream[String] = {

  val nifiConf = new SiteToSiteClient.Builder()
    .url("http://localhost:8090/nifi")
    .portName("Send_To_Spark")
    .buildConfig()

  val receiver = new NiFiReceiver(nifiConf, StorageLevel.MEMORY_ONLY)
  ssc.receiverStream(receiver) map {packet =>
    new String(packet.getContent, StandardCharsets.UTF_8)
  }
}
```

我们启动了流式场景，监测每 15min 进来的新 GDELT 数据:

```
val ssc = new StreamingContext(sc, Minutes(15))
val gdeltStream: DStream[String] = readFromNifi(ssc)
val gkgStream = parseGkg(gdeltStream)
```

下一步是为每篇文章下载 HTML 内容。这里棘手的部分是只下载不同 URL 的文章。因为 DStream 里没有内置的 `distinct` 操作，我们需要使用 `transform` 操作来访问底层的 RDD，可以传递 `extractUrlsFromRDD` 函数给它:

```
val extractUrlsFromRDD = (rdd: RDD[GkgEntity2]) => {
  rdd.map { gdelt =>
    gdelt.documentId.getOrElse("NA")
  }
  .distinct()
}
val urlStream = gkgStream.transform(extractUrlsFromRDD)
val contentStream = fetchHtml(urlStream)
```

类似地，构建向量也需要访问底层 RDD，因为我们需要在整个批次里对文档频率进行计数（用于 TF-IDF），这也由 `transform` 函数完成：

```
val buildVectors = (rdd: RDD[Content]) => {

  val corpusRDD = rdd.map(c => (c, Tokenizer.stem(c.body)))

  val tfModel = new HashingTF(1 << 20)
  val tfRDD = corpusRDD mapValues tfModel.transform

  val idfModel = new IDF() fit tfRDD.values
  val idfRDD = tfRDD mapValues idfModel.transform

  val normalizer = new Normalizer()
  val sparseRDD = idfRDD mapValues normalizer.transform

  val embedding = Embedding(Embedding.MEDIUM_DIMENSIONAL_RI)
  val denseRDD = sparseRDD mapValues embedding.embed

  denseRDD
}

val vectorStream = contentStream transform buildVectors
```

2. 流式 KMeans

流式 KMeans 算法完全适用于我们的用例。流式 KMeans 的概念与经典 KMeans 的概念没有什么区别，不同之处在于它适用于动态数据，因此需要不断地重新训练和更新。

在每个批次中，我们为每个新的数据点找到最近的中心，调整新的簇中心，更新模型。因为我们能伪实时地追踪真实的簇并适应其变化，所以跨不同批次追踪相同的主题将变得十分容易。

流式 KMeans 的第二个重要特征是健忘，这确保了在时间 t 接收的新数据点比起过去的数据点，能做出更多贡献给我们定义的簇，因此能让簇中心随时间平稳地漂移（故事会变迁）。这是由衰变因子及其半衰期参数（以批次数或点数表示）控制的，在指定时间之后，一个给定的点的贡献只有它原来权重的一半，衰变因子的影响如下。

- 采用无限大的衰减因子，所有的历史数据将被考虑在内，簇中心将缓慢漂移，在重大新闻事件突发的时候不会很快反应。
- 采用小的衰变因子，簇对任何点都会反应过度，观察到新事件时可能会发生很大的变化。

流式 KMeans 的第三个也是最重要的特征是检测和回收将要消亡的簇。当观察到输入数据发生急剧变化时，一个簇可能会远离任何已知的数据点。流式 KMeans 将消除这个消亡的簇，将其最大的部分划分成两个簇。这完全符合故事分支的概念，多个故事可以共享一个祖先。

这里，我们使用两个批次的半衰期参数。每 15min 得到新数据时，任何新的数据点仅保持激活状态 1h。流式 KMeans 的训练过程如图 10-12 所示。

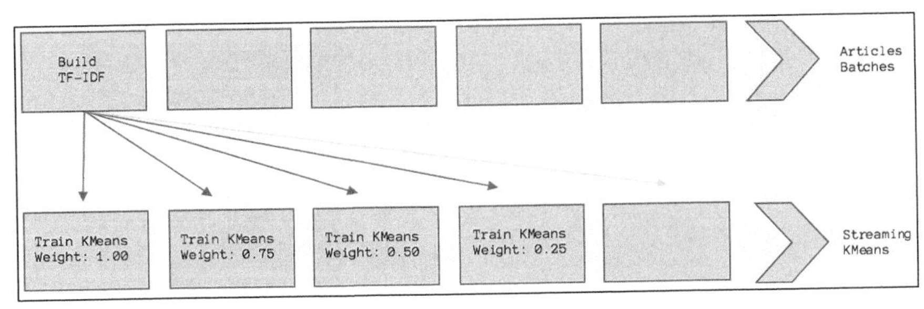

图 10-12 流式 KMeans 的训练过程

我们创建了一个新的流式 KMeans，如以下代码所示。因为还没有观察到任何数据点，我们在 256（TF-IDF 向量的大小）个大向量中随机选择 15 个中心来初始化它，用 `trainOn` 方法对它进行实时训练：

```
val model = new StreamingKMeans()
  .setK(15)
  .setRandomCenters(256, 0.0)
  .setHalfLife(2, "batches")

model.trainOn(vectorStream.map(_._2))
```

最后，我们可以为任何新的数据点预测所属的簇：

```
val storyStream = model predictOnValues vectorStream
```

然后，我们使用以下属性将结果保存到 Elasticsearch 群集（通过一系列的 join 操作来访问）。这里我们不再讲解如何将 RDD 持久化到 Elasticsearch，因为前面的章节中已经深入讨论过了。请注意，我们也保存向量本身，这样在稍后的过程中还可以再使用它。

```
Map(
  "uuid" -> gkg.gkgId,
  "topic" -> clusterId,
  "batch" -> batchId,
  "simhash" -> content.body.simhash,
  "date" -> gkg.date,
  "url" -> content.url,
  "title" -> content.title,
  "body" -> content.body,
  "tone" -> gkg.tones.get.averageTone,
  "country" -> gkg.v2Locations,
  "theme" -> gkg.v2Themes,
  "person" -> gkg.v2Persons,
  "organization" -> gkg.v2Organizations,
  "vector" -> v.toArray.mkString(",")
)
```

3. 可视化

因为我们把文章及其相关的故事和主题存储在 Elasticsearch 里，所以我们可以用关键字搜索、浏览任何事件（因为文章被全面分析和索引了），或者特定的人物、主题、组织等。我们在故事之上构建可视化，并试着在 Kibana 仪表板上检测它们潜在的漂移。不同的簇 ID（不同主题）随着时间推移的变化展示在图 10-13 中，日期是 11 月 13 号（有 35 000 篇文章被索引）。

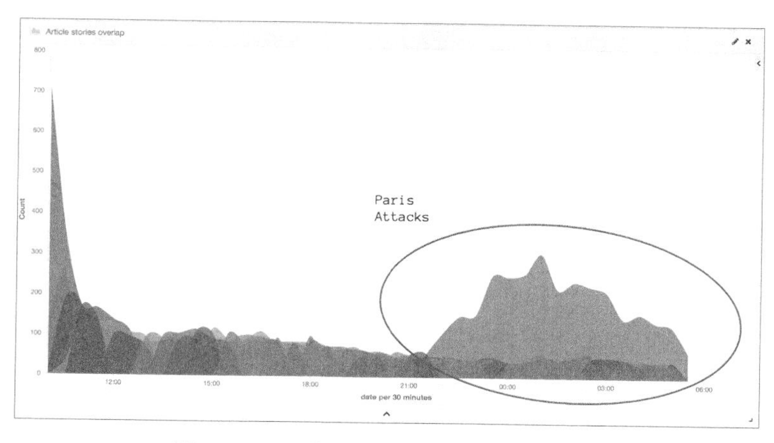

图 10-13　巴黎恐怖袭击的 Kibana 可视化

结果非常有启发性。我们能在 2015 年 11 月 13 日 21:30 左右发现巴黎恐怖袭击事件，此时仅是第一次袭击后的几分钟。我们也确认了聚类算法良好的相对一致性，仅在当天的 21:30 到 03:00 之间，巴黎恐怖袭击的相关事件就构成了一个特定簇（5 000 篇文章）。

但我们可能还想知道，在第一次袭击发生之前这个特定的簇是什么样子的。由于我们将所有文章连同它们的簇 ID 和它们的 GKG 属性都一起做了索引，所以可以很容易地将故事时间倒退进行追踪，并检测其变迁。结果证明，直到 21:00 到 22:00，这个特定的主题主要是涉及“MAN_MADE_DISASTER（人为制造的灾难）”专题的事件，此后当它转向巴黎恐怖袭击大事记时，它的专题主要围绕着“恐怖”“紧急状态”“杀戮”和“撤离”等，如图 10-14 所示。

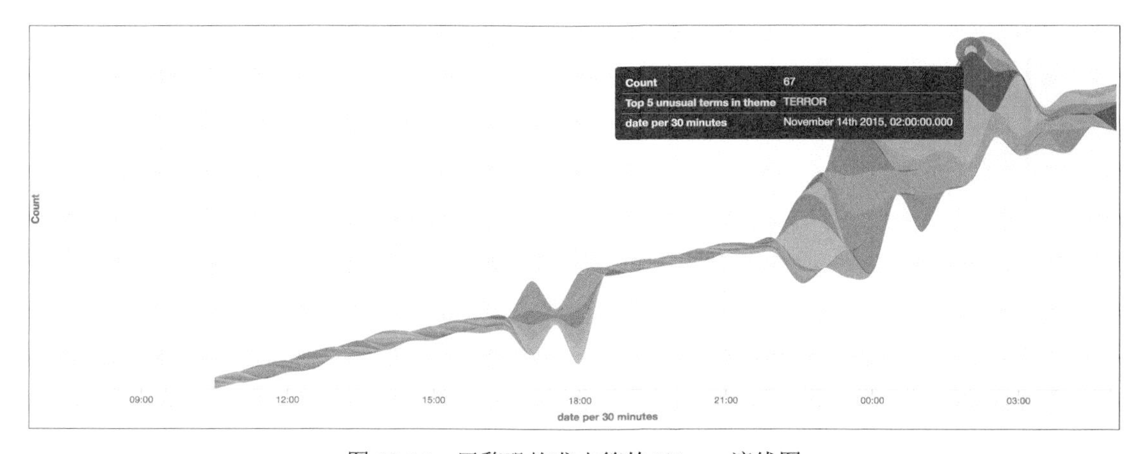

图 10-14　巴黎恐怖袭击簇的 Kibana 流线图

毫无疑问，我们从 GDELT 获得的 15min 平均语调在 21:00 之后因为这个特定主题大幅下降，如图 10-15 所示。

这 3 个简单的可视化证明了我们可以随着时间推移跟踪一个故事，并研究其在体裁、关键词、人物或组织（基本上任何可以从 GDELT 中提取的实体）等方面潜在的变迁。我们也可以从 GKG 记录中发现地理定位。

虽然我们发现了一个专门针对巴黎恐怖袭击的主要簇，它是第一个覆盖这一系列事件的，但它可能并不是唯一的一个。根据之前的流式 KMeans 定义，这个主题变得如此之大以至于肯定触发了一个或几个后续的大事记。我们在图 10-16 中展示了与图 10-13 相同的结果，但是这次过滤了任何匹配关键词“巴黎”的文章。

似乎在午夜左右，这个大事记产生了同一事件的多个版本（至少有 3 个较大的版本）。

攻击发生后 1h（1h 是我们的衰变因子），流式 KMeans 开始回收将消亡的簇，从而从最重要的事件簇（巴黎恐怖袭击簇）里创造新的分支。

主要的大事记涵盖了事件本身（事实），而次重要的是社交网络的相关文章。简单的词频分析告诉我们，这个大事记是关于“#portesOuvertes”（开门）和“#prayForParis”（为巴黎祈祷）这两个标签的，说明巴黎人对恐怖主义的反应是一致的。我们还检测到其他的簇更多聚焦政治家向法国表示哀悼、谴责恐怖主义。所有这些新的故事都以巴黎恐怖袭击大事记为一个共同的祖源，但涵盖了不同的特色。

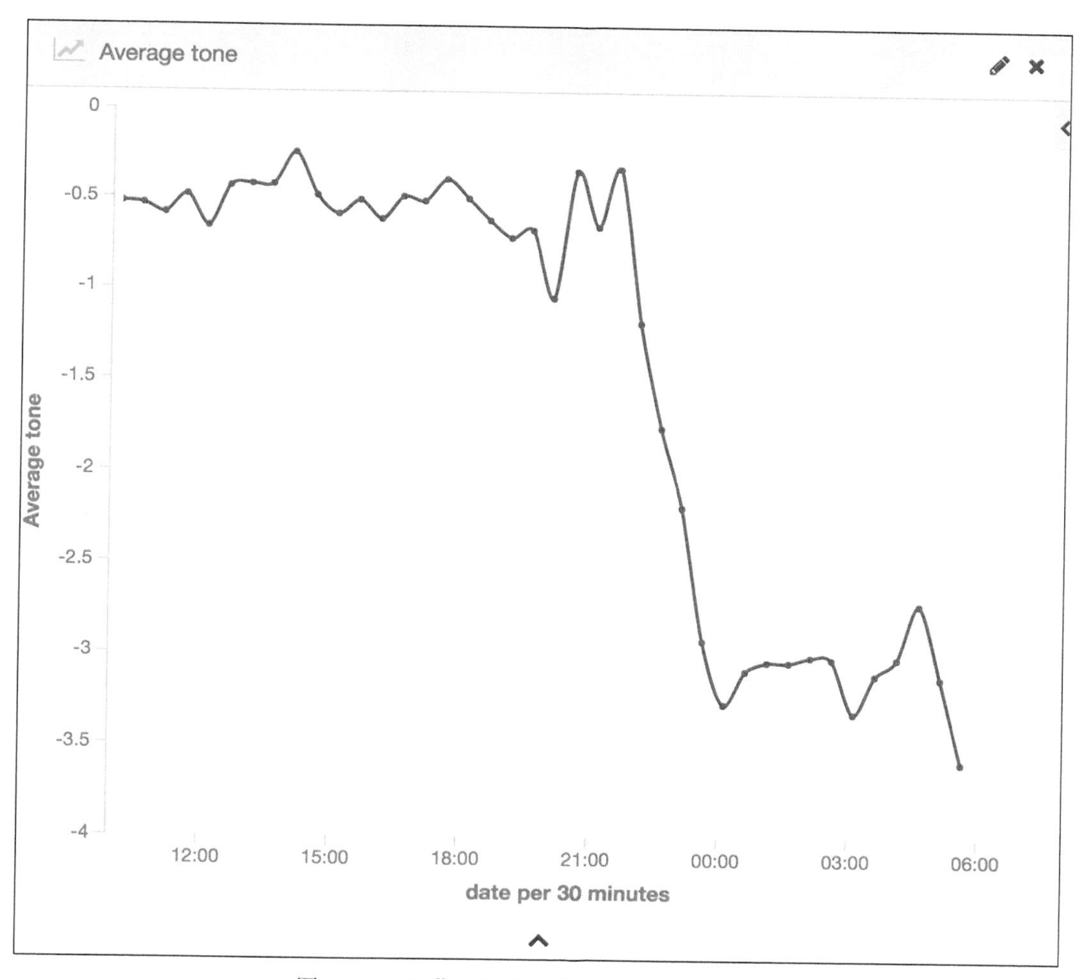

图 10-15 巴黎恐怖袭击簇的 Kibana 平均语调

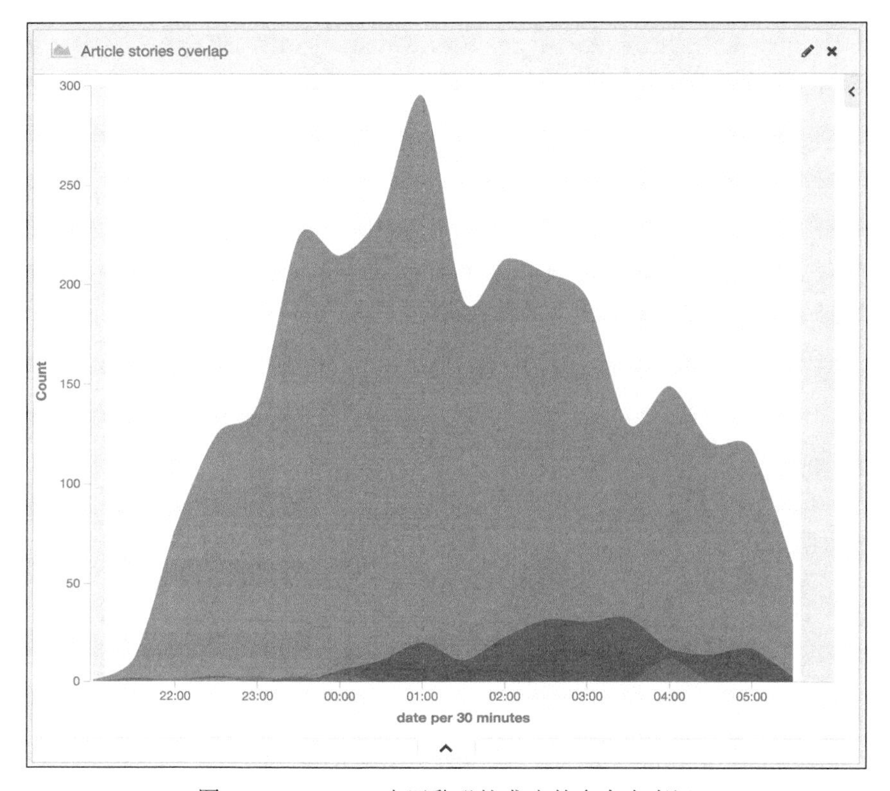

图 10-16　Kibana 中巴黎恐怖袭击的多个大事记

10.3.3　构建故事的关联

我们怎样才能把那些分支连接起来呢？我们要如何追踪一个大事记随时间推移的发展，并了解它何时、是否或者为什么分支了？当然可视化是有帮助的，不过我们也可以将其视为图问题来解决。

因为 KMeans 模型在每个批次中都不断更新，我们的方法是对采用过期的模型预测出来的文章进行检索，将其从 Elasticsearch 中找出，再根据更新后的 KMeans 重新预测它们。我们的假设如下：

如果我们在一个时间 t 内观察到许多属于故事 s 的文章，而这些文章在时间 $t+\delta t$ 属于另一个故事 s′，那么 s 很可能在 δt 内变迁到 s′。

作为一个具体的例子，第一批“#prayForParis”的文章肯定属于“巴黎恐怖袭击大事记”。几批以后，同样的文章属于“巴黎恐怖袭击/社交网络”簇。因此，“巴黎恐怖袭击大事记”可能

催生了“巴黎恐怖袭击/社交网络”。这个过程是检测事件的关联，如图 10-17 所示。

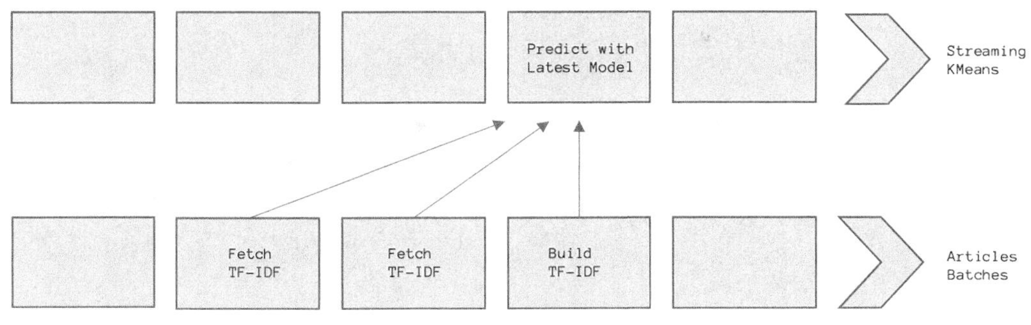

图 10-17 检测故事的关联

我们从 Elasticsearch 中读取 JSON RDD，并使用批次 ID 进行范围查询。在下面的示例中，我们希望访问过去 1h 内构建的所有向量（最后 4 个批次）连同它们的原始簇 ID，并根据更新后的模型重新预测它们（通过 lastestModel 函数来访问）：

```
import org.json4s.DefaultFormats
import org.json4s.native.JsonMethods._

val defaultVector = Array.fill[Double](256)(0.0d).mkString(",")
val minBatchQuery = batchId - 4
val query = "{"query":{"range":{"batch":{"gte": " + minBatchQuery +
",","lte": " + batchId + "}}}}"
val nodesDrift = sc.esJsonRDD(esArticles, query)
  .values
  .map { strJson =>
    implicit val format = DefaultFormats
    val json = parse(strJson)
    val vectorStr = (json \ "vector").extractOrElse[String](defaultVector)
    val vector = Vectors.dense(vectorStr.split(",").map(_.toDouble))
    val previousCluster = (json \ "topic").extractOrElse[Int](-1)
    val newCluster = model.latestModel().predict(vector)
   ((previousCluster, newCluster), 1)
  }
  .reduceByKey(_ + _)
```

最后，一个简单的 reduceByKey 函数将计算过去 1h 内不同边的数量。大多数情况下，故事 s 中的文章将保留在故事 s 中，但在巴黎恐怖袭击的例子中，我们可以观察到一些故事随着时间流逝变迁到不同的大事记。最重要的是，两个分支共有的连接越多，它们就越相似（因为它们有很多文章是相互关联的），因此它们在力导向布局图中看起来是最接近的。类似地，分支之间如果没什么共享连接，那么它们在同一图形可视化中将相互远离。我们用 Gephi 软件制作了故事变迁的力导向布局表示故事间的管理，如图 10-18 所示。每个节点是在 b 批次中的一个故事，每个边是我们发现的两个故事之间的连接数。这 15 条线是有相同祖源的 15 个主题（初始簇首次启动流场景时引发）。

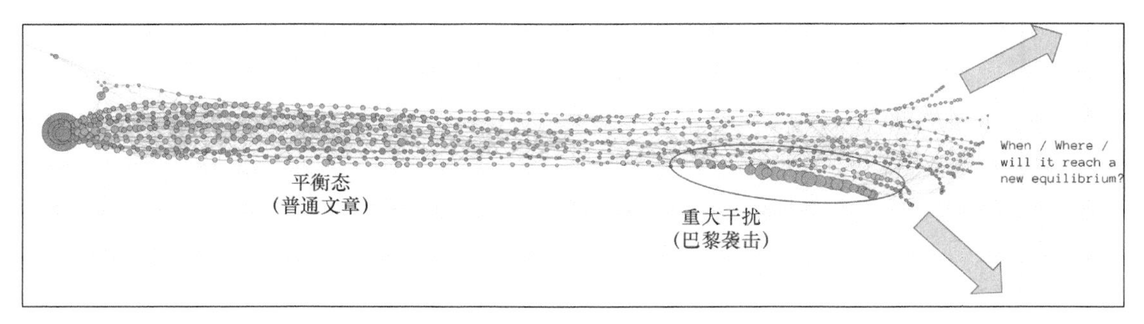

图 10-18　故事变迁的力导向布局

我们首先观察到的是这个线的形状，这一发现证实了我们的平衡态理论，全世界在 15 个不同的主题中很好地拟合，直到巴黎发生了恐怖袭击事件。在事件发生之前，大部分主题都是孤立的，内连接的（因此是这种线形）。事件发生后，我们看到主要的“巴黎恐怖袭击大事记”变得密集、相互连接、随着时间推移而漂移。它似乎也拖着一些分支跟着往下，因为互连的数量不断增加。这两个相似的分支是之前提到的另外两个簇（社交网络和哀悼）。随着时间推移，这个大事记变得与众不同，差别越来越大，从而推动所有不同的故事向上，形成了这种分散的形状。

我们也想知道这些不同的分支是关于什么的，以及是否可以解释为什么一个故事能分裂成两个。为了这个目的，我们找到了与每个故事相关的主要文章，即最接近其质心的点：

```
val latest = model.latestModel()
val topTitles = rdd.values
  .map { case ((content, v, cId), gkg) =>
    val dist = euclidean(
                  latest.clusterCenters(cId).toArray,
                  v.toArray
                  )
    (cId, (content.title, dist))
   }
   .groupByKey()
   .mapValues { it =>
     Try(it.toList.sortBy(_._2).map(_._1).head).toOption
   }
   .collectAsMap()
```

如图 10-19 所示，我们展示了类似的图表，增加了故事标题。虽然很难找到一个清晰的模式，但我们发现了一个有趣的例子。一个主题涵盖了（还有其他的）“有关哈里王子发型的玩笑”的事件，稍微融合“奥巴马就巴黎恐怖袭击发表声明”，最终转入“巴黎恐怖袭击”和“政治家的哀悼”。这个分支不知是从哪儿出现的，但似乎遵循以下逻辑流程。

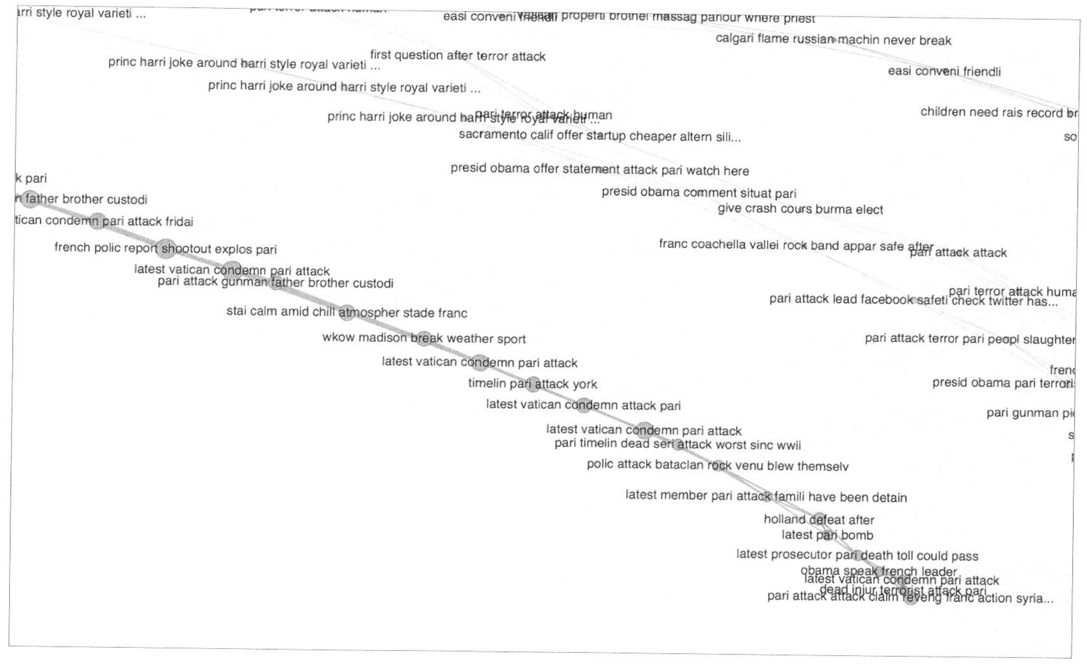

图 10-19 带标题的故事变迁的力导向布局

- ROYAL, PRINCE HARRY, JOKES（皇家，哈里王子，玩笑）。
- ROYAL, PRINCE HARRY（皇家，哈里王子）。
- PRINCE HARRY, OBAMA（哈里王子，奥巴马）。
- PRINCE HARRY, OBAMA, POLITICS（哈里王子，奥巴马，政治家）。
- OBAMA, POLITICS（奥巴马，政治家）。
- OBAMA, POLITICS, PARIS（奥巴马，政治家，巴黎）。
- POLITICS, PARIS（政治家，巴黎）。

综上所述，突发新闻事件似乎是对平衡态的一种干扰。现在我们想知道这种干扰会持续多久？未来会不会有新的平衡态？而之后的世界将是什么样的形态呢？最重要的是，不同的衰减因子会对世界的形态产生什么样的影响？

如果有足够的时间和动力，我们可能会对应用一些微扰理论的物理学概念感兴趣。我个人感兴趣的是在平衡附近找到谐波。巴黎恐怖袭击事件之所以令人难忘当然是因为其暴力的性质，也因为它发生在巴黎《查理周刊》遭受袭击之后的短短几个月内。

10.4 小结

这一章的内容非常复杂，故事变迁问题在本章所允许的时间范围内是不容易解决的。然而，我们发现真正令人惊讶的是，它开启了很多问题。不过，我们不想下任何结论，因此，在观察到巴黎恐怖袭击的困扰之后，我们就停止了进程，剩余部分留给读者们开放讨论。请随时下载我们的代码库，研究任何突发新闻及其对我们定义的平衡态的潜在影响。我们非常期待收到你的回信并了解你的发现和不同的解释。

令人惊讶的是，在写本章之前，我们对 Galaxy Note7 的情况一无所知，没有 10.1 节中创建的 API，肯定难以将相关文章从整体文章中分辨出来。使用 Simhash 对内容进行除重能帮我们更好地了解世界新闻事件。

在第 11 章中，我们将尝试检测与美国选举和总统（唐纳德·特朗普）有关的异常 Twitter。我们将讨论 Word2Vec 算法和用于情感分析的斯坦福 NLP。

第 11 章 情感分析中的异常检测

回顾 2016 年，我们一定会记得，这是一个发生了许多重要地缘政治事件的年份，从英国脱欧、英国脱欧公投，到许多受人爱戴的名人的去世，包括歌手大卫·鲍威（David Bowie）突然去世（见第 6 章和第 7 章）。然而，今年最引人注目的事件可能是美国总统选举及其最终结果——唐纳德·特朗普当选总统。这场选举运动将被人们铭记，尤其是它史无前例地使用了社交媒体，并且唤起了用户的激情，他们中的大多数人都通过使用标签来表达他们的感受：要么是正面的，比如#MakeAmericaGreatAgain 或#StrongerTogether；要么是负面的，例如#DumpTrump 或#LockHerUp。由于本章是关于情感分析的，所以选举是理想的用例。然而，我们不是试图预测结果本身，而是将目标放在使用实时 Twitter 馈送来检测在美国大选期间的异常推文。

在这一章里，我们将探讨以下主题。

- 实时批量获取 Twitter 数据。
- 使用斯坦福 NLP 提取情感。
- 在 Timely 中存储情感时间序列。
- 使用 Word2Vec 从 140 个字中提取特征。
- 介绍图遍历性和最短路径的概念。
- 训练 KMeans 模型以检测潜在的异常。
- 使用 TensorFlow 中的 Embedding Projector 可视化模型。

11.1 在 Twitter 上追踪美国大选

2016 年 11 月 8 日，数百万美国公民前往投票站投票选举下一任美国总统，计数几乎立即开始，尽管直到稍晚的某个时间才正式确认，但预测结果在第二天早上就已经是众所周知了。让我们从 2016 年 11 月 6 日重大事件发生的前几天开始研究，以便可以在准备阶段保留一些背景信息。虽然无法准确知道会提前发现什么，但我们知道，鉴于 Twitter 在大规模宣传方面的影响力，它将在政治评论中发挥非常大的作用，所以尽快开始收集数据是很有意义的。事实上，数据科学家有时可能会将此视为一种直觉，即一种奇怪且往往令人兴奋的想法，迫使我们在没有明确计划或绝对理由的情况下开始做一些事情，我们只是感觉它会有所回报。实际上，这种方法至关重要，因为考虑到制定和实现这样一个计划所需的正常时间以及事件的短暂性，重大新闻事件可能会发生（参见第 10 章）、新产品可能已经发布或者股票市场可能呈现不同的趋势（见第 12 章）。如果按部就班制定计划，那么到此时，原始数据集可能已经不再可用。

11.1.1　流式获取数据

第一步是开始获取 Twitter 数据。由于我们计划下载超过 48h 的推文，因此代码应该足够健壮，以便流程中间的任何地方都不会失败——没有什么比经过数小时的密集处理后发生致命的 `NullPointerException` 更令人沮丧了。我们知道将在某个时候进行情感分析，但是现在我们不希望用大量的依赖关系使代码过于复杂，因为这会降低代码的稳定性，导致更多未经检查的异常。相反，首先我们将收集和存储数据，后续处理将在收集的数据上离线完成，而不是将此逻辑应用于实时流。

我们使用第 9 章中创建的实用程序方法，从推特 1% firehose 中创建一个新的流式内容获取。此外，还使用优秀的 GSON 库将 Java 类 `Status`（Java 类嵌入 Twitter4J 记录）序列化为 JSON 对象：

```
<dependency>
  <groupId>com.google.code.gson</groupId>
  <artifactId>gson</artifactId>
  <version>2.3.1</version>
</dependency>
```

每 5min 读取一次 Twitter 数据，并可以选择是否提供 Twitter 过滤器作为命令行参数。过滤器可以是 Trump、Clinton 或#MAGA、#StrongTogether 等关键字。但是必须记住，采用这种方式，我们可能无法捕获所有相关的推文，因为我们永远无法完全了解最新的标签趋势（例如#DumpTrump、#DrainTheSwamp、#LockHerUp 或#LoveTrumpsHate），并且许多推文会因过滤不足而被忽略，因此我们将使用空的过滤列表来确保捕获所有信息：

```
val sparkConf  = new SparkConf().setAppName("Twitter Extractor")
val sc = new SparkContext(sparkConf)
val ssc = new StreamingContext(sc, Minutes(5))

val filter = args

val twitterStream = createTwitterStream(ssc, filter)
  .mapPartitions { it =>
    val gson = new GsonBuilder().create()
    it.map { s: Status =>
      Try(gson.toJson(s)).toOption
    }
  }
```

我们使用 GSON 库序列化 Status 类，并将 JSON 对象保存在 HDFS 中。请注意，序列化发生在 `Try` 子句中，以确保不会抛出不需要的异常。相反，我们将 JSON 作为可选字符串返回：

```
twitterStream
  .filter(_.isSuccess)
  .map(_.get)
  .saveAsTextFiles("/path/to/twitter")
```

最后，不管发生了什么事情，我们都将运行 Spark Streaming 环境，使之一直保持可用，直到新总统当选。

```
ssc.start()
ssc.awaitTermination()
```

11.1.2 成批获取数据

只有 1%的推文可以通过 Spark Streaming API 检索，这意味着 99%的记录将被丢弃。虽然这已经能够下载大约 1 000 万条推文，但我们可能还需要下载更多数据，但这些数据只针对选定的主题标签，而且只在很短的时间段内。例如，我们可以下载与#LockHerUp 或#BuildTheWall 主题标签相关的所有推文。

1. 搜索 API

为此，我们通过 `twitter4j` Java API 获取 Twitter 历史数据。这个库来自 `spark-streaming-twitter_2.11` 的传递依赖。如果要在 Spark 项目之外使用它，应使用以下

Maven 依赖项：

```
<dependency>
  <groupId>org.twitter4j</groupId>
  <artifactId>twitter4j-core</artifactId>
  <version>4.0.4</version>
</dependency>
```

创建一个 Twitter4J 客户端：

```
ConfigurationBuilder builder = new ConfigurationBuilder();
builder.setOAuthConsumerKey(apiKey);
builder.setOAuthConsumerSecret(apiSecret);
Configuration configuration = builder.build();

AccessToken token = new AccessToken(
  accessToken,
  accessTokenSecret
);

Twitter twitter =
  new TwitterFactory(configuration)
      .getInstance(token);
```

然后，我们通过 Query 对象使用 search/tweets 服务：

```
Query q = new Query(filter);
q.setSince(fromDate);
q.setUntil(toDate);
q.setCount(400);

QueryResult r = twitter.search(q);
List<Status> tweets = r.getTweets();
```

最后，我们得到一个 Status 对象列表，可以用前面介绍的 GSON 库将其轻松序列化。

2. 速率限制

Twitter 是数据科学的绝佳资源，但它可不是一个非盈利组织，推特知道如何对数据进行估值和定价。在没有任何特殊协议的情况下，搜索 API 只能回顾几天的内容，每 15min 时间窗口内最多只有 180 个查询，每个查询只有 450 个记录。可以在 Twitter DEV 网站上或者使用 RateLimitStatus 类的 API 确认此限制：

```
Map<String, RateLimitStatus> rls = twitter.getRateLimitStatus("search");
System.out.println(rls.get("/search/tweets"));

/*
RateLimitStatusJSONImpl{remaining=179, limit=180,
resetTimeInSeconds=1482102697, secondsUntilReset=873}
*/
```

不出所料，任何关于热门术语的查询，例如 2016 年 11 月 9 日的#MAGA，都受限于这一门槛。为了避免速率限制异常，我们必须通过跟踪处理的推文 ID 的最大数量来分页和节流下载请求，并在每次搜索请求后监控我们的状态限制：

```
RateLimitStatus strl = rls.get("/search/tweets");
int totalTweets = 0;
long maxID = -1;
for (int i = 0; i < 400; i++) {

  // 节流
  if (strl.getRemaining() == 0)
    Thread.sleep(strl.getSecondsUntilReset() * 1000L);

  Query q = new Query(filter);
  q.setSince(fromDate);
  q.setUntil(toDate);
  q.setCount(100);

  // 分页
  if (maxID != -1) q.setMaxId(maxID - 1);

  QueryResult r = twitter.search(q);
  for (Status s: r.getTweets()) {
   totalTweets++;
   if (maxID == -1 || s.getId() < maxID)
    maxID = s.getId();
    writer.println(gson.toJson(s));
  }
  strl = r.getRateLimitStatus();
}
```

每天有大约 5 亿条推文，如果你对能收集到所有与美国相关的数据表示乐观，那真是太天真了。相反地，前面详述的简单获取过程应该仅用于截取与特定查询匹配的推文。在程序集 jar 文件中打包为 main 类，可以按如下方式执行：

```
java -Dtwitter.properties=twitter.properties /
  -jar trump-1.0.jar #maga 2016-11-08 2016-11-09 /
```

```
  /path/to/twitter-maga.json
```

在 twitter.properties 文件中包含你的 Twitter API 密钥：

```
twitter.token = XXXXXXXXXXXXXX
twitter.token.secret = XXXXXXXXXXXXXX
twitter.api.key = XXXXXXXXXXXXXX
twitter.api.secret = XXXXXXXXXXXXXX
```

11.2　情感分析

经过 4 天的密集处理，我们提取了大约 1 000 万条推文，载体是大小约为 30 GB 的 JSON 数据。

11.2.1　格式化处理 Twitter 数据

Twitter 变得如此受欢迎的一个主要原因是：任何消息都最多只能容纳 140 个字。但每条消息最多只能容纳 140 个字，这样导致的结果是：缩写、首字母缩略词、俚语、表情符号和主题标签的使用大量增加。在这种情况下，主要情感可能不再来自文本本身，而是来自使用的表情符号，尽管一些研究表明表情符号可能有时会导致情感预测不到位。表情图标甚至比表情符号使用更广泛，因为它们包括动物、交通、商业图标等图片。此外，虽然表情符号可以通过简单的正则表达式被轻松检索，但表情图标通常以 Unicode 编码，如果没有专用库，则更难被提取。

```
<dependency>
  <groupId>com.kcthota</groupId>
  <artifactId>emoji4j</artifactId>
  <version>5.0</version>
</dependency>
```

emoji4j 库易于使用（虽然计算成本很高），并且给出了一些带有表情图标/表情符号的文本，我们可以编码，即用实际代码名称替换 Unicode 值，或者清理，即只需删除所有表情符号，表情符号解析如图 11-1 所示。

```
scala> textWithEmojis
res1: String = A 🐱, 🐶 and a 🐭 became friends❤. For 🐶's birthday party, they all had 🍔s, 🍟s, 🍪s and 🎂.

scala> EmojiUtils.shortCodify(textWithEmojis)
res2: String = A :cat:, :dog: and a :mouse: became friends:heart:. For :dog:'s birthday party, they all had :hamburger:s, :fries:s, :cookie:s and :cake:.

scala> EmojiUtils.removeAllEmojis(textWithEmojis)
res3: String = A ,  and a  became friends. For 's birthday party, they all had s, s, s and .
```

图 11-1　表情符号解析

首先，让我们从特殊字符、表情符号、重音符号、URL 等中清理文本，以获取清楚的英语内容：

```
import emoji4j.EmojiUtils

def clean = {
  var text = tweet.toLowerCase()
  text = text.replaceAll("https?:\\/\\/\\S+", "")
  text = StringUtils.stripAccents(text)
  EmojiUtils.removeAllEmojis(text)
    .trim
    .toLowerCase()
    .replaceAll("rt\\s+", "")
    .replaceAll("@[\\w\\d-_]+", "")
    .replaceAll("[^\\w#\\[\\]:'\\.!\\?,]+", " ")
    .replaceAll("\\s+([:'\\.!\\?,])\\1", "$1")
    .replaceAll("[\\s\\t]+", " ")
    .replaceAll("[\\r\\n]+", ". ")
    .replaceAll("(\\w)\\1{2,}", "$1$1") // avoid loooooool
    .replaceAll("#\\W", "")
    .replaceAll("[#':,;\\.]$", "")
    .trim
}
```

我们也编码和提取所有表情图标和表情符号，并将它们作为一个列表放在一边：

```
val eR = "(:\\w+:)".r

def emojis = {
  var text = tweet.toLowerCase()
  text = text.replaceAll("https?:\\/\\/\\S+", "")
  eR.findAllMatchIn(EmojiUtils.shortCodify(text))
    .map(_.group(1))
    .filter { emoji =>
      EmojiUtils.isEmoji(emoji)
    }.map(_.replaceAll("\\W", ""))
    .toArray
}
```

将这些方法写入隐式类意味着可以通过简单的 `import` 语句直接应用它们，推文解析如图 11-2 所示。

```
scala> import io.gzet.timeseries.twitter.Twitter._
import io.gzet.timeseries.twitter.Twitter._

scala> println(text)
RT @johnanjos: Michelle Obama for president in 2020 🇺🇸
Michelle Obama for president in 2020 🇺🇸
Michelle Obama for president in 2020 🇺🇸
#Not…

scala> println(text.clean)
michelle obama for president in 2020 michelle obama for president in 2020 michelle obama for president in 2020 #not

scala> println(text.emojis.mkString(" "))
us us us
```

图 11-2　推文解析

11.2.2　使用斯坦福 NLP

下一步是通过情感标注器处理清理后的文本。为此，我们使用了斯坦福 NLP 库：

```
<dependency>
  <groupId>edu.stanford.nlp</groupId>
  <artifactId>stanford-corenlp</artifactId>
  <version>3.5.0</version>
  <classifier>models</classifier>
</dependency>

<dependency>
  <groupId>edu.stanford.nlp</groupId>
  <artifactId>stanford-corenlp</artifactId>
  <version>3.5.0</version>
</dependency>
```

我们创建了一个斯坦福标注器（annotator），在分析整体情感之前，将内容标记为句子（tokenize）、拆分句子（ssplit）、标记元素（pos），并对每个单词进行词形还原（lemma）：

```
def getAnnotator: StanfordCoreNLP = {
  val p = new Properties()
  p.setProperty(
    "annotators",
    "tokenize, ssplit, pos, lemma, parse, sentiment"
  )
  new StanfordCoreNLP(pipelineProps)
}

def lemmatize(text: String,
```

```
            annotator: StanfordCoreNLP = getAnnotator) = {

  val annotation = annotator.process(text.clean)
  val sentences = annotation.get(classOf[SentencesAnnotation])
    sentences.flatMap { sentence =>
    sentence.get(classOf[TokensAnnotation])
  .map { token =>
    token.get(classOf[LemmaAnnotation])
  }
  .mkString(" ")
}

val text = "If you're bashing Trump and his voters and calling them a
variety of hateful names, aren't you doing exactly what you accuse them?"

println(lemmatize(text))
```

任何单词都被其最基本的形式所取代，也就是说，“you’re”被替换为“you be”，而“aren’t you doing”被替换为“be not you do”。

```
def sentiment(coreMap: CoreMap) = {

 coreMap.get(classOf[SentimentCoreAnnotations.ClassName].match {
     case "Very negative" => 0
     case "Negative" => 1
     case "Neutral" => 2
     case "Positive" => 3
     case "Very positive" => 4
     case _ =>
      throw new IllegalArgumentException(
        s"Could not get sentiment for [${coreMap.toString}]"
      )
  }
}

def extractSentiment(text: String,
                    annotator: StanfordCoreNLP = getSentimentAnnotator) =
{

  val annotation = annotator.process(text)
  val sentences = annotation.get(classOf[SentencesAnnotation])
  val totalScore = sentences map sentiment

  if (sentences.nonEmpty) {
    totalScore.sum / sentences.size()
  } else {
```

```
      2.0f
    }

  }

  extractSentiment("God bless America. Thank you Donald Trump!")
   // 2.5

  extractSentiment("This is the most horrible day ever")
   // 1.0
```

情感范围从非常负面（0.0）到非常正面（4.0），并且取所有句子的平均值。由于每条推文没有超过 1 或 2 个句子，我们预计会出现非常小的差异。大多数推文都应该是中立的（大约 2.0），只有极端的情感才能表现出两端的分数（低于 1.5 或高于 2.5）。

11.2.3 建立管道

对于我们的每个推文记录（存储为 JSON 对象），执行以下操作。

- 使用 `json4s` 库解析 JSON 对象。
- 提取日期。
- 提取文本。
- 提取位置并将其映射到美国各州。
- 清理文字。
- 提取表情符号。
- 对文本进行词形还原。
- 分析情感。

然后，我们将所有这些值包装到以下 `Tweet` 样本类中：

```
case class Tweet(
            date: Long,
            body: String,
            sentiment: Float,
            state: Option[String],
            geoHash: Option[String],
            emojis: Array[String]
          )
```

如前几章所述，不会为我们的 1 000 万条记录数据集中的每条记录都创建新的 NLP 实例。相反，我们为每个迭代器只创建一个标注器（这意味着每个分区一个）：

```
val analyzeJson = (it: Iterator[String]) => {

  implicit val format = DefaultFormats
  val annotator = getAnnotator
  val sdf = new SimpleDateFormat("MMM d, yyyy hh:mm:ss a")

  it.map { tweet =>

    val json = parse(tweet)
    val dateStr = (json \ "createdAt").extract[String]
    val date = Try(
      sdf.parse(dateStr).getTime
    )
     .getOrElse(0L)

    val text = (json \ "text").extract[String]
    val location = Try(
      (json \ "user" \ "location").extract[String]
    )
     .getOrElse("")
     .toLowerCase()

     val state = Try {
       location.split("\\s")
         .map(_.toUpperCase())
         .filter { s =>
           states.contains(s)
         }
         .head
     }
     .toOption

    val cleaned = text.clean

    Tweet(
     date,
     cleaned.lemmatize(annotator),
     cleaned.sentiment(annotator),
     state,
     text.emojis
    )
  }
}
```

```
val tweetJsonRDD = sc.textFile("/path/to/twitter")
val tweetRDD = twitterJsonRDD mapPartitions analyzeJson
tweetRDD.toDF().show(5)

/*
+-------------+----------------+---------+--------+----------+
|         date|            body|sentiment|   state|    emojis|
+-------------+----------------+---------+--------+----------+
|1478557859000|happy halloween|      2.0|    None|[ghost]   |
|1478557860000|slave to the gr|      2.5|    None|[]        |
|1478557862000|why be he so pe|      3.0|Some(MD)|[]        |
|1478557862000|marcador sentim|      2.0|    None|[]        |
|1478557868000|you mindset tow|      2.0|    None|[sparkles]|
+-------------+----------------+---------+--------+----------+
*/
```

11.3　使用 Timely 作为时间序列数据库

现在，我们已经能够将原始信息转换为一系列具有参数（如主题标签、表情图标或美国某州）的 Twitter 情感，这样的时间序列应该被可靠地存储，并可用于快速查询。

在 Hadoop 生态系统中，OpenTSDB 是存储数百万个按时间顺序排列的数据点的默认数据库。但是，我们将不会使用这一众所周知的候选项，而是会介绍一个你以前可能没见过的候选项，称为 Timely。Timely 是最近由美国国家安全局（NSA）发起的开源项目，作为 OpenTSDB 的“克隆”，它使用 Accumulo 来代替 HBase 作为其底层存储。你可能还记得，Accumulo 支持单元级安全性，我们稍后会看到这一点发挥作用。

11.3.1　存储数据

每个记录由度量标准名称（例如主题标签）、时间戳、度量值（例如情感）、关联的标签集（例如状态）和单元格可见性组成：

```
case class Metric(name: String,
                  time: Long,
                  value: Double,
                  tags: Map[String, String],
                  viz: Option[String] = None
                  )
```

在本练习中，我们将过滤仅提及 Trump 或 Clinton 的推文数据：

```
def expandedTweets = rdd.flatMap { tweet =>
  List("trump", "clinton") filter { f =>
    tweet.body.contains(f)
  } map { tag =>
    (tag, tweet)
  }
}
```

接下来，构建一个名为 `io.gzet.state.clinton` 和 `io.gzet.state.trump` 的 `Metric` 对象以及一个关联的可见性。出于本练习的目的，我们将假设未获得 SECRET 许可的初级分析师将无法访问高度负面的推文。这使我们能够展示出 Accumulo 出色的单元级安全性：

```
def buildViz(tone: Float) = {
  if (tone <= 1.5f) Some("SECRET") else None: Option[String]
}
```

此外，我们还需要处理重复记录。如果在同一时间收到多条推文（可能有不同的情感），它们将覆盖 Accumulo 上的现有单元格：

```
def sentimentByState = {
  expandedTweets.map { case (tag, tweet) =>
    ((tag, tweet.date, tweet.state), tweet.sentiment)
  }
  .groupByKey()
  .mapValues { f =>
    f.sum / f.size
  }
  .map { case ((tag, date, state), sentiment) =>
    val viz = buildViz(sentiment)
    val meta = Map("state" -> state)
    Metric("io.gzet.state.$tag", date, sentiment, meta, viz)
  }
}
```

我们要么从 `POST` 请求插入数据，要么就是简单地通过打开的套接字将数据传送回 Timely 服务器：

```
def toPut = {
```

```
    val vizMap = if(viz.isDefined) {
      List("viz" -> viz.get)
    } else {
      List[(String, String)]()
    }

    val strTags = vizMap
      .union(tags.toList)
      .map { case (k, v) => s"$k=$v" }
      .mkString(" ")

    s"put $name $time $value $strTags"
  }

  implicit class Metrics(rdd: RDD[Metric]) {

    def publish = {

      rdd.foreachPartition { it: Iterator[Metric] =>

        val sock = new Socket(timelyHost, timelyPort)
        val writer = new PrintStream(
          sock.getOutputStream,
          true,
          StandardCharsets.UTF_8.name
        )

        it.foreach { metric =>
          writer.println(metric.toPut)
        }
        writer.flush()
      }

    }
  }

  tweetRDD.sentimentByState.publish
```

数据现在被安全地存储在 Accumulo 中，并且可供给具有正确访问权限的任何人使用。

我们创建了一系列输入格式，以便将 Timely 数据检索回 Spark 作业。这里不会进行介绍，但可以在我们的 GitHub 存储库中找到：

```
// 从 Timely 中读取度量
val conf = AccumuloConfig(
```

```
            "GZET",
            "alice",
            "alice",
            "localhost:2181"
            )

val metricsRDD = sc.timely(conf, Some("io.gzet.state.*"))
```

在编写本书时，Timely 仍在积极开发中，因此，还没有可以从 Spark / MapReduce 中使用的输入/输出格式。发送数据的唯一方法是通过 HTTP 或 Telnet。

11.3.2 使用 Grafana 可视化情感

Timely 本身没有可视化工具。但是，它使用 timely-grafana 插件与 Grafana 进行了很好的安全集成，更多信息可以在 Timely 网站上查看。

1. 处理过的推文数量

作为第一个简单的可视化，我们显示了在 2016 年 11 月 8 日和 9 日（UTC）有关两个候选人的推文数量，处理后的 Timely 推文如图 11-3 所示。

随着选举结果的公布，我们观察到越来越多与特朗普有关的推文。平均而言，我们发现与特朗普相关的推文数量大约是与克林顿相关推文的 6 倍。

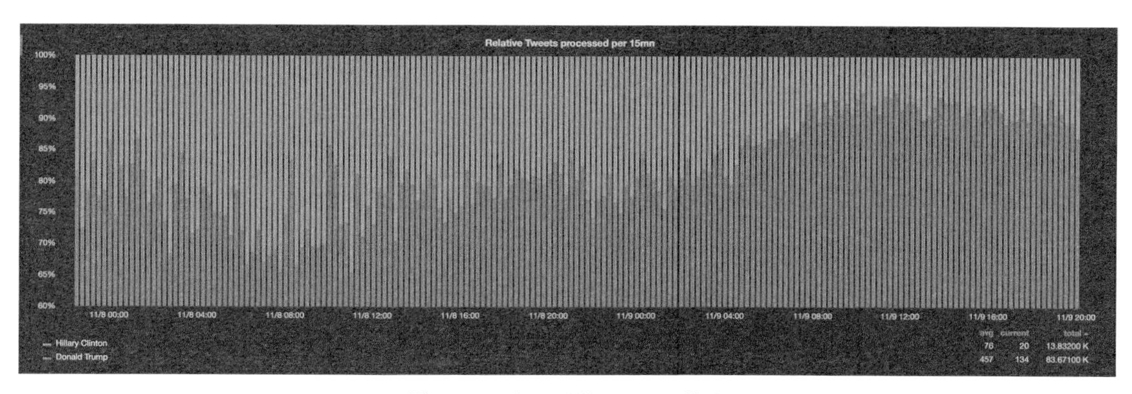

图 11-3 处理后的 Timely 推文

2．把 Twitter 账户还给我

对情感的快速研究表明，这些推文的情感是相对负面的（平均为 1.3），两个候选人的推文之间没有显著差异，Timely 时间序列如图 11-4 所示，这有助于预测美国大选的结果。

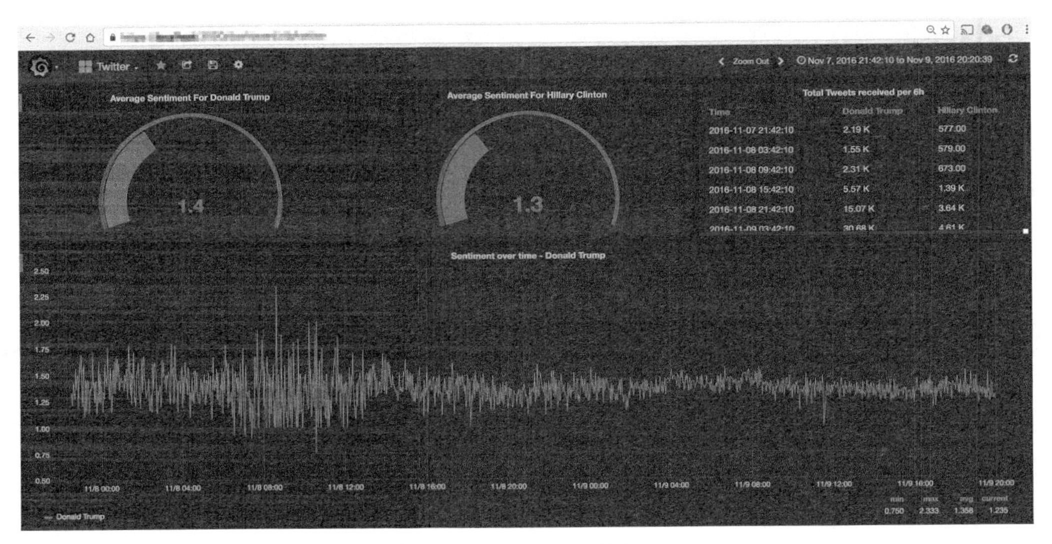

图 11-4　Timely 时间序列

然而，经过仔细检查，我们发现了一个有趣的现象。2016 年 11 月 8 日，格林威治时间下午 1 点左右（美国东部时间早上 8 点，也就是第一个投票站在纽约开放时），我们观察到情感值方差的大幅下降。如图 11-4 所示，这非常奇怪，且无法被彻底解释。我们可以推测，第一次投票正式标志着动荡的总统竞选的结束，并且是大选后回顾期的起点——也许是比以前更加基于事实的对话——或者是特朗普的顾问在替他运营 Twitter 账户，这真的是他们的好主意。

现在我们以另一个用户身份登录 Grafana 来举例说明 Accumulo 安全性的广泛用途，这次没有授予 SECRET 权限。正如预期的那样（如图 11-5 所示），情感看起来更加积极（因为隐藏了非常消极的情感），因此确认了 Timely 的可见性设置，Accumulo 的优雅不言自明。

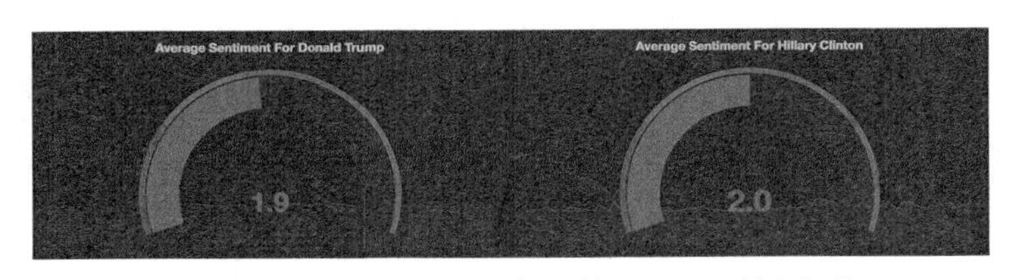

图 11-5　没有 SECRET 权限的 Timely 时间序列

有关如何创建 Accumulo 用户的示例，请参阅第 7 章。

3. 识别“摇摆州”

我们在 Timely 和 Grafana 中使用的最后一个有趣功能是树图聚合。由于美国所有的州的名称都存储为度量属性的一部分，因此我们将为两个候选人创建一个简单的树图。每个方框的大小对应观察到的相关推文的数量，而颜色则与观察到的情感相关，如图 11-6 所示。

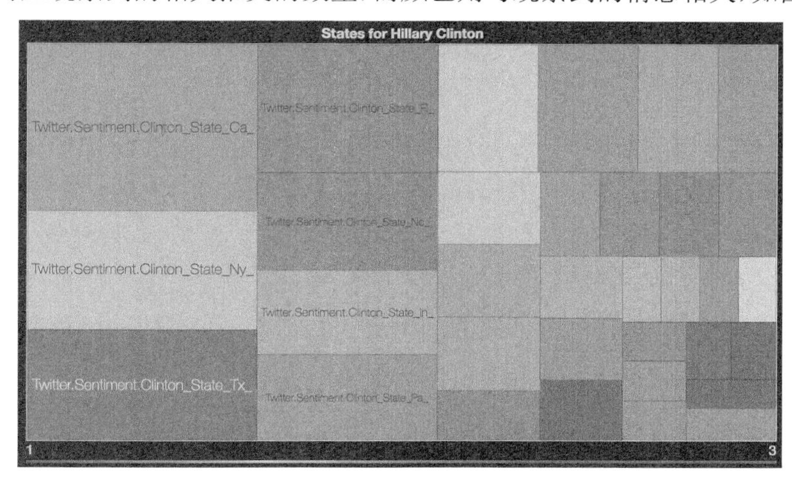

图 11-6 美国各州对希拉里·克林顿的 Timely 树图

之前使用两天情感平均值时，我们无法区分共和党州和民主党州，因为情感在统计上持平且相对较负面（平均为 1.3）。但是，如果只考虑选举前一天，那么它似乎更有趣，因为我们观察到的情感数据差异更大。在图 11-6 中，我们看到了佛罗里达州、北卡罗来纳州和宾夕法尼亚州（12 个“摇摆州”中的 3 个）显示出对希拉里·克林顿出人意料的负面情感。这种模式能否成为选举结果的早期指标？

11.4 Twitter 与戈德温（Godwin）点

在文本内容被正确地清理之后，我们可以将其馈送给 Word2Vec 算法并尝试在实际环境中理解单词。

11.4.1 学习环境

如其名字所示，Word2Vec 算法将单词转换为向量。这个想法是指相似的单词将被嵌入相似的向量空间，因此，它们将在该空间中被看起来很接近。

Word2Vec 模型能很好地集成到 Spark 中，可以按如下方式进行训练：

```
import org.apache.spark.mllib.feature.Word2Vec

val corpusRDD = tweetRDD
   .map(_.body.split("\\s").toSeq)
   .filter(_.distinct.length >= 4)

val model = new Word2Vec().fit(corpusRDD)
```

这里我们将每条推文提取为一个单词序列，且仅保留至少包含 4 个不同单词的序列。请注意，所有单词的列表都需要放在内存中，因为它作为单词和向量的映射（存为 float 数组）会被收集回驱动器。向量大小和学习速率可以分别通过 setVectorSize 和 setLearningRate 方法进行调整。

接下来，我们使用 Zeppelin notebook 与模型进行交互，发送不同的单词并要求模型获取最接近的同义词。结果令人印象深刻：

```
model.findSynonyms("#lockherup", 10).foreach(println)

/*
(#hillaryforprison,2.3266071900089313)
(#neverhillary,2.2890002973310066)
(#draintheswamp,2.2440446323298175)
(#trumppencelandslide,2.2392471034643604)
(#womenfortrump,2.2331140131326874)
(#trumpwinsbecause,2.2182999853485454)
(#imwithhim,2.1950198833564563)
(#deplorable,2.1570936207197016)
(#trumpsarmy,2.155859656266577)
(#rednationrising,2.146132149205829)
*/
```

虽然主题标签通常在进行标准 NLP 处理时被忽视，但它们确实对语调和情感作出了重大贡献。实际上，一个标记为中性的推文可能比使用#HillaryForPrison 或#LockHerUp 等主题标签的推文更负面。所以，让我们尝试使用一个被叫作词向量关联的有趣特征。此处显示了原始 Word2Vec 算法给出的此关联的常见示例：

```
[KING] is at [MAN] what [QUEEN] is at [?????]
```

这可以转换为以下向量计算：

```
VKING - VQUEEN = VMAN - V????
V???? = VMAN - VKING + VQUEEN
```

最近的向量应该是 WOMEN。从技术上讲，这可以按如下方式进行转换：

```
import org.apache.spark.mllib.linalg.Vectors

def association(word1: String, word2: String, word3: String) = {

  val isTo = model
    .getVectors
    .get(word2)
    .get
    .zip(model.getVectors.get(word1).get)
    .map(t => t._1 - t._2)

 val what = model
   .getVectors
   .get(word3)
   .get

 val vec = isTo
   .zip(what)
   .map(t => t._1 + t._2)
   .map(_.toDouble)

 Vectors.dense(vec)

}

val assoc = association("trump", "republican", "clinton")

model.findSynonyms(assoc, 1)
     .foreach(println)

// (democrat,1.6838367309269164)
```

保存/检索此模型可以按如下方式完成：

```
model.save(sc, "/path/to/word2vec")

val retrieved = Word2VecModel.load(sc, "/path/to/word2vec")
```

11.4.2　对模型进行可视化

由于我们的向量是 100 维的，因此难以使用传统方法将其在图中表示。但是，你可能遇到过 Tensor Flow 项目及其最近开源的嵌入式投影仪。这个项目提供了一种可视化的好方法，因为它能够快速呈现高维数据。它也很容易使用——只要将向量导出为制表符分隔的数据点，将它们加载到 Web 浏览器中，如图 11-7 所示。

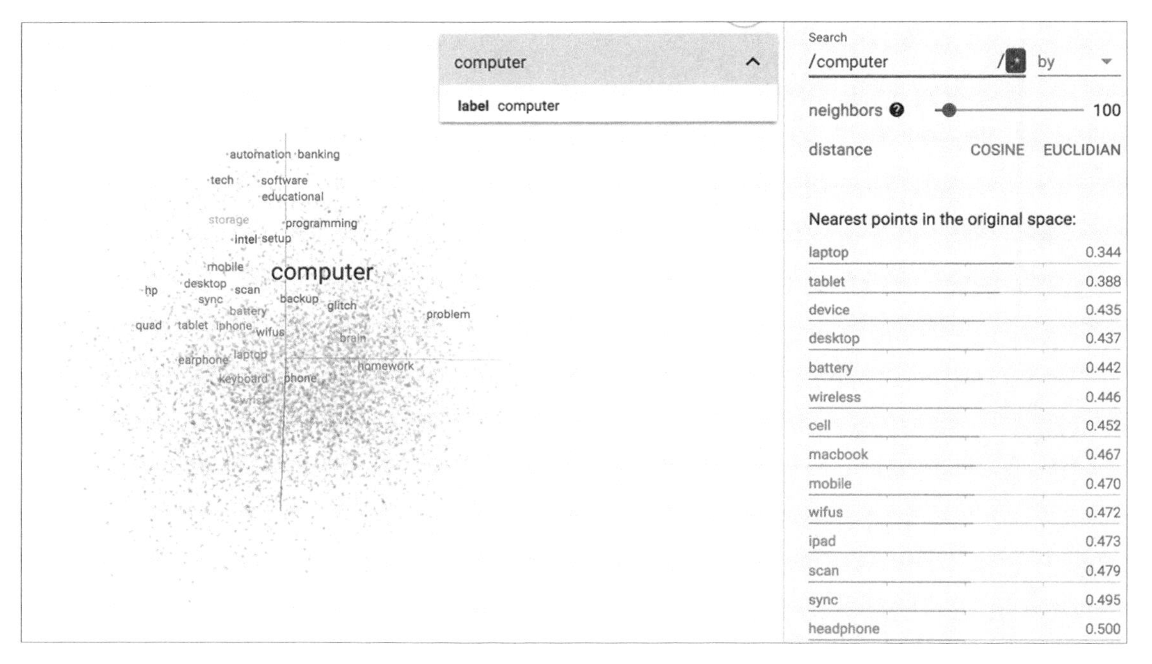

图 11-7　嵌入式投影仪，computer 的临近点

嵌入式投影仪将高维向量投影到 3D 空间，其中每个维度代表前 3 个主成分之一。我们也可以构建自己的投影，在那里我们基本上将向量向 4 个特定的方向拉伸。在图 11-8 所示的自定义投影中，我们向左、向右、向上和向下拉伸向量 `Trump`、`Clinton`、`Love` 和 `Hate`。

现在我们有了一个大大简化的向量空间，可以更容易地理解每个单词以及它与邻居的关系（民主党与共和党，爱与恨）。例如，明年法国大选即将到来，我们看到法国离特朗普比克林顿更近。这可以被视为即将到来的选举的早期指标吗？

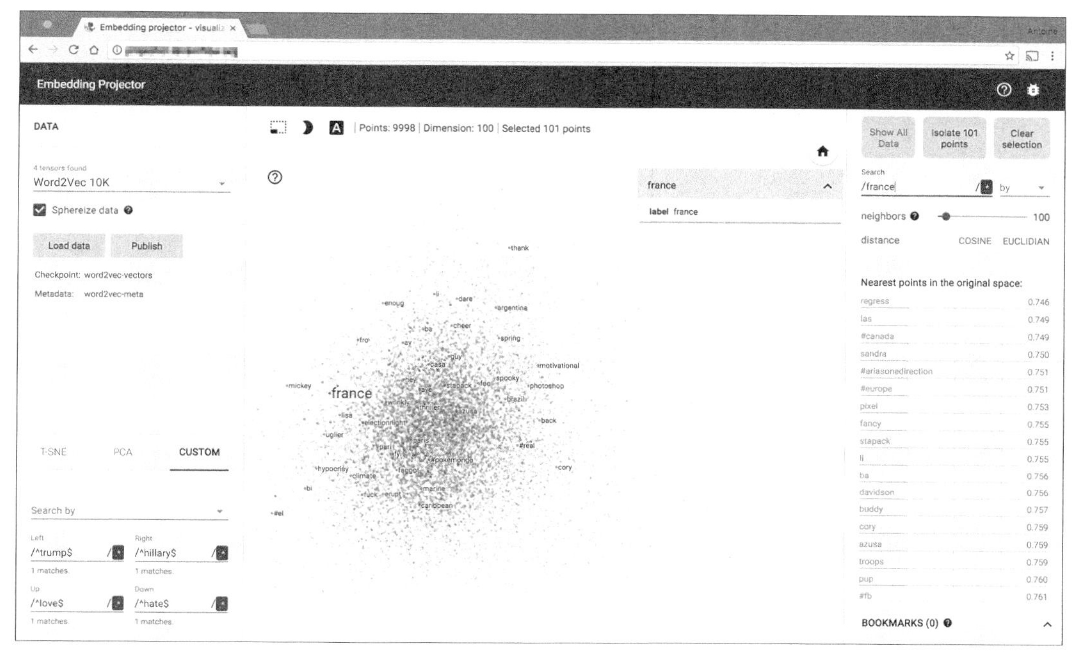

图 11-8　嵌入式投影仪，自定义投影

11.4.3　Word2Graph 和戈德温点

不用在 Twitter Word2Vec 模型上“玩”很久，你很快就会遇到一些敏感词条和对第二次世界大战的引用。事实上，这是麦克 · 戈德温（Mike Godwin）在 1990 年提出的戈德温法则，如图 11-9 所示，其含义如下。

随着网上争议的时间越来越长，参与者把对方或其言行与纳粹或希特勒类比的概率会趋于 1（100%）。

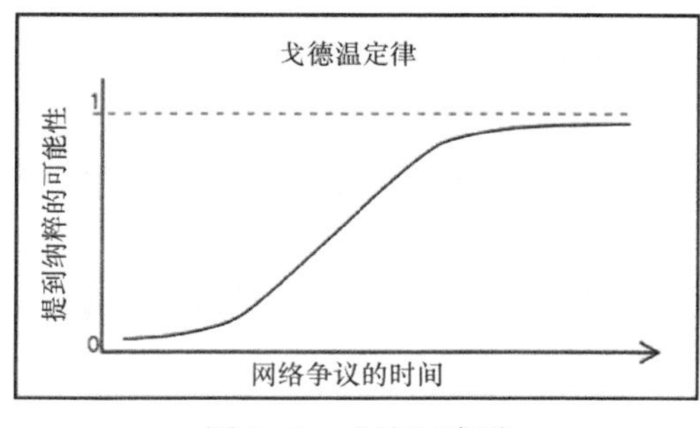

图 11-9　戈德温法则

自 2012 年起，戈德温法则被牛津英语词典收录。

1. 构建 Word2Graph

尽管戈德温法则更像是一种修辞手段，而不是实际的数学定律，但它仍然是一个引人入胜的异常现象，而且看起来似乎与美国大选有关。当然，我们决定使用图论来进一步探索这个想法。第一步是将模型广播回执行器，并行化单词列表。对于每个单词，我们输出前 5 个同义词，并构建一个以单词相似性为边权重的边对象。如下所示：

```
val bModel = sc.broadcast(model)
val bDictionary = sc.broadcast(
  model.getVectors
    .keys
    .toList
    .zipWithIndex
    .map(l => (l._1, l._2.toLong + 1L))
    .toMap
)

import org.apache.spark.graphx._

val wordRDD = sc.parallelize(
  model.getVectors
    .keys
    .toSeq
    .filter(s => s.length > 3)
)

val word2EdgeRDD = wordRDD.mapPartitions { it =>
  val model = bModel.value
  val dictionary = bDictionary.value

  it.flatMap { from =>
    val synonyms = model.findSynonyms(from, 5)
    val tot = synonyms.map(_._2).sum
    synonyms.map { case (to, sim) =>
      val norm = sim / tot
      Edge(
           dictionary.get(from).get,
           dictionary.get(to).get,
           norm
         )
      }
   }
```

```
}

val word2Graph = Graph.fromEdges(word2EdgeRDD, 0L)

word2Graph.cache()
word2Graph.vertices.count()
```

为了证明戈德温法则，必须证明无论输入节点如何，我们总能找到从该节点到戈德温点的路径。在数学术语中，这假设图是遍历的。如果有多个连通分支，我们的图就不能遍历，因为有些节点永远不会连通戈德温点。因此：

```
val cc = word2Graph
  .connectedComponents()
  .vertices
  .values
  .distinct
  .count

println(s"Do we still have faith in humanity? ${cc > 1L}")
// 结果为假
```

由于我们只有一个连通分支，下一步是计算每个节点到戈德温点的最短路径：

```
import org.apache.spark.graphx.lib.ShortestPaths

val shortestPaths = ShortestPaths.run(graph, Seq(godwin))
```

最短路径算法的实现非常简单，可以使用第7章中描述的相同技术，用Pregel轻松实现它。基本方法是在目标节点（我们的戈德温点）上启动Pregel，并将消息发送回其传入边，从而在每个跃点处增加一个计数器。每个节点将始终保持尽可能小的计数器，并将该值向下游传播到其传入边。当没有找到更多边时，算法停止。

我们使用戈德温深度16（这是计算出的所有最短路径的最大值）来归一化该距离：

```
val depth = sc.broadcast(
  shortestPaths.vertices
    .values
    .filter(_.nonEmpty)
    .map(_.values.min)
    .max()
)

logInfo(s"Godwin depth is [${depth.value}]")
```

```
// 16

shortestPaths.vertices.map { case (vid, hops) =>
  if(hops.nonEmpty) {
    val godwin = Option(
      math.min(hops.values.min / depth.value.toDouble, 1.0)
    )
    (vid, godwin)
   } else {
     (vid, None: Option[Double])
   }
}
.filter(_._2.isDefined)
.map { case (vid, distance) =>
  (vid, distance.get)
}
.collectAsMap()
```

图 11-10 显示了深度为 4 的网络——我们将 0、1、2、3 和 4 的分数分别归一化为 0.0、0.25、0.5、0.75 和 1.0。

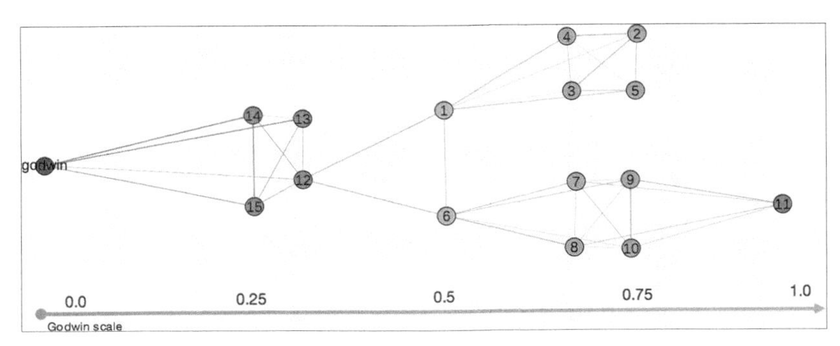

图 11-10 归一化后的戈德温距离

最后，我们收集每个顶点及其相关距离作为地图。可以轻松地将这个集合从最敏感的单词到最不敏感的单词进行排序，但我们不会在此报告我们的发现（原因很明显）。

在 2016 年 11 月 7 日和 8 日，这张地图包含了我们 Twitter 字典中的所有单词，意味着完整的遍历性。根据戈德温法则，任何一个单词，只要有足够的时间，都能通向戈德温点。在本章后面的内容中，当从推特文本内容构建特征时，我们将使用此地图。

2. 随机行走

一种通过 Word2Vec 算法模拟随机行走的方法是将图视为一系列马尔可夫链。假设有 N

次随机游走和转移矩阵 $\boldsymbol{T}$，计算转移矩阵 $\boldsymbol{T}^{\mathrm{N}}$。给定一个状态 S_1（意味着单词 w_1），我们提取在 N 个给定转移中从 S_1 状态跳到 S_N 状态的概率分布。在实践中，给定包含约 10 万个单词的字典，这种转移矩阵的密集表示将需要大约 50GB 来存储。我们可以使用 MLlib 中的 `IndexedRowMatrix` 类轻松地构建一个 T 的稀疏表示：

```
val size = sc.broadcast(
  word2Graph
    .vertices
    .count()
    .toInt
)

val indexedRowRDD = word2Graph.edges
  .map { case edge =>
    (edge.srcId,(edge.dstId.toInt, edge.attr))
  }
  .groupByKey()
  .map { case (id, it) =>
   new IndexedRow(id, Vectors.sparse(size.value, it.toSeq))
  }

val m1 = new IndexedRowMatrix(indexedRowRDD)
val m3 = m1.multiply(m2)
```

不幸的是，Spark 中没有内置方法来执行具有稀疏支持的矩阵乘法。因此，m2 矩阵需要是密集的并且必须放到内存中。解决方案可以是分解该矩阵（使用 SVD）并利用 Word2Vec 矩阵的对称特性（如果单词 w_1 是 w_2 的同义词，则 w_2 是 w_1 的同义词）以简化该过程。使用简单矩阵代数，可以证明给定矩阵 $\boldsymbol{M}$：

$$\boldsymbol{M} = \boldsymbol{U}\boldsymbol{S}\boldsymbol{V}^{\mathrm{T}}$$

且 $\boldsymbol{M}$ 是对称的，然后 n 的值分别为偶数和奇数时：

$$\boldsymbol{M}^{2k} = \boldsymbol{U}\boldsymbol{S}^{2k}\boldsymbol{U}^{\mathrm{T}}$$

$$\boldsymbol{M}^{2k+1} = \boldsymbol{U}\boldsymbol{S}^{2k+1}\boldsymbol{V}^{\mathrm{T}}$$

从理论上讲，我们只需要计算 $\boldsymbol{S}$ 的乘法，它是一个对角矩阵。在实践中，这需要很多努力，并且计算成本很高，还没有实际价值（我们想要的只是产生随机单词关联）。因此，我们使用 Word2Vec 图，Pregel API 和蒙特卡罗模拟生成随机游走。这将从种子“love”开始产生单词关联。算法在 100 次迭代后或当路径到达戈德温点时停止。该算法的详细信息可以在我们的代码库中找到：

```
Godwin.randomWalks(graph, "love", 100)
```

还值得一提的是，如果存在整数 n，使得 $M^n > 0$，则矩阵 M 被认为是遍历的（因此也证明了戈德温法则）。

11.5 进入检测讽刺的一小步

“检测讽刺”是一个活跃的研究领域。事实上，检测讽刺对人类来说并不容易，那么对计算机来说怎么会轻松呢？如果我说“我们将使美国再次伟大”，如果你不认识我、没观察我，也没听到我说这句话时用的语调，你怎么知道我的意思是否真的是字面上的意思呢？现在，如果你读到我发来的一条推文说：“我们会让美国再次变得伟大:(:(:(”，从某种意义上说，这有帮助吗？

11.5.1 构建特征

我们认为仅使用纯英文文本无法检测讽刺，尤其是当纯文本不到 140 个字符时。然而，我们在本章中表明表情符号可以在定义情感中发挥重要作用。一个天真的假设是，具有积极情感和消极表情符号的推文可能产生讽刺意思。除了语调之外，我们还发现某些词语更接近某些可被归类为相当负面的想法/意识形态。

1. #LoveTrumpsHates

我们已经证明，任何单词都可以在诸如 clinton、trump、love 和 hate 之类的单词之间的高维数空间中表示出来。因此，对于我们的第一个提取器，我们使用这些单词之间的平均余弦相似度来构建特征：

```
case class Word2Score(
                     trump: Double,
                     clinton: Double,
                     love: Double,
                     hate: Double
                      )

def cosineSimilarity(x: Array[Float],
                    y: Array[Float]): Double = {

  val dot = x.zip(y).map(a => a._1 * a._2).sum
```

```
  val magX = math.sqrt(x.map(i => i*i).sum)
  val magY = math.sqrt(y.map(i => i*i).sum)

  dot / (magX * magY)
}

val trump = model.getVectors.get("trump").get
val clinton = model.getVectors.get("clinton").get
val love = model.getVectors.get("love").get
val hate = model.getVectors.get("hate").get

val word2Score = sc.broadcast(
   model.getVectors.map { case (word, vector) =>
     val scores = Word2Score(
                          cosineSimilarity(vector, trump),
                          cosineSimilarity(vector, clinton),
                          cosineSimilarity(vector, love),
                          cosineSimilarity(vector, hate)
                          )
     (word, scores)
   }
)
```

将此方法公开为用户定义的函数，以便可以针对以下 4 个维度对每个推文进行评分：

```
import org.apache.spark.sql.functions._
import collection.mutable.WrappedArray

val featureTrump = udf((words:WrappedArray[String]) => {
  words.map(word2Score.value.get)
        .map(_.get.trump)
        .sum / words.length
})

val featureClinton = udf((words:WrappedArray[String]) => {
  words.map(word2Score.value.get)
        .map(_.get.clinton)
        .sum / words.length
})

val featureLove = udf((words:WrappedArray[String]) => {
  words.map(word2Score.value.get)
        .map(_.get.love)
        .sum / words.length
})
```

```
val featureHate = udf((words:WrappedArray[String]) => {
  words.map(word2Score.value.get)
       .map(_.get.hate)
       .sum / words.length
})
```

2. 表情符号计分

我们可以提取所有表情符号并运行基本单词计数来检索最常用的表情符号。然后将它们分为 5 个不同的组，爱、欢乐、笑话、悲伤和哭泣：

```
val lov = sc.broadcast(
  Set("heart", "heart_eyes", "kissing_heart", "hearts", "kiss")
)

val joy = sc.broadcast(
  Set("joy", "grin", "laughing", "grinning", "smiley", "clap", "sparkles")
)

val jok = sc.broadcast(
  Set("wink", "stuck_out_tongue_winking_eye", "stuck_out_tongue")
)

val sad = sc.broadcast(
  Set("weary", "tired_face", "unamused", "frowning", "grimacing",
"disappointed")
)

val cry = sc.broadcast(
  Set("sob", "rage", "cry", "scream", "fearful", "broken_heart")
)

val allEmojis = sc.broadcast(
  lov.value ++ joy.value ++ jok.value ++ sad.value ++ cry.value
)
```

同样，将此方法公开为可应用于 DataFrame 的用户定义函数。表情符号得分为 1.0 说明是非常正面的，0.0 说明是高度负面的。

3. 训练 K 均值模型

设置用户定义函数后，获取最初的 Twitter DataFrame 并构建特征向量：

```
val buildVector = udf((sentiment: Double, tone: Double, trump: Double,
clinton: Double, love: Double, hate: Double, godwin: Double) => {
  Vectors.dense(
    Array(
      sentiment,
      tone,
      trump,
      clinton,
      love,
      hate,
      godwin
    )
  )
})

val featureTweetDF = tweetRDD.toDF
  .withColumn("words", extractWords($"body"))
  .withColumn("tone", featureEmojis($"emojis"))
  .withColumn("trump", featureTrump($"body"))
  .withColumn("clinton", featureClinton($"body"))
  .withColumn("godwin", featureGodwin($"body"))
  .withColumn("love", featureLove($"words"))
  .withColumn("hate", featureHate($"words"))
  .withColumn("features",
    buildVector(
      $"sentiment",
      $"tone",
      $"trump",
      $"clinton",
      $"love",
      $"hate",
      $"godwin")
    )

import org.apache.spark.ml.feature.Normalizer

val normalizer = new Normalizer()
  .setInputCol("features")
  .setOutputCol("vector")
  .setP(1.0)
```

我们使用 `Normalizer` 类对向量进行归一化，并对向量使用仅有 5 个聚类的 KMeans 算法。与第 10 章相比，KMeans 优化（就 k 来说）在这里并不重要，因为我们对将推文分组到类别中并不感兴趣，而是关注于检测异常值（远离任何聚类中心的推文）：

```
import org.apache.spark.ml.clustering.KMeans

val kmeansModel = new KMeans()
  .setFeaturesCol("vector")
  .setPredictionCol("cluster")
  .setK(5)
  .setMaxIter(Int.MaxValue)
  .setInitMode("k-means||")
  .setInitSteps(10)
  .setTol(0.01)
  .fit(vectorTweetDF)
```

建议使用 ML 包而不是 MLlib。在数据集接收和 catalyst 优化方面，过去几个版本的 Spark 对该软件包进行了大量改进。不幸的是，存在一个主要限制：所有 ML 类都被定义为私有的，无法扩展。由于我们想要提取与预测聚类的距离，所以只能构建自己的欧氏距离作为用户定义函数：

```
import org.apache.spark.ml.clustering.KMeansModel

val centers = sc.broadcast(kmeansModel.clusterCenters)
import org.apache.spark.mllib.linalg.Vector

val euclidean = udf((v: Vector, cluster: Int) => {
   math.sqrt(centers.value(cluster).toArray.zip(v.toArray).map {
    case (x1, x2) => math.pow(x1 - x2, 2)
  }
  .sum)
})
```

最后，预测特征化推文 DataFrame 中的聚类和欧氏距离，并将此 DataFrame 保存为持久性 Hive 表：

```
val predictionDF = kmeansModel
   .transform(vectorTweetDF)
   .withColumn("distance", euclidean($"vector", $"cluster"))

predictionDF.write.saveAsTable("twitter")
```

11.5.2 检测异常

如果推文的特征向量与任何已知的聚类中心相距太远（就欧氏距离而言），我们就认为它是异常的。我们将预测存储为 Hive 表，因此可以通过简单的 SQL 语句对所有点进行排序，并且只获取前几条记录。从 Zeppelin notebook 中查询 Hive，如图 11-11 所示。

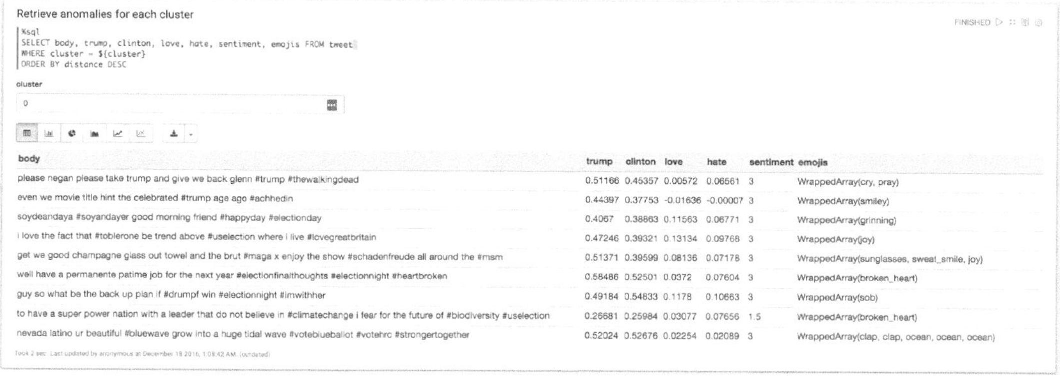

Retrieve anomalies for each cluster

```
%sql
SELECT body, trump, clinton, love, hate, sentiment, emojis FROM tweet
WHERE cluster = ${cluster}
ORDER BY distance DESC
```

cluster

0

body	trump	clinton	love	hate	sentiment	emojis
please negan please take trump and give we back glenn #trump #thewalkingdead	0.51166	0.45357	0.00572	0.06561	3	WrappedArray(cry, pray)
even we movie title hint the celebrated #trump age ago #achhedin	0.44397	0.37753	-0.01636	-0.00007	3	WrappedArray(smiley)
soydeandaya #soyandayer good morning friend #happyday #electionday	0.4067	0.38863	0.11563	0.06771	3	WrappedArray(grinning)
i love the fact that #toblerone be trend above #uselection where i live #lovegreatbritain	0.47246	0.39321	0.13134	0.09768	3	WrappedArray(joy)
get we good champagne glass out towel and the brut #maga x enjoy the show #schadenfreude all around the #msm	0.51371	0.39599	0.08136	0.07178	3	WrappedArray(sunglasses, sweat_smile, joy)
well have a permanente patime job for the next year #electionfinalthoughts #electionnight #heartbroken	0.58486	0.52501	0.0372	0.07604	3	WrappedArray(broken_heart)
guy so what be the back up plan if #drumpf win #electionnight #imwithher	0.49184	0.54833	0.1178	0.10663	3	WrappedArray(sob)
to have a super power nation with a leader that do not believe in #climatechange i fear for the future of #biodiversity #uselection	0.26681	0.25984	0.03077	0.07656	1.5	WrappedArray(broken_heart)
nevada latino ur beautiful #bluewave grow into a huge tidal wave #voteblueballot #votehrc #strongertogether	0.52024	0.52676	0.02254	0.02089	3	WrappedArray(clap, clap, ocean, ocean, ocean)

Took 2 sec. Last updated by anonymous at December 18 2016, 1:08:42 AM. (outdated)

图 11-11　用于检测异常的 Zeppelin notebook

这里不提供太多细节（异常推文可能比较敏感），只列出了从 Hive 查询中提取的一些示例，如下所示。

- 美国今日好运#vote #imwithher [做鬼脸]。
- 这太棒了我们让美国再次伟大[哭泣，尖叫]。
- 我们爱你，先生，谢谢你，始终如一的爱[哭泣]。
- 我无法形容我现在是多么高兴#maga [哭泣，狂怒]。

不过请注意，我们发现的异常值并非都是讽刺性的推文。我们才刚刚开始研究检测讽刺，为了编写全面的探测器，还需要进行大量的改善（包括手工作业）和构建可能更先进的模型（例如神经网络）。

11.6　小结

本章的内容涵盖了时间序列、单词嵌入、情感分析、图论和异常检测等不同主题。值得注意的是，用于说明这些例子的推文绝不反映作者自己的观点：“美国是否会再次变得伟大已超出这些主题的范围:(:(”——讽刺与否？

在第 12 章中，我们将介绍一种创新的方法，即使用 TrendCalculus 方法从时间序列数据中检测趋势的方法。这将用于针对市场数据，但是可以很容易地应用于不同的用例，包括我们在这里构建的情感时间序列。

第 12 章
趋势演算

在趋势理论的概念成为数据科学家们研究的热门话题之前，“趋势是什么”这个问题一直都困扰着数据科学家。目前，对趋势的分析，如果我们这么称呼，主要是通过人们“目测”观察时间序列图表并提供解释来进行。但人们的眼睛究竟在做什么？

本章描述了 Apache Spark 中一种新的数字化研究趋势算法的实现，称为趋势演算，由 Andrew Morgan 发明。初始参考实现是用 Lua 编写的，于 2015 年开源。

本章将讲解其核心方法，它能快速提取时间序列上的趋势变化点，也就是趋势方向变化的时刻。我们将详细描述趋势演算算法，并将其在 Apache Spark 中实现。其结果是一组可伸缩的函数，可以快速比较跨时间序列的趋势，并对趋势进行推论并跨时间框架进行相关性检验。使用这些创新性的新方法，我们演示如何构建因果排序技术以提取潜在因果模型，它们来自数以千计的时间序列输入。

在这一章里，我们将探讨以下主题。

- 如何高效地构建时间窗口概要数据。
- 如何高效总结时间序列数据，降低噪声以进一步研究趋势发展。
- 如何用新趋势演算算法从概要数据中提取趋势反转点。
- 如何创建用户定义的聚合函数（UDAF），使其在由复杂的 `window` 函数及更常见的 `group by` 方法创建的分区上操作。
- 如何从用户定义的聚合函数（UDAF）中返回多个值。
- 如何使用 `lag` 函数比较当前和之前的记录。

当提出一个问题时，数据科学家的第一个假设就是与趋势相关的；趋势是提供数据可视化的极好方式，尤其是对大型数据集来说，经常可以看出数据变化的总体方向。在第 5 章里，我们生成一个简单的算法来尝试预测原油价格。在那项研究中，我们聚焦于价格变化的方向，也就是说，价格趋势的定义。可以看出，趋势是一种自然的思考、解释和预测的方式。

为了解释和演示我们的新趋势方法，本章由两个部分组成。第一部分是关于技术方面的，提供了实现执行新算法所需的代码。第二部分介绍了该方法在实际数据中的应用。我们希望能表明：趋势作为看起来简单的概念，实际上需要相当复杂的计算，这远超过我们最初的设想，特别是在存在噪声的情况下。噪声导致许多局部高点和低点（在本章中称为抖动），使找趋势转折点、发现随时间变化的总体方向变得困难。忽略时间序列中的噪声、提取可解释趋势信号，是我们主要的挑战，我们将展示如何克服它们。

12.1 研究趋势

趋势的字典定义是事物发展或变化的一般方向，但还有其他更让人关注的定义，对指导数据科学可能更有用。以下是两个这样的定义，一个来自研究社会趋势的 Salomé Areias，还有一个来自欧盟的官方统计局，如下所示。

“趋势是由行为或心理的转变决定的，会影响到大量的人们。”——Salomé Areias，社会趋势评论员。

“趋势是跨较长的时间的缓慢变化，通常是几年，通常与影响被测量现象的结构性原因相关。”——欧盟官方统计局。

我们通常认为趋势只不过是股票市场价格的长期上涨或下跌。然而，趋势也可以适用于与经济、政治、流行文化和社会相关的许多其他用例，例如当媒体报道新闻时所传播的情感研究。在本章中，我们将用石油价格作为一个简单示例，不过，该技术可以应用于任何可能发生下列趋势的数据。

- 上升趋势：当连续的波峰和波谷较高时（更高的高点和低点），被称为向上或上升趋势。例如，图 12-1 中的第一个箭头是一系列波峰和波谷的结果，其中整体效果是上升的。
- 下降趋势：当连续的波峰和波谷较低时（更低的高点和低点），被称为向下或下降趋势。例如，图 12-1 中的第二个箭头是一系列波峰和波谷的结果，其中整体效果是下降的。

- 横向趋势：这不是一个严格的趋势，而是在两个方向上都缺乏良好定义的趋势。在这一阶段，我们暂不会特别关注这个问题，但将在这一章后续内容进行讨论。

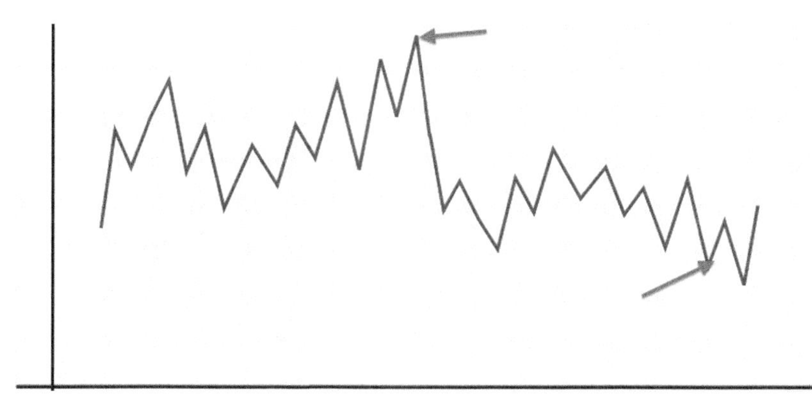

图 12-1 不同类型的趋势

如果搜索“更高的高点”“更高的低点”“趋势”“更低的高点”“更低的低点”，你会看到超过 16 000 的点击量，包括许多高端的金融网站。在金融业，这是一个标准实践，由经验法则来定义一个趋势。

12.2 趋势演算算法

在本节中，我们将详细介绍趋势演算算法的实现，使用的是第 5 章中的布伦特石油价格数据集。

12.2.1 趋势窗口

为了衡量任何变化的类型，我们先得用某种方式对其进行量化。对于趋势，我们将用以下方式来定义。

- 总体正向变化（通常表示为值增加）。

  更高的高点和低点→+1。

- 总体负向变化（通常表示为值下降）。

更低的高点和低点→ -1。

因此，我们必须将数据转化为趋势方向的时间序列，可以是+1 或-1。通过把数据分割成一系列大小为 *n* 的窗口，我们可以计算出每一个日期的高点和低点，如图 12-2 所示。

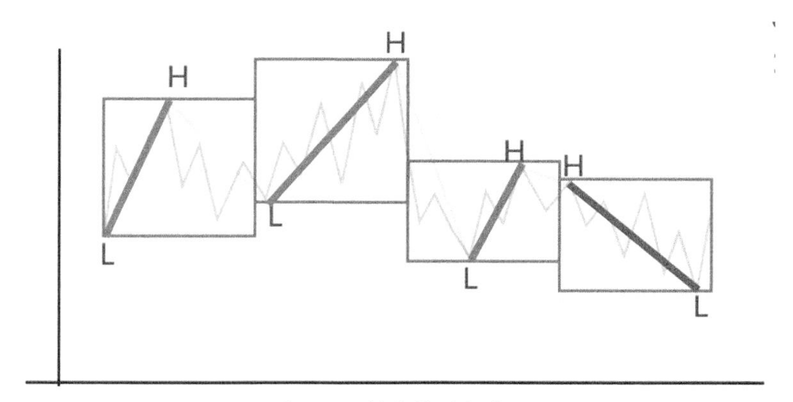

图 12-2 趋势的时间窗口

这种类型的窗口化是数据科学中的一种普遍做法，所以有理由认为这在 Spark 中肯定已经实现；如果已经阅读了第 5 章，你会看到它们以 Spark SQL 的 `window` 函数的形式出现。让我们读取一些布伦特石油数据，在这种情况下，数据只是一个日期和当日的石油收盘价（示例数据存在我们的代码库中）：

```
// 读取数据
val oilPriceDF = spark
    .read
    .option("header","true")
    .option("inferSchema", "true")
    .csv("brent_oil_prices.csv")
```

接下来，我们应该确保日期字段模式是正确的，这样才可以在 `window` 函数中使用它。我们的示例数据集中采用的是 `string` 型的日期，格式为 `dd/MM/yyyy`，所以我们要用 `java.text.SimpleDateFormat` 将其转换为 `yyyy-MM-dd`：

```
// 日期格式转换 UDF
def convertDate(date:String) : String = {
     val dt = new SimpleDateFormat("dd/MM/yyyy").parse(date)
     val newDate = new SimpleDateFormat("yyyy-MM-dd").format(dt)
     newDate
}
```

这将允许我们创建一个用户定义函数（User Defined Function，UDF），我们可以用它来替换 oilPriceDF 数据帧中的 date 列：

```
val convertDateUDF = udf {(Date: String) => convertDate(Date)}
val oilPriceDatedDF = oilPriceDF
    .withColumn("DATE", convertDate(oilPriceDF("DATE")))
```

举一个简单的例子，如果想要集中在特定范围的数据，我们可以对它进行过滤：

```
val oilPriceDated2015DF = oilPriceDatedDF.filter("year(DATE)==2015")
```

现在我们可以用 Spark2.0 中引入的 window 函数来实现窗口：

```
val windowDF = oilPriceDatedDF.groupBy(
   window(oilPriceDatedDF.col("DATE"),"1 week", "1 week", "4 days"))
```

前面语句中的参数允许我们提供窗口的大小、窗口偏移量和数据偏移量，因此这个模式实际上会产生一个在数据开头有偏移量的滚动窗口。这使我们能够确保每个窗口被构造成这样：它总是包含周一至周五（石油交易日）的数据，每一个后续窗口包含下一周的数据。

查看现阶段的数据帧以确保一切正常；我们不能以常用的那种方式使用 show 方法，因为 windowDF 是一个 RelationalGroupedDataset。所以我们运行一个简单的内置函数来创建一个可读的输出。为每个窗口内容计数，显示前 20 行而不截断输出：

```
windowDF.count.show(20, false)
```

显示结果如下：

```
+------------------------------------------+-----+
|window                                    |count|
+------------------------------------------+-----+
|[2011-11-07 00:00:00.0,2011-11-14 00:00:00.0]|5    |
|[2011-11-14 00:00:00.0,2011-11-21 00:00:00.0]|5    |
|[2011-11-21 00:00:00.0,2011-11-28 00:00:00.0]|5    |
+------------------------------------------+-----+
```

这里，count 是窗口中的条目数量，即我们用例中价格的数量。根据所使用的数据，我们可能会发现由于丢失数据，一些窗口包含的价格数量小于 5。我们将在数据集中保存这些数据，否则会在输出中出现空白。

数据质量不容忽视，在使用新数据集之前应执行尽职调查，请参见第 4 章。

改变窗口的大小 n（本例中为 1 周）以调整我们的调查规模。例如，当 n 大小为 1 周时，将提供每周变化；当 n 的大小为 1 年，则将提供年度变化（使用我们的数据，每一个窗口的大小：周石油交易数×5）。当然，这完全与数据集的结构有关，也就是说，取决于它是每小时还是每天的价格等。在本章后续内容我们将了解如何在迭代的基础上轻松地检查趋势，并从通过的数据中找到变化点，将其作为第二次迭代的输入。

12.2.2 简单趋势

现在我们有了窗口数据，就可以计算每个窗口的+1 或–1 值（简单趋势），所以我们要开发一个趋势计算公式。我们可以用图 12-3 中的示例来直观地实现：

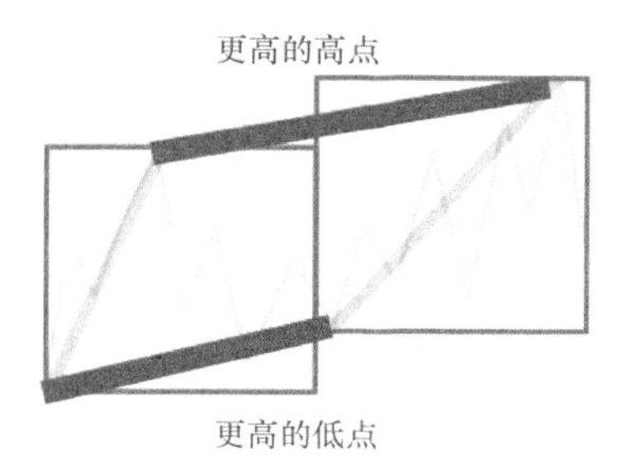

图 12-3 简单趋势窗口

对于计算窗口的集合，我们可以将当前窗口与以前的窗口进行比较，从而显示出更高的高点、更高的低点和更低的高点、更低的低点。

我们通过从每个窗口中选择以下条目来实现这一点。

- 最早的高价。
- 最迟的低价。

有了这些信息，我们可以推导趋势演算的公式：

$$sign\left(sign\left(H_{pi}-H_{pi-1}\right)+sign\left(L_{pi}-L_{pi-1}\right)\right)$$

其中参数定义如下。

- *sign*：是函数 (x > 0) ? 1 : ((x < 0) ? −1 : 0)。
- *H*：高价。
- *L*：低价。
- P_i：当前窗口。
- P_{i-1}：上一个窗口。

例如，给定以下场景，如图 12-4 所示。

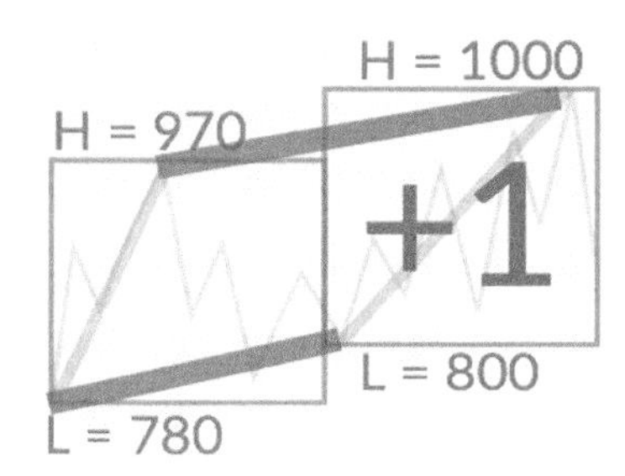

图 12-4 简单趋势窗口算例

- 简单趋势 = *sign*(*sign*(高价的差) + *sign*(低价的差))。
- 简单趋势 = *sign*(*sign*(1000−970) + *sign*(800−780))。
- 简单趋势 = *sign*(*sign*(30) + *sign*(20))。
- 简单趋势 = *sign*(1 + 1)。
- 简单趋势 = *sign*(2)。
- 简单趋势 = +1。

其实也有可能获得 0 的答案。本章后续内容会做详细讲解。

12.2.3 用户定义聚合函数

通过编程方式执行上述任务的方法有很多，我们来看看用 UDF 实现聚合数据（Spark 的 `UserDefinedAggregateFunction`），以便可以使用之前收集的窗口数据。

就像前面的 UDF 示例那样，我们希望能够以类似的方式在窗口上使用函数。然而，标准的 UDF 是不可能的，因为窗口是表示为 `RelationalGroupedDataset` 的。在运行时，这样集合中的数据可能运行在多个 Spark 节点上，以便并行地执行函数，对于 UDF 的数据来说则相反，UDF 必须位于同一位置。因此，UDAF 对我们来说是个好消息，因为它意味着我们可以不受并行效率概念的束缚而安全地实现程序逻辑，代码能自动扩展以适应大规模数据集！

总之，我们正在寻找最早的高价及其日期和带有日期的最新低价（对于每个窗口），将其输出，以便用这些数据来计算简单趋势。我们编写一个 Scala 类来对 `UserDefinedAggregateFunction` 进行扩展，它包含以下函数。

- `inputSchema`：提供给函数的输入数据结构。
- `bufferSchema`：这个实例持有的内部信息的结构（聚合缓冲区）。
- `dataType`：输出数据结构的类型。
- `deterministic`：函数是否是确定性的（即相同的输入总是返回相同的输出）。
- `initialize`：聚合缓冲区的初始状态，合并两个初始缓冲区必须总是返回相同的初始状态。
- `update`：使用输入数据更新聚合缓冲区。
- `merge`：合并两个聚合缓冲区。
- `evaluate`：基于聚合缓冲区计算最终结果。

这个类的完整代码如下所示，请参考定义，了解每一项的目的。特意把代码写得相当冗长，从而可以更容易理解功能。在实践中，我们可以重构 `update` 和 `merge` 函数。

```
import java.text.SimpleDateFormat
import java.util.Date
import org.apache.spark.sql.Row
importorg.apache.spark.sql.expressions.{MutableAggregationBuffer,UserDef
inedAggregateFunction}
import org.apache.spark.sql.types._

class HighLowCalc extends UserDefinedAggregateFunction {

// 我们输入(date, price) 元组
def inputSchema: org.apache.spark.sql.types.StructType = StructType(
  StructField("date", StringType) ::
  StructField("price", DoubleType) :: Nil)


// 这些是我们要追踪的值
```

```
def bufferSchema: StructType = StructType(
  StructField("HighestHighDate", StringType) ::
  StructField("HighestHighPrice", DoubleType) ::
  StructField("LowestLowDate", StringType) ::
   StructField("LowestLowPrice", DoubleType) :: Nil
)

// 最终输出数据的模式
def dataType: DataType = DataTypes.createStructType(
    Array(
      StructField("HighestHighDate", StringType),
      StructField("HighestHighPrice", DoubleType),
      StructField("LowestLowDate", StringType),
      StructField("LowestLowPrice", DoubleType)
    )
)

// 这个函数是确定性的
def deterministic: Boolean = true

// 使用bufferSchema定义初始状态
def initialize(buffer: MutableAggregationBuffer): Unit = {
  // 迄今为止最高价格的日期
  buffer(0) = ""
  // 迄今为止最高价格
  buffer(1) = 0d
  // 迄今为止最低价格的日期
  buffer(2) = ""
  // 迄今为止最低价格
  buffer(3) = 1000000d
}

// 如何给予新输入(date, price)
def update(buffer: MutableAggregationBuffer,input: Row): Unit = {

  //找出输入价格如何比较
  //当前的内部值——只为找最高的价格
  (input.getDouble(1) compare buffer.getAs[Double](1)).signum match {
  // 若输入的价格更低，则什么也不做
  case -1 => {}
  // 若输入的价格更高，则更新内部状态
  case 1 => {
    buffer(1) = input.getDouble(1)
    buffer(0) = input.getString(0)
   }
  // 若输入的价格相等，则确认是否为最早的日期
```

```
    case 0 => {
      // 若新的日期在当前日期之前，则替换
      (parseDate(input.getString(0)),parseDate(buffer.getAs[String](0)
))
      match {
        case (Some(a), Some(b)) => {
          if(a.before(b)){
            buffer(0) = input.getString(0)
          }
        }

        // 其他情况不做任何操作
        case _ => {}
      }
    }
  }
  // 重复，找出最低价
  (input.getDouble(1) compare buffer.getAs[Double](3)).signum match {
    // 若输入的价格更低，则更新内部状态
    case -1 => {}
      buffer(3) = input.getDouble(1)
      buffer(2) = input.getString(0)
  }
  //若输入的价格更高，则什么也不做
  case 1 => {}
  // 若输入的价格相等，则确认是否为最早的日期
  case 0 => {
    // 若新的日期在当前日期之后，则替换
    (parseDate(input.getString(0)),parseDate(buffer.getAs[String](2)))
    match {
      case (Some(a), Some(b)) => {
        if(a.after(b)){
          buffer(2) = input.getString(0)
        }
      }
      // 其他情况不做任何操作
      case _ => {}
      }
    }
  }
}

// 定义将两个聚合缓冲区合并在一起的行为
def merge(buffer1: MutableAggregationBuffer, buffer2: Row): Unit = {
  // 先处理高价
```

```
    (buffer2.getDouble(1) compare buffer1.getAs[Double](1)).signum match {
      case -1 => {}
      case 1  => {
        buffer1(1) = buffer2.getDouble(1)
        buffer1(0) = buffer2.getString(0)
      }
      Case 0 => {
         // 处理更早的日期
         (parseDate(buffer2.getString(0)),parseDate(buffer1.getAs[String](0)))
         match {
           case (Some(a), Some(b)) => {
             if(a.before(b)){
               buffer1(0) = buffer2.getString(0)
             }
           }
           case _ => {}
         }
       }
    }
     // 现在处理低价
     (buffer2.getDouble(3) compare buffer1.getAs[Double](3)).signum match {
       case -1 => {
         buffer1(3) = buffer2.getDouble(3)
         buffer1(2) = buffer2.getString(2)
     }
     case 1 => {}
     case 0 => {
       // 处理更靠后的日期
       (parseDate(buffer2.getString(2)),parseDate(buffer1.getAs[String](2)))
       match {
         case (Some(a), Some(b)) => {
           if(a.after(b)){
             buffer1(2) = buffer2.getString(2)
           }
         }
         case _ => {}
       }
     }
   }
}

// 全部完成后，输出
// (highestDate, highestPrice, lowestDate, lowestPrice)
def evaluate(buffer: Row): Any = {
  (buffer(0), buffer(1), buffer(2), buffer(3))
```

```
}
// 为便于比较，将字符串转为日期
def parseDate(value: String): Option[Date] = {
  try {
    Some(new SimpleDateFormat("yyyy-MM-dd").parse(value))
  } catch {
    case e: Exception => None
  }
}
}
```

你会注意到 signum 函数的通用用法。这对于比较非常有用，因为它产生以下结果。

- 如果第一个值小于第二个，输出-1。
- 如果第一个值大于第二个，输出+1。
- 如果两个值相等，则输出 0。

在本章后续内容，当我们编写代码以计算实际的简单趋势值时，这个函数才会真正显示它的价值。我们还使用了 option 类（在 parseDate 里），它让我们能够返回一个 Some 或 None 的实例。这有很多优点：很大程度上，它不再需要立即检查空值，促进了关注点的分离，但它也允许使用模式匹配，让我们可以链接组合许多 Scala 函数，而不需要冗长的类型检查。例如，如果我们编写一个函数，返回 Some（Int）或 None，然后我们就可以使用 flatMap 函数，而不用附加检查：

```
List("1", "2", "a", "b", "3", "c").flatMap(a =>
   try {
      Some(Integer.parseInt(a.trim))
   } catch {
      case e: NumberFormatException => None
   }
}).sum
```

以上代码返回的是 Int = 6。

12.2.4　简单趋势计算

现在有了聚合函数，我们可以注册它，并用它向数据帧输出值：

```
val hlc = new HighLowCalc
spark.udf.register("hlc", hlc)
```

```
val highLowDF = windowDF.agg(expr("hlc(DATE,PRICE) as highLow"))
highLowDF.show(20, false)
```

产生类似下面的输出：

```
+--------------------------------+----------------------+
|window                          |highLow               |
+--------------------------------+----------------------+
|[2011-11-07 00:00:00.0,... ]    |[2011-11-08,115.61,...]|
|[2011-11-14 00:00:00.0,... ]    |[2011-11-14,112.57,...]|
|[2011-11-21 00:00:00.0,... ]    |[2011-11-22,107.77,...]|
+--------------------------------+----------------------+
```

前面提到过，我们要将当前窗口与前一个窗口进行比较。我们实现 Spark 的 `lag` 函数，创建一个新的包含前一个窗口细节内容的数据帧：

```
// 确认数据按正确的日期顺序排序
// 在窗口的 window 列的每个最早的日期
// 结构里包含开始和结束的值
val sortedWindow = Window.orderBy("window.start")

// 定义一行的 lag
val lagCol = lag(col("highLow"), 1).over(sortedWindow)

// 创建新 DataFrame，带有一个新增的"highLowPrev"列
//如果前面的行不存在，输入 null
val highLowPrevDF = highLowDF.withColumn("highLowPrev", lagCol)
```

现在我们有了一个数据帧，其中每行都包含了计算简单趋势值所需的全部信息。我们可以再次实现一个 UDF，这次用 `signum` 函数来表示简单趋势公式：

```
val simpleTrendFunc = udf {
  (currentHigh : Double, currentLow : Double,
  prevHigh : Double, prevLow : Double) => {
    (((currentHigh - prevHigh) compare 0).signum +
    ((currentLow - prevLow) compare 0).signum compare 0).signum }
}
```

最后，将 UDF 应用到数据帧上：

```
val simpleTrendDF = highLowPrevDF.withColumn("sign",
    simpleTrendFunc(highLowPrevDF("highLow.HighestHighPrice"),
     highLowPrevDF("highLow.LowestLowPrice"),
     highLowPrevDF("highLowPrev.HighestHighPrice"),
```

```
        highLowPrevDF("highLowPrev.LowestLowPrice")
      )
  )

  //查看数据帧
  simpleTrendDF.show(20, false)
  +----------------------+----------------------+------+
  |highLow               |highLowprev           |sign  |
  +----------------------+----------------------+------+
  |[2011-11-08,115.61,...|null                  |null  |
  |[2011-11-14,112.57,...|2011-11-08,115.61,... |-1    |
  |[2011-11-22,107.77,...|[2011-11-14,112.57,...|1     |
```

12.2.5 反转规则

在所有已标识的窗口上运行代码之后，现在数据被表示为一系列的+1 和−1，我们可以进一步分析，以便加深对趋势的理解。你会注意到数据看起来像是随机的，但实际上我们能从中识别出一个模式：趋势值经常翻转，要么从+1 到−1，要么从−1 到+1。仔细观察图 12-5 中的这些点，我们可以看到这些翻转实际上代表了趋势的反转。

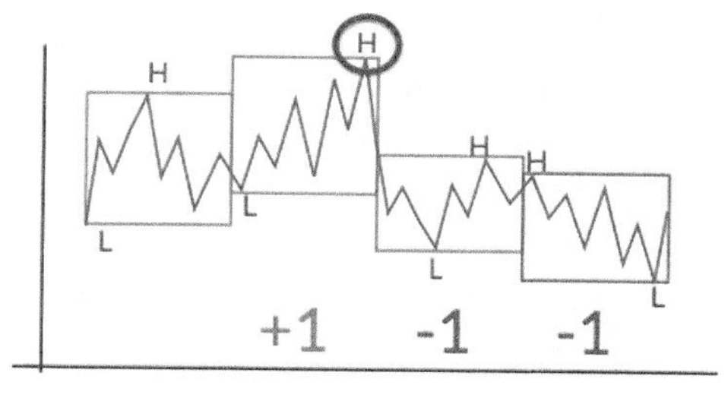

图 12-5 翻转点

可以总结如下。

- 如果趋势从+1 变为−1，则前一个高点反转。
- 如果趋势从−1 变为+1，则前一个低点反转。

应用此简单规则，我们可以输出一个新时间序列，它仅包含在范围内发现的反转点。在这个时间序列中，我们将创建(date,price)的元组，包括等同于一个+1 反转的更高的高点和等同于一个−1 反转的更低低点。我们也可以用和以前一样的方法来编码，也就是用 `lag` 函数捕获前一个信号，并实现一个 UDF 来计算反转，如下所示：

```
// 定义一行中的 lag
val lagSignCol = lag(col("sign"), 1).over(sortedWindow)
```

```
// 创建一个新数据帧，带有新增的 signPrev 列
val lagSignColDF = simpleTrendDF.withColumn("signPrev", lagSignCol)

// 定义 UDF 计算反转
val reversalFunc = udf {
  (currentSign : Int, prevSign : Int,
    prevHighPrice : Double, prevHighDate : String,
    prevLowPrice : Double, prevLowDate : String) => {
      (currentSign compare prevSign).signum match {
        case 0 => null
        // 如果当前简单趋势小于之前简单趋势，前一个高点反转
        case -1 => (prevHighDate, prevHighPrice)
        // 如果当前简单趋势大于之前简单趋势，前一个低点反转
        case 1 => (prevLowDate, prevLowPrice)
      }
    }
}

// 用 UDF 创建新 DataFrame，新增 reversals 列
val reversalsDF = lagSignColDF.withColumn("reversals",
  reversalFunc(lagSignColDF("sign"),
    lagSignColDF("signPrev"),
    lagSignColDF("highLowPrev.HighestHighPrice"),
    lagSignColDF("highLowPrev.HighestHighDate"),
    lagSignColDF("highLowPrev.LowestLowPrice"),
    lagSignColDF("highLowPrev.LowestLowDate")
  )
)

reversalsDF.show(20, false)

+------------------------+------+--------+--------------------+
|highLowprev             |sign  |signprev|reversals           |
+------------------------+------|----------------------------+
|null                    |null  |null    |null                |
|[2011-11-09,115.61,... ]|-1    |null    |null                |
|[2011-11-14,112.57,... ]|-1    |-1      |null                |
|[2011-11-22,107.77,... ]|1     |-1      |[2011-11-24,105.3]  |
|[2011-11-29,111.25,... ]|-1    |1       |[2011-11-29,111.25] |
```

总之，我们已经成功地从价格数据中消除了抖动（没有明显的上升和下降）。直接显示这些数据能带来很多好处，它能显示原始数据集的简化表示，假如我们对价格显著变化的点感兴趣，那只需要保留关键信息，就是与重要的波峰和波谷相关的信息。此外，我们有更多可以做的事情，如用可演示的和易于阅读的方式表示数据等。

12.2.6 FHLS 条状图介绍

在金融领域，开盘、最高、最低、收盘（OHLC）图表非常常见，因为它们展示了每个分析员都需要的关键数据：开盘和收盘时的价格，一个时期（通常是一天）的最高价和最低价。我们可以用同样的想法来实现自己的目的。第一、最高、最低、第二（FHLS）图表将使我们能够可视化数据，并基于它的构建来产生新的见解。

FHLS 数据格式描述如下。

- 开放日期。
- 第一个高/低值——无论是最高还是最低第一次发生时的值。
- 最高价。
- 最低价。
- 第二个高/低值——第一个高/低值中的另一个。
- 最高值日期。
- 最低值日期。
- 关闭日期。

在之前描述过的 `reversalsDF` 中，我们基本已经拥有所需的全部数据，仅剩未标识的项目是第一值和第二值，即在任何给定的窗口中首先看到的最高或最低的价格。我们可以用 UDF 或 select 语句来计算它，不过，更新之前的 `UserDefinedAggregateFunction` 将使我们能够在确保方法有效的同时做出一点小改动。只有 `evaluate` 函数需要改变：

```
def evaluate(buffer: Row): Any = {
  // 比较最高价和最低价的日期
  (parseDate(buffer.getString(0)), parseDate(buffer.getString(2))) match {
     case (Some(a), Some(b)) => {
       // 若最高价日期更早
       if(a.before(b)){
         // 最高价日期，最高价，最低价日期
         // 最低价，第一个(最高价)，第二个
         (buffer(0),buffer(1),buffer(2),buffer(3), buffer(1), buffer(3))
       }
       else {
         // 最低价日期更早或二者同时(应该不可能)
         //  最高价日期，最高价，最低价日期
         // 最低价，第一个(最低价)，第二个
```

```
          (buffer(0),buffer(1),buffer(2),buffer(3), buffer(3), buffer(1))
        }
    }
    // 我们无法解析其中一个或两个日期——不应该运行到这里
    case _ =>
      (buffer(0), buffer(1), buffer(2), buffer(3), buffer(1), buffer(3))
    }
}
```

最后，我们可以写一段语句来选择所需的字段，并将数据写入文件：

```
val fhlsSelectDF = reversalsDF.select(
 "window.start",
 "highLow.firstPrice",
 "highLow.HighestHighPrice",
 "highLow.LowestLowPrice",
 "highLow.secondPrice",
 "highLow.HighestHighDate",
 "highLow.LowestLowDate",
 "window.end",
 "reversals._1",
 "reversals._2")
```

你会注意到，反转列并不像其他列那样用 `Struct` 实现，而是采用了元组来实现。检查 `reversalsUDF`，你就会看到它是如何完成的。出于演示目的，我们将展示当它们被选中时如何重命名组件字段：

```
val lookup = Map("_1" -> "reversalDate", "_2" -> "reversalPrice")
val fhlsDF = fhlsSelectDF.select { fhlsSelectDF.columns.map(c =>
   col(c).as(lookup.getOrElse(c, c))):_*
}
fhlsDF.orderBy(asc("start")).show(20, false)
```

把数据保存到文件中：

```
fhlsDF.write
  .format("com.databricks.spark.csv")
  .option("header", "true")
  .save("fhls");
```

添加一行代码就可以加密数据：

```
.option("codec", "org.apache.hadoop.io.compress.CryptoCodec")
```

这个重要的编码/解码器，以及其他与安全相关的技术，将在第 13 章中介绍。

12.2.7 可视化数据

现在我们已经将数据保存在文件中，也掌握了显示数据的方法；有许多软件包可用于创建图表，对一名数据科学家来说，D3.js 可能是极具关键性的一个。本书的其他部分已介绍了 D3，我们并无意在此探讨超过产生最终结果所需要的更多细节。值得一提的是，D3 是一个基于数据来操作文档的 JavaScript 库，还有，它的生态系统有许多贡献者，可用的数据可视化数量是巨大的。了解一些基础知识将使我们能够用相对小的代价提供真正令人印象深刻的成果。

使用 FHLS 格式，我们可以让图表软件接收数据，就仿佛这些数据是 OHLC 格式的。所以我们应该在互联网上搜索一个我们可以使用的 D3 OHLC 库。在这个示例中，我们选择了 `techanjs.org`，因为它不仅提供了 OHLC，还提供了一些会很有用的可视化。

实现 D3 的代码通常就像将某个东西剪切并粘贴到文本文件中一样简单，只要修改源代码中的路径为数据目录。如果你以前从未做过这样的工作，这里有一些有用的提示能帮你。

- 如果你正在使用 Chrome 浏览器，在选项>更多工具>开发者工具里就有一系列非常有用的工具。如果没有，这里将提供一个将要运行代码的错误输出，不然就会丢失这些代码，这使得空白页的结果也更易于调试。
- 如果你的代码只使用单个文件，请始终使用文件名 `index.html`。
- 如果代码引用本地文件（这在实施 D3 中很常见），你将需要运行一个 Web 服务器，以便提供服务。默认情况下，由于固有的安全风险（恶意代码访问本地文件），Web 浏览器不能访问本地文件。运行 Web 服务器的一种简单方法是在源代码目录中执行 `nohup python -m simuleHttpServer &`。你绝不能让 Web 浏览器访问本地文件，因为它容易受到攻击。例如，不要运行 `chrome--allow-file-access -from-files`。
- 在源代码中使用 D3 时，在可能的情况下，请始终使用 `<script src="https://d3js.org/d3.v4.min.js"></script>`，以确保导入库的最新版本。

我们可以按原样使用代码，唯一要做更改的是列被引用的方式：

```
data = data.slice(0, 200).map(function(d) {
  return {
```

```
        date: parseDate(d.start),
        open: +d.firstPrice,
        high: +d.HighestHighPrice,
        low: +d.LowestLowPrice,
        close: +d.SecondPrice
    };
});
```

以上代码实现的可视化效果如图 12-6 所示。

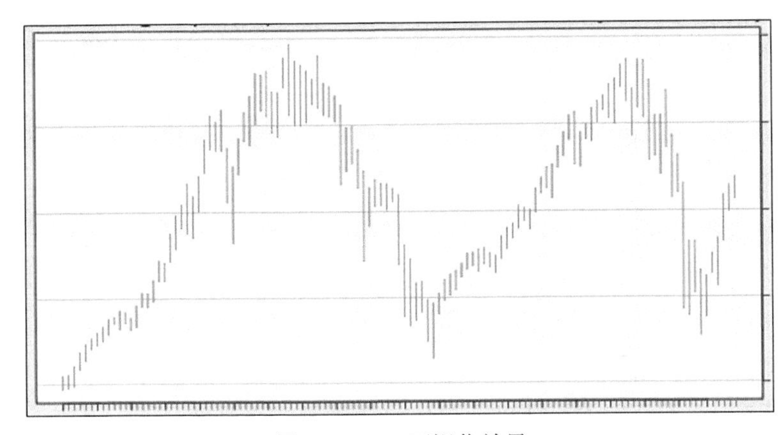

图 12-6 D3 可视化效果

在图 12-6 中，绿条表示从第一处的最低价开始增长，一直到第二处的最高价。红条表示从第一处最高价到第二处最低价的下降。从典型的 OHLC 图表来看，这微妙的变化是至关重要的。一目了然，我们现在可以很容易地看清时间序列，因为它通过概要的条状，显示了上升和下降。这有助于我们理解在固定的询价范围或窗口大小中的价格浮动，避免了原始价格线形图的缺点，后者受限于时间尺度。生成的图表提供了一种在较小的时间框架中减少噪声的方法，提供简洁和可重复的方式来直观地总结时间序列。不过，我们还有更多的工作要做。

1. 带反转的 FHLS

之前我们用 TrendCalculus 公式计算了趋势反转，将其与上面的 FHLS 汇总数据一起绘制出来，同时显示高/低价的条形图和趋势反转点，这将大大增强可视化的效果。我们通过修改 D3 代码来实现，同时还可以部署 D3 的散点图代码。所需的代码很多能在互联网上找到；可以将下面这些代码添加到`<Script>`的相关部分里。

添加 `reversalPrice` 字段：

```
data = data.slice(0, 200).map(function(d) {
  return {
    date: parseDate(d.start),
    open: +d.firstPrice,
    high: +d.HighestHighPrice,
    low: +d.LowestLowPrice,
    close: +d.secondPrice,
    price: +d.reversalPrice
  };
}).sort(function(a, b) {
  return d3.ascending(accessor.d(a), accessor.d(b));
});
```

然后绘制出各个点：

```
svg.selectAll(".dot")
  .data(data)
  .enter().append("circle")
  .attr("class", "dot")
  .attr("r", 1)
  .attr("cx", function(d) { return x(d.date); })
  .attr("cy", function(d) { return y(d.price); })
  .style("fill","black");
```

当成功地集成这些代码之后，我们能看到图 12-7 所示的效果。

或者仅用一个简单的线图展示反转也是非常有效的。图 12-8 就是这样的一个图，展示了趋势反转的视觉冲击。

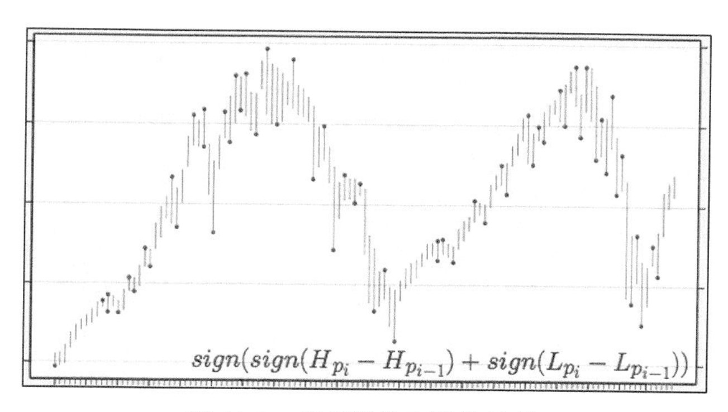

图 12-7　带反转的可视化效果

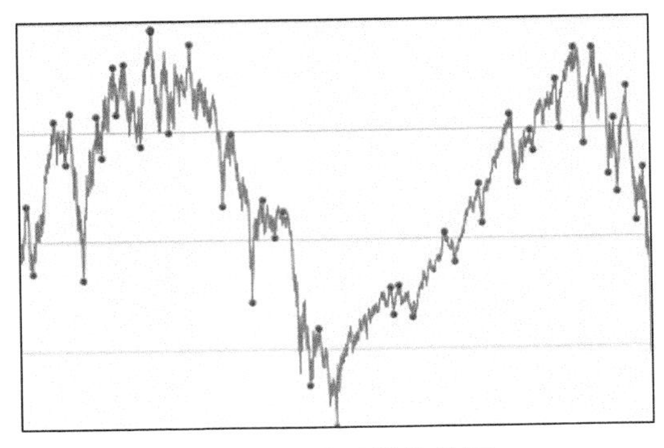

图 12-8　带反转的线图

2. 边缘情况

在前面的计算中，我们曾简要地提到，在执行简单趋势算法时可以生成值 0。在限定的这个算法中，可能发生以下情景。

- *sign* (−1 + (+1))。
- *sign* (+1 + (−1))。
- *sign* (0 + (0))。

通过图 12-9 所示的边缘案例，我们可以用我们的算法来识别这些值。

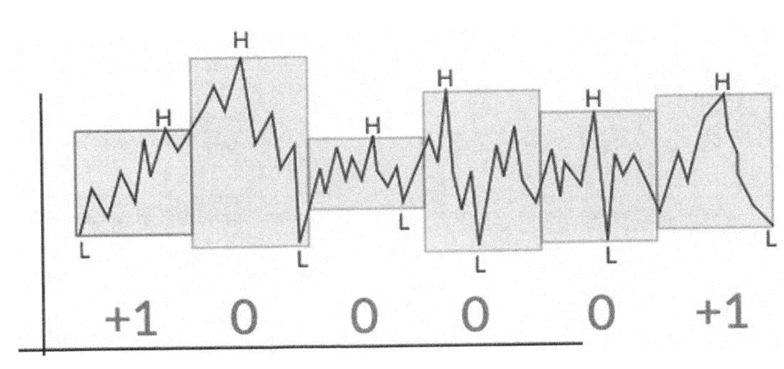

图 12-9　边缘案例

在货币市场中，我们可以辨别出每个窗口都是一个内包线（inner bar）或外包线（outer bar）。内包线定义了市场的不确定性，没有更高的高价或更低的低价。外包线是指有一个更高的高价或更低的低价。当然，只有数据可用时，这些术语才有效。

到目前为止，这些 0 似乎违背了算法。然而，事实并非如此，而且确实存在一种有效的解决方案来处理它们。

3．零值

回顾前面的图表，我们可以想象价格跨越 FHLS 条形的路径，绿条意味着一段时间内价格上涨，红条意味着一段时间内价格的下跌，比较容易理解。如何理解跨时间段的路径帮助解决零趋势问题呢？这里有一个简单的答案，但并不一定直观。

我们之前在数据处理中记录了所有高价和低价的日期，但没有全部用上。我们用这些日期计算的**第一**和**第二**价格实际上指示了当前趋势的流动或方向，如图 12-10 所示，如果花点时间研究一下概要图表，就会自然地跟着这个流来解释时间序列。

如图 12-10 所示，我们能看出，虚线显示出我们解释的时间流动并不只是暗示。在历史高点和低点之间，在图表中有些数据值没有由这些专门构造的条形汇总，这意味着在条形之间的覆盖范围有时间上的间隔。我们可以利用这个特性来解决这个问题。在图 12-11 中加上价格线。

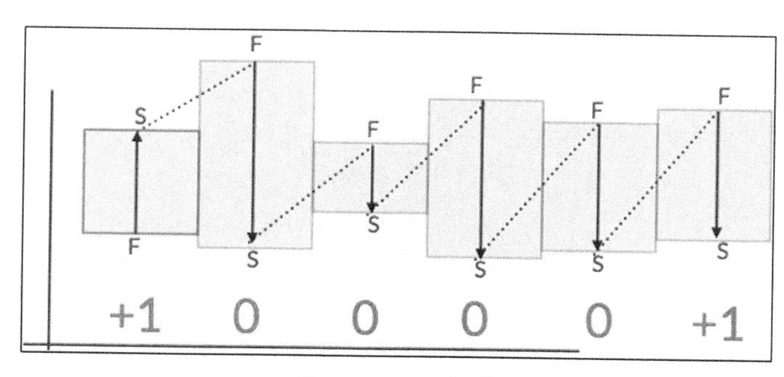

图 12-10　0 值图

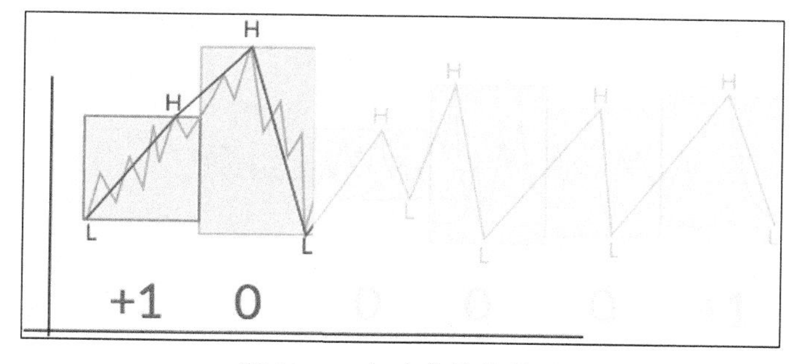

图 12-11　加上价格线效果

4．填补间隔

我们继续使用同一个示例，采用其中一个标识好的间隔为例，并演示一种可以将其填充的方法，效果如图 12-12 所示。

步骤如下。

- 找到零趋势（内/外包线）。
- 借用上一个窗口里的第二值和当前窗口的第一值（参阅图 12-11），为隐含的间隔插入一个新的 FHLS 汇总点。
- 在正常的 FHLS 结构里发布这些特殊的条形，按正常的高/低窗口规则进行格式化，并依据它们用正常方式来寻找趋势。

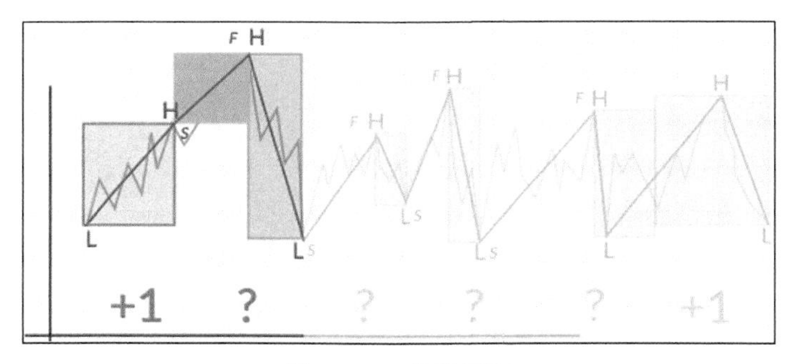

图 12-12 填补间隔

现在我们创建了一个新的条形图，可以用已经定义的方式使用它；等式（高差分或低差分）的标记值可能是 0，其他值现在是+1 或−1。然后像以前一样计算反转。在前面的示例中，原来存疑的标记在新系统下变成了−1，因为我们发现了一个更低的低点，因此最后的高点是一个反转。

我们可以通过以下方式修改代码，首先从之前代码中的 simpleTrendDF 开始。

（1） 将所有行的标记都填充为 0。

```
val zeroSignRowsDF = simpleTrendDF.filter("sign == 0").
```

（2） 删除标记列，因为我们将使用这个新数据帧的模式。

```
val zeroRowsDF = zeroSignRowsDF.drop("sign").
```

（3） 迭代每行并输出更新后的行，这些行已用以下方式改进。

window.start 日期是从 highLowPrev 列中获取的第二值的日期。

window.end 日期保持不变，因为在 FHLS 计算中用不到它。

highLow 条目构造如下。

- HighestHighDate：更早的第一 highLow 日期和第二 highLowPrev 日期。
- HighestHighPrice：与上一条相关的价格。
- LowestLowDate：更迟的第一 highLow 日期和第二 highLowPrev 日期。
- LowestLowPrice：与上一条相关的价格。
- firstPrice：与最早的新 highLow 日期相关的价格。
- secondPrice：与最迟的新 highLow 日期相关的价格。

  highLowPrev 列可以保留，因为它在下一个步骤里会被删除。

```
val tempHighLowDF =
spark.createDataFrame(highLowDF.rdd.map(x => {
               RowFactory.create(x.getAs("window")., x.getAs("highLow"),
                                 x.getAs("highLowPrev"))
               }), highLowDF.schema)
```

（4） 删除 highLowPrev 列。

```
val newHighLowDF = tempHighLowDF.drop("highLowPrev")
```

（5） 把新的数据帧和 highLowDF 联合起来，从而具有插入新行的效果。

```
val updatedHighLowDF = newHighLowDF.union(highLowDF)
```

（6） 继续像以往那样进行简单趋势处理，使用 updatedHighLowDF 代替 highLowDF，用以下代码开始：

```
val sortedWindow = Window.orderBy("window.start")
```

继续前面的示例，我们看到（可能）不再有零点，而反转仍然是清晰的，能快速计算出来。如果选定的时间窗口非常小，例如几秒或几分钟，那么输出中仍然可能有零，表明这个时段内的价格没有变化。可以重复间隔处理过程，或者可以更改窗口的大小，将其扩展为静态价格的时段，如图 12-13 所示。

我们已经看到了用 D3 来展示时间序列，现在也可以使用制图软件来显示那些新添加的覆盖了隐含间隔的新条形，即图 12-14 中显示的白条。结果是如此直观，我们仅凭肉眼就可以容易地看到趋势和反转。

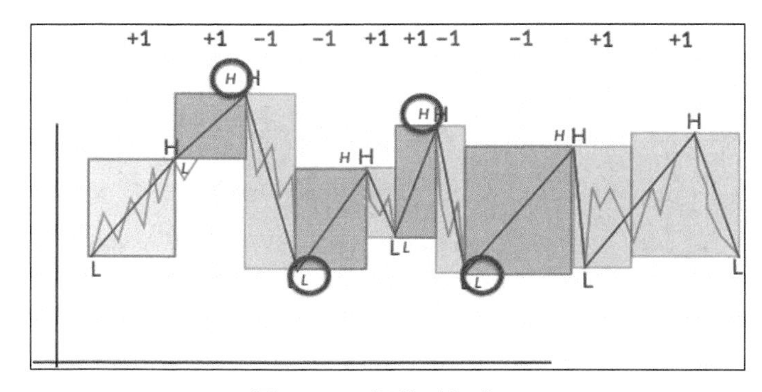

图 12-13　调整时间窗口

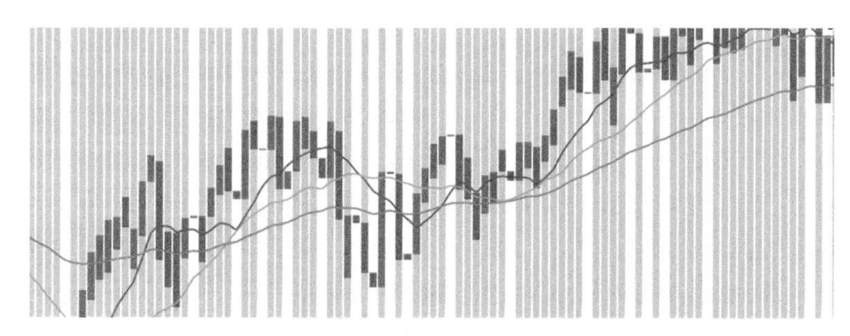

图 12-14　总的结果可视化

5. 堆叠处理

现在我们有了这个能力：把趋势反转的列表当作算法的第二遍输入。为此，我们可以调整窗口函数，这样输入就是 N 阶观测的窗口，而不是固定的时间块。如果这样做，我们就可以进行堆叠处理，并创建趋势演算的多尺度树，这意味着我们可以将算法输出到后续的传递中，这就能生成多尺度的反转探查器。以这种堆叠方式多次处理数据是高效的，因为固有数据在以后的传递中减少了。随着多个运行分区的构建，自下而上地形成层次结构。我们可以用这种方法根据所需细节的级别在更大和更小的趋势范围内进行缩放。当放大范围时，肉眼更容易看出趋势的模式。

从 reversalsDF 数据帧里选择相关数据，我们就能简单地再次运行该过程。highLow 列包括如下内容。

- HighestHigh 的日期和价格。
- LowestLow 的日期和价格。

那些可以选择并输出为包含（日期、价格）的文件，采用的格式就是我们用于采集原始文件的格式：

```
val newColumnNames = Seq("DATE", "PRICE")

val highLowHighestDF = simpleTrendDF.select("highLow.HighestHighDate",
"highLow.HighestHighPrice").toDF(newColumnNames:_*)

val highLowLowestDF = simpleTrendDF.select("highLow.LowestLowDate",
"highLow.LowestLowPrice").toDF(newColumnNames:_*)

val stackedDF = highLowHighestDF.union(highLowLowestDF)

stackedDF.write
     .option("header", "true")
     .csv("stackData.csv")
```

我们来回顾一下完成的内容，如下所示。

- 我们构建了代码来处理时间序列，并在固定的时间窗口上有效地将其总结为历史高点和低点的窗口。
- 我们给每个时间窗口分配了一个正面或负面的趋势。
- 我们设计了一种处理边缘情况的方法，消除了零值趋势的问题。
- 我们设计了一个计算方法，当趋势反转发生时，该方法可以用来找出该瞬间的实际时刻和价格值。

这样做的效果是我们构造了一个非常快速的交付代理方法，类似时间序列的分段线性回归。从另一方面看，趋势反转列表将时间序列简化为一种压缩形式，忽略了小时间帧上的噪声。

12.3 实际应用

我们已经编好了算法代码，来了解这种方法在真实数据上的实际应用。我们首先要了解算法是如何执行的，这样才能确定在哪里使用它。

12.3.1 算法特性

那么，这个算法的特点是什么？下面是一个优点和缺点列表。

1. 优点

- 该算法是通用的，对基于流和 Spark 的实现来说都很适合。
- 理论简单，但有效。
- 实现速度快，效率高。
- 结果是直观的和可解释的。
- 这种方法是可堆叠的，并允许多尺度研究，使用 Spark 窗口时非常简单。

2. 缺点

- 这个算法是一个滞后指标，只能发现过去发生的趋势反转，不能在趋势发生变化前直接进行预测。
- 滞后会累积到更大的规模，这意味着需要更多的数据才能找到长期趋势变化（因此带来时间滞后），而不是在更短的时间帧里找出趋势反转。

理解这个算法的局限性是很重要的。我们创造了一个非常有用的分析工具，可用于研究趋势。然而，它本身并不是一个预测工具，而只是让后续处理更容易识别趋势。

12.3.2 潜在的用例

将时间序列转换为变化点的列表，利用我们新发现的这种能力，许多曾经困难的用例将变得容易。让我们来了解一些潜在的应用。

1. 图表注释

在趋势发生变化的时候，无论是高点还是低点，我们可以从 GDELT 流中检索新闻标题，从而用上下文诠释图表。

2. 共同趋势

我们可以用降噪来比较不同时间序列的趋势，并设计计算方式判断哪些是共同趋势。

3. 数据削减

我们可以用该算法来简化时间序列并减少数据总量，同时保留那些关键时刻的内容，堆叠算法能进行更大程度地削减。

4. 索引

我们可以将变化点看作时间序列的一种新的索引形式，例如，允许检索短时间内与长时间趋势相反的部分数据。

5. 分形维数

我们能在不同的时间范围里找到变化点，并用这些信息来调查时间序列的分形维数。

6. 分段线性回归的流代理

这种方法在需要时还可以用来作为分段线性回归的计算代理的一种非常快速的方法。

12.4 小结

在本章中，我们介绍了用趋势演算算法分析趋势。本章概括了这样一个事实，尽管趋势分析是一个十分常见的用例，但是除了一些通用的可视化软件之外，几乎没有什么工具可以帮助数据科学家完成这方面的工作。我们引导读者了解趋势演算算法，演示了如何在 Spark 中部署一个高效和可扩展的理论实现。我们描述了识别算法关键输出的过程：在指定的尺度上的趋势反转。当计算出反转之后，我们使用 D3.js 来可视化时间序列数据——被汇总为一周时间的窗口，并绘制出趋势的反转。接下来，我们解释如何克服一些主要的边缘情况：在简单趋势计算中发现零值。我们还总结了一个简短的提纲，介绍算法特性和潜在的用例，演示了该方法，在 Spark 中可以很容易地描述清楚并实现该方法。

在第 13 章中，我们将揭开数据安全的神秘面纱，描述从数据科学的角度来看最重要的安全领域，聚焦处理高度机密数据时审批访问的理论与实施。

第 13 章 数据保护

在本书中，我们介绍了数据科学的许多领域，经常涉足一些在传统上并未与数据科学家的核心工作知识相关联的领域。特别是，我们用第 2 章整个章节来介绍数据采集，解释了如何解决一些问题。这些问题总是存在，但很少被充分认识或被完全解决。在这一章中，我们将介绍另一个经常被忽视的领域——保护数据。更具体地说，如何在数据生命周期的所有阶段保护数据和分析结果。范围从采集一直到展示，全程都要考虑随 Spark 范式而来的结构和可扩展性需求。

在这一章里，我们将探讨以下主题。

- 如何使用 HDFS ACL 实现粗粒度数据访问控制。
- 用 Hadoop 生态系统解释细粒度安全指南。
- 如何确保数据始终是加密的，以使用 Java KeyStore 为例。
- 混淆、遮罩和令牌化（obfuscating, masking, and tokenizing）数据的技术。
- Spark 如何实现 Kerberos。
- 数据安全——伦理和技术问题。

13.1 数据安全性

数据体系结构的最后一个部分是安全性，本章中我们将发现数据安全自始至终都是非常重要的，并说明了原因。由于多方面因素的影响，近年来数据的容量和类型呈现巨大的增长，其中相当大部分是由于互联网和相关技术的普及，人们越来越需要完全可扩展和安全的解决方案。我们将探索这些与存储、处理、操作数据有关的保密、隐私和法律关注的解决方案，我们将把这些与之前章节介绍过的工具和技术联系起来。

我们将继续解释有关在保护大规模数据上所涉及的技术问题，并介绍使用各种访问、分类和混淆策略来解决这些问题的想法和技术。和前面的章节一样，我们用 Hadoop 生态系统的例子来证明想法，同时也会说明公共云基础设施策略。

13.1.1 存在的问题

我们在之前的章节中探索了许多不同的主题，通常集中于一个特定问题的细节，介绍可以用来解决问题的方法。在所有这些用例中，隐含的思路是：正在使用的数据以及收集到的洞察的内容，并不需要以任何方式进行保护；或者操作系统级别提供的保护，例如登录凭证，就已经足够了。

在任何环境中，无论是家用还是商业环境，数据安全都是一个必须始终考虑的巨大问题。也许，在极少数情况下，将数据写入本地硬盘驱动器，而无须采取任何进一步的措施，这样就够了；但这很难被认为是一个可接受的行动方案，我们当然应该采取有意识的决定而不是默认的行为。在商业环境中，计算资源通常具有内置安全性。在这种情况下，对用户来说，理解这些隐含的含义并决定是否应该采取进一步措施，仍然是非常重要的；数据安全不仅是保护不受恶意实体或意外删除的侵害，还涵盖其他内容。

举个例子，如果你工作在一个安全的、受监管的、商业化的、物理隔离的环境中（不能访问互联网），并和一群志同道合的数据科学家在一起，个人安全责任仍然和在根本没有保护措施的环境中一样重要。你可以访问自己的任何同事都无法查看的数据，你可能要产生各种分析结果，提供给不同的和多样化的用户群体，但所有人都无法查看对方的数据。这里所强调的对于你可能是明确的或隐含的，你要确保数据不受损害。因此，深刻理解软件栈中的安全层势在必行。

13.1.2 基本操作

对于安全性的考虑无处不在，甚至在那些你没有想到的地方。例如，当 Spark 在集群上运行并行作业时，你是否知道在数据生命周期中，数据在哪个点可以接触到物理磁盘？如果你认为所有的事情都是在 RAM 中完成的，那么就会有一个潜在的安全问题，因为数据可以溢出到磁盘。在这一章中，我们将进一步探讨这一问题的含义。这里的要点是你不能总是把安全责任委托给正在使用的框架。事实上，无论是对于用户还是相关数据，你使用的软件越多样化，安全性的隐患就越大。

安全可以大致分为以下 3 个方面。

- 认证：用于确定用户身份的合法性。
- 授权：用户持有执行特定动作的特权。
- 访问：用于保护数据的安全机制，无论数据是在传输途中还是静态情况。

这几个要点之间有着重要的区别。用户可能具有完全访问权限从而能访问和编辑文件，但如果文件已在用户安全域外进行了加密，那么该文件可能仍然是不可读的，这是用户授权介入。同样，用户可以在一个结果返回之前，从安全的链接上发送数据给远程服务器去处理，但这并不保证数据在远程服务器上没有留下足迹，因为安全机制是未知的。

13.2 认证和授权

认证是这样一种机制：确保用户是它所承认的人，它在两个关键的层次上工作，即本地和远程。

认证可以采取多种形式，最常见的是用户登录，其他形式包括指纹读取、虹膜扫描和PIN 号码输入等。用户登录可以用于本地管理，例如你的个人计算机，或者使用类似轻量级目录访问协议（LDAP）的工具远程访问。远程管理用户提供了漫游用户配置文件，无须依赖特定的硬件，并且可以独立于用户进行管理。所有这些方法都在操作系统级别上执行。还有一些其他机制运行在应用层面并提供服务认证，如谷歌 OAuth。

可选的认证方法有其自身的优点和缺点，在宣布一个安全系统之前，要深入全面了解相应的执行情况。例如，指纹系统看起来很安全，但情况并非总是如此。我们不打算在这里更深入地探讨认证，因为我们已经做了假设：大多数系统只会实施用户登录。顺便说一下，这通常不是一个安全的解决方案，事实上，这在很多情况下不提供任何安全性。

授权是我们非常感兴趣的领域，因为它是基础性安全的关键部分，是我们最常采用的控制手段，并且可以在任何现代操作系统中原生地使用。实施资源授权有各种不同的方法，主要有以下两种。

- 访问控制列表（ACL）。
- 基于角色的访问控制（RBAC）。

我们将逐个进行讨论。

1. 访问控制列表

在 UNIX 里，ACL 在整个文件系统中被广泛应用。如果我们在命令行中列出目录内容：

```
drwxr-xr-x 6 mrh mygroup 204 16 Jun 2015 resources
```

可以看到，这里有个叫作 resources 的目录被关联到所有者(mrh)和组(mygroup)，它有 6 个链接、204 字节，最后一次编辑时间为 2015 年 6 月 16 日（注：截止到本书编写时）。ACL 内容为 drwxr-xr-x，它指明如下内容。

- d：表示这是目录（若不是，则为-）。
- rwx：表示所有者（mrh）具有读、写和执行权限。
- r-x：组（mygroup）的任何成员都具有读取和执行权限。
- r-x：所有人都有读取和执行权限。

采用 ACL 朝着保护数据迈出了坚实的第一步。它应该永远是首先被考虑，但我们要确保它正确；如果我们不能确保这些设置总是正确的，那么就可能存在其他用户能轻易访问这些数据的隐患，而我们不一定知道系统上的其他用户是谁。所以，我们要避免在 ACL 的所有部分提供完全访问权限：

```
-rwx---rwx 6 mrh mygroup 204 16 Jun 2015 secretFile.txt
```

不管系统有多安全，任何具有访问文件系统权限的用户都可以读取、编辑并删除此文件！一个更合适的设置应该如下：

```
-rwxr----- 6 mrh mygroup 204 16 Jun 2015 secretFile.txt
```

这样只给所有者完全权限，给组成员只读权限。

HDFS 在本地实现 ACL，可以使用命令行进行管理：

```
hdfs dfs -chmod 777 /path/to/my/file.txt
```

假定我们有足够的权限对这个文件进行更改，这条命令将 HDFS 上的这个文件的完全访问权限赋给了所有人。

当 Apache 在 2008 年发布 Hadoop 时，人们常常无法理解集群在所有默认设置下都没有对用户进行任何身份验证。如果集群没有被正确配置，任何用户都可以访问这个 Hadoop 中的超级用户 hdfs，只需在客户端上简单地添加 hdfs 用户即可（sudo useradd hdfs）。

2. 基于角色的访问控制

RBAC 采取了不同的方法，它给用户分配一个或多个角色。这些角色与常见任务或作业函数相关联，这使我们可以根据用户的责任轻松地添加或删除它们。例如，在一家公司里，可能有很多角色，包括账户、备货和交付等；会计可以被授予 3 个角色，这样他们才能编制年终财务，而预订交付管理员则只有交付的角色权限。这也使添加新用户更容易，并在他们改变部门或离开组织时能方便地管理用户。

RBAC 定义了以下 3 个关键规则。

- 角色分配：只有选择或被分配角色权限之后，用户才能有行使权限。
- 角色授权：用户的激活角色必须被授权给用户。
- 权限授权：只有在权限被授予用户的激活角色的情况下，用户才可以行使权限。

用户和角色之间的关系概括如下。

- 角色—权限：特定角色授予特定权限给用户。
- 用户—角色：不同类型的用户与特定角色之间的关系。
- 角色—角色：角色之间的关系。这是层次化的，`role1→role2` 意味着，如果一个用户具有角色 `role1`，则他自动获取 `role2`；但若他只具有角色 `role2`，则并不意味着他有 `role1` 的权限。

RBAC 是通过 Apache Sentry 在 Hadoop 中实现的。组织可以为那些被强制从多个路径访问的数据集定义权限，包括 HDFS、Apache Hive、Impala 以及 Apache Pig 和通过 HCatalog 的 Apache MapReduce /Yarn 等。举例来说，每个 Spark 应用程序都作为请求用户运行，并且需要访问底层文件的权限。Spark 不能直接执行访问控制，因为它是作为请求用户运行的，并且是不可信的。因此，它受限于文件系统权限。在这种情况下，Apache Semtry 为资源提供基于角色的控制。

13.3 访问

到目前为止，我们还只专注于这样一个特定思路：确保用户是访问机制所承认的人，只有正确的用户才能查看和使用数据。然而，一旦我们已经采取了适当的步骤，并确认了这些细节，我们仍然需要确保当用户实际使用数据时，数据是安全的。还有以下问题需要考虑。

- 允许用户查看数据中的所有信息吗？也许他们应该只限于查看某些行，甚至只查看某些行的某些部分。
- 当用户进行分析时，数据是否安全？我们要确保数据不是以纯文本形式传输的，因为那样相当于对中间人的攻击开放。
- 一旦用户完成任务，数据是否安全？我们没有办法确保数据在所有阶段都是安全的，将明文结果写到一个不安全的区域就可能带来安全问题。
- 从数据的聚合可以得出结论吗？即使用户只有访问数据集的某些行的权限，例如保护个人的匿名性，在这种情况下，有时仍可能在看起来无关的信息之间建立联系。例如，如果用户知道 a→b 和 b→c，他们可以猜出可能 A→C，即使他们并不被允许在数据中看到这一联系。在实践中，很难避免这种问题，因为数据聚合问题可能非常微妙，常发生在不可预见的情况下，而且经常涉及那些在长时间段内汇集起来的信息。

有许多机制可以用来帮助我们在前面所述场景里保护数据安全。

13.4 加密

可以说，最显而易见和众所周知的保护数据的方法是对数据进行加密。我们将对数据进行加密，无论数据是在传输途中还是在静态情况下，实际上是在几乎所有的时间，除了数据实际上在内存中被处理的那段时间。根据数据的状态，加密的机制是不同的。

13.4.1 数据处于静态时

我们的数据总是需要存储在某个地方，无论是 HDFS、S3 还是本地磁盘。即使我们已经采取了所有的预防措施来确保用户已经得到授权并经过验证，仍然存在数据以纯文本形式保存在磁盘上的问题。直接访问磁盘，无论是通过物理方式还是通过开放式系统互联（OSI）栈中的较低级别访问方式，对整个内容流进行截取，收集纯文本数据是相当简单的。

如果我们加密数据，那数据就被保护免受这种攻击。加密也可以在不同的层次上存在，要么用软件在应用层加密数据，要么在硬件级别上加密数据，也即磁盘本身。

在应用层加密数据是最常见的做法，因为它能让用户对需要做出的决定做出明智的选择，从而为他们的处境选择正确的产品。因为加密增加了额外的处理开销级别（数据需要在写入时加密，读取时解密），对于处理器时间和安全强度，需要权衡并做出关键性的决定。

考虑的主要因素如下。

- 加密算法类型：用于执行加密的算法，例如高级加密标准（AES）、RSA 加密算法等。
- 加密密钥位长：加密密钥的大小大致等同于它被破解的难度，但也影响结果的大小（可能要考虑存储），一般为 64 位，128 位等。
- 允许处理器时间：更长的加密密钥通常意味着更多的处理时间，当给定的数据足够大的时候会对处理产生不良影响。

针对我们的用例，除了决定各个因素的正确组合，注意，一些算法密钥长度组合已不再被认为是安全的，我们还需要实际执行加密的软件。它可以是一个定制的 Hadoop 插件或商业应用程序。如上文所述，Hadoop 现在拥有一个本地的 HDFS 加密插件，这样你就不用自己写了！这个插件使用 Java KeyStore 来安全地存储加密密钥，可以通过 Apache Ranger 对其进行访问。加密完全发生在 HDFS 内，并在本质上与文件上的 ACL 链接。因此，当访问 Spark 中的 HDFS 文件时，处理进程是无缝的（除了加密/解密文件的一些额外时间）。

如果希望在 Spark 中实现加密并将数据写入前述场景没有覆盖到的地方，则可以使用 Java 的 `javax.crypto` 包。这里最薄弱的环节是，密钥本身必须记录在某个地方，因此，我们可能只是把安全问题转移到了别处。使用合适的 KeyStore，如 Java KeyStore，就能解决这个问题。

在写本书时，将数据从 Spark 写入本地磁盘时还没有明显的加密数据方法，在本节中，我们自己写一个！

其思路是用一些尽可能接近原始的东西替换 `rdd.saveAsTextFile(filePath)` 函数，这样能进一步提高加密数据的能力。然而，这并不是全部，因为我们也需要将数据读取回来。为了做到这一点，我们将利用 `rdd.saveAsTextFile(filePath)` 函数的另一种形式，它能接受压缩编码器参数：

```
saveAsTextFile(filePath, Class<? extends
    org.apache.hadoop.io.compress.CompressionCodec> codec)
```

从表面上看，Spark 使用压缩编码器的方式与我们所需的数据加密方式相似。为了实现目的，我们来改编现有的 Hadoop 压缩实现。先了解几种不同的现有实现（`GZIPCODEC`，`BZIP2CODEC`），我们会发现必须扩展 `CompressionCodec` 接口来导出加密编码器，从现在起，将其命名为 `CryptoCodec`。让我们来看在 Java 中实现的代码：

```
import org.apache.hadoop.io.compress.crypto.CryptoCompressor;
import org.apache.hadoop.io.compress.crypto.CryptoDecompressor;

public class CryptoCodec implements CompressionCodec, Configurable {

    public static final String CRYPTO_DEFAULT_EXT = ".crypto";
    private Configuration config;

    @Override
    public Compressor createCompressor() {
        return new CryptoCompressor();
    }
    @Override
    public Decompressor createDecompressor() {
        return new CryptoDecompressor();
    }
    @Override
    public CompressionInputStream createInputStream(InputStream in)
           throws IOException {
        return createInputStream(in, createDecompressor());
    }
    @Override
    public CompressionInputStream createInputStream(InputStream in,
           Decompressor decomp) throws IOException {
         return new DecompressorStream(in, decomp);
    }
    @Override
    Public CompressionOutputStream createOutputStream(OutputStream out)
           throws IOException {
        return createOutputStream(out, createCompressor());
    }
    @Override
    Public CompressionOutputStream createOutputStream(OutputStream out,
    Compressor comp)throws IOException {
        return new CompressorStream(out, comp);
    }
    @Override
    public Class<? extends Compressor> getCompressorType() {
        return CryptoCompressor.class;
    }
    @Override
    public Class<? extends Decompressor> getDecompressorType() {
        return CryptoDecompressor.class;
    }
    @Override
    public String getDefaultExtension() {
```

```
            return CRYPTO_DEFAULT_EXT;
        }
        @Override
        public Configuration getConf() {
            return this.config;
        }
        @Override
        public void setConf(Configuration config) {
            this.config = config;
        }
    }
```

值得注意的是，这个 codec 类只是作为一个封装器，用来集成采用 Hadoop API 的加密和解密方法；当 crypto 编码器被调用时，这个类给 Hadoop 框架提供了使用的入口点。两个让人感兴趣的主要方法是 createCompressor 和 createDeompressor，二者都执行相同的初始化过程：

```
    public CryptoCompressor() {
        crypto = new EncryptionUtils(); }
```

使用明文密码让事情变得简单。当使用此代码时，加密密钥应该从安全存储区中提取；我们将在本章后续内容讨论细节：

```
    public EncryptionUtils() {
        this.setupCrypto(getPassword());
    }

    private String getPassword() {
        //按以下代码使用 Java KeyStore、数据库或其他任何获取密码的安全机制
        //为了简单起见，我们将返回硬编码字符串
        return "keystorepassword";
    }

    private void setupCrypto(String password) {
        IvParameterSpec paramSpec = new IvParameterSpec(generateIV());
        skeySpec = new SecretKeySpec(password.getBytes("UTF-8"), "AES");
        ecipher = Cipher.getInstance(encoding);
        ecipher.init(Cipher.ENCRYPT_MODE, skeySpec, paramSpec);
        dcipher = Cipher.getInstance(encoding);
    }

    private byte[] generateIV() {
        SecureRandom random = new SecureRandom();
        byte bytes[] = new byte[16];
```

```
    random.nextBytes(bytes);
    return bytes;
}
```

接下来，我们定义加密方法自身：

```
public byte[] encrypt(byte[] plainBytes, boolean addIV)
        throws InvalidAlgorithmParameterException,
               InvalidKeyException {

    byte[] iv = "".getBytes("UTF-8");
    if (!addIV) {
        iv = ecipher.getParameters()
                    .getParameterSpec(IvParameterSpec.class)
                    .getIV();
    }
    byte[] ciphertext = ecipher.update(
            plainBytes, 0, plainBytes.length);
    byte[] result = new byte[iv.length + ciphertext.length];
    System.arraycopy(iv, 0, result, 0, iv.length);
    System.arraycopy(ciphertext, 0,
                     result, iv.length, ciphertext.length);
    return result;
}

public byte[] decrypt(byte[] ciphertext, boolean useIV)
        throws InvalidAlgorithmParameterException,
               InvalidKeyException {

    byte[] deciphered;
    if (useIV) {
        byte[] iv = Arrays.copyOfRange(ciphertext, 0, 16);
        IvParameterSpec paramSpec = new IvParameterSpec(iv);
        dcipher.init(Cipher.DECRYPT_MODE, skeySpec, paramSpec);
        deciphered = dcipher.update(
            ciphertext, 16, ciphertext.length - 16);
    } else {
        deciphered = dcipher.update(
            ciphertext, 0, ciphertext.length);
    }
    return deciphered;

}

public byte[] doFinal() {
    try {
```

```
        byte[] ciphertext = ecipher.doFinal();
        return ciphertext;
    } catch (Exception e) {
        log.error(e.getStackTrace());
        return null;
    }
}
```

每次加密文件时，初始化向量（IV）应该是随机的。随机化对加密方案的实现至关重要，它是为了语义安全性，它是一种属性。在同一密钥下重复使用该体系也无法让攻击者从分段和密文之间推断关系。

实现加密范例时的主要问题是错误处理字节数组。在使用填充时，正确加密的文件大小通常是密钥大小的倍数，本例中是 16 字节。如果文件大小不正确，加密/解密过程将因填充的意外而失败。在以前使用的 Java 库中，数据被分段馈送到内部加密例程，ciphertext.length，被加密成大小为 16 字节的块。要是块存在剩余，则将其预留给下一次更新的给定数据。如果进行了 doFinal 调用，则剩余部分还是被预留，在加密之前被填充，直到 16 字节的末尾，至此例程全部结束。

现在我们可以继续完成 CryptoCodec 的其余部分，即实现上述代码的压缩和解压缩功能。这些方法位于 CryptoCompressor 和 CryptoDecompressor 类中，由 Hadoop 框架调用：

```
@Override
public synchronized int compress(byte[] buf, int off, int len) throws
IOException {
    finished = false;
    if (remain != null && remain.remaining() > 0) {
        int size = Math.min(len, remain.remaining());
        remain.get(buf, off, size);
        wrote += size;
        if (!remain.hasRemaining()) {
            remain = null;
            setFinished();
        }
        return size;
    }
    if (in == null || in.remaining() <= 0) {
        setFinished();
        return 0;
```

```
        }
        byte[] w = new byte[in.remaining()];
        in.get(w);
        byte[] b = crypto.encrypt(w, addedIV);
        if (!addedIV)
            addedIV = true;
        int size = Math.min(len, b.length);
        remain = ByteBuffer.wrap(b);
        remain.get(buf, off, size);
        wrote += size;
        if (remain.remaining() <= 0)
            setFinished();
        return size;
    }
```

你可以在我们的代码存储库中看到 `CryptoCodec` 类的完整实现。

现在我们已有了可用的 `CryptoCodec` 类，就能直接执行 Spark 驱动程序代码：

```
val conf = new SparkConf()
val sc = new SparkContext(conf.setAppName("crypto encrypt"))
val writeRDD = sc.parallelize(List(1, 2, 3, 4), 2)
writeRDD.saveAsTextFile("file:///encrypted/data/path",classOf[CryptoCodec])
```

现在我们拥有本地磁盘加密能力！要读取加密文件，只需在配置中定义 `codec` 类：

```
val conf = new SparkConf()
conf.set("spark.hadoop.io.compression.codecs",
         "org.apache.hadoop.io.compress.CryptoCodec")
val sc = new SparkContext(conf.setAppName("crypto decrypt"))
val readRDD = sc.textFile("file:///encrypted/data/path")
readRDD.collect().foreach(println)
```

Spark 在识别适当的文件时将自动使用 `CryptoCodec` 类，并且我们的实现方式确保每个文件使用唯一的 IV，IV 是从加密文件的开头读取出来的。

1. Java KeyStore

根据你的环境，前面的代码可能已经足以保证数据安全。然而还存在一个问题：用于对数据进行加密/解密的密钥必须以明文提供。我们可以通过创建 Java KeyStore 来解决这个问题。方法是通过命令行或者以编程方式来处理。我们可以实现一个函数来创建 `JCEKS` KeyStore 并添加一个键：

```
public static void createJceksStoreAddKey() {

        KeyStore keyStore = KeyStore.getInstance("JCEKS");
        keyStore.load(null, null);

        KeyGenerator kg = KeyGenerator.getInstance("AES");
        kg.init(128); // 16 bytes = 128 bit
        SecretKey sk = kg.generateKey();
        System.out.println(sk.getEncoded().toString());

        keyStore.setKeyEntry("secretKeyAlias", sk,
             "keystorepassword".toCharArray(), null);
        keyStore.store(new FileOutputStream("keystore.jceks"),
                   "keystorepassword".toCharArray());
}
```

采用命令行方式也能实现同样的目的：

```
Keytool -genseckey-alias secretKeyAlias /
        -keyalg AES /
        -keystore keystore.jceks /
        -keysize 128 /
        -storeType JCEKS
```

检查一下是否存在：

```
keytool -v -list -storetype JCEKS -keystore keystore.jceks
```

从 KeyStore 中检索这个键：

```
public static SecretKey retrieveKey()
        throws KeyStoreException,
               IOException,
               CertificateException,
               NoSuchAlgorithmException,
               UnrecoverableKeyException {

    KeyStore keyStore = KeyStore.getInstance("JCEKS");
    keyStore.load(new FileInputStream("keystore.jceks"),
        "keystorepassword".toCharArray());

    SecretKey key =(SecretKey) keyStore.getKey("secretKeyAlias",
        "keystorepassword".toCharArray());

    System.out.println(key.getEncoded().toString());
```

```
        return key;
    }
```

为了便于阅读，我们已经对细节进行了硬编码，实践中不应该采用硬编码，因为 Java 的字节码相对来说容易被逆向工程，因此，恶意第三方可以容易地获得秘密信息。

现在，我们的密钥在 KeyStore 中受到保护，并且只能使用 KeyStore 密码和密钥别名来访问。这些仍然需要保护，但通常将其存储在数据库中，只有授权用户才能访问。

我们现在可以修改 EncryptionUtils.getPassword 方法来检索 JCEKS 键，而不是用纯文本版本，代码如下：

```
private String getPassword(){
    return retrieveKey();
}
```

现在我们有了 CryptoCodec 类，任何需要对数据加密的时候，我们可以在 Spark 各处使用它来保护数据。例如，如果在 Spark 配置中将 spark.shuffle.spill.compress 值设置为 true，并将 spark.io.compression.codec 设置为 org.apache.hadoop.io.compress.CryptoCodec，随后，任何输出到磁盘的内容都将被加密。

2. S3 加密

对本质上是提供托管服务的服务来说，HDFS 加密非常有用。我们现在来了解 S3，它同样也可以做到对服务加密，而且还提供了以下服务器端的加密能力。

- AWS KMS 管理密钥（SSE-KMS）。
- 客户提供密钥（SSE-C）。

如果你处于需要显式地管理加密密钥的环境中，服务器端加密可以提供更好的灵活性。

硬件加密在物理磁盘体系结构中进行处理。一般来说，它具有更快的优点（由于使用了为加密而设计的定制硬件），并且更容易用于保护，因为若想破坏数据，必须对硬件进行物理访问。其缺点是写入磁盘的所有数据都被加密，这可能导致在高负荷磁盘应用时 I/O 性能降低。

13.4.2 数据处于传输时

如果你的目标是保证端到端的安全性，那么需要关注的就是传输中的数据。这可能是在分析处理期间从磁盘读取/写入数据或在网络上传输数据。无论何种情况，了解你环境中的薄弱之处都是十分重要的。假定框架或网络管理员已经为你解决了这些潜在的问题，但这是不够的，即使你的环境不允许直接进行更改也是如此。

人们经常犯一个错误：认为数据对人不可读就是安全的。尽管二进制数据本身对人不可读，但它通常很容易被翻译成可读的内容，而且还可以使用工具通过网络捕获可读内容，如 Wireshark 等。因此，无论数据是否对人可读，都不要假设数据是安全的。

正如之前看到的那样，即使在磁盘上加密数据时，我们也不能假定它已具备安全性。例如，如果数据是在硬件级别进行加密的，那么一旦它离开磁盘本身，就处于未加密状态。换句话说，它通过网络传送到任何硬件时，纯文本都是可读的，因此在传输过程的任何时刻，对于未知的实体，它都是完全开放、可供读取的。软件级别加密的数据通常是直到被分析人员使用时，都不进行解密，因此，如果网络拓扑未知，它通常是更安全的选项。

在考虑诸如 Spark 的处理系统本身的安全性时，这里也有些问题。数据在节点间移动的时候，并不受用户直接控制。因此，在任意指定时刻，了解数据在哪里以纯文本形式呈现是非常重要的。参考图 13-1，它显示了在 Spark YARN 的作业期间，各个实体之间的交互。

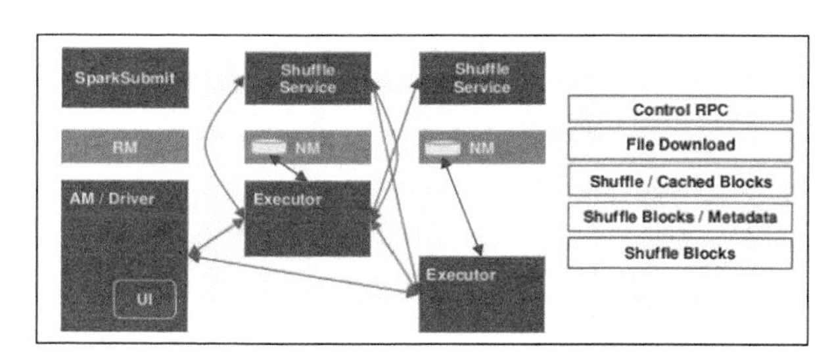

图 13-1 YARN 作业中各实体间的互动

可以看出，每个连接都要发送和接收数据。Spark 的输入数据是通过广播变量传输的，除了 UI 和本地洗牌/缓存文件，所有通道都支持加密（请参阅 JIRA SPARK-5682 了解更多信息）。

此外，这里还有一个薄弱点：缓存文件是以纯文本形式存储的。修复的方法是要么部署前面的解决方案，要么设置 YARN 本地目录指向本地加密磁盘。为此，我们需要确保在所有的数据节点上，`yarn-default.xml` 中的 `yarn.nodemanager.local-dirs` 都是加密的目录，要么使用商业产品，要么在加密磁盘上托管这些目录。

我们已经将数据作为一个整体来考虑，同时，我们也应该清楚定位数据本身的各个独立部分。数据中很可能包含敏感信息，例如姓名、地址和信用卡号码等。有许多方法可以处理这些类型的信息。

13.4.3 混淆/匿名

经过混淆，数据中的敏感部分被转换为无法转回原来内容的东西，这就是通过混淆提供安全。例如，一个 CSV 文件中包含名字、姓氏、地址行 1、地址行 2、邮政编码、电话号码、信用卡号码等内容，混淆结果可能如下。

- 初始状态。

  ```
  John,Smith,3 New Road,London,E1 2AA,0207 123456,4659 4234 5678
  9999
  ```

- 混淆状态。

  ```
  John,XXXXXX,X New Road,London,XX 2AA,XXXX 123456,4659
  XXXXXXXXXXXXXX
  ```

数据混淆对分析非常有用，因为它保护敏感数据，同时仍然可以进行有用的计算，例如统计已完成的字段。对于混淆的方式，我们可以灵活掌握，在保护其他细节的同时，可以保留数据的某些细节。例如，信用卡号码 4659 42XX XXXX XXXX 可以给出惊人的信息量，因为支付卡的前 6 个数字，称为银行标识编号（BIN），能告诉我们以下信息。

- BIN：465942。
- 卡品牌: VISA。
- 开卡银行：HSBC（汇丰银行）。
- 卡类型: 借记卡。
- 卡等级：经典。
- 国际标准化组织（ISO）编号：826（大不列颠）。

数据混淆不一定是随机的，但是应该仔细地调整它以确保敏感数据绝对被删除。敏感的定义完全根据要求而定。在前面的示例中，如果是能够按类型汇总客户支付卡的分配情况，这种混淆可能就非常有用，否则可以被认为是应该删除的敏感信息。

你可能还记得在前几章里所讲的内容，知道这里要注意的另一个现象是数据聚合。例如，如果我们知道一个人的名字是 John Smith，他的信用卡号码开头是 465942，于是我们知道 John Smith 在英国汇丰银行开了一个账户，这就可能为恶意实体提供了大量信息。因此，必须注意确保应用了正确的混淆量，请记住，除非有存储在别处的另一个副本，否则混淆后的数据永远不能恢复为原始数据。不可恢复的数据可能是一个代价极高的事件，因此数据混淆应该实施得当。的确，如果存储允许，那么想要存储几个版本的数据并不是不合理的，每个版本具有不同的混淆级别和不同级别的访问权限。

考虑在 Spark 中实现这一点时，很可能存在许多需要转换输入记录的场景。因此，我们开始的要点是写入一些东西作用于单个记录上，然后将其封装在 RDD 中，这样函数可以并行地运行在许多记录上。

以前面的示例为例，让我们在 Scala 中将其模式表示为枚举型。沿用该定义，我们将在枚举类中概括以下信息，指明如何对特定字段执行混淆。

- `x, y` 对从 x 到 y 位置的字符进行遮罩。
- `0, len` 对整个字段从 0 到指定长度的位置进行遮罩。
- `prefix` 遮罩所有字符直到最后一个空格符之前。
- `suffix` 在第一个空格符之后遮罩所有字符。
- `""` 不做任何操作。

在枚举类中的信息编码如下：

```
object RecordField extends Enumeration {
 type Obfuscation = Value
 val FIRSTNAME = Value(0, "")
 val SURNAME = Value(1, "0,len")
 val ADDRESS1 = Value(2, "0,1")
 val ADDRESS2 = Value(3, "")
 val POSTCODE = Value(4, "prefix")
 val TELNUMBER = Value(5, "prefix")
 val CCNUMBER = Value(6, "suffix")
 }
```

接下来，我们分割输入字符串并编写一个函数，它将正确的混淆参数应用到合适的字段上：

```
def getObfuscationResult(text: String): String = {
   text
```

```
      .split(",")
      .zipWithIndex
      .map { case (field, idx) =>
        field match {
          case s: String if idx >= 0 && idx <= 6 =>
             stringObfuscator(s,RecordField(idx).toString, 'X')
          case _ => "Unknown field"
        }
      }
      .mkString(",")
  }
```

为了简单起见，我们已经对一些项目进行了硬编码，稍后你可能想要进行更改，例如，拆分的参数是，混淆符号常数在所有情况下都是 X（即用 X 来遮罩敏感信息）。

最后，实际的混淆代码如下：

```
def stringObfuscator(text: String,
                     maskArgs: String,
                     maskChar: Char):String = {
var start = 0
var end = 0

if (maskArgs.equals("")) {
  text
}

if (maskArgs.contains(",")) {
  start = maskArgs.split(',')(0).toInt
  if (maskArgs.split(',')(1) == "len")
    end = text.length
  else
    end = maskArgs.split(',')(1).toInt
}

if (maskArgs.contains("prefix")){
  end = text.indexOf(" ")
}

if (maskArgs.contains("suffix")){
  start = text.indexOf(" ") + 1
  end = text.length
}

if (start > end)
  maskChar
```

```
  val maskLength: Int = end - start
  if (maskLength == 0)
    text

  var sbMasked: StringBuilder = new StringBuilder(
          text.substring(0, start))

  for(i <- 1 to maskLength) {
    sbMasked.append(maskChar)
  }
  sbMasked.append(text.substring(start + maskLength)).toString
}
```

同样，为简单起见，我们没有花很多时间去检查异常或边缘情况。下面是一个实际的例子：

```
getObfuscationResult(
  "John,Smith,3 New Road,London,E1 2AA,0207 123456,4659 4234 5678 9999")
```

它提供了期望的结果：

```
John,XXXXXX,X New Road,London,XX 2AA,XXXX 123456,4659 XXXXXXXXXXXXXX
```

这个简单的代码为大规模混淆打下了很好的基础。我们可以很容易地进行扩展以使其适用于更复杂的场景，如对同一字段的不同部分进行混淆。举个例子，通过更改 StringObfuscator，我们可以在“地址行 1”字段中以不同方式屏蔽房屋编号和道路名：

```
val ADDRESS1 = value(2, "0,1;2,len")
```

当然，如果你希望对许多不同的用例进行扩展，也可以在 StringObfuscator 上应用策略模式，以允许在运行时提供混淆函数。

至此，有必要考虑使用算法来对数据进行混淆，例如单向散列函数或摘要，而不是简单地用字符 X 进行替换。这是一个多用途的技术，适用于广泛的用例。它依赖于对某些计算执行逆计算的计算复杂度，例如因数分解和模块化平方，这意味着一旦应用，反转就不可能了。使用散列时应该小心，因为尽管摘要计算是 NP 完全的，但在某些情况下，散列仍然易受使用隐式知识的影响。例如，信用卡数字的可预测性意味着它们已经被证明能被“暴力”方法快速破解，即使采用 MD5 或 SHA-1 散列。

13.4.4 遮罩

数据遮罩就是创建数据的功能性替代品，同时确保重要内容被隐藏。这是另外一种匿名化方法，一旦遮罩过程触发，数据原始内容就消失了。因此，一定要确保变更过程是谨慎策划的，因为它们是实际的最终结果。当然，可以存储一份数据的初始版本以备紧急之需，但这会给安全考虑增加额外的负担。

遮罩的过程很简单，它依赖于生成随机数据来替换任何敏感数据。例如，对前面的示例应用遮罩给出如下结果：

```
Simon,Jones,2 The Mall,London,NW1 2JT,0171 123890,1545 3146 6273 6262
```

现在我们有一行数据，它在功能上等价于原始数据。我们拥有完整姓名、地址、电话号码和信用卡号码，但它们是不同的，因此无法链接到原始数据。

对处理目的来说，部分遮罩非常有用，因为我们可以保留一些数据而遮罩掉其余部分数据。通过这种方式，我们可以对许多没有必要进行混淆的数据执行数据审计任务。例如，我们可以屏蔽实际存在的数据，确保填充字段总是有效的，同时能够检测空字段。

还可以使用完整的遮罩来生成模拟数据，而不必查看原始数据。在这种情况下，可以完全生成用于测试或分析目的的数据。

无论用例如何，在使用遮罩时都应该小心，因为可能无意中将真实信息插入记录中。例如，Simon Jones 可能是一个真实的人。在这种情况下，存储数据来源显然是一个好主意，也就是说，对保存的所有数据记录其来源和历史记录。因此，如果真正的“Simon Jones”根据数据保护法提交了一份信息请求（RFI），你拥有必要的信息以提供相关的理由。

把之前构建的代码进一步扩展，使用完全随机选择来实现一个基本的遮罩方法。我们已经看到，遮罩方法要求用一些有意义的选项替换字段。为了加快工作速度，我们可以简单地提供替代方案的阵列：

```
val forenames = Array("John","Fred","Jack","Simon")
val surnames = Array("Smith","Jones","Hall","West")
val streets = Array("17 Bound Mews","76 Byron Place",
    "2 The Mall","51 St James")
```

稍后，我们可以再进行扩展，以便从包含更多备选方案的文件中读取。我们甚至可以使用一个复合掩码一次替换多个字段：

```
val composite = Array("London,NW1 2JT,0171 123890",
                      "Newcastle, N23 2FD,0191 567000",
                      "Bristol,BS1 2AA,0117 934098",
                      "Manchester,M56 9JH,0121 111672")
```

处理代码十分简单：

```
def getMaskedResult(): String = {

  Array(
    forenames(scala.util.Random.nextInt(forenames.length)),
    surnames(scala.util.Random.nextInt(surnames.length)),
    streets(scala.util.Random.nextInt(streets.length)),
    composite(scala.util.Random.nextInt(composite.length)).split(",")
    RandomCCNumber)
  .flatMap {
    case s:String => Seq(s)
    case a:Array[String] => a
  }
  .mkString(",")
}
```

我们可以定义一个 RandomCCNumber 函数来生成一个随机的信用卡号码。下面是一个简单的函数，它用递归方式提供了 4 组随机生成的整数：

```
def RandomCCNumber(): String = {

    def appendDigits(ccn:Array[String]): Array[String] = {
       if (ccn.length < 4) {
         appendDigits(ccn :+ (for (i <- 1 to 4)
           yield scala.util.Random.nextInt(9)).mkString)
       }
       else {
         ccn
       }
    }
    appendDigits(Array()).mkString(" ")
}
```

将这些代码放在一起，并对原始示例运行，如下所示：

```
getMaskedResult(
  "John,Smith,3 New Road,London,E1 2AA,0207 123456,4659 4234 5678 9999")
```

上面代码的输出结果如下所示：

```
Jack,Hall,76 Byron Place,Newcastle, N23 2FD,0191 567000,7533 8606 6465 6040
```

或者如下：

```
John,West,2 The Mall,Manchester,M56 9JH,0121 111672,3884 0242 3212 4704
```

同样，我们可以通过多种方式来开发这类代码。例如，我们可以在 BIN 方案下生成有效的信用卡号码，或者可以确保名字选择不会随机选中、替换成相同的名字。但是，这里给出大概的框架只是作为该技术的演示，并且很容易实现扩展和泛化以适应任何你可能新增的需求。

13.4.5 令牌化

令牌化是这样一个处理过程：用稍后用于检索实际数据的令牌来替换敏感信息，如果需要的话，还要受相关的身份验证和授权的约束。使用前面的示例，令牌化后的文本可能如下：

```
John,Smith,[25AJZ99P],[78OPL45K],[72GRT55N],[54CPW59D],[32DOI01F]
```

其中，满足正确安全标准的请求用户可以将方括号中的值替换为真实值。这种方法是介绍过的方法中最安全的，并允许我们恢复准确的原始潜在数据。然而，它带来了令牌化和撤销令牌化的大量处理开销，当然，令牌化系统还需要管理和谨慎维护。

这也意味着令牌化系统本身存在单点故障，因此，它必须遵从我们讨论过的重要安全处理规则，即审计、身份验证和授权。

由于令牌化的复杂性和安全性问题，最流行的一些实现方式都是针对商业产品的，采用了大量的专利技术。大部分这种类型的系统，尤其是在应用于大数据时，需要确保令牌生成系统可以在非常高的吞吐量级别上提供具备完整、完全的安全性、健壮性和可扩展性的服务。幸而，我们可以用 Accumulo 构建一个简单的令牌生成器。本书第 7 章中有一段关于设置 Apache Accumulo 的内容，让我们可以使用单元级安全性。Apache Accumulo 是 Google BigTable 论文的一个实现，但它增加了额外的安全功能。这意味着用户可以拥有所有并行化、大规模加载和检索数据的优点，同时也能够将数据的可见性控制在非常好的程度。第 7 章描述了设置实例、为多个用户配置实例以及加载和检索具有所需安全标签的数据（通过 Accumulo Mutations 实现）。

回到我们的目的，我们希望获取字段并创建令牌，这可能是 GUID、散列或其他对象。然后我们可以将令牌作为 RowID，字段数据本身作为内容，向 Accumulo 写入条目，代码如下：

```
val uuid: String = java.util.UUID.randomUUID.toString
val rowID: Text = new Text("[" + uuid + "]")
val colFam: Text = new Text("myColFam")
val colQual: Text = new Text("myColQual")
```

```
val colVis: ColumnVisibility = new ColumnVisibility("private")
val timestamp: long = System.currentTimeMillis()
val value: Value = new Value(field..getBytes())
val mutation: Mutation = new Mutation(rowID)

mutation.put(colFam, colQual, colVis, timestamp, value)
```

然后，我们将uuid写入输出数据中的相关字段。当令牌化数据读取返回时，任何以“[”开头的内容都被假定为令牌，Accumulo读取过程用于获得原始字段数据，假如调用Accumulo读取的用户具有正确的权限的话：

```
val conn: Connector = inst.getConnector("user", "passwd")
val auths: Authorizations = new Authorizations("private")
val scan: Scanner = conn.createScanner("table", auths)

scan.setRange(new Range("harry","john"))
scan.fetchFamily("attributes")

for(Entry<Key,Value> entry : scan) {
    val row: String = e.getKey().getRow()
    val value: Value = e.getValue()
}
```

使用组合方法

能有效地组合使用混淆和遮罩，以将二者的优势最大化。如果采用组合方法，前面的示例将变成如下形式：

```
Andrew Jones, 17 New Road London XXXXXX, 0207XXXXXX, 4659XXXXXXXXXXXX
```

使用遮罩和令牌组合是新兴的银行标准，以保护信用卡交易。主账户号（PAN）被替换为唯一的由随机生成的数字和字母字符序列组成的令牌，或者是截断的PAN和随机字母、数字序列的组合。这使得信息能够像实际数据一样被处理，例如审计检查或数据质量报告，但它不允许真实信息以明文形式存在。如果需要原始信息，可以用令牌来发出请求，并且只有在用户满足授权和身份验证的要求时才会成功。

我们可以重构代码来执行这个任务。我们将定义一个新函数，将混淆和遮罩组合在一起，代码如下：

```
def getHybridResult(text: String): String = {

  Array(
```

```
    forenames(scala.util.Random.nextInt(forenames.length)),
    RecordField.SURNAME,
    streets(scala.util.Random.nextInt(streets.length)),
    RecordField.ADDRESS2,
    RecordField.POSTCODE,
    RecordField.TELNUMBER,
        RandomCCNumber,
        "Unknown field")
    .zip(text.split(","))
    .map { case (m, field) =>
      m match {
        case m:String => m
        case rf:RecordField.Obfuscation =>
           stringObfuscator(field,rf.toString,'X')
        }
    }
    .mkString(",")
}
```

我们的示例变成如下形式：

```
Simon,XXXXXX,51 St James,London,XX 2AA,XXXX 123456,0264 1755 2288 6600
```

与所有令牌化技术一样，你需要避免生成的数据产生的副作用。例如，0264 并不是真正的 BIN 代码。同样，需求将决定这是否会成为一个问题，也就是说，如果我们只是在努力确保以正确的格式填充字段，那它就不是一个问题。

为了能大规模地运行这些处理过程中的任何一个，我们只需要将它们封装在 RDD 中：

```
val data = dataset.map { case record =>
    getMixedResult(record)
}
data.saveAsTextFile("/output/data/path", classOf[CryptoCodec])
```

13.5 数据处置

数据安全应具有约定的生命周期。在商业环境中，这将由数据控制者来设置，它将决定数据在生命周期中的某一时间应该处于什么状态。例如，特定的数据集在生命的第一年可以标记为“敏感—要求加密”，然后是“私有—不加密”，最后是“处置”。时间的长度和应用的规则完全取决于组织和数据本身，有些数据在几天后就过期，有些则在 50 年后才过期。生命周期确保每个人都知道应该如何对待数据，它还确保以前的数据不会毫无必要地占用宝贵的磁盘空间，或者违反任何数据保护法律。

正确处置来自安全系统的数据可能是数据安全领域中最容易被误解的问题之一。有趣的是，它并不总是包含完全的或破坏性的删除过程。不需要采取的操作示例包括以下几点。

- 如果数据只是过时了，那么它可能不再具有任何内在价值。典型的例子是在其过期后向公众发布的政府记录；由于时间的流逝，第二次世界大战期间的最高机密在现在来说一般并不敏感。
- 如果数据被加密并且不再被需要，那么只要丢弃这些密钥即可。

若违背了一些必要的措施，将会导致以下几个潜在的错误。

- 物理破坏：我们经常听说磁盘被锤子或者类似的东西破坏，如果执行得不彻底，即使物理破坏也不安全。
- 多次写入：依靠对数据块进行多次写入来确保原始数据被物理覆盖。Linux 中诸如 shred 和 scrub 的实用工具能实现这些功能。但是，它们的有效性仍然有限，具体取决于底层文件系统。例如，磁盘阵列（RAID）和缓存类型系统可能不一定被这些工具的所有检索覆盖。应该谨慎对待覆盖工具，只有完全了解它们的局限性时才能使用。

在保护你的数据时，先要考虑你的处置策略。即使你不了解现有的任何组织规则（在商业环境中），你仍然应该考虑当数据不再需要被访问时如何确保数据不可恢复。

13.6 Kerberos 认证

Apache Spark 的许多安装包使用 Kerberos 来提供安全性和身份验证，如 HDFS 和 Kafka 等服务。当与第三方数据库和遗留系统集成时，它也特别常见。作为一名商业数据科学家，在某个时候，你可能会发现自己处于一种必须使用 Kerberos 的环境中。所以，本章的这个部分，我们将介绍有关 Kerberos 的基本知识：它是什么，它是如何工作的，以及如何使用它。

Kerberos 是一种第三方身份验证技术，在主要通信形式是通过网络通信的时候特别有用，这使得它非常适合 Apache Spark。它优先于其他身份验证技术，例如用户名和密码，因为它提供了以下优点。

- 不在应用程序的配置文件中以纯文本形式存储密码。
- 促进服务、身份和权限的集中管理。

- 建立相互的信任，从而使两个实体都被鉴定身份。
- 防止欺骗。信任只是暂时建立的，只是为了一个定时的会话，这意味着回放攻击是不可能的，但是为了方便，会话可以续约。

让我们看看它如何与 Apache Spark 一起工作。

13.6.1 用例 1：Apache Spark 在受保护的 HDFS 中访问数据

在最基本的用例中，一旦你登录安全 Hadoop 集群的边缘节点（或类似节点），在运行 Spark 程序之前，必须初始化 Kerberos。通过使用 Hadoop 附带的 `kinit` 命令，并在提示时输入用户密码：

```
> kinit
Password for user:
> spark-shell
Spark session available as 'spark'.
Welcome to
      ____              __
     / __/__  ___ _____/ /__
    _\ \/ _ \/ _ `/ __/  '_/
   /___/ .__/\_,_/_/ /_/\_\   version 2.0.1
      /_/
Using Scala version 2.11.8 (Java HotSpot(TM) 64-Bit Server VM, Java 1.8.0_101)
Type in expressions to have them evaluated.
Type :help for more information.

scala> val file = sc.textFile("hdfs://...")
scala> file.count
```

此时，你将通过完全的身份验证，并且遵从标准权限模型，这样才能够访问 HDFS 中的任何数据。

这个过程看起来相当简单，Kerberos 的握手过程如图 13-2 所示。我们来更深入地看看这里发生了什么。

① 当 `kinit` 命令运行时，它立即向 Kerberos 的密钥分发中心（KDC）发送请求，以获取票据授予票据（TGT）。这个请求是以纯文本发送的，它基本上包含了所谓的主体，在本例中大致就是“username@kerberosdomain”（你可以用 `klist` 命令查找此字符串）。身份验证服务器（AS）响应这个请求，并使用已经用客户端的私钥签名的 TGT，这个私钥是预先共享的密钥，AS 已经知道它。这就确保了 TGT 的安全传输。

② TGT 与 Keytab 文件一起在客户端的本地缓存，Keytab 文件是 Kerberos 密钥的容器，同一个用户运行的任何 Spark 进程都可访问它。

③ 接下来，当启动 Spark Shell 时，Spark 使用缓存的 TGT 请求票据授予服务器（TGS），由其提供用于访问 HDFS 服务的会话票据。这个票据使用 HDFS NameNode 的私钥进行签名。这样，保证了票据的安全传输，确保仅有 NameNode 可以读取它。

④ 持有了票据，Spark 尝试从 NameNode 检索授权令牌。此令牌的目的是当执行器开始读取数据时防止对 TGT 的大量请求（因为 TGT 不是用于大数据场景的），但它也有助于克服 Spark 延迟执行时间和票据会话到期这些问题。

⑤ Spark 通过将授权令牌放置在分布式缓存上，确保所有执行器都可以访问它，以便它可以作为 YARN 本地文件使用。

⑥ 当每个执行器向 NameNode 请求访问存储在 HDFS 中的块时，它传递先前被授予的授权令牌。NameNode 回复块的位置，并附带由 NameNode 密钥签名的块令牌。此密钥由集群中所有的 DataNode 共享，并且只有它们知道。这样增加块令牌的目的是确保访问是完全安全的，因此，它只能发布给经过身份验证的用户，并且只能由经过验证的 DataNode 读取。

⑦ 最后一步，执行器将块令牌提供给相关的 DataNode，并接收请求的数据块。

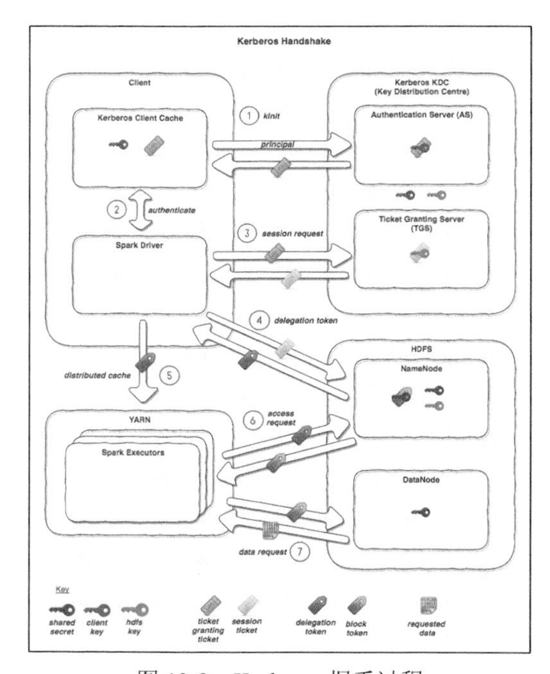

图 13-2　Kerberos 握手过程

13.6.2 用例 2：扩展到自动身份验证

默认情况下，Kerberos 票据能持续 10h，然后过期，过期后就没用了，但它们可以续约。因此，在执行长时间运行的 Spark 作业或 Spark Streaming 作业（或用户不直接参与且无法手动运行 Kinit 的作业）时，在前面讨论的握手过程中，为了能自动续约票据，在启动 Spark 过程时可能需要传递足够的信息。

要实现上面的目的，就要通过使用如下命令行选项来传递 keytab 文件位置和相关的主体：

```
spark-submit
   --master yarn-client
   --class SparkDriver
   --files keytab.file
   --keytab keytab.file
   --principal username@domain
ApplicationName
```

尝试以本地用户身份执行长时间运行的作业时，可以用 klist 找到主体名称，或者可以在 Kerberos 中用 ktutils 和 ktadmin 配置专用服务主体。

13.6.3 用例 3：从 Spark 连接到安全数据库

在公司环境中工作时，有时可能需要连接已使用 Kerberos 进行保护的第三方数据库，如 PostgreSQL 或 Microsoft SQLServer 等。

在这种情况下，可以使用 JDBC RDD 直接连接数据库并由 Spark 发出一个 SQL 查询以并行接收数据。使用这种方法时应小心，因为传统的数据库不是为高度并行而构建的，但如果合理使用的话，有时它可以是一种非常有用的技术，特别适合快速数据探索。

首先，你需要特定数据库的本机 JDBC 驱动程序——这里我们以 Microsoft SQLServer 为例，但驱动程序应适用于所有支持 Kerberos 的现代数据库（请参阅 RFC1964）。

为了使用 JDBC 驱动，你得配置 spark-shell，如下所示：

```
> JDBC_DRIVER_JAR=sqljdbc.jar
> spark-shell
  --master yarn-client
  --driver-class-path $JDBC_DRIVER_JAR
  --files keytab.file --conf spark.driver.extraClassPath=$JDBC_D RIVER_JAR
  --conf spark.executor.extraClassPath=$JDBC_DRIVER_JAR
  --jars $JDBC_DRIVER_JAR
```

然后，在 Shell 中输入或粘贴以下内容（替换那些突出显示的特定环境变量）：

```
import org.apache.spark.rdd.JdbcRDD

new JdbcRDD(sc, ()=>{

        import org.apache.hadoop.security.UserGroupInformation
        import UserGroupInformation.AuthenticationMethod
        import org.apache.hadoop.conf.Configuration
        import org.apache.spark.SparkFiles
        import java.sql.DriverManager
        import java.security.PrivilegedAction
        import java.sql.Connection

        val driverClassName =
"com.microsoft.sqlserver.jdbc.SQLServerDriver"
        val url = "jdbc:sqlserver://" +
                  "host:port;instanceName=DB;" +
                  "databaseName=mydb;" +
                  "integratedSecurity=true;" +
                  "authenticationScheme=JavaKerberos"

    Class.forName(driverClassName)
    val conf = new Configuration
    conf.addResource("/etc/hadoop/conf/core-site.xml")
    conf.addResource("/etc/hadoop/conf/mapred-site.xml")
    conf.addResource("/etc/hadoop/conf/hdfs-site.xml")
    UserGroupInformation.setConfiguration(conf)

    UserGroupInformation
       .getCurrentUser
       .setAuthenticationMethod(AuthenticationMethod.KERBEROS)
    UserGroupInformation
       .loginUserFromKeytabAndReturnUGI(principal, keytab.file)
       .doAs(new PrivilegedAction[Connection] {
        override def run(): Connection =
            DriverManager.getConnection(url)
        })
},
"SELECT * FROM books WHERE id <= ? and id >= ?",
1,            // lowerBound    - the minimum value of the first placeholder
20,           // upperBound    - the maximum value of the second placeholder
4)            // numPartitions - the number of partitions
```

Spark 运行传递给 JdbcRDD 构造器的 SQL，但并不将其作为一个简单的查询，它可以用最后 3 个参数作为指导进行分组。

因此，本例的实际情况是将并行运行 4 个查询：

```
SELECT * FROM books WHERE id <= 1 and id >= 5
SELECT * FROM books WHERE id <= 6 and id >= 10
SELECT * FROM books WHERE id <= 11 and id >= 15
SELECT * FROM books WHERE id <= 16 and id >= 20
```

如你所见，Kerberos 是一个庞大而复杂的主题。对数据科学家知识水平的要求可能因角色而异。一些组织会有一个运维团队来确保所有的流程都得到正确地执行。然而，在当前的环境中，市场上具备这些技能的人才很少，所以数据科学家将不得不自己解决这些问题。

13.7 安全生态

最后，我们将简要介绍一些在开发 Apache Spark 时会用到的常用安全工具，以及一些使用它们的建议。

13.7.1 Apache Sentry

随着 Hadoop 生态系统的不断扩大，对于 Hive、HBase、HDFS、Sqoop 等产品，Spark 都有不同的安全实现。这意味着为了向用户提供无缝的体验，经常需要在产品栈上重复一些策略以及强制的重要安全清单。这很快就会导致管理起来复杂且费时，往往会导致出现错误甚至安全漏洞（无论是有意还是无意）。Apache Sentry 将很多 Hadoop 主流产品汇集起来，尤其是 Hive HS2，并提供细粒度（到列级）控制。

使用 ACL 很简单，但维护量很大。为大量新文件设置权限和修改遮罩非常烦琐且耗时。作为创建的抽象概念，授权变得更加复杂。例如，融合文件和目录可以成为表、列和分区。因此，我们需要用于强制实施访问控制的受信任实体。Hive 具有受信任的服务——HiveServer2（HS2），它解析查询并确保用户可以访问他们请求的数据。HS2 作为受信任的用户运行，可以访问整个数据仓库。用户不直接在 HS2 中运行代码，因此没有代码绕过访问权限检查的风险。

为了连接 Hive 和 HDFS 数据，我们可以使用 Sentry HDFS 插件，它可以将 HDFS 文件权限与更高级别的抽象同步。例如，读取表格的权限等同于读取表文件的权限，同样，创建表的权限等同于写入数据库目录的权限。我们仍然使用 HDFS ACL 来控制细粒度用户权限，但是，就会被限制在文件系统的世界观中，因此无法提供列级和行级访问权限控制，它是“全部或无”。如前所述，当场景很重要时，Accumulo 提供了一个很好的替代方案。不过，还有一个产品也解决了这个问题——请参阅 RecordService 部分。

实现 Apache Sentry 的最快和最简单的方法是使用 Apache Hue。Apache Hue 是在过去几年中发展起来的，它在开始的时候就是一个简单的图形用户界面，将一些基本的 Hadoop 服务，如 HDFS，结合在一起，后来发展成为 Hadoop 栈中的许多关键组件的集合。HDFS、Hive、Pig、HBase、Sqoop、ZooKeeper 和 Oozie 等特性都与 Sentry 集成在一起处理安全问题。可以在 Hue 官方网站上找到 Hue 的演示，它提供了一个很好的功能集简介。还可以看到本章里讨论的许多想法在实践中的应用，包括 HDFS ACL、RBAC 和 Hive HS2 等访问控制。

13.7.2 RecordService

Hadoop 生态系统的关键功能是分离存储管理器（例如 HDFS 和 Apache HBase）和计算框架（例如 MapReduce、Impala 和 Apache Spark）。尽管这种分离允许更好的灵活性，允许用户选择其框架组件，但是由于需要妥协以确保所有东西能无缝地协同工作，它会导致过度的复杂性。Hadoop 成为对用户越来越重要的基础设施组件，用户对其兼容性、性能和安全性的期望也在增大。

RecordService 是 Hadoop 的一个新的核心安全层，位于存储管理器和计算框架之间，提供统一的数据访问路径、细粒度数据权限和跨栈的强制执行，如图 13-3 所示。

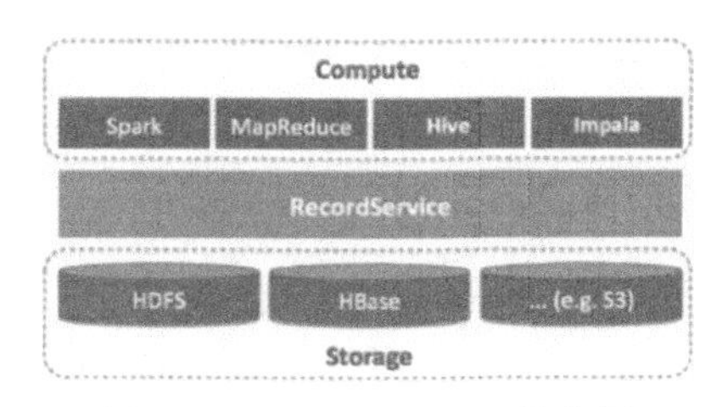

图 13-3 RecordService 的位置

RecordService 仅与 Cloudera 5.4 或更高版本兼容，因此不能用于独立模式，也不能与 HortonWorks 共用，虽然 HDP 使用 Ranger 实现了相同的目标。有关更多信息，请访问 RecordService 官方网站。

1. Apache Ranger

Apache Ranger 的目标与 RecordService 的目标大致相同，主要目标如下。

- 集中的安全管理，在集中界面中管理所有与安全相关的任务，或使用 REST API。

- 对 Hadoop 组件/工具执行特定操作或行为的细粒度授权，并通过集中管理工具进行管理。
- 标准化所有 Hadoop 组件的授权方法。
- 增强了对不同授权方法的支持，包括基于角色的访问控制和基于属性的访问控制。
- 在 Hadoop 的所有组件中集中审计用户的访问和管理操作（与安全相关）。

在编写本书时，Ranger 还是一个 Apache 孵化器项目，因此，它并不是重点发布的。尽管如此，它与 HortonWorks HDP 完全集成，支持 HDFS、 Hive、HBase、Storm、Knox、Solr、Kafka、NiFi、YARN 等，最重要的是，还有一个为 HDFS 加密的可扩展的加密密钥管理服务。

2．Apache Knox

我们已经讨论了 Spark/Hadoop 栈的许多安全领域，但它们都是与保护单个系统或数据相关。有一个领域在任何细节中都未涉及，就是保护集群本身免受未经授权的外部访问。Apache Knox 通过“环形隔离”集群来实现这个功能，提供了一个 REST API 网关，所有外部交易都必须通过它来完成。

与 Kerberos 结合一起来保护 Hadoop 集群，Knox 提供身份验证和授权来保护集群部署的细节。许多通用服务都可得到满足，包括 HDFS（通过 WEBHDF）、YARN 资源管理器和 Hive 等。

Knox 是 Hortonworks 大力支持的另一个项目，因此被完全集成到 HortonWorks HDP 平台中。而 Knox 可以部署到几乎任何一个 Hadoop 集群，可以在 HDP 中使用完全集成的方法来完成。

13.8　安全责任

现在我们已经介绍了常见的安全用例并介绍了一些数据科学家在日常活动中需要注意的工具，最后一部分是需要注意的重要事项。在监管期间，对数据的责任，包括其安全性和完整性，都在于数据科学家。无论你是否被明确地告知，都是如此。因此，你必须认真对待这一责任，在掌管和处理数据时采取所有必需的预防措施。如果需要，也要准备好告知他人他们的责任。我们都需要确保不为场外破坏承担责任，可以这样做：将问题高亮标识出来，或者，其实可以与外场服务提供商签订书面合同，罗列出他的安全措施。看一个现实世界中的例子，当你没有注意到尽职调查的时候会发生什么问题，请注意称为

Ashley-Madison 攻击的一些安全说明。

另一个有趣的领域是可移动媒体介质，最常见的是 DVD 和 U 盘。这些应该以与硬盘相同的方式进行处理，其前提是数据总是不安全和有风险的。对这些类型的媒体也有相同的选择，意味着数据可以在应用程序级别或硬件级别得到保护（除了光盘，例如 DVD/CD）。对于 USB 密钥存储，已经有一些示例实现了硬件加密。因此，数据在写入时总是安全的，这让用户卸去了大部分责任。这些类型的驱动器应该通过联邦信息处理标准（FIPS）认证，通常是 FIPS 140（加密模块）或 FIPS 197（AES 密码）。

如果不需要 FIPS 标准，或者介质本质上是光学的，那么数据可以在应用层加密，即通过软件来加密。有很多方法可以实现，包括加密分区、加密文件或原始数据加密。这些方法都使用了第三方软件在读/写时执行加密/解密的函数。因此，需要密码来加密，这也引入了一些关于密码强度、安全性等方面的问题。作者曾经历过一些情况：一张加密的磁盘从一家公司移交给另一家公司，然后同时“交出”手写密码！除了数据安全的风险外，还有对相关人员的纪律处分可能产生的后果。如果数据处于危险之中，检查最佳实践和高亮的问题总是值得一试的。在这个领域人们很容易变得松懈，但这样迟早数据会被泄露，有人必须承担责任——但不一定是丢失媒体的那个人。

13.9 小结

在本章中，我们探讨了数据安全的主题，并解释了一些相关问题。我们发现，不仅掌握技术知识很重要，保持数据安全的想法也同样重要。数据安全常常被忽视，因此，采取系统的方法并教授给他人，对负责数据科学的人来说，是一个关键责任。

我们解释了数据安全生命周期，概述了责任中最重要的领域，包括授权、认证和访问控制，并给出了相关示例和用例。我们还探索了 Hadoop 安全生态系统，描述了当前可用的重要开源解决方案。

本章中的一个重要部分是关于构建 Hadoop 的 InputFormat compressor，它作为 Spark 中可用的数据加密实用程序。适当的配置能让编码/解码器在各关键领域中应用，将洗牌的记录写入没有部署任何解决方案的本地磁盘时，这性质相当重要。

在第 14 章中，我们将探讨可扩展的算法并演示一些关键技术，通过掌握它，我们可以在真正的“大数据”规模上实现高性能。

第 14 章
可扩展算法

在本章中，我们将讨论在 Spark 上编写高效且可扩展的分析所面临的挑战。首先将向读者介绍分布式并行化和可扩展性的一般概念以及它们与 Spark 的关系。我们将回顾 Spark 的分布式体系架构，让读者了解其基本原理以及它如何支持并行处理范式。我们将了解可扩展分析的特性以及支持这些特性的 Spark 元素（例如 RDD、combineByKey 和 GraphX）。

我们将了解为什么有时即使是在小规模数据下工作的基础算法，也会经常在大数据中工作失败。我们将看到在编写运行于海量数据集上的 Spark 作业时要如何避免出现问题，包括使用均值/方差的示例。读者将了解算法的结构以及如何编写可扩展到超过 PB 级数据的自定义数据科学分析。

我们将继续讨论 Spark 内存模型的一些局限性，如内存使用过多、传统数据模型（包括面向对象方法[OOP]和第三范式[3NF]）的缺陷、反规范化数据表示的好处、固定精度数字表示的危险等，以及它们与编写高效 spark 作业的关系。

本章最后介绍与性能相关的主要特性和模式，这些特性和模式有助于 Spark 中的高效运行时处理，并说明何时利用它们。我们将介绍并行化策略、缓存、洗牌策略、垃圾回收优化和概率模型等功能，并解释如何让这些功能帮助你充分利用 Spark。

本章还强调了在分析创作时，对开发过程采用良好的整体方法的重要性。它介绍了专业人员的提示和技巧，这些将确保你的算法编写成功。

14.1 基本原则

在本书中，我们展示了许多数据科学技术，通过使用 Spark 的强大功能，这些技术可以扩展到处理PB级的数据。希望你已经发现这些技术非常有用，以至于想要开始在自己的分析中使用它们，事实上，你已经受到启发，去创建自己的数据科学管道吧！

编写自己的分析绝对是一项挑战！它有时会非常有趣，当它们工作得很好的时候，会很棒。但是有时候让它们大规模高效运行（甚至根本运行不起来）似乎是一项艰巨的任务。

有时候，由于反馈很少，你可能会陷入一个看似无休止的循环中等待一个又一个任务完成，同时甚至不知道你的工作是否会在最后一个关卡失败。让我们面对现实吧，在20个小时的工作结束时看到一个可怕的`OutOfMemoryError`对任何人来说都没有乐趣！当然，一定有更好的方法来开发在Spark上运行良好的分析，并且不会导致时间浪费和代码性能不佳吧！

编写得很好的Spark作业的主要特征之一是具有可扩展性。可扩展性是一个不同于性能的概念。性能是衡量计算响应速度的指标，但可扩展性衡量的是计算在增加需求时的表现（或者在Spark的情况下增加数据量）。

可扩展性的“圣杯”被称为线性可扩展性。这是指当向集群添加额外资源时，没有对可扩展性施加性能限制的理想情况。在这种情况下，将集群中的计算机数量增加一倍将导致性能提高一倍，或者类似地，数据量增加一倍将在两倍大小的集群上产生相同的性能。

本章将介绍如何编写旨在利用这种线性可扩展性的分析，它将展示最大化可扩展性的最佳实践，并解释实现可扩展性的障碍。虽然它不会提供优化技术的详尽描述，但它将让你开始了解如何编写高效的Spark作业。

在深入了解细节之前，让我们先建立一些基本原则，这些原则将在整个过程中提供帮助和指导，如下所示。

- **尽可能保留数据本地性。**这是由于移动数据的成本很高。将处理过程移动到就近数据的位置，以此处理数据通常要快得多。在Spark中，这称为数据本地性。事实上，Spark的设计是为了充分利用它。因此，你可能认为不需要担心它，因为框架将为你处理。虽然这在一定程度上是正确的，但谨慎的做法是在每个阶段测试这一原则，以确保其行为符合预期。如果没有，请使用Spark提供的控制杆，防止在不需要时移动数据。实际上，数据本地性原则非常重要，我们甚至需要在整个开发过程中考虑它。在每个阶段，我们都要考虑是否真的有必要移动数据。在某些情况下，可以用不同的方式分解问题，以最大限度地减少或完全避免移动数据。如果这样可以保证数据本地性，那么传输较少数据的方法总是更值得考虑。

- **确保数据均匀分布**。运行 Spark 作业时，理想情况是让所有执行器都得到同等的利用。让大量执行器闲置，而少数执行器执行所有作业都表明作业性能表现不佳。通过在执行器之间安排均匀的数据分布，可以确保最大限度地利用集群资源。

- **优先选择更快的存储**。并非所有随机访问数据的方法都是相同的。以下片段显示了引用各种状态下的数据所需的大致时间。
  - 一级缓存需要 0.5ns。
  - 二级缓存需要 7ns。
  - 主内存需要 100ns。
  - 磁盘（随机寻道）2 000 000ns。

幸运的是，Spark 提供了内存处理能力，包括基于可用的高速缓存（L1 / L2 / L3 缓存）的许多优化。因此，它可以避免不必要地从主内存读取数据或将其溢出到磁盘，重要的是，分析必须充分利用这些效率。这是作为“Tungsten 项目”的一部分引入的。

- **观察后才进行优化**。传奇的计算机科学家兼作家高德纳（Donald Knuth）有一句名言：“过早优化是万恶之源。”虽然这听起来很极端，但他的意思是所有与性能相关的调整或优化应该基于经验证据而不是直觉。因为这样的预测往往无法正确识别性能问题，反而会导致糟糕的设计选择，后来会让人后悔。但与你可能认为的相反，这里的建议并不是说让你在结束设计之前忘记性能。在数据大小以及任何操作所需的时间长度决定一切的环境中，在分析设计过程的早期开始优化是至关重要的。但这不是与高德纳定律矛盾吗？不！就性能而言，简单往往是关键。这种方法应该是基于证据的，因此从简单处着手，在运行时仔细观察分析的性能（通过使用分析调优和代码分析，请参阅 14.2 节），执行有针对性的优化以纠正已识别的问题，然后重复这一过程。过度优化通常与选择性能较差的算法一样归咎于不充分的性能分析，但是解决这个问题可能要困难得多。

- **从小规模开始，逐步扩大**。从小数据样本开始。虽然分析可能最终需要运行在超过 1PB 的数据上，但从一个小数据集开始绝对是可取的。有时只需要几行数据就可以确定分析是否按预期方式工作，并且可以添加更多行来检验各种测试和边缘情况。它更关心覆盖范围，而不是数量。分析设计过程极其反复性，明智地使用数据抽样将在此阶段产生效益，而即使是一个小数据集，也可以在逐步增加数据大小时测量对性能的影响。

说到底，编写分析软件，特别是对你不熟悉的数据编写分析软件，可能需要时间，而且没有捷径。

14.2 Spark架构

Apache Spark旨在简化高度并行化的分布式计算中费力且有时容易出错的任务。为了理解它是如何做到这一点的，让我们来探索它的历史，并了解Spark带来了什么。

14.2.1 Spark的历史

Apache Spark实现了一种数据并行性，旨在改进Apache Hadoop推广的MapReduce范式，它在以下4个关键领域扩展了MapReduce。

- **改进的编程模型**。Spark通过其API提供比Hadoop级别更高的抽象。它创建了一个编程模型，大大减少了必须编写的代码量。通过引入流畅的、无副作用的、面向功能的API，Spark使人们能够从转换和动作的角度来推理分析，而不仅是从mapper和reducer的序列的角度。这使得它更容易被理解和调试。
- **引入工作流**。Spark并不将作业链接在一起（通过将结果保存到磁盘并使用第三方工作流调度程序，就像传统MapReduce那样），而是将分析分解为任务并表示为**有向无环图**（DAG）。这样的直接影响就是消除了实体化数据的需求，同时也意味着它可以更好地控制分析的运行方式，包括提高效率，例如基于成本的查询优化（参见catalyst查询优化器）。
- **更好的内存利用率**。Spark利用每个节点上的内存来缓存数据集。它允许访问操作之间的缓存，以提高基础MapReduce的性能。这对于迭代工作负载尤其有效，例如**随机梯度下降**（SGD），在这些工作负载中，通常可以观察到性能显著提高。
- **集成方法**。对于支持流、SQL执行、图形处理、机器学习、数据库集成等，它提供了一个工具来控制所有这些方法！在Spark之前，控制这些方法需要专业工具，例如Storm、Pig、Giraph、Mahout等。尽管有些专业工具可以提供更好的结果，但Spark对集成的持续投入令人印象深刻。

除了这些一般性改进之外，Spark还提供了许多其他功能。让我们来了解Spark都有什么功能。

14.2.2 动态组件

在概念层面，Apache Spark 中有许多关键组件，其中许多都是你可能已经知道的，但让我们在概述过的可扩展性原则的背景下对它们进行回顾，如图 14-1 所示。

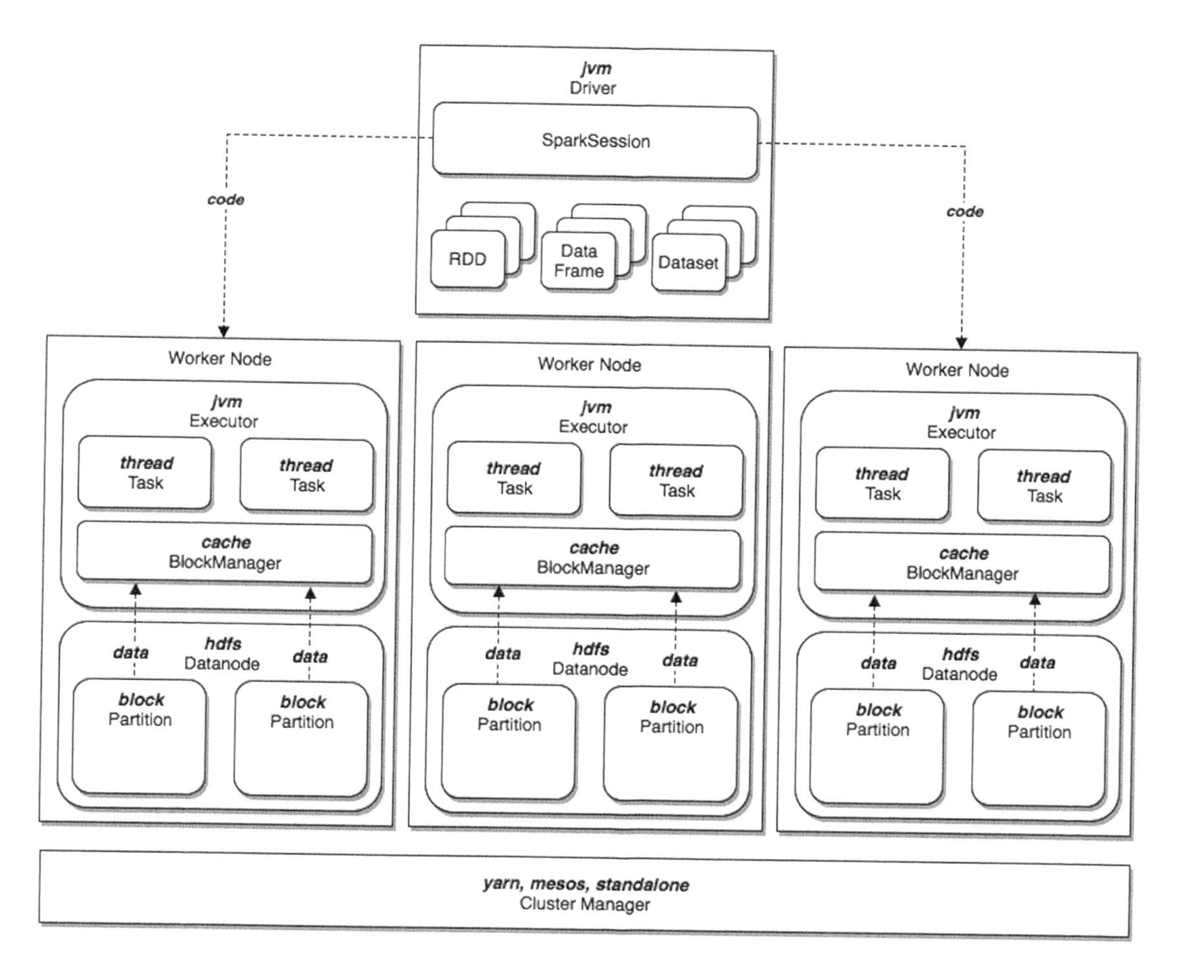

图 14-1 Spark 组件

1. 驱动器

驱动器（Driver）是 Spark 的主要入口点，它是你启动的程序，并在单个 JVM 中运行，它启动并控制作业中的所有操作。

在性能方面，你可能希望避免将大型数据集带回驱动程序，因为运行此类操作（例如

rdd.collect）通常会导致 OutOfMemoryError。当返回的数据大小超过驱动器的 JVM 堆大小（由--driver-memory 指定）时，就会发生这种情况。

2. SparkSession

在驱动器启动时，将初始化 Sparksession 类。SparkSession 类通过相关上下文（如 SQLContext、SparkContext 和 StreamingContext 类）提供对所有 Spark 服务的访问。它也是调整 Spark 的运行时性能相关属性的地方。

3. 弹性分布式数据集

弹性分布式数据集（RDD）是表示一组分布式同类记录集的底层抽象。虽然数据可能物理存储在集群中的许多计算机上，但故意让分析不知道它们的实际位置，它们只处理 RDD。在表层的抽象之下，RDD 由分区或连续的数据块组成，就像块蛋糕切成一片片蛋糕那样。每个分区都有一个或多个副本，Spark 可以确定这些副本的物理位置，这样才可以确定在何处运行转换任务以确保数据本地性。

RDD 还负责确保从底层块存储（例如 HDFS）中适当地缓存数据。

4. 执行器（Executor）

执行器（Executor）是在集群的工作节点上运行的进程。启动时，每个执行器都会连接驱动器并等待对数据运行操作的指令。由你决定分析所需的执行器数量，这将决定最大并行度。

除非使用动态分配。在这种情况下，在使用 spark.dynamicAllocation.maxExecutors 配置之前，最大并行度是无穷大。请参阅 Spark 配置了解详细信息。

5. 洗牌操作

洗牌（Shuffle）是指在执行器之间传输数据的一个特定命名，这是为了完成特定运算而必须物理移动数据时的操作的一部分。当数据分组时，通常会发生这种情况，以便具有相同密钥的所有记录都保存在同一台计算机上，但它也可以战略性地用于重新分区数据以获得更高的并行度。

但是，由于它既涉及网络上的数据移动，也涉及持久化保存到磁盘，因此通常认为它是一种缓慢的操作。因此，洗牌对以后的可扩展性来说是一个非常重要的领域。

6. 集群管理器

集群管理器（Cluster Manage）位于 Spark 之外，充当集群的资源协商器。它控制物理资源的初始分配，以便 Spark 能够在具有所需数量的核心和内存的计算机上启动执行器。

虽然每个集群管理器的工作方式不同，但你对集群管理器的选择不太可能对算法性能产生任何可测量的影响。

7. 任务

任务（Task）表示在单个数据分区上运行的一组操作的指令。每个任务由驱动器序列化到执行器，实际上，就是将处理移动到数据的意思。

8. DAG

数据库可用性组（DAG）表示执行操作中所涉及的所有转换的逻辑执行计划，它的优化是分析的性能的基础。在 SparkSQL 和 Dataset 的优化场景中，catalyst 查询优化器将为你执行优化。

9. DAG 调度器

DAG 调度器通过将 DAG 划分为多个阶段来创建物理计划，并且对于每个阶段，创建相应的任务集（每个分区一个），如图 14-2 所示。

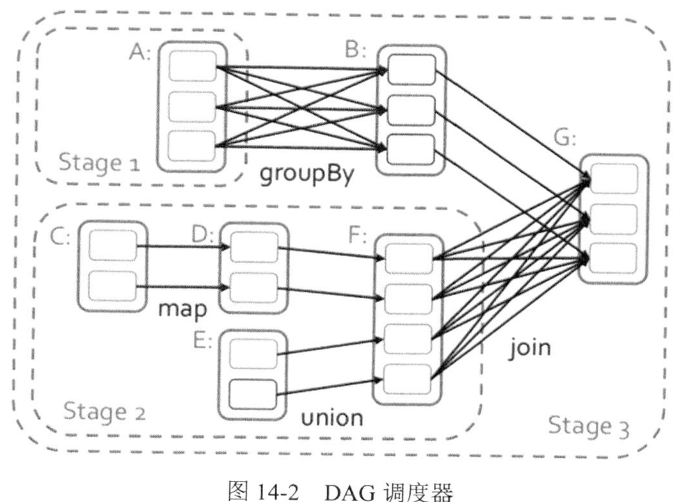

图 14-2 DAG 调度器

10．转换

转换（Transformation）是一种操作。它通常将用户定义的函数应用于 RDD 中的每个记录。有两种转换类型：窄转换和宽转换。

窄转换是本地应用于分区的操作，因此不需要移动数据来正确计算，它们包括 `filter`、`map`、`mapValues`、`flatMap`、`flatMapValues`、`glom`、`pipe`、`zipWithIndex`、`cartesian`、`union`、`mapPartitionsWithInputSplit`、`mapPartitions`、`mapPartitionsWithIndex`、`mapPartitionsWithContext`、`sample`、`randomSplit` 等。

相比之下，宽转换是需要移动数据才能进行正确计算的操作。换句话说，它们需要洗牌。它们包括 `sortByKey`、`reduceByKey`、`groupByKey`、`join`、`cartesian`、`combineByKey`、`partitionBy`、`repartition`、`repartitionAndSortWithinPartitions`、`coalesce`、`subtractByKey`、`cogroup` 等。

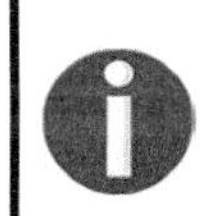

Coalesce、subtractByKey 和 cogroup 转换可能是窄转换，这取决于数据的物理位置。

为了编写可扩展的分析，了解你正在使用的转换的类型非常重要。

11．阶段（Stage）

阶段（Stage）表示一组可物理映射到任务的操作（每个分区一个）。关于阶段有以下几点需要注意。

- 在 DAG 中连续出现的任何窄转换序列都被一起管道化为单个阶段。换句话说，它们按顺序在同一个执行器上执行，因此针对同一个分区执行，不需要随机洗牌。
- 每当在 DAG 中遇到宽转换时，就会引入阶段分界线。现在存在两个阶段（在连接等情况下存在更多阶段），第二个阶段直到第一阶段完成才能开始（有关详细信息，请参阅 `ShuffledRDD` 类）。

12．动作

动作（Action）是 Spark 中的另一种类型的操作。它们通常用于执行并行写入或将数据回传到驱动器。当其他转换被惰性评估时，动作则是触发 DAG 执行的操作。

在调用动作时，其父 RDD 将提交到驱动器中的 `SparkSession` 或 `SparkContext` 类，并且 DAG 调度程序会生成 DAG 以供执行。

13. 任务调度器

任务调度器接收由 DAG 调度器确定的一组任务（每个分区一个任务），并调度每个任务以在适当的执行器上结合数据本地性运行。

14.3 挑战

现在我们已经了解了 Spark 架构，让我们引入一些挑战，做好准备编写可扩展的分析软件吧，或者我们将介绍一些你一不小心就可能会遇到的陷阱。如果没有这些前期基础，你试图自己解决它们可能会浪费大量时间。

14.3.1 算法复杂性

除了数据大小的明显影响外，分析的性能在很大程度上取决于你尝试解决的问题的性质。甚至一些看似简单的问题，例如图的深度优先搜索，也没有在分布式环境中高效运行的定义明确的算法。在这种情况下，设计分析时应特别小心，以确保它们采用易于并行化的处理模式。在你开始之前花时间从复杂性的角度理解问题的本质，从长远来看会必有所收获。在下一节中，我们将向你展示如何做到这一点。

一般来说，NC 完全问题是可并行化的，而 P 完全问题则不是。

另一件需要注意的事情是，在小数据上运行时，分布式算法通常比单线程应用程序慢得多。请牢牢记住，在所有数据可以都放在一台计算机上的情况下，Spark 的开销（生成进程、传输数据以及进程间通信带来的延迟）很少会有回报。只有在数据集足够大，不能很好地在内存中容纳数据的情况下，对这种方法的投资才真正有所帮助，然后你会注意到数据吞吐量的增大，即你在使用 Spark 之后可以在单位时间内处理的数据量的增大。

14.3.2 数值异常

在处理大量数据时，你可能会注意到数字会产生一些奇怪的效果。这些奇怪之处与现代计算机的通用数字表示有关，特别是与精度的概念有关。

要演示效果，请考虑以下代码：

```
scala> val i = Integer.MAX_VALUE
i: Int = 2147483647

scala> i + 1
res1: Int = -2147483648
```

请注意，只要加上一个正数，就能将正数转换为负数，这种现象被称为数字溢出。当计算得出的数字对其类型来说太大时，就会发生这种现象。在这种情况下，Int 的固定宽度为 32 位，因此当我们尝试存储 33 位数时，就会出现溢出，从而导致负数。这种类型的行为可以作为任何算术运算的结果针对任何数字类型进行演示。

这是由于大多数现代处理器制造商（以及 Java 和 Scala）采用的是带符号固定宽度的二进制补码表示。

虽然在正常编程过程中就会出现溢出，但在处理大型数据集时溢出更为明显。即使在执行相对简单的计算（例如求和或平均值）时也会发生这种情况。考虑一个最基本的例子：

```
scala> val distanceBetweenStars = Seq(2147483647, 2147483647)
distanceBetweenStars: Seq[Int] = List(2147483647, 2147483647)

scala> val rdd = spark.sparkContext.parallelize(distanceBetweenStars)
rdd: org.apache.spark.rdd.RDD[Int] =  ...

scala> rdd.reduce(_+_)
res1: Int = -2
```

使用 Datasets 也不能幸免：

```
scala> distanceBetweenStars.toDS.reduce(_+_)
res2: Int = -2
```

当然，也有处理这一问题的策略，例如通过使用替代算法、不同的数据类型或更改度量单位等。但是，在设计中应始终考虑解决这些类型问题的计划。

另一个类似的效果是由于精度限制的计算中的舍入误差导致的有效位丢失。为了便于说明，请考虑这个非常基本的（并不是非常复杂）示例：

```
scala> val bigNumber = Float.MaxValue
bigNumber: Float = 3.4028235E38

scala> val verySmall = Int.MaxValue / bigNumber
verySmall: Float = 6.310888E-30

scala> val almostAsBig = bigNumber - verySmall
almostAsBig: Float = 3.4028235E38

scala> bigNumber - almostAsBig
res2: Float = 0.0
```

在这里，我们期待答案是 6.3108875526456191453949933048246 55E-30，但实际得到的结果是 0。这显然是精确度和有效位不够，凸显了在设计分析时需要注意的细节。

为了解决这些问题，Welford 和 Chan 设计了一种计算均值和方差的在线算法。它旨在避免出现精确度问题。在封装之下，Spark 实现了这个算法，在 PySpark 的 StatCounter 中可以看到一个例子：

```
def merge(self, value):
    delta = value - self.mu
    self.n += 1
    self.mu += delta / self.n
    self.m2 += delta * (value - self.mu)
    self.maxValue = maximum(self.maxValue, value)
    self.minValue = minimum(self.minValue, value)
```

让我们深入研究它是如何计算均值和方差的。

- Delta。delta 是 mu（当前运行平均值）与正在处理的新值之间的差值。它衡量数据点之间的值的变化，因此它总是很小。它基本上是一个神奇的数字，可确保计算从不涉及对所有值进行求和，因为这可能会导致溢出。
- mu。mu 表示当前的运行平均值。在任何给定的时间，它乘以值的计数就是迄今为止看到的值的总和，通过连续应用 delta 来递增地计算 mu。
- m2。m2 是均方差的总和，它通过在计算过程中调整精度来帮助算法避免有效位的丧失，这减小了因为舍入错误而丢失的信息量。

碰巧的是，这种特殊的在线算法专门用于计算统计数据，但在线方法可以被任何分析的设计采用。

14.3.3 洗牌

正如我们在前面的原则部分中所指出的那样，移动数据的成本很高，这意味着编写任何可扩展分析的主要挑战之一是最大限度地减少数据传输。目前，管理和处理数据传输的开销仍然是一项非常昂贵的操作。我们将在本章后续内容讨论如何解决这个问题，但是现在我们要意识到数据本地性的挑战：知道哪些操作可以使用，哪些操作应该避免，同时也要了解其他选择。一些主要的威胁如下。

- `cartesian()`函数。
- `reduce()`函数。
- `PairRDDFunctions.groupByKey()`函数。

但请注意，只需稍加考虑，就可以完全避免使用这些函数。

14.3.4 数据模式

为数据选择模式对于分析设计至关重要。显然，你通常无法选择数据格式，而模式的话要么是被强加给你的，要么你的数据可能没有模式。无论哪种方式，使用诸如“临时表”和读时模式（参见第 3 章）等技术，你仍然可以控制如何将数据呈现给你的分析——你应该利用这一点。这里有大量的选择，选择正确的选择是挑战的一部分。让我们讨论一些常见的方法，从一些不是那么好的方法开始，如下

- OOP。面向对象编程是编程的常见概念，主要是通过将问题分解为模拟现实世界概念的类来设计的。通常，定义会对数据和行为进行分组，使其成为确保代码紧凑且易于理解的常用方法。但是，在 Spark 的环境中，创建复杂的对象结构，特别是包含丰富行为的对象结构，在可读性或维护方面不太可能有利于你的分析。相反，它可能会大大增大需要垃圾回收的对象数量，并限制代码重用的范围。Spark 是使用函数式方法设计的，虽然需要谨慎对待完全放弃使用对象，但你应该努力使它们保持简单，并在安全的地方重用对象引用。
- 3NF。数十年来，数据库已经针对某些类型的模式进行了优化，例如关系、星型、雪花等。而第三范式等技术可以很好地确保传统数据模型的正确性。但是，在 Spark 的环境中，强制动态表连接和/或将事实与维度连接，会导致需要洗牌，并且可能是大规模的洗牌，这最终会对性能不利。
- 反规范化。反规范化是一种实用的方法，可确保你的分析具有所需的所有数

据，而无须进行洗牌。它可以排列数据，以便将一起处理的记录存储在一起。这需要存储大量数据的副本，但这通常需要根据回报进行权衡。特别是有些技巧和技术有助于降低副本产生的成本，如面向列的存储、列修剪等，稍后会详细介绍。

现在，既然我们已经了解了在设计分析时可能遇到的一些困难，那么再详细了解一下如何应用解决这些问题的模式，并确保你的分析运行良好。

14.4 规划你的路线

当你专注于试验最新技术和数据时，很容易忽视规划和准备工作。然而，如何编写可扩展算法的过程与算法本身一样重要。因此，了解规划在项目中的作用以及选择允许你响应目标要求的操作框架至关重要。第一个建议是采用敏捷开发方法。

分析程序编写独特的程序结构可能意味着项目没有自然地结束。通过对你的方法进行规范和系统化，可以避免导致项目表现不佳和代码性能低下的许多陷阱。相反，再多的创新的开源软件或丰富的语料库也无法拯救一个缺乏组织的项目。

由于每个数据科学项目都略有不同，因此在整体管理方面没有绝对正确或错误的答案。在这里，我们根据经验提供了一套准则或最佳做法，这些准则或做法应有助于在数据雷区中找出正确的路线。

在处理大量数据时，即使计算中的小错误也可能导致许多时间的损失。等待作业处理，而不确定何时或是否能完成。因此，一般来说，应该采用与实验设计相似的严谨度来进行分析程序编写。这里的重点应该是实用性，应该注意预测变化对处理时间的影响。

下面介绍在开发过程中避免麻烦的一些技巧。

迭代

你应该采用迭代方法处理日常工作，并逐步构建你的分析。你可以随时添加功能，但应使用单元测试以确保在添加更多功能之前具有坚实的基础。要更改所做的每个代码，请考虑采用迭代循环，如图 14-3 所示。

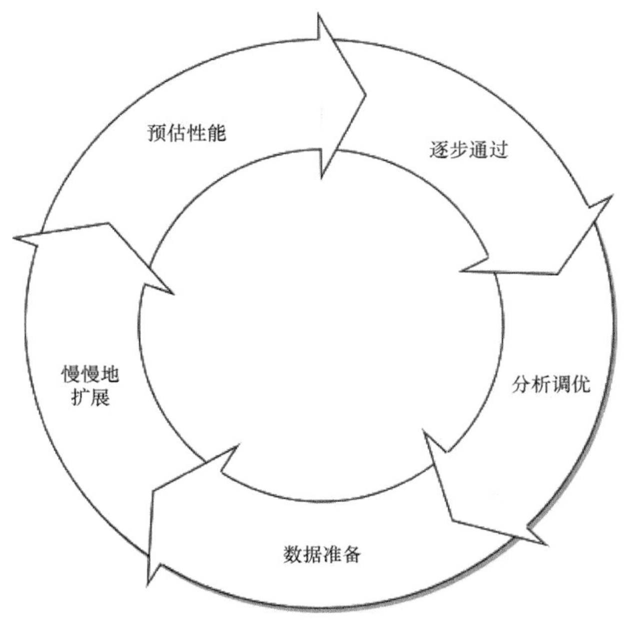

图 14-3 迭代循环

让我们依次介绍这些步骤。

1. 数据准备

与往常一样，第一步是了解你将要处理的数据。如前文所述，你可能需要处理语料库中存在的所有边缘情况。你应该考虑从基本数据配置文件开始，以便了解数据在准确性和质量方面是否符合你的期望、潜在风险在哪里，以及你如何将其分类以便可以对其进行处理。第 4 章中详细描述了这些方法。

除探索性数据分析之外，理解数据的分布还可以让你对分析的设计更合理，并预测可能需要满足的额外需求。

例如，下面是一个快速数据配置文件，用于显示某一天 GDELT 新闻文章下载的完整性：

```
content
  .as[Content]
  .map{
    _.body match {
      case b if b.isEmpty  => ("NOT FOUND",1)
      case _ => ("FOUND",1)
```

```
        }
    }
    .groupByKey(_._1)
    .reduceGroups {
        (v1,v2) => (v1._1, v1._2 + v2._2)
    }
    .toDF("NEWS ARTICLE","COUNT")
    .show
```

结果如下所示:

```
+------------+------+
|NEWS ARTICLE| COUNT|
+------------+------+
|       FOUND|154572|
|   NOT FOUND|190285|
+------------+------+
```

对于选定的这一天，你会看到，实际上大多数被调查的 GKG 记录都没有相关的新闻文章内容。虽然这可能有多种原因，但值得注意的是，这些缺失的文章形成了一类新的记录，需要进行不同的处理。我们必须为这些记录编写一个备用流，该流可能具有不同的性能特征。

2. 慢慢地扩展

在数据方面，重要的是从小规模开始扩大，不要害怕从语料库的子集开始。考虑选择一个在数据配置文件阶段被认为重要的子集，或者在许多情况下，在每个子集中使用少量记录是有好处的。这里重要的是，你选择的子集要具有足够的代表性，可以证明特定的用例、功能或特性，但又小到足以及时实现迭代。

在前面的 GDELT 示例中，我们可以暂时忽略没有内容的记录，只处理包含新闻文章的子集。通过这种方式，我们将过滤任何麻烦的情况，在以后的迭代中再处理它们。

话虽如此，最终你肯定想要重新引入语料库中存在的所有子集和边缘情况。虽然可以通过优先处理更重要的类别，舍弃边缘情况待稍后处理。但最终需要了解数据集中每个记录的行为，甚至是异常值，因为很有可能它们不是孤立的个别事件。你还需要了解在运行过程中看到的任何数据对分析的影响，无论其频率有多低，以避免因单个恶性记录导致整体运行失败。

3. 预估性能

在编写每个转换时，请注意复杂性方面的时间成本。例如，最好问问自己，“如果将输入加倍，会如何影响运行时间？”在考虑这一方面时，用大 O 表示法思考是有帮助的。大 O 不会给你一个确切的性能数字：它没有考虑到实际因素，例如核心数、可用内存或网络速度。但是，它可以作为一个指南，以获得处理复杂性的指示性度量。

作为提醒，这里有一些常见的标记，按时间复杂度排列（在前的优先），如表 14-1 所示。

表 14-1　常见标记

标记	描述	示例操作
$O(1)$	常数（快速）时间 不依赖于数据大小	`broadcast.value` `printSchema`
$O(\log n)$	对数时间 与 n 个节点的平衡树的高度成比例增长	`pregel` `connectedComponents`

$O(n)$	线性时间
	与 n（行）成比例增长
		`map`
		`filter`
		`count`
		`reduceByKey`
		`reduceGroups`

$O(n+m)$	线性时间
	与 n 加上 m（其他数据集的大小）成比例增长
		`join`
		`joinWith`
		`groupWith`
		`cogroup`
		`fullOuterJoin`

$O(n^2)$	二次时间 与 n 的平方成比例增长	`cartesian`
$O(n^2c)$	多项式（慢）时间 与 n 和 c（列）的多项式成比例增长	`LogisticRegression.fit`

在分析的设计阶段，使用这种表示法可以帮助你选择最高效的操作。有关如何用 connectedComponents（$O(\log n)$）替换 `cartesian` 连接操作（$O(n_2)$）的示例，请参阅第

10 章。

它还允许你在执行作业之前估计分析性能特征。你可以将此信息与集群的并行性和配置结合使用，以确保在执行作业的时候能使用最多的资源。

4. 逐步通过

Spark 出色、流畅、面向功能的 API 旨在将转换链接在一起。实际上这是它的主要优点之一，正如我们所看到的，它对构建数据科学管道特别方便。然而，正是由于这种方便，编写一串命令然后在一次运行中执行它们是相当有诱惑力的。正如你可能已经发现的那样，如果发生故障或者没有得到预期的结果，那么到目前为止的所有处理都将丢失并且必须重新开始。由于开发过程是典型的迭代过程，这将导致一个过于漫长的周期，往往会导致时间浪费。

为了避免这个问题，在每次迭代期间能够快速失败是很重要的。因此，在继续操作之前，请考虑养成在一小部分数据样本上单步运行的习惯。在每次转换后，通过发出一个动作，例如计数或小的采样，你可以检查正确性，确保每个步骤都成功，然后再进入下一步。通过投入少量前期检查和关注，将更好地利用时间，开发周期往往会更快。

除此之外，在开发生命周期中尽可能考虑将中间数据集保留到磁盘，以避免反复重新计算，特别是在计算量大或可能可重用的情况下。这是磁盘缓存的一种形式，它与检查点（在存储状态时用于 Spark 流）类似。事实上，在编写 CPU 密集型分析时，这是一种常见的处理方式，在开发运行在大型数据集上的分析时尤其有用。但是，这是一个双刃剑，因此要确定它是否值得，请评估从头开始计算数据集所花费的时间，以及从磁盘读取数据集所需的时间。

如果你决定保留，请务必使用 `ds.write.save` 并将其格式化为 `parquet`（默认）以避免大量的定制类和序列化版本问题。这样，你可以继续保留读时模式的优点。

此外，当你在分析开发的生命周期中进行迭代，编写自己的高性能函数时，最好维护一个回归测试包。这样做有以下几个好处。

- 它允许你确保在引入新类别的数据时，不会破坏现有的功能。
- 它使你可以确信代码在你正在开发的步骤之前是正确的。

你可以使用单元测试轻松创建回归测试包，有许多单元测试框架可以帮助解决这个问题。一种流行的方法是通过将实际结果与预期结果进行比较，以此来测试每个函数。通过这种方式，你可以通过指定测试以及每个函数的相应数据来创建一个包。我们用一个简单的例子来解释如何做到这一点。假设我们有以下模型，取自 GDELT GKG 数据集：

```
case class PersonTone(article: String, name: String, tone: Double)

object Brexit {
  def averageNewsSentiment(df: DataFrame): Dataset[(String,Double)] = ???
}
```

我们想测试一下给定 `PersonTone` 的 DataFrame，`averageNewsSentiment` 函数是否正确地计算了从所有文章中获取的各种人员的平均语调。为了编写这个单元测试，我们对函数的工作方式不太感兴趣，只要它按预期工作就好。因此，我们将遵循以下步骤。

- 导入所需的单元测试框架。在这种情况下，让我们使用 `ScalaTest` 和一个方便的 DataFrame 风格的解析框架，该框架称为 `product-collections`：

```
<dependency>
  <groupId>com.github.marklister</groupId>
  <artifactId>product-
  collections_${scala.binary.version}</artifactId>
  <version>1.4.5</version>
 <scope>test</scope>
 </dependency>

 <dependency>
  <groupId>org.scalatest</groupId>
  <artifactId>scalatest_${scala.binary.version} </artifactId>
  <scope>test</scope>
 </dependency>
```

- 我们还将使用 `ScalaTest FunSuite` 的自定义扩展，称为 `SparkFunSuite`，在第 3 章中已经介绍了这些扩展，你可以在代码存储库中找到它。
- 接下来，模拟一些输入数据并定义预期结果。
- 然后，使用输入数据运行函数并收集实际结果。注意：这在本地运行，不需要集群。
- 最后，验证实际结果是否符合预期结果，如果不符合，则测试失败。

完整的单元测试代码如下所示：

```
import java.io.StringReader
import io.gzet.test.SparkFunSuite
```

```
import org.scalatest.Matchers
import com.github.marklister.collections.io._

class RegressionTest extends SparkFunSuite with Matchers {

  localTest("should compute average sentiment") { spark =>

    // given
    val input = CsvParser(PersonTone)
                  .parse(new StringReader(
"""http://www.ibtimes.co.uk/...,Nigel Farage,-2.4725485679183
http://www.computerweekly.co.uk/...,Iain Duncan-Smith,1.95886385896181
http://www.guardian.com/...,Nigel Farage,3.79346680716544
http://nbc-2.com/...,David Cameron,0.195886385896181
http://dailyamerican.com/...,David Cameron,-5.82329317269076"""))

    val expectedOutput = Array(
      ("Nigel Farage", 1.32091823925),
      ("Iain Duncan-Smith",1.95886385896181),
      ("David Cameron",-5.62740678679))

    // when
    val actualOutput =
            Brexit.averageNewsSentiment(input.toDS).collect()

    // test
    actualOutput should have length expectedOutput.length
    actualOutput.toSet should be (expectedOutput.toSet)
  }
}
```

5. 分析调优

分析调优的目的是确保在集群的实际限制因素内实现分析的平稳运行和最高效率。大多数情况下，这意味着要确保内存在所有计算机上都得到有效使用。集群已得到充分利用，并确保你的分析不会受到过度的 I/O、CPU 或网络的限制。由于处理的分布式特性和所涉及的计算机数量庞大，这在集群上可能很难实现。

值得庆幸的是，Spark UI 的设计目标就是帮助你完成此任务，它提供了集中的一站式服务，以获取有关分析的运行时性能和状态的有用信息。它可以指出资源瓶颈，甚至可以告诉你代码的大部分时间都花在了哪里，如图 14-4 所示。

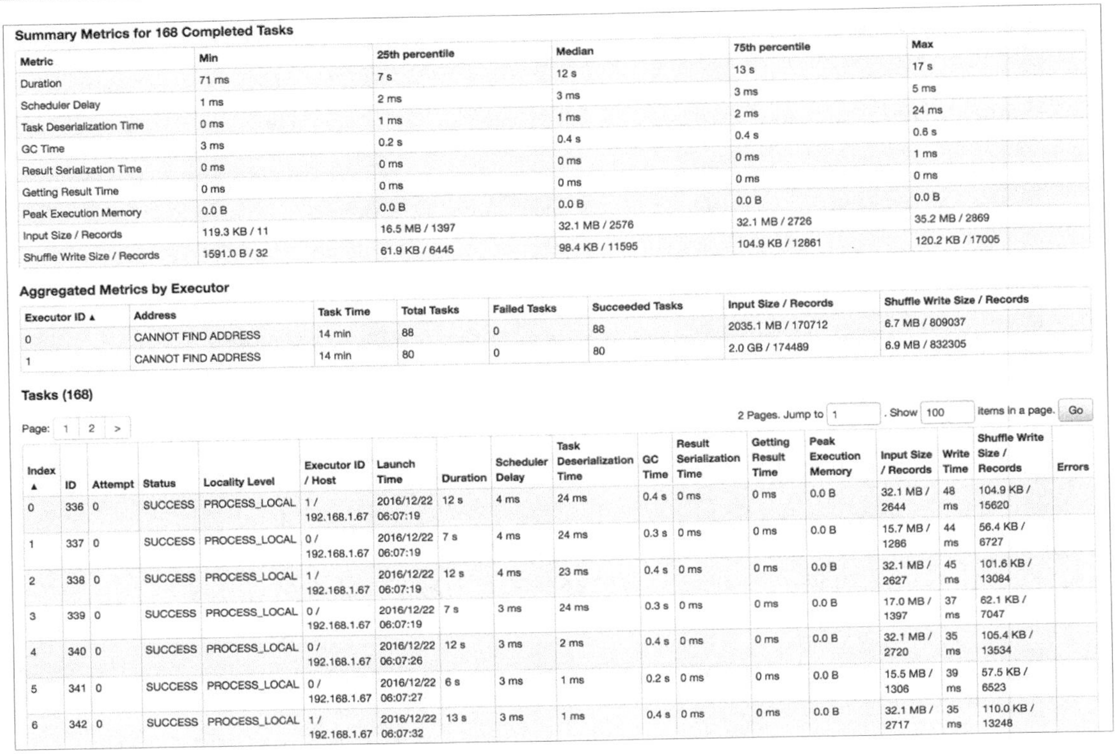

Summary Metrics for 168 Completed Tasks

Metric	Min	25th percentile	Median	75th percentile	Max
Duration	71 ms	7 s	12 s	13 s	17 s
Scheduler Delay	1 ms	2 ms	3 ms	3 ms	5 ms
Task Deserialization Time	0 ms	1 ms	1 ms	2 ms	24 ms
GC Time	3 ms	0.2 s	0.4 s	0.4 s	0.6 s
Result Serialization Time	0 ms	0 ms	0 ms	0 ms	1 ms
Getting Result Time	0 ms	0 ms	0 ms	0 ms	0 ms
Peak Execution Memory	0.0 B	0.0 B	0.0 B	0.0 B	0.0 B
Input Size / Records	119.3 KB / 11	16.5 MB / 1397	32.1 MB / 2576	32.1 MB / 2726	35.2 MB / 2869
Shuffle Write Size / Records	1591.0 B / 32	61.9 KB / 6445	98.4 KB / 11595	104.9 KB / 12861	120.2 KB / 17005

Aggregated Metrics by Executor

Executor ID ▲	Address	Task Time	Total Tasks	Failed Tasks	Succeeded Tasks	Input Size / Records	Shuffle Write Size / Records
0	CANNOT FIND ADDRESS	14 min	88	0	88	2035.1 MB / 170712	6.7 MB / 809037
1	CANNOT FIND ADDRESS	14 min	80	0	80	2.0 GB / 174489	6.9 MB / 832305

Tasks (168)

Page: 1 2 >　　2 Pages. Jump to 1 . Show 100 items in a page. Go

Index ▲	ID	Attempt	Status	Locality Level	Executor ID / Host	Launch Time	Duration	Scheduler Delay	Task Deserialization Time	GC Time	Result Serialization Time	Getting Result Time	Peak Execution Memory	Input Size / Records	Write Time	Shuffle Write Size / Records	Errors
0	336	0	SUCCESS	PROCESS_LOCAL	1 / 192.168.1.67	2016/12/22 06:07:19	12 s	4 ms	24 ms	0.4 s	0 ms	0 ms	0.0 B	32.1 MB / 2644	48 ms	104.9 KB / 15620	
1	337	0	SUCCESS	PROCESS_LOCAL	0 / 192.168.1.67	2016/12/22 06:07:19	7 s	4 ms	24 ms	0.3 s	0 ms	0 ms	0.0 B	15.7 MB / 1286	44 ms	56.4 KB / 6727	
2	338	0	SUCCESS	PROCESS_LOCAL	1 / 192.168.1.67	2016/12/22 06:07:19	12 s	4 ms	23 ms	0.4 s	0 ms	0 ms	0.0 B	32.1 MB / 2627	45 ms	101.6 KB / 13084	
3	339	0	SUCCESS	PROCESS_LOCAL	0 / 192.168.1.67	2016/12/22 06:07:19	7 s	3 ms	24 ms	0.3 s	0 ms	0 ms	0.0 B	17.0 MB / 1397	37 ms	62.1 KB / 7047	
4	340	0	SUCCESS	PROCESS_LOCAL	0 / 192.168.1.67	2016/12/22 06:07:26	12 s	3 ms	2 ms	0.4 s	0 ms	0 ms	0.0 B	32.1 MB / 2720	35 ms	105.4 KB / 13534	
5	341	0	SUCCESS	PROCESS_LOCAL	0 / 192.168.1.67	2016/12/22 06:07:27	6 s	3 ms	1 ms	0.2 s	0 ms	0 ms	0.0 B	15.5 MB / 1306	39 ms	57.5 KB / 6523	
6	342	0	SUCCESS	PROCESS_LOCAL	1 / 192.168.1.67	2016/12/22 06:07:32	13 s	3 ms	1 ms	0.4 s	0 ms	0 ms	0.0 B	32.1 MB / 2717	35 ms	110.0 KB / 13248	

图 14-4　Spark UI

让我们详细介绍各参数的意义，如下。

- **输入大小或洗牌读取大小/记录**。不管是在窄转换还是在宽转换情况下，都展示了任务读取的全部数据量，无论其源自何处（远程或本地）。如果发现输入量很大或记录数量很大，请考虑重新分区或增加执行器数量。
- **持续时间**。任务已运行的时间。虽然它完全依赖于正在进行的计算任务的类型，但如果你看到输入较小但持续时间很长的任务，则它可能受 CPU 限制，请考虑使用线程转储来确定时间到底都花在什么地方了。

特别要注意持续时间的任何不一致。Spark UI 在 Stages 页面上显示了相关图表，包括最小值、25%、中值、75%和最大值等数值，从中可以确定集群利用率的大概情况。换句话说，你的任务中是否存在均匀的数据分布，这意味着计算任务的公平分配，或者是否存在严重偏斜的数据分布，这意味着对长尾分布的任务进行的处理已经被扭曲。如果是后者，请查看关于处理数据分布的部分。

- **洗牌写入大小/记录**。特指洗牌过程中要传输的数据量，它可能因任务而异，但通常你需要确保总的值尽可能低。

- **本地性级别**。Stages 页面上显示的数据本地性度量。最理想的值应该是 PROCESS_LOCAL。但是，在任何洗牌或宽转换之后它会变为其他值。这通常无法有所改变。但是，如果在窄转换之后你看到很多 NODE_LOCAL 或 RACK_LOCAL，请考虑增加执行器的数量，或者在极端情况下确认存储系统的块大小和复制因子或重新平衡数据。
- **GC 时间**。每个任务花在“回收垃圾”上的时间量，即清理内存中不再使用的对象所花的时间。它应该不超过总时间（按持续时间）的 10%。如果它过高，则可能表明存在潜在问题。但是，在尝试调整垃圾收集器之前，有必要检查分析中与数据分布相关的其他区域（包括执行器数量、JVM 堆大小、分区数、并行性、偏斜等）。
- **线程转储（每个执行器）**。Executors 页面显示，线程转储选项允许你随时查看任何执行器的内部工作。当试图了解分析的具体行为时，这可能是非常宝贵的资源。更有帮助的是，线程转储进行了排序，并在列表顶部列出了最令人关注的线程：可以查找标记为“Executor task launch worker”的线程，因为这些是运行你的代码的线程。示例如图 14-5 所示。

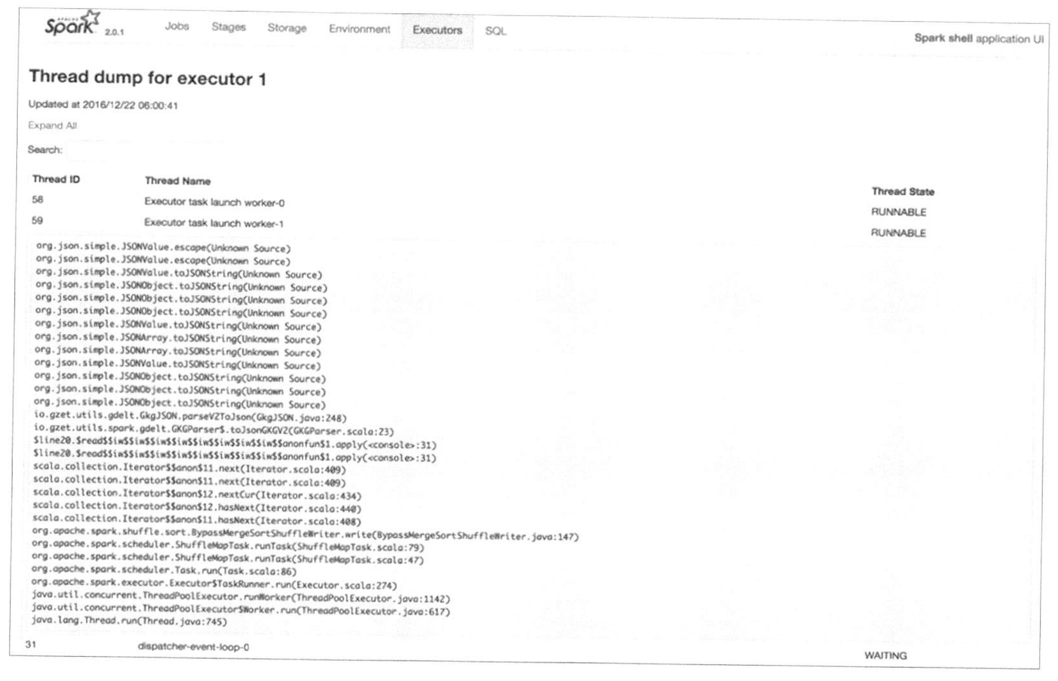

图 14-5 执行器 1 的线程转储

通过反复刷新此视图，并查看单个线程的堆栈跟踪，可以大致了解它花费时间的位置，从而确定应关注的区域。

或者你可以使用火焰图。

- **跳过的阶段**。不需要运行的阶段。通常，当一个阶段在 Stages 页面上的这个类别中显示时，这意味着在缓存中找到了 RDD 沿袭这一部分的完整数据集，DAG 调度器不需要执行重新计算而是跳到下一阶段。通常，这是良好的缓存策略的标志。
- **事件时间轴**。同样地，如图 14-6 所示，在 Stages 页面上显示的事件时间轴提供了正在运行的任务的直观表示。对查看并行度级别以及在任何给定时间的每个执行器上执行的任务数量非常有用。

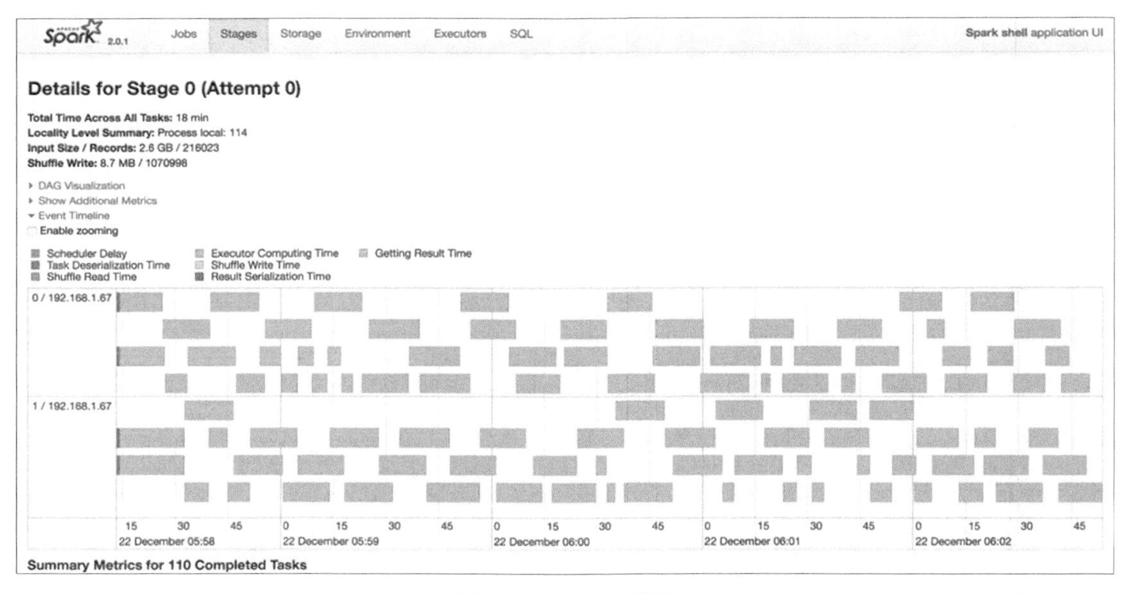

图 14-6　Stages 页面

在初步调查之后，如果你需要比 Spark UI 所提供的更深入的信息，则可以使用操作系统提供的任何监视工具来调查基础设施的基本情况。表 14-2 列出了用于此目的的一些常用 Linux 工具。

表 14-2 常用 Linux 工具

检查区域	工具	描述	用法示例
通用/CPU	htop	进程活动监视器，刷新显示每个进程的近实时cpu、内存和交换分区（在其他存储中）的利用率	htop -p <pid>
	dstat	高度可配置的系统资源利用率报告	dstat -t -l -c -y -i -p -m -g -d -r -n 3
	ganglia	聚合系统资源监视器，专为在分布式系统上使用而设计	基于 Web 使用
Java 虚拟机	jvmtop	有关 JVM 的统计信息，包括资源利用率和线程的实时视图	jvmtop <pid>
	jps	列出所有 JVM 进程	jps -l
	jmap	JVM 内部内存映射，包括在堆上分配的所有对象的细目	jmap -histo <pid> | head -20
	jstack	JVM 快照，包括完整的线程转储	jstack <pid>
内存	free	内存利用的基本指南	free -m
	vmstat	基于抽样的详细系统资源统计，包括内存分配的细目	vmstat -s
磁盘 I/O	iostat	提供磁盘 I/O 统计信息，包括 I/O 等待	iostat -x 2 5
	iotop	磁盘 I/O 监视器，与 top 的样式类似。在进程级别显示 I/O	iotop
网络	nettop	网络连接活动监视器，包括实时 I/O	nettop -Pd
	wireshark	交互式网络流量分析器	wireshark -i <iface> -k tshark -i <iface>

14.5 设计模式和技术

在本节中，我们将介绍编写自己的分析时使用的一些设计模式和常规技术。这是一系列提示和技巧，代表了使用 Spark 的一些经验积累，它们作为有效 Spark 分析创作的指南提供。当你遇到不可避免的可扩展性问题且不知道该怎么做时，它们也可以作为参考。

14.5.1 Spark API

1. 问题

有如此多不同的 API 和函数可供选择，很难知道哪些是性能最高的。

2. 解决方案

Apache Spark 目前拥有超过 1 000 名贡献者，其中许多人都是经验丰富的世界级软件专家。这是一个已经发展了 6 年多的成熟框架。在这段时间里，他们专注于对框架的几乎每个部分进行提炼和优化：从数据帧友好的 API，到基于 Netty 的洗牌机制，再到 catalyst 查询计划优化器。最棒的是这些都是“免费”的，你可以尽情使用 Spark 2.0 中提供的最新 API。

最近的优化（由 Tungsten 项目引入），例如堆外显式内存管理、缓存未命中改进和动态阶段生成，仅适用于较新的 DataFrame API 和 Dataset API，目前暂不支持 RDD API。此外，新推出的编码器比 Kryo 序列化或 Java 序列化更快，更节省空间。

在大多数情况下，这意味着 Dataset 通常优于 RDD。

让我们用文章中提到的人的计数的非正式例子来说明：

```
personDS                            personRDD
  .groupBy($"name")                   .map(p => (p.person,1))
  .count                              .reduceByKey(_+_)
  .sort($"count".desc)                .sortBy(_._2,false)
  .show

36 seconds (Dataset API)            99 seconds (RDD API)
```

上面的代码段显示了两个 API 之间的相对性能差异。此测试分别使用两个 API 在 200 MB 未压缩文本上执行 20 次迭代，在商用硬件的 20 个 1 GB、1 核执行器上运行。因此，考虑到性能方面，学习和使用 Dataset API 是一个好主意，只需要在遇到计算一些更高级 API 上不可用的东西时灵活地转向 RDD（使用 ds.rdd）即可。

14.5.2 摘要模式

1. 问题

时间序列分析必须在严格的服务级别协议（SLA）中运行，并且没有足够的时间在整个数据集上计算所需的结果。

2. 解决方案

对于实时分析或具有严格 SLA 的分析，在大型数据集上运行冗长的计算可能是不切实际的。有时需要使用 two-pass 算法设计分析，以便及时计算结果。为此，我们需要引入摘要（Summary）模式的概念。

摘要模式是 two-pass 算法，其中最终结果仅从摘要的聚合中重建。虽然只使用摘要，并且从未直接处理整个数据集，但聚合的结果与在整个原始数据集上运行的结果相同。

其基本步骤如下。

- 计算适当间隔（每分钟、每天、每周等）的摘要。
- 保留摘要数据供以后使用。
- 计算较大间隔（每月、每年等）的聚合。

在为流分析设计增量或在线算法时，这是一种特别有用的方法。

GDELT GKG 数据集是摘要数据集的一个很好的例子。

当然，每 15min 对一个月的全球媒体新闻文章进行情感分析或命名实体识别是不切实际的。幸运的是，GDELT 生成了我们能够聚合的 15min 摘要，这使得上述操作可能实现。

14.5.3 扩展并解决模式

1. 问题

分析具有相对较少的任务数，每个任务都有大的输入/洗牌大小（单位为字节）。这些任务需要很长时间才能完成，而有时有些执行器会闲置。

2. 解决方案

扩展并解决（Expand and Conquer）模式通过允许你增加并行性并标记记录以实现更高效的并行执行。通过分解或拆包每条记录，你可以使它们以不同的方式组合、分布在集群上，并由不同的执行器处理。

在此模式中，使用 `flatMap`（通常与洗牌或 `repartition` 一起使用）以增加任务数量，并减少每个任务正在处理的数据量。这就产生了一种最佳情况，即足够多的任务在排队，这样就不会有任何执行器闲置。它还可以帮你解决由于在一台计算机的内存中处理大量数据而引发内存不足错误的情况。

在几乎所有具有大型数据集的情况下，都可以使用这种有用且用途广泛的技术。它促进了简单数据结构的使用，并允许你充分利用 Spark 的分布式特性。

但是，请注意，`flatMap` 也会导致性能问题，因为它可能增加了分析的时间复杂度。通过使用 `flatMap`，你可以为每一行生成许多记录，因此可能会添加需要处理的另外的数据维度。因此，你应该始终使用大 O 表示法考虑此模式对算法复杂度的影响。

14.5.4　轻量级洗牌

1. 问题

分析的洗牌读取锁定时间占总处理时间的很大一部分（大于 5%）。该怎么办才能避免一直等待直到洗牌完成？

2. 解决方案

虽然 Spark 的洗牌经过精心设计，通过使用数据压缩和合并文件整合等技术来最小化网络和磁盘 I/O，但它有以下两个基本问题，这意味着它通常会成为性能瓶颈。

- **它是 I/O 密集型。**洗牌依赖于通过网络移动数据和将数据写入目标计算机上的磁盘。因此，它比起局部转换来说慢得多。为了说明速度有多慢，这里是从各种设备顺序读取 1 MB 的相对时序，如下。
  - **内存**：0.25ms。
  - **10 GbE**（万兆以太网）：10ms。
  - **磁盘**：20ms。

在此示例中，由于洗牌操作同时使用网络和磁盘，因此它比在缓存的本地分区上执行的操作慢约 120 倍。显然，这个时间将随着所用设备的物理类型和速度而变化，这里的数字作为相关参考提供。

- **它是并发的同步点**。阶段中的每个任务都必须先完成，然后才能开始下一个阶段。鉴于阶段的边界涉及一个洗牌（参阅 `ShuffleMapStage`），它标志着任务执行中的一个点，在这个点上其他的任务准备启动，但必须等到该阶段中的所有任务都已完成。这会产生同步障碍，从而对性能产生重大影响。

出于以上这些原因，尽量避免洗牌，或至少尽量减少其影响。有时可以完全避免洗牌，实际上有一些模式（如广播变量或宽表模式）提供了如何做到这一点的建议。但它往往是不可避免的，我们能做的只是减少数据量转移，从而减轻洗牌的影响。

在这种情况下，可以尝试构建一个轻量级洗牌，专门最小化数据传输，即只传输必要的字节。

同样，如果你使用 Dataset API 和 DataFrame API，当 catalyst 生成逻辑查询计划时，它将执行 50 多个优化，包括自动修剪任何未使用的列或分区。但是如果使用的是 RDD，你必须自己实现优化，可以尝试以下几种技巧。

- **使用 map 减少数据**。在即将洗牌之前调用 `map`，以便除去后续处理中未使用的任何数据。

- **仅使用键**。当你具有键值对时，请考虑使用 `rdd.keys` 而不是 `rdd`。对于计数或成员测试等操作，这应该就足够了。同样，请考虑在适当的时候使用 values。

- **调整阶段的顺序**。你应该先执行连接然后执行 `groupBy` 还是先执行 `groupBy` 后再连接？在 `Spark` 中，这主要与数据集的大小相关。在每次转换之前和之后使用记录数进行基于成本的评估应该是相当简单的。尝试查找哪种方法对你的数据集更有效。

- **优先过滤**。一般来说，在洗牌之前对行进行过滤是较好的选择，因为它减少了传输的行数。考虑尽早进行过滤，前提是修改后的分析在功能上是等效的。

在某些情况下，你还可以过滤整个分区，如下所示。

```
val sortedPairs = rdd.sortByKey()

sortedPairs.filterByRange(lower, upper)
```

- 使用 CoGroup：如果你有两个或更多 RDD 全部按相同的键分组，则 `CoGroup` 可能能够加入它们而不会引发洗牌。这个巧妙的小技巧很有效，因为任何使用相同类型 K 作为键并使用 HashPartitioner 分组的 RDD[(K, V)]将始终位于同一节点上。因此，当通过键 K 连接时，不需要移动数据。

- 尝试不同的编解码器：减少传输的字节数的另一个技巧是更改压缩算法。

Spark 提供了 3 个选项：lz4、lzf 和 snappy。请考虑检查每一个选项以确定哪种方法最适合特定数据类型：

```
SparkSession
  .builder()
  .config("spark.io.compression.codec", "lzf")
```

14.5.5 宽表模式

1. 问题

数据集中的一对多或多对多关系将引发大量的洗牌，这使得所有分析的性能都不起作用了。

2. 解决方案

为了优化数据结构，我们提倡将数据反规范化为对处理的特定类型有用的形式。这种方法在此描述为宽表（Wide Table）模式，包括将经常一起使用的数据结构组合在一起，以便将它们组合成单个记录。这样可以保留数据本地性，并且无须执行昂贵的连接。使用关系的频率越高，从这个数据本地性中获益就越多。

该过程涉及构造一个数据表示、视图或表，其中包含后续处理所需的一切。你可以通过编程方式或通过标准连接 SparkSQL 语句来构造它。然后，将数据提前物化，并在需要时直接用于分析。

必要时，将从每行复制数据，以确保完整的自填充。你应该抑制将其他表格（如第三范式或雪花模型设计）考虑在内的冲动，依靠列式存储格式（如 Parquet 和 ORC）来提供有效的存储机制，而不会牺牲快速的顺序访问。它们可以通过逐列排列数据并压缩每列中的数据来实现这一点，这有助于减轻数据重复的顾虑。

类似地，嵌套类型、类或数组通常可以在记录中发挥良好的效果，用来表示子数据类或复合数据类。同样地，要避免在分析运行时进行必要的动态连接。

有关如何使用反规范化数据结构（包括嵌套类型）的示例，请参阅第 3 章。

14.5.6 广播变量模式

1. 问题

分析中需要许多紧凑的引用数据集和维度表，尽管比较小，但它们会导致所有数据进行代价极高的洗牌。

2. 解决方案

虽然某些数据集（例如事务日志或推文）在理论上是无限大的，但其他数据集具有自然限制，并且永远不会超出一定的大小，这些被称为有界数据集。虽然它们可能会随着时间的推移偶尔发生变化，但理论上还是相当稳定的，可以说是被控制在有限的空间内的。例如，英国所有邮政编码的列表可以被视为有界数据集。

当加入有界数据集或任何小型集合时，就有机会利用 Spark 提供的高效模式。与其像通常那样使用连接，这可能会引发传输所有数据的洗牌，不如考虑使用广播变量（Broadcast variables）。分配后，广播变量将分发给集群中的所有执行器，使得对每个执行器来说它都是本地可用的。可以像这样使用广播变量，如下。

- 创建广播变量。

```
val toBeBroadcast = smallDataset.collect
val bv = spark.sparkContext.broadcast(toBeBroadcast)
```

确保你收集了要广播的所有数据。

- 访问广播变量。

```
ds.mapPartitions { partition =>

    val smallDataset = bv.value
    partition map { r => f(r, bv.value) }
}
```

- 销毁广播变量。

```
bv.destroy()
```

广播变量可由 RDD API 或 Dataset API 使用。此外，你仍然可以在 SparkSQL 中利用广播变量，它将自动进行处理，只需确保将阈值设置为大于要连接的表的大小，如下所示：

```
SparkSession
  .builder()
  .config("spark.sql.autoBroadcastJoinThreshold", "50MB")
```

有关如何使用广播变量实现有效连接和过滤器的示例，请参阅第 9 章。

14.5.7 组合器模式

1. 问题

分析是基于一系列键来执行聚合，因此必须对所有键的所有数据进行洗牌。所以，分析进行得非常慢。

2. 解决方案

Apache Spark 洗牌能力的核心是一个强大而灵活的模式，这里称为组合器（Combiner）模式，它提供了一种机制，可以大大减小洗牌中的数据量。组合器模式非常重要，可以在 Spark 代码的多个位置找到它的示例，如下是它的一些示例。

- `ExternalAppendOnlyMap`。
- `CoGroupedRDD`。
- `DeclarativeAggregate`。
- `ReduceAggregator`。

实际上，所有使用洗牌操作的高级 API，例如 `groupBy`、`reduceByKey`、`combineByKey` 等，都使用这种模式作为其处理的核心。但是，它与之前提及的实现有一些变化，尽管基本概念是相同的。让我们仔细研究下。

组合器模式提供了一种有效的方法来并行计算跨记录集的函数，然后组合它们的输出以实现整体结果，如图 14-7 所示。

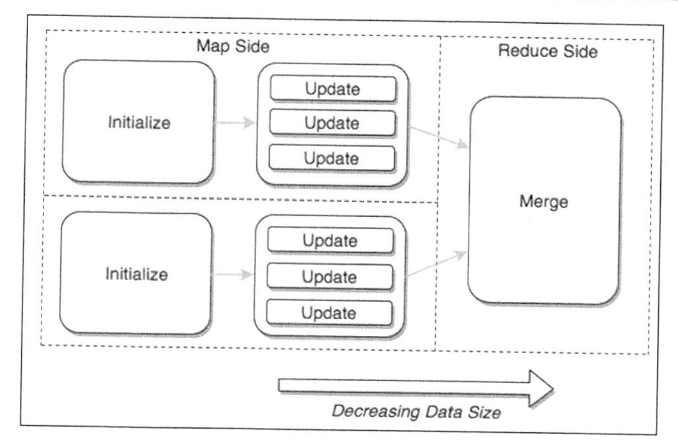

图 14-7 组合器模式

通常，它由调用者必须提供的 3 个函数组成，如下。

- **Initialize(e) → C_0**。创建初始容器，也称为 `createCombiner`，`type` 构造函数或 `zero`。

在此函数中，你应该创建并初始化一个实例，它将成为所有其他组合的值的容器。有时候，每个键的第一个值也被提供用来预填充到容器中，这将最终为键保留所有组合的值。本例中，这个函数被称为 `unit`。

值得注意的是，此函数在数据集中的每个分区上为每个键正好执行一次。所以，对于每个键，它可能会被多次调用，且不得引入任何副作用，否则会产生不一致结果，导致数据集的分布有差异。

- **Update (C_0, e) → C_i**。向容器添加元素，也称为 `mergeValue`、`bind` 函数或 `reduce`。

在此函数中，你应该将原始 RDD 中的记录添加到容器中。这通常涉及以某种方式对值进行转换或聚合，并且只有该计算的输出在容器内转发。

由于更新是以任何顺序并行执行的，因此该函数必须是可交换的和组合的。

- **Merge (C_i, C_j) → C_k**。将两个容器组合在一起，也称为 `mergeCombiners` 或 `merge`。

在此函数中，你应该将每个容器表示的值进行组合以形成新值，然后将其转发。

同样，因为合并顺序没有固定，所以这个函数应该是可交换和组合的。

你可能已经注意到这种模式与单子（monad）概念之间的相似性。如果你还没有遇到过 monad，它们代表了一个抽象的数学概念，在函数式编程中作为一种表达函数的方式，以便它们可以按通用的方式组合。它们支持许多特性，例如组合、无副作用执行、可重复性、一致性、惰性评估、不变性等，还有许多其他优点。我们不会在这里给出 monad 的完整解释，已经有很多很棒的介绍，相比理论观点，我们更需要实际应用。另外，我们将解释组合器模式的不同之处以及它如何帮助我们理解 Spark。

Spark 对数据集中的每条记录执行 `update` 函数。由于其分布式特性，这可以并行执行。它还运行 `merge` 函数以组合每个分区的输出结果。同样，由于此函数是并行应用的，因此可以按任何顺序组合，Spark 要求这些函数是可交换的，这意味着它们应用的顺序对整体结果没有影响。正是这种可交换性，真正为合并步骤提供了良好的基础。

理解此模式对于论证任何分布式聚合的行为很有用。除此之外，在尝试确定要使用哪个高级 API 时它也非常有用。有这么多可用的 API，有时很难知道应该选择哪一个。通过将类型的理解应用于前面的描述，我们可以决定最合适和最高性能的 API。例如，在 e 和 C_n 的类型相同的情况下，你应该考虑使用 `reduceByKey`。但是，如果 e 的类型与 C_n 不同，则应考虑诸如 `combineByKey` 的操作。

为了说明这一点，让我们考虑 RDD API 上可用的 4 种最常见操作的一些不同使用方法。为了提供一个环境，假设我们有一个代表新闻文章中提到的人物的键值对的 RDD，其中键是文章中提到的人的名字，值是预过滤、标记化、词袋化、文章的文字版等：

```
// (person:String, article:Array[String])
val rdd:RDD[(String,Array[String])] = …
```

现在假设我们想要找到一些关于提到某个人的文章的统计数据，例如最小和最大长度、最常用的单词（不包括停用词）等。在这种情况下，我们的结果将是（`person: String, stats: ArticleStats`）形式，其中 `ArticleStats` 是一个用于保存所需统计信息的样本类：

```
case class ArticleStats(minLength:Long,maxLength:Long,mfuWord:
(String,Int))
```

让我们从 3 个组合器函数的定义开始，如前所述：

```
val init = (a:Array[String]) => {
  ArticleStats(a)
}

val update = (stats:ArticleStats, a:Array[String]) => {
  stats |+| ArticleStats(a)
}

val merge = (s1:ArticleStats,s2:ArticleStats) => {
```

```
    s1 |+| s2
  }
```

你可能会注意到，这些函数实际上只是我们模式的语法糖，真正的逻辑隐藏在伴生类和半群中：

```
object ArticleStats {
  def apply(a:Array[String]) =
    new ArticleStats(calcMin(a),calcMax(a),findMFUWord(a))
...
}

implicit object statsSemiGroup extends SemiGroup[ArticleStats] {
  def append(a: ArticleStats, b: ArticleStats) : ArticleStats = ???
}
```

由于我们志不在此，所以将不会详细介绍这些内容，让我们假设计算统计数据所需的任何计算都是由支持代码执行的，包括找到两个先前计算的指标极值的逻辑运算，我们将专注于解释不同的方法。

（1）GroupByKey 方法

我们的第一种方法是迄今为止最慢的方法，因为 groupByKey 不使用 update 函数。尽管有这个明显的缺点，我们仍然可以获得想要的结果——通过将 groupByKey 夹在 map 之间，第一个 map 用于转换为所需类型，最后一个 map 执行 reduce 端的聚合：

```
rdd.mapValues { case value => init(value) }
   .groupByKey()
   .mapValues { case list => list.fold(merge) } //注意：未使用 update
```

但是你会注意到，为了提高效率，它不执行任何 map 端组合，而是倾向于合并 reduce 端的所有值，这意味着所有值都作为洗牌的一部分在网络中复制。

因此，在采用这种方法之前，你应该始终考虑以下替代方案。

（2）ReduceByKey 方法

为了改进这一点，我们可以使用 reduceByKey。与 groupByKey 不同，reduceByKey 通过使用 update 函数提供 map 端组合以提高效率。从性能方面来说，它提供了最佳的方法。但是，它仍然需要在调用之前手动将每个值转换为正确的类型：

```
rdd.map(init(_._2)).reduceByKey(merge)
```

通过将来自原始 RDD 的记录映射到所需类型，可以经两个步骤实现此结果。

（3）AggregateByKey 方法

同样，aggregateByKey 提供与 reduceByKey 相同的性能特征——通过实现 map 端组合，但这次只有一个操作：

```
rdd.aggregateByKey(ArticleStats())(update,merge)
```

在前面的代码段中，我们看到调用了 update 和 merge，但是 init 没有被直接使用。相反，为了初始化目的，它显式提供了一个空白容器（以空白 ArticleStats 对象的形式）。这种语法更接近于 fold，所以如果你更熟悉那种风格，则此语法非常有用。

（4）CombineByKey 方法

通常，combineByKey 被认为是最灵活的基于键的操作，使你可以完全控制组合器模式中的所有 3 个函数：

```
rdd.combineByKey(init,update,merge)
```

虽然提供 init 作为一个函数而不仅是单个值可能会在特定方案中提供更好的灵活性，但实际上，对于大多数问题，init、update 和 merge 之间的关系使你即使在这些方法之间选择也无法得到任何额外功能或性能。无论如何，这 3 种方法都由 combineByKeyWithClassTag 支持。因此在这种情况下，你可以随意选择一个更适合你的问题的语法，或者选择你喜欢的那个语法。

14.5.8 集群优化

1．问题

想知道如何配置 Spark 作业的执行器，以便充分利用集群的资源，但面对如此多的选项，我感到十分困惑。

2．解决方案

由于 Spark 被设计为水平扩展，一般来说，你应该更喜欢有更多的执行器，而不是更大的执行器。但是每个执行器都有 JVM 开销，因此最好通过在每个执行器中运行多个任务来充分利用它们。这似乎有点矛盾，让我们了解如何配置 Spark 以实现这一目标。

Spark 提供以下选项（在命令行或配置中指定）：

```
--num-executors (YARN-only setting [as of Spark 2.0])
--executor-cores
--executor-memory
--total-executor-cores
```

执行器的数量可以使用以下公式估算。

执行器数=（核心总数−集群开销）/每个执行器的核心数

例如，当使用基于 YARN 的集群访问 HDFS，并以 YARN 客户端模式运行时，公式如下。

$$((T - (2 \times N + 6)) / 5)$$

其中参数的意义如下。

- T：集群中的核心总数。
- N：集群中的节点总数。
- 2：去掉 HDFS 和 YARN 的每节点开销。

假设每个节点上有两个 HDFS 进程——`DataNode` 和 `NodeManager`。

- 6：去掉 HDFS 和 YARN 的主进程开销。

假设平均有 6 个进程——`NameNode`、`ResourceManager`、`SecondaryNameNode`、`ProxyServer`、`HistoryServer` 等。显然，这只是一个例子，实际上它取决于运行集群的其他服务，以及其他一些因素，例如 ZooKeeper 法定数量大小、HA 策略等。

- 5：每个执行器的最佳内核数量，以确保在没有禁止磁盘 I/O 争用的情况下实现最佳任务并发性。

内存分配可以使用以下公式估算。

每个执行器内存=（每个节点的内存/每个节点的执行器数量）×安全系数

例如，当使用在 YARN 客户端模式下运行的基于 YARN 的集群（每个节点 64 GB）时，公式如下。

$$(64 / E) \times 0.9 \rightarrow 57.6 / E$$

其中参数的意义如下。

- E：每个节点的执行器数（由之前的示例中计算得出）。

- 0.9：减去堆外内存后分配给堆的实际内存的系数。

由开销（spark.yarn.executor.memoryOverhead，默认为 10%）参数得出。

值得注意的是，虽然为执行器分配更多内存通常是有好处的（有更多空间来进行排序、缓存等），但增加内存也会增加垃圾回收压力。GC 必须扫描整个堆以获得无法访问的对象引用，因此它需要分析的内存区域越大，必须消耗的资源就越多，并且在某些时候这会导致收益递减。虽然没有关于这种情况在什么点会发生的绝对指标，但作为一般的经验法则，请将每个执行器的内存保持在 64 GB 以下以避免出现问题。

前面的公式应该为调整群集的大小提供了一个很好的预估出发点。为了进一步调整，你可以通过微调这些设置并使用 Spark UI 测量设置对性能的影响来进行试验。

14.5.9 再分配模式

1. 问题

分析总是在相同的几个执行器上运行，如何提高并行度？

2. 解决方案

Datasets 和 RDDs 在运行开始时相对较小，即使你用 flatMap 扩展它们，该谱系中的任何子项都将采用父项的分区数。

因此，如果你的某些执行器处于空闲状态，则调用重新分区函数可以提高并行度。你将承担移动数据的直接成本，但这可能会带来回报。

使用以下命令确定数据的分区数，从而确定并行度：

```
ds.rdd.getNumPartitions()
```

如果分区数小于群集上允许的最大任务数，则表示你没有充分利用执行程序。

相反，如果你有大量（多于 10 000）的任务并且它们没有运行很长时间，那么你应该调用 coalesce 来更好地利用你的资源——启动和停止任务相对昂贵。

在这里，我们将 Dataset 的并行度增加到 400。物理计划将此显示为 RoundRobinPartitioning(400)，如下所示：

```
ds.repartition(400)
  .groupByKey($"key")
```

```
    .reduceGroups(f)
    .explain
...

+- Exchange RoundRobinPartitioning(400)
                  +- *BatchedScan parquet
```

这里是在 RDD 上执行的等效重新分区，只需指定 reduceByKey 函数中使用的分区数即可：

```
rdd.reduceByKey(f,400)
    .toDebugString

res1: String =
(400) ShuffledRDD[11] at reduceByKey at <console>:26 []
  +-(7) MapPartitionsRDD[10] at map at <console>:26 []
     | MapPartitionsRDD[6] at rdd at <console>:26 []
     | MapPartitionsRDD[5] at rdd at <console>:26 []
     | MapPartitionsRDD[4] at rdd at <console>:26 []
     | FileScanRDD[3] at rdd at <console>:26 []
```

14.5.10 加盐键模式

1. 问题

大多数任务都在合理的时间内完成，但总有一两个任务需要更长的时间(大于 10 倍)，重新分区似乎没有任何变好的效果。

2. 解决方案

如果你不得不等待一些缓慢的任务，那么你可能是遇到了数据分布中的偏斜。这种情况的症状是，你看到某些任务花费的时间远远超过其他任务，或者某些任务的输入或输出要大得多。

如果是这种情况，首先要做的是检查键的数量是否大于执行器数量，因为粗粒度的分组可以限制并行性。在 RDD 中查找键数量的快速方法是使用 rdd.keys.count。如果此值小于执行器的数量，则应该重新考虑你的键策略，诸如扩展并解决的模式可能会有所帮助。

如果键的数量都没问题，接下来要检查的是键分布。如果你发现少量具有大量关联值的键，请考虑加盐键 Salting Key 模式。在此模式中，通过追加随机元素对常用键进行细分。例如：

```
rdd filter {
   case (k,v) => isPopular(k)
}
.map {
   case (k,v) => (k + r.nextInt(n), v)
}
```

这将使键的分布更平衡，因为在洗牌期间，HashPartitioner 将新键发送给不同的执行器。你可以选择 n 的值以满足所需的并行度——数据中的偏斜越大则需要更大的盐范围。

当然，所有这些加盐意味着你需要重新聚合回旧键，以确保你最终计算出正确的结果。但是，根据数据中的偏斜量，两阶段聚合仍然可能会更快。

你可以将此加盐操作应用于所有键，也可以像前面的示例中那样过滤不常用的键。过滤的阈值（在示例中由 isPopular 决定）也完全由你来定。

14.5.11 二次排序模式

1. 问题

按键分组时，分析必须在分组后对值进行显式排序。这种排序发生在内存中，因此集合大的值需要很长时间，并且它们可能会溢出到磁盘，有时会产生 OutOfMemoryError。以下是有问题的方法的示例：

```
rdd.reduceByKey(_+_).sortBy(_._2,false) // 对于大型分组来说效率低下
```

所以，当按键分组时，应在每个键中进行预排序，以便立即进行有效的后续处理。

2. 解决方案

使用二次排序（Secondary sort）模式可以使用洗牌机制有效地对组中的项目列表进行排序。即使处理最大的数据集时，此方法也能进行扩展。

为了有效排序，这种模式使用了以下 3 个概念。

- 复合键：既包含要分组的元素，也包含要排序的元素。
- 分组分区：了解复合键的哪些部分与分组有关。
- 复合键排序：了解复合键的哪些部分与排序有关。

其中的每一个概念都被注入 Spark，以便最终数据集按分组和排序显示。

请注意，为了执行二次排序，你需要使用 RDD，因为目前新的 Dataset API 还不支持。

考虑以下模型：

```
case class Mention(name:String, article:String, published:Long)
```

这里我们有一个实体，代表在新闻文章中提到人物的场合，其中包含人名、被提及的文章以及刊登日期。

假设我们想要将所有提到同一人物的场合分组聚合在一起，并按时间排序。让我们看看需要的 3 种机制，如下。

复合键：

```
case class SortKey(name:String, published:Long)
```

包含姓名和刊登日期。

分组分区：

```
class GroupingPartitioner(partitions: Int) extends Partitioner {

    override def numPartitions: Int = partitions

    override def getPartition(key: Any): Int = {

      val groupBy = key.asInstanceOf[SortKey]
      groupBy.name.hashCode() % numPartitions
    }
  }
```

它只按姓名分组。

复合键排序：

```
implicit val sortBy: Ordering[SortKey] = Ordering.by(m => m.published)
```

它只按刊登日期排序。

一旦定义了这些，我们就可以在 API 中使用它们，如下所示：

```
val pairs = mentions.rdd.keyBy(m => SortKey(m.name, m.published))
pairs.repartitionAndSortWithinPartitions(new GroupingPartitioner(n))
```

这里 SortKey 用于配对数据，GroupingPartitioner 用于分区数据，并且在合并

期间使用 `Ordering`，当然，这是通过 Scala 基于类型匹配的 `implicit` 机制找到的。

14.5.12 过滤过度模式

1. 问题

分析使用白名单来过滤相关数据以进行处理。过滤在管道的前期发生，因此分析只需要处理我感兴趣的数据，以获得最大的效率。但是白名单经常被更改，这意味着分析必须每次都针对新列表重新执行。

2. 解决方案

与你在本书读到的一些其他的建议相反，在某些情况下，通过删除过滤器计算所有数据的结果，实际上可以提高分析的整体效率。

如果你经常在数据集的不同部分重新运行分析，请考虑使用一种流行的方法，此处将其描述为过滤过度（Filter overkill）模式。这包括省略 Spark 中的所有过滤器并处理整个语料库。这个一次性处理的结果将比过滤版本大得多，但它可以很容易地在表格数据存储中编制索引，并在查询时动态筛选。这样可以避免在多个运行中应用不同的筛选器，避免在筛选器更改时必须重新计算历史数据。

14.5.13 概率算法

1. 问题

计算数据集的统计信息需要很长时间，因为它太大了。到收到结果时，它已过期或不再相关了。因此，与完整或正确的结果相比，更重要的是收到及时的响应，或者至少提供一个时间复杂度的最大约束。实际上，即使是具有较小的错误概率的预计结果，只要时间正好，也好过运行时间不可知的正确的结果。

2. 解决方案

概率算法使用随机化来改善算法的时间复杂度，并保证最坏情况下的性能。如果你对时间敏感，并且认为足够好就算正确，就应该考虑使用概率算法。

另外，对于内存使用问题也是如此。有一组概率算法可以在有限的空间复杂度内提供估计的结果。例子如下。

- Bloom Filter 是一个成员测试，保证永远不会错过集合中的元素，但可能会给你一个误报，即可能一个元素并不是集合成员。在更准确的计算之前，它可以快速减小问题空间中的数据量。

- HyperLogLog 计算列中不同值的数量，使用固定的内存占用量提供非常合理的估计。
- CountMinSketch 提供了一个频率表，用于计算数据流中事件的发生次数。它在 Spark 流中特别有用，其中固定的内存占用消除了内存溢出的可能性。

Spark 在 org.apache.spark.sql.DataFrameStatFunctions 中提供了这些实现，可以通过访问 df.stat 来使用它们。Spark 还提供了一些通过 RDD API 的访问：

```
rdd.countApprox()
rdd.countByValueApprox()
rdd.countApproxDistinct()
```

有关如何使用 Bloom Filter 的示例，请参阅第 11 章。

14.5.14 选择性缓存

1. 问题

分析要缓存数据集，但如果缓存的话，它的运行速度会比以前慢。

2. 解决方案

缓存是使 Spark 获得最佳性能的关键。但是如果使用不当可能会产生有害的影响。只要你打算多次使用 RDD，缓存就特别有用。这通常发生在你需要跨阶段使用数据时，数据出现在多个子数据集的谱系中时，像随机梯度下降这样的迭代过程中。

但如果不加区分地缓存而不考虑重用，就会出现问题。这是因为缓存在创建、更新和刷新时都会增加开销，然后在不使用时必须进行“垃圾回收”。因此，不正确的缓存实际上会降低你的工作效率。因此，改进缓存的最简单方法就是停止缓存（当然是有选择地）。

另一个考虑因素是，是否有足够的内存分配并可用于有效地缓存你的 RDD。如果你的数据集无法加载到内存中，Spark 将抛出 OutOfMemoryError 或将数据交换到磁盘（取决于存储级别，稍后将讨论此问题）。在后一种情况下可能会对性能产生影响，因为将额外的数据移入和移出内存需要时间并且必须等待磁盘可用（I/O 等待）。

为了确定是否为执行程序分配了足够的内存，请首先按如下方式缓存数据集：

```
ds.cache
```

```
ds.count
```

然后，查看 Spark UI 中的 `Storage` 页面，如图 14-8 所示。对于每个 RDD 它提供了缓存的比例、缓存的大小以及溢出到磁盘的数量。

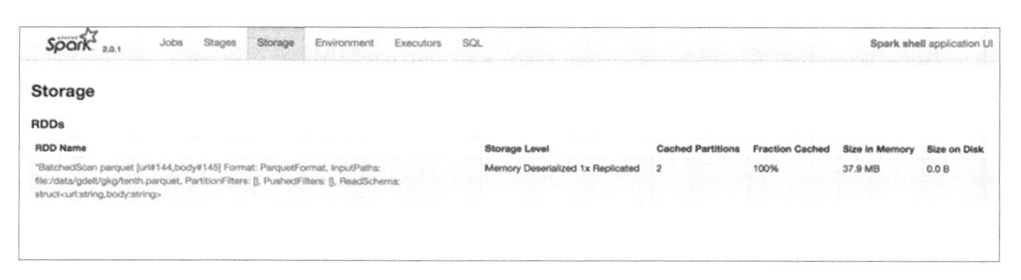

图 14-8 Storage 页面

这将使你能够调整分配给每个执行器的内存，以确保你的数据适合内存。还提供了以下几个缓存选项。

- NONE：没有缓存（默认）。
- MEMORY：调用 `cache` 时使用。
- DISK：溢出到磁盘。
- SER：与 MEMORY 相同，但对象存储在字节数组中。
- 2（REPLICATED）：在两个不同的节点上保留一个缓存副本。

上述选项可以任意组合使用，如下。

- 如果你遇到 `OutOfMemoryError` 错误，请尝试更改为 `MEMORY_AND_DISK` 以允许将缓存溢出到磁盘。
- 如果你遇到较长的垃圾回收时间，请考虑尝试一种序列化字节缓冲形式的缓存，例如 `MEMORY_AND_SER`，因为这将完全绕过 GC（轻微增加序列化的成本）。

这里的目标是确保缓存比例为 100%，并在可能的情况下，最小化磁盘大小以对数据集建立有效的内存缓存。

14.5.15 垃圾回收

1. 问题

分析的 GC 时间占整个处理时间的很大一部分（大于 15%）。

2. 解决方案

Spark 的垃圾回收器开箱即可高效工作，因此，只有当你确定它是问题的原因而不是症状时，才应该尝试调整它。在更改 GC 设置之前，应确保已查看了分析的其他所有方面。有时，你可能会在 Spark UI 中看到高 GC 时间，但原因其实不是 GC 配置不佳。大多数时候得首先调查其他原因。

如果你看到很长的 GC 时间，首先要做的是确认你的代码行为合理，并确保它不是过度/不规则内存消耗的根源。例如，检查你的缓存策略（请参阅 14.5.14 节）或使用 `unpersist` 函数显式删除不再需要的 RDD 或数据集。

另一个需要考虑的因素是你在作业中分配的对象数量。尝试通过以下方式最大限度地减少你实例化的对象数量：简化域模型、重用实例，或尽可能优选基元。

最后，如果你仍然看到很长的 GC 时间，请尝试调整 GC。Oracle 提供了一些关于如何执行此操作的重要信息，但具体来说有证据表明 Spark 可以使用 G1 GC 很好地运行。可以通过将 `XX：UseG1GC` 添加到 Spark 命令行来切换到此 GC。

调整到 G1 GC 时，有两个主要选项如下。

- **InitiatingHeapOccupancyPercent**：GC 触发循环之前堆应该有多少的阈值百分比。百分比越低，GC 运行的频率越高，但每次运行时必须执行的工作量就越小。因此，如果将其设置为小于 45%（默认值），则可能会看到更少的暂停。可以使用 `-XX：InitiatingHeapOccupancyPercent` 在命令行上配置。
- **ConcGCThread**：后台运行的并发 GC 线程数。线程越多，垃圾回收就越快完成。但这需要权衡，因为更多的 GC 线程意味着更多的 CPU 资源分配。可以使用 `-XX：ConcGCThread` 在命令行上配置。

总之，需要对这些设置进行大量调试、优化你的分析，以找到最佳配置。

14.5.16 图遍历

1. 问题

分析有一个迭代步骤，只有在满足全局条件时才会完成，例如所有键都报告没有更多要处理的值，因此运行时间可能很慢且难以预测。

2. 解决方案

一般来说，基于图的算法的效率较高，如果可以将问题表示为标准的图遍历问题，你也许应该采用基于图的算法。基于图的解决方案的问题示例包括最短路径、深度优先搜索和网页排名等。

有关如何在 Graphx 中使用 Pregel 算法以及如何从图形遍历的角度解释问题的示例，请参阅第 7 章。

14.6 小结

在本章中，我们通过讨论分布式计算性能的方方面面以及如何编写自己的可扩展分析软件。希望你对涉及的一些挑战能心有所感，并对 Spark 在表层之下如何具体工作有更好的理解。

Apache Spark 是一个不断发展的框架，每天都在改进和增加新的功能。毫无疑问，随着持续调整和改进被智能地整合到框架中，它将变得越来越易用，使得很多现在必须手动完成的工作可以自动化完成。

就未来而言，谁能知道什么即将来临呢？但随着 Spark 再次击败竞争对手摘取 2016 年云排序大赛（CloudSort Benchmark）桂冠以及每 4 个月就发布一个新版本，有一点是肯定的，它将以快节奏前进。希望你借助在本章中学到的坚实原则和系统指引，将在未来的许多年开发出许多可扩展的高性能算法！